跟我一起学人工智能

非线性最优化算法与实践

微课视频版

龙 强 赵克全 ◎ 编著

清华大学出版社
北京

内容简介

本书旨在介绍常见的非线性最优化的理论与算法，以及深度学习中的优化算法。全书侧重对优化原理的直观理解、优化算法的步骤设计和流程构建，并通过大量案例对所介绍的算法进行了编程实现。书中提供的大量编程代码可以为需要使用非线性最优化解决实际问题的工程技术人员进行二次开发提供基础，也可以为致力于学习最优化理论与算法的读者进行编程练手提供参考。

全书内容可以分为四部分。第一部分（第 1 章和第 2 章）介绍一维搜索理论与算法；第二部分（第 3 章和第 4 章）介绍无约束最优化理论与算法；第三部分（第 5～8 章）介绍约束最优化理论与算法；第四部分（第 9 章）介绍深度学习中的优化算法。

本书可以作为理工科大学相关专业研究生的学位课教材，也可以作为数据科学、人工智能、机器学习相关专业高年级本科生的选修课教材，还可以作为相关领域学术研究人员、工程技术人员的参考资料。

图书在版编目（CIP）数据

非线性最优化算法与实践：微课视频版 / 龙强，赵克全编著. -- 北京：清华大学出版社，2025. 3.（跟我一起学人工智能）. -- ISBN 978-7-302-68664-4

Ⅰ. O224

中国国家版本馆 CIP 数据核字第 2025BJ7837 号

责任编辑：赵佳霓
封面设计：吴　刚
责任校对：韩天竹
责任印制：宋　林

出版发行：清华大学出版社
网　　址：https://www.tup.com.cn，https://www.wqxuetang.com
地　　址：北京清华大学学研大厦 A 座　　**邮　　编**：100084
社 总 机：010-83470000　　**邮　　购**：010-62786544
投稿与读者服务：010-62776969，c-service@tup.tsinghua.edu.cn
质量反馈：010-62772015，zhiliang@tup.tsinghua.edu.cn
课件下载：https://www.tup.com.cn，010-83470236
印 装 者：北京同文印刷有限责任公司
经　　销：全国新华书店
开　　本：186mm×240mm　　**印　　张**：16.75　　**字　　数**：387 千字
版　　次：2025 年 5 月第 1 版　　**印　　次**：2025 年 5 月第 1 次印刷
印　　数：1～1500
定　　价：69.00 元

产品编号：099218-01

前言

PREFACE

最优化是运筹学与控制论二级学科下的一个重要研究方向，它研究如何在众多可行方案中找到满足约束条件的最优方案，并计算最优方案所需要的成本或收益。本书主要介绍目标函数和约束函数均为连续函数的非线性最优化问题，这类问题在学术研究和实际应用中普遍存在，学习和研究它具有重要的理论意义和应用价值。

本书主要内容包括四部分。第一部分介绍一维搜索理论与算法，包括第1章和第2章，主要内容有试探法、函数逼近法和非精确线搜索法。一维搜索算法是所有其他搜索算法的基础。第二部分介绍无约束最优化理论与算法，包括第3章和第4章，主要内容有无约束最优性条件、基于梯度的下降方法和基于函数值估计的直接法。无约束最优化是后续约束最优化的基础。第三部分介绍约束最优化理论与算法，包括第5～8章，主要内容有无约束最优性条件、可行方向法、罚函数法和二次规划。第四部分介绍深度学习中的优化算法，包括第9章，深度学习中的优化方法是最优化在近年来的重要新发展方向，对深度学习的发展有重要的促进作用。

非线性最优化是我从硕士到博士，再到参加工作以来一直都在研究的一个领域。在研究生期间，虽然研究得非常深入，但其内容仅仅局限于所从事的研究课题，并未从整体上对最优化理论与算法进行非常深入的学习。参加工作以后，由于开设课程的需要，我开始全面学习非线性最优化。我惊讶地发现，非线性最优化是如此博大精深，以至于就算穷尽毕生精力也不一定能窥得其全貌，更别说完全掌握了。最优化理论与算法无论是对非专业学生还是对专业学生都有相当难度，主要原因有二，一是它用到了大量综合性较强的数学知识，二是算法设计和编程实现对逻辑思维和动手能力要求非常高。我先为计算机专业的研究生开设了“最优化理论与算法”课程，后来随着我院数学一级学科开始招研究生，又给数学类的研究生开设了本课程。从教学的反馈来看，学生普遍对大量的数学推导过程望而却步，不能直观地理解定理和算法的精髓，以至于在算法设计环节难以厘清算法逻辑，更别说编程实现了。后来在疫情期间，我又将该课程录制成视频，分享到B站，没想到的是，视频受到了B站网友的热烈追捧，很快跃升为同类课程排行榜首位，点击量超过了30万次，对于一个非常小众的课程来讲，这算是不小的成就了。究其原因，我认为是因为我在讲授中重在通过一些图形和案例来讲解原理，而非满篇晦涩难懂的证明。同时，我比较注重对算法的实现，每种算法都至少通过一个案例进行编程实现。算法的编程实现需要读者对细节非常精细地进行理解，这非常有助于初学者理解理论知识，通过案例实现的方式也让工程技术人员真实地看到了优化应该如何用在工程实践中。受此鼓舞,我决定再进一步,将我的授课讲义整理成书出版,而编写的思路就是“重理解、重实践、轻证明”。

我从 2022 年暑假开始动笔写这本书,由于工作比较忙,每天只能在早上和晚上各抽出不到 1 小时时间来撰写书稿,进度非常缓慢。后来我受学校选派,到了凉山州布拖县地洛镇依子村从事乡村振兴帮扶工作,驻村工作虽然辛苦,但工作内容相对单一,也少了很多杂七杂八的事务,加上腾出了陪伴家人的时间,才有了更多的时间来进行写作,进度快了许多,所以实际上,本书有 70%的内容是在偏远的山区村落完成的。

要感谢驻村工作这段经历,虽然名义上是去帮扶当地发展,但我在这一段经历中所获得的远比我所付出的更多。我和同去的另外两位学校同事共同努力,为村上修补了道路,为孩子们装修了图书室,为村民修建了饮水灌溉设施,为村子产业发展打造了蔬菜基地,为先天腿疾儿童送去了电动轮椅,为事实无人抚养儿童募捐学费、生活费。这些工作不仅让我对中国的农村更加了解,也让我感受到了帮助一个地方发展和帮助别人解决困难的巨大成就感,更让我理解了党中央脱贫攻坚、乡村振兴重大行动的伟大意义。驻村期间,我常常被当地村民淳朴的民风所感动,和他们结下了深厚的友谊,他们见证了我的成长,也见证了这本书的诞生。

要感谢我的恩师吴至友教授,Adil Bagirov 教授和在我求学道路上无私帮助过我的白富生、赵克全、吴昌质、杜学武等教授,是他们成就了现在的我。感谢母校重庆师范大学的栽培,曾经就读的数学科学学院如今发展蒸蒸日上,我等均以毕业于重庆师范大学数学科学学院而自豪,希望有一天学院也能以培养了我等而骄傲。

要感谢我的本科学生杨佳鑫同学,本书第 9 章的内容主要来自由我指导的她的本科毕业论文,她提出的方法现已在国际学术期刊上正式发表,也编入了本书最后一节。我始终认为能够碰到几个优秀的学生是作为老师的一生之幸,而杨佳鑫便是其中之一。感谢本书责任编辑赵佳霓,她在本书的编写、校对和排版过程中做了大量细致的工作,没有她的帮助,本书不可能顺利出版。

特别地,要感谢我的家人,尤其是爱妻文静,在我驻村工作期间,她不仅要全职工作,还要照顾两个孩子和偶尔负责我的后勤,这其中的艰辛,我是很难体会的。两个小天使也是我写作的强大动力,虽然他们不再像上一本书写作期间那样时不时询问:“爸爸,你的书写得怎样了?”但是他们用在学校中的实际表现告诉我:“爸爸,你小心被我们拍在沙滩上哦。”为了不那么快地被他们拍在沙滩上,我当然只有一刻也不能停下前进的脚步了。

本书的出版得到了国家自然科学基金面上项目(项目编号:12371258)的资助,特此感谢。最后,由于个人能力有限,书中难免有疏漏之处,还望读者批评指正,不胜感激。

龙　强

2025 年 1 月

于凉山州布拖县地洛镇依子村

目录

CONTENTS

教学课件(PPT)及源码

第1章 绪 论

本章首先对最优化进行总体概述，然后介绍最优化问题的标准数学模型、类别和典型案例，最后列举一些阅读本书需要具备的凸优化知识和数学基础知识。

1.1 最优化概述

23min

在我国的学科分类体系中，最优化是运筹学与控制论二级学科(数学一级学科下的二级学科)下的一个重要研究方向，它研究如何在众多的可行方案中找到满足某些条件的最优方案，并计算最优方案所需要的成本或能达到的收益。最优化问题在现实世界中普遍存在，例如，在投资组合中，如何分配各项投资的比例，使投资的收益尽量大，风险尽量小；在工程设计中，如何调整设计参数，使设计方案既能满足设计要求，又能获得最大的经济效益；在新材料研发中，如何确定各原材料的比例，才能既提高新材料的性能，又降低新材料的成本；在城建规划中，怎样布局工厂、机关、学校、商店、医院、住宅的位置，才能有效地降低城市拥堵，提高城市运行效率；在军事指挥中，怎样确定作战方案，才能有效地消灭敌人，最大限度地减少自身伤亡，赢得战争胜利。在人类生产生活的各个领域中，诸如此类的最优化问题不胜枚举，最优化这门科学正是为了解决这些问题而产生的，它既讨论描述这些问题的基本数学模型，也讨论求解基本数学模型的理论和算法，所以最优化是一门应用广泛、实用性强的学科，研究和学习最优化具有非常重要的理论和现实意义。

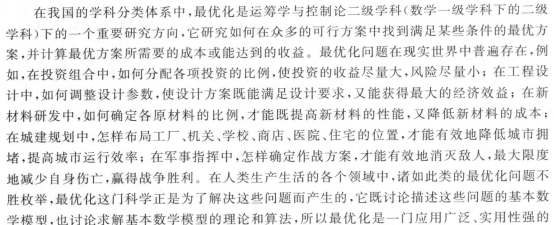

对最优化问题的最早研究可以追溯到17世纪，英国科学家牛顿(Newton)发明微积分的时代，在微积分中提出的极值问题是最早的最优化问题，求解极值问题的思想和方法至今仍在使用。后来提出的拉格朗日(Lagrange)乘子法，为求解约束最优化问题奠定了基础。1847年，法国数学家柯西(Cauchy)研究了函数沿什么方向下降最快的问题，提出了最速下降法，开启了最优化算法的研究，后来提出的牛顿法、拟牛顿法、共轭梯度法均源自此。20世纪40年代以来，由于生产和科学研究突飞猛进地发展，特别是电子计算机的广泛应用和第二次世界大战的推动，最优化开始走出学者的书斋，走进实际生产生活中，成为解决现实问题的有力工具，并迅速发展成为一门独立的数学学科。至今，最优化已经派生出线性规划、整数规划、非线性规划、几何规划、随机规划、多目标规划等分支，并且还在不断发展和丰

富中。

近年来，随着人工智能的迅猛发展，机器学习和深度学习中的优化问题成为最优化领域新的研究热点。机器学习和深度学习天然和最优化密切相关，因为绝大多数机器学习和深度学习的训练过程是求解一个最优化问题，但机器学习和深度学习中的优化问题又和一般优化问题有区别：首先，机器学习和深度学习中的优化问题决策变量数量巨大，现代深度学习模型的参数少则上百个，多则成千上万个，在模型的训练过程中，这些参数便是优化问题的决策变量，如此庞大数量的决策变量会导致优化问题的局部最优解急剧增加，为求解优化问题的全局最优解带来巨大困难；其次，机器学习和深度学习中的优化实际上是一个参数优化问题，但又和一般参数优化问题不同，小批量(Mini-Batch)方法每次输入的训练数据是不同的，从而导致一系列问题结构相同，决策变量相同，但问题本身不同的优化问题，如何通过求解这一系列优化问题，从而确定最优的模型参数是一个新的难题；再次，机器学习的模型一般是高度非线性的，深度学习的模型更是多层嵌套的非线性结构，这种结构会导致问题的局部最优解急剧增加，从而给以梯度下降为基础的优化算法带来巨大困难，如何计算模型梯度和传递模型误差是机器学习和深度学习中的优化问题亟待解决的问题。

本书致力于介绍非线性最优化的理论和算法及机器学习和深度学习中的优化问题的理论和算法。作为一本偏应用和工程实践的教材，本书侧重介绍相关算法的设计和具体编程实现，对一些复杂的优化定理只介绍定理内容和相关说明，忽略具体证明过程。书中针对所介绍的算法提供了大量实际应用案例并给出了具体的编程实现，可以为进行应用研究和工程实践的人员提供一些参考。书中算法实现使用 Python 和 MATLAB 程序设计语言进行编程。

1.2 最优化问题的模型及分类

44min

最优化问题涉及的范围很广，由不同背景的实际或理论问题得到的最优化问题可以有不同的数学模型。为了方便理解和统一，本节首先介绍一个能够包括所有最优化问题的标准模型，然后通过对标准模型加以不同的限制条件来对最优化问题的分类进行介绍。

1.2.1 最优化问题的标准模型

最优化问题的标准模型(问题(1-1))如下：

$$\begin{cases} \min & f(\boldsymbol{x}) \\ \text{s.t.} & g_i(\boldsymbol{x}) \leqslant 0 \quad i \in I \\ & h_j(\boldsymbol{x}) = 0 \quad j \in J \\ & \boldsymbol{x} \in X \quad X \subseteq \mathbf{R}^n \end{cases} \tag{1-1}$$

其中，min 是 minimize 的缩写，s. t. 是 subject to 的缩写；$f, g_i, i \in I, h_j, j \in J: \mathbf{R}^n \to \mathbf{R}$ 均为多元实值函数，I, J 为指标集，一般为自然数集的一个子集；$\boldsymbol{x} \in \mathbf{R}^n$ 称为决策变量；$f(\boldsymbol{x})$

称为目标函数；$g_i(\boldsymbol{x})\leqslant 0, i\in I$ 称为不等式约束；$h_j(\boldsymbol{x})=0, j\in J$ 称为等式约束；$\boldsymbol{x}\in X\subseteq \mathbf{R}^n$ 称为箱子集约束。不等式约束、等式约束、箱子集约束统称为约束条件。决策变量、目标函数和约束条件是最优化问题的三大要素，建立一个实际问题的最优化数学模型就要从三大要素来考虑。

在标准模型中，优化目标一般是最小化，最大化问题可以通过最小化目标函数的负值进行转化。不等式约束一般使用"≤"的形式，"≥"的约束可以通过不等式两边同乘-1进行转化。

以下是一些最优化问题的相关基本概念。

定义 1-1 在式(1-1)中，满足所有约束条件的点称为可行点，全体可行点组成的集合称为可行集(或可行域)，记作

$$F=\{\boldsymbol{x}\in \mathbf{R}^n \mid g_i(\boldsymbol{x})\leqslant 0, i\in I, h_j(\boldsymbol{x})=0, j\in J, \boldsymbol{x}\in X\subseteq \mathbf{R}^n\} \tag{1-2}$$

定义 1-2 对于 $\boldsymbol{x}^*\in F$，若对任意 $\boldsymbol{x}\in F$ 都成立

$$f(\boldsymbol{x}^*)\leqslant f(\boldsymbol{x}) \tag{1-3}$$

则称 $\boldsymbol{x}^*$ 为最优化问题(1-1)的全局极小点，将相应的函数值 $f(\boldsymbol{x}^*)$ 称为全局极小值。若 $\boldsymbol{x}^*$ 还满足对任意的 $\boldsymbol{x}\in F, \boldsymbol{x}\neq \boldsymbol{x}^*$ 有

$$f(\boldsymbol{x}^*)< f(\boldsymbol{x}) \tag{1-4}$$

则称 $\boldsymbol{x}^*$ 为最优化问题(1-1)的严格全局极小点，将相应的函数值 $f(\boldsymbol{x}^*)$ 称为严格全局极小值。

定义 1-3 对于 $\boldsymbol{x}^*\in F$，若存在 $\boldsymbol{x}^*$ 的 $\varepsilon>0$ 邻域

$$N(\boldsymbol{x}^*,\varepsilon)=\{\boldsymbol{x}\in \mathbf{R}^n \mid \|\boldsymbol{x}-\boldsymbol{x}^*\|<\varepsilon\} \tag{1-5}$$

使对每个 $\boldsymbol{x}\in F\cap N(\boldsymbol{x}^*,\varepsilon)$ 成立

$$f(\boldsymbol{x}^*)\leqslant f(\boldsymbol{x}) \tag{1-6}$$

则称 $\boldsymbol{x}^*$ 为最优化问题(1-1)的一个局部极小点，将相应的函数值 $f(\boldsymbol{x}^*)$ 称为局部极小值。若 $\boldsymbol{x}^*$ 还满足对任意的 $\boldsymbol{x}^*\in F\cap N(\boldsymbol{x}^*,\varepsilon), \boldsymbol{x}\neq \boldsymbol{x}^*$ 都有

$$f(\boldsymbol{x}^*)< f(\boldsymbol{x}) \tag{1-7}$$

则称 $\boldsymbol{x}^*$ 为最优化问题(1-1)的一个严格局部极小点，将相应的函数值 $f(\boldsymbol{x}^*)$ 称为严格局部极小值。

显然，全局极小点也是局部极小点，但局部极小点不一定是全局极小点。例如图 1-1 所示的函数，x_1, x_3, x_5, x_7 都是局部极小点，但只有 x_3 是全局极小点。

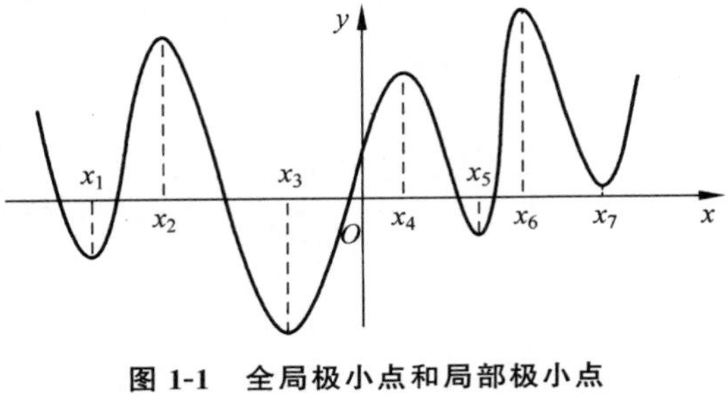

图 1-1 全局极小点和局部极小点

在本书中,一般用 $\boldsymbol{x}^*$ 来表示极小点,有时也称为最优解,并记为

$$\boldsymbol{x}^* = \underset{\boldsymbol{x} \in F}{\operatorname{argmin}} f(\boldsymbol{x}) \tag{1-8}$$

此处 argmin 取自英文 the argument of the minimum。用 f^* 来表示相应的极小值,有时也称为最优值,即

$$f^* = f(\boldsymbol{x}^*) \tag{1-9}$$

1.2.2 最优化问题的分类

最优化是一个非常庞大的研究领域,最优化问题也是形形色色的,多种多样的,本节从不同的角度对最优化问题进行分类。

1. 按照约束种类划分

若 $F = \mathbf{R}^n$,即决策变量取自于整个 n 维向量空间,则称问题(1-1)为无约束优化问题,记作

$$\begin{cases} \min & f(\boldsymbol{x}) \\ \text{s.t.} & \boldsymbol{x} \in \mathbf{R}^n \end{cases} \tag{1-10}$$

若 $F \subset \mathbf{R}^n$,即 F 是 $\mathbf{R}^n$ 的一个真子集,则称问题(1-1)为约束优化问题。约束优化问题又可以进一步地划分为等式约束优化问题,若 $F = \{\boldsymbol{x} \in \mathbf{R}^n \mid h_j(\boldsymbol{x}) = 0, j \in J\}$,记作

$$\begin{cases} \min & f(\boldsymbol{x}) \\ \text{s.t.} & h_j(\boldsymbol{x}) = 0, j \in J \end{cases} \tag{1-11}$$

不等式约束优化问题,若 $F = \{\boldsymbol{x} \in \mathbf{R}^n \mid g_i(\boldsymbol{x}) \leqslant 0, i \in I\}$,记作

$$\begin{cases} \min & f(\boldsymbol{x}) \\ \text{s.t.} & g_i(\boldsymbol{x}) \leqslant 0, i \in I \end{cases} \tag{1-12}$$

箱子集约束优化问题,若 $F \in \{\boldsymbol{x} \in \mathbf{R}^n \mid \boldsymbol{x} \in X \subset \mathbf{R}^n\}$,记作

$$\begin{cases} \min & f(\boldsymbol{x}) \\ \text{s.t.} & \boldsymbol{x} \in X \end{cases} \tag{1-13}$$

和一般约束优化问题,即问题(1-1)。

约束优化问题和无约束优化问题在理论分析和算法设计方面有很大不同。无约束优化问题在求解时只需考虑目标函数的下降,不需要考虑解的可行性,但约束优化问题求解时不仅要考虑目标函数的下降,还需要兼顾解的可行性。一般来讲,约束优化问题的求解比无约束优化问题更难,将约束优化问题转化为无约束优化问题是求解约束优化问题的一种常用策略。

2. 按照目标函数和约束函数的线性性质划分

若目标函数和约束函数都是线性函数,则称问题(1-1)为线性规划问题;若目标函数和约束函数中至少有一个是非线性函数,则称问题(1-1)为非线性规划问题。特别地,若目标函数是二次函数,而约束函数是线性函数,则称问题(1-1)为二次规划问题。

线性规划和非线性规划的理论和算法有很大不同,求解线性规划问题的算法是著名的

单纯形法，目前已经发展得比较成熟了。二次规划是比较简单的非线性规划问题，目前也有比较成熟的理论和算法了。本书主要介绍非线性规划的理论和算法。

3. 按照目标函数和约束函数的解析性质划分

若目标函数和约束函数都是连续可微的，则称问题(1-1)为光滑最优化问题；若目标函数和约束函数中至少有一个是连续但不可微的，则称问题(1-1)为非光滑最优化问题。

光滑最优化和非光滑最优化最大的区别在于下降方向的选取，光滑最优化可以利用目标函数和约束函数的梯度来构造下降方向，而对于非光滑最优化问题要构造类似的下降方向需要借助于次微分或光滑化技术。一般来讲，非光滑最优化要比光滑最优化更难，本书主要介绍光滑最优化。

4. 按照目标函数和可行域的凸性划分

若目标函数为凸函数且可行域为闭凸集，则称问题(1-1)为凸优化问题，否则称为非凸优化问题。

凸优化问题是比较简单的最优化问题，其最大的特点是其局部极小点都是全局极小点，线性规划问题是凸优化问题，二次规划问题若其目标函数是凸二次函数，则也是凸优化问题。非凸优化问题一般有多个局部极小点，而且很难判断某个局部极小点是否是全局极小点。事实上，全局极小点的判断问题(一般称为全局最优性条件)和搜索时从一个局部极小点跳出到另一个更好的局部极小点是非凸优化领域的两大难点问题，至今未能有重大突破。设计非凸优化问题求解算法的一个通常思路是通过求解一系列凸优化子问题来逼近非凸优化问题的解。

5. 按照决策变量的连续性划分

若决策变量是连续变化的(一般指可行集是 $\mathbf{R}^n$ 空间的一个连续子集)，则称问题(1-1)为连续优化问题；反之，若决策变量空间是离散的点集，则称问题(1-1)为离散优化问题。离散优化问题又可以根据点集的不同分为 0-1 规划问题，决策变量只能取 0 或 1；整数规划问题，决策变量只能取整数；混合整数规划问题，决策变量的部分维度可以连续取值，而部分维度只能取整数。

连续优化问题和离散优化问题的理论和算法有很大不同。连续优化问题的算法设计一般会借助目标函数的梯度所提供的下降信息，但离散优化问题的目标函数无梯度概念，自然就不存在基于梯度的下降算法。在很多情况下，离散优化问题可行域中的点是通过某些元素的排列组合产生的，因此，又称其为组合优化问题。

6. 按照目标函数的个数划分

若只有一个目标函数，则称问题(1-1)为单目标规划问题；若有两个或两个以上目标函数，则称问题(1-1)为多目标规划问题。

单目标规划和多目标规划最大的不同在对最优解的定义上，单目标规划问题的全局最优解是绝对最优的，也就是说全局最优解是可行域中函数值最小的点，但大部分多目标规划问题是没有绝对最优解的，因为目标之间是相互冲突的。多目标规划问题的解称为有效解，它表示那些如果要让一个目标下降就必须以另外一个目标增加作为代价的点，一般来讲，有效解是不唯一的。多目标规划和单目标规划也有联系,求解多目标规划的标量化方法便是通过对各个目标进行线性组合将其转换为单目标规划问题求解。

7. 按照模型参数的确定性划分

若最优化问题(1-1)的所有参数都是确定的,则称其为确定性优化问题;反之,若某些参数具有某种不确定性,则称问题(1-1)为不确定性优化问题。不确定性优化问题根据其参数不确定性的方式不同又可以分为随机规划问题、鲁棒优化问题和模糊规划问题。随机规划问题的参数服从某种概率分布,其目标一般是优化某个期望函数。鲁棒优化假设随机参数的概率分布未知,但知道其波动范围,优化目标是其波动范围中的最差情况,对于最小化问题,优化目标是 minmax。模糊优化将目标函数、约束函数均作为解集合上模糊子集处理,用隶属函数表示这两个模糊集合,求取模糊目标和模糊约束的交集,则交集隶属函数的最大化,就是该模糊优化问题的最优解。

最优化问题还有其他一些分类方法,此处不再一一赘述。从 1947 年线性规划产生至今,人们对最优化问题的研究先后经历了从线性到非线性,从连续到离散,从确定到动态再到随机和模糊的发展过程。本书主要介绍目标函数和约束函数均连续可微的确定性优化问题,我们简单地称这类问题为非线性最优化问题或非线性规划问题。

42min

1.3 最优化问题举例

最优化问题广泛存在于科学研究中,许多科学和工程问题被抽象成数学模型以后都是最优化问题。作为案例,以下给出一些科学研究和工程实践中的最优化问题。

【例 1-1】 制造公司的工厂分布在 A、B、C 3 个城市,该公司的经销商分布在 D、E、F、G 4 个城市,公司在 A、B、C 3 个城市的库存量分别为 30 件、40 件、30 件,根据经销商的订单,公司需要向城市 D、E、F、G 分别运送 20 件、20 件、25 件、35 件产品,每件产品在不同城市间的运费如表 1-1 所示,在该表中,最右一列和最后一行分别表示库存量和需求量,求该公司处理这批订单的最佳供货方案。

表 1-1 不同城市之间的运费

货源地	目的地				
	D	E	F	G	库存量
A	7	10	14	8	30
B	7	11	12	6	40
C	5	8	15	9	30
需求量	20	20	25	35	100

解:设从各工厂到不同经销商的运输量为决策变量,即 $x_{ij}, i=1,2,3, j=1,2,3,4$ 表示从工厂 i 向城市 j 的供货量。这里 $i=1,2,3$ 分别表示工厂 A、B、C,$j=1,2,3,4$ 分别表示城市 D、E、F、G。

最佳供货方案是指在满足各种约束的条件下，花费运费最少的方案，所以目标函数应该是总运费，目标是使总运费最小。由题设条件，总运费 C 为

$$C = 7x_{11} + 10x_{12} + 14x_{13} + 8x_{14} + 7x_{21} + 11x_{22} + 12x_{23} + 6x_{24} + 5x_{31} + 8x_{32} + 15x_{33} + 9x_{34}$$

供货方案需要满足的约束条件有 3 种。一是各个工厂的供货量不能超过库存总量，即

$$x_{11} + x_{12} + x_{13} + x_{14} \leqslant 30$$
$$x_{21} + x_{22} + x_{23} + x_{24} \leqslant 40$$
$$x_{31} + x_{32} + x_{33} + x_{34} \leqslant 30$$

二是各个城市的接收量应等于其需求量，即

$$x_{11} + x_{21} + x_{31} = 20$$
$$x_{12} + x_{22} + x_{32} = 20$$
$$x_{13} + x_{23} + x_{33} = 25$$
$$x_{14} + x_{24} + x_{34} = 35$$

三是所有决策变量应为非负，即

$$x_{ij} \geqslant 0, \quad i = 1,2,3, \quad j = 1,2,3,4$$

综上所述，该问题的数学模型为

$$\begin{cases} \min & 7x_{11} + 10x_{12} + 14x_{13} + 8x_{14} + 7x_{21} + 11x_{22} + 12x_{23} + 6x_{24} + \\ & 5x_{31} + 8x_{32} + 15x_{33} + 9x_{34} \\ \text{s. t.} & x_{11} + x_{12} + x_{13} + x_{14} \leqslant 30 \\ & x_{21} + x_{22} + x_{23} + x_{24} \leqslant 40 \\ & x_{31} + x_{32} + x_{33} + x_{34} \leqslant 30 \\ & x_{11} + x_{21} + x_{31} = 20 \\ & x_{12} + x_{22} + x_{32} = 20 \\ & x_{13} + x_{23} + x_{33} = 25 \\ & x_{14} + x_{24} + x_{34} = 35 \\ & x_{ij} \geqslant 0, i = 1,2,3, j = 1,2,3,4 \end{cases}$$

例 1-1 的数学模型是一个线性规划模型。工程实践中的许多问题，如原材料配置问题、食谱问题、生产规划问题、机时分配问题等都可以抽象成线性规划问题。从例 1-1 的建模过程还可以知道，在建立一个实际问题的最优化模型时，总是从决策变量、目标函数、约束条件 3 个要素来考虑。

【例 1-2】 有 4 台机器，用于生产 4 种产品，产品和机器之间可任意搭配，各台机器生产单位产品所需的机时数如表 1-2 所示。试为每种产品指派一台合适的生产机器，使所需要

的总生产机时数最少。

表 1-2 各台机器生产单位产品所需的机时数

机　器	产　品			
	1	**2**	**3**	**4**
机器 1	14	12	10	11
机器 2	10	16	13	15
机器 3	9	15	12	16
机器 4	8	17	14	12

解：设决策变量为 $x_{ij}, i,j=1,2,3,4$ 表示

$$x_{ij}=\begin{cases}0 & \text{机器 } i \text{ 不用于生产产品 } j\\ 1 & \text{机器 } i \text{ 用于生产产品 } j\end{cases}$$

则生产所有产品需要的总机时为

$$C=\sum_{i=1}^{4}\sum_{j=1}^{4}c_{ij}x_{ij}$$

其中，$c_{ij}, i,j=1,2,3,4$ 表示用机器 i 生产产品 j 所需的机时数。由于每台机器只能用于生产一个产品和每个产品只需一台机器，可以得到约束

$$\sum_{i=1}^{4}x_{ij}=1,\quad j=1,2,3,4$$

$$\sum_{j=1}^{4}x_{ij}=1,\quad i=1,2,3,4$$

综上所述，该问题的数学模型为

$$\begin{cases}\min & \displaystyle\sum_{i=1}^{4}\sum_{j=1}^{4}c_{ij}x_{ij}\\ \text{s.t.} & \displaystyle\sum_{i=1}^{4}x_{ij}=1 \qquad j=1,2,3,4\\ & \displaystyle\sum_{j=1}^{4}x_{ij}=1 \qquad i=1,2,3,4\\ & x_{ij}=0 \text{ 或 } 1 \qquad i,j=1,2,3,4\end{cases}$$

例 1-2 是一个指派问题，经常出现在制造业和商业领域中。在制造业中，常见的问题就是为 n 个产品指派 m 台机器进行生产，其他一些类似的问题如为课程指派老师、为货物指派运输车辆、为航班指派机组等，这些问题都可以按指派问题进行建模。指派问题的优化模型是 0-1 规划问题，属于组合优化领域，常见的求解方法有匈牙利法、分支限界法、动态规划法等。

【例 1-3】 在各种预测问题中，经常需要从一系列历史观测数据中得到系统的输入和输出的某种关系，然后运用这种关系来预测新输入的可能输出。预测问题的一般表达如下。

设 $\{\boldsymbol{X}_i, y_i\}_{i=1}^{m}$ 是 m 组观测数据，其中 $\boldsymbol{X}_i=(x_{i1},x_{i2},\cdots,x_{in})^{\mathrm{T}}\in\mathbf{R}^n$ 为输入，$y_i\in\mathbf{R}$ 为

输出。假设输入和输出满足某种线性关系，即

$$y=a_0+a_1x_1+a_2x_2+\cdots+a_nx_n$$

显然，需要求出系数 $a_i, i=0,1,\cdots,n$ 才能知道这种线性关系。根据观测数据，可以列出方程组

$$\begin{cases} y_1 &= a_0+a_1x_{11}+a_2x_{12}+\cdots+a_nx_{1n}+\varepsilon_1 \\ y_2 &= a_0+a_1x_{21}+a_2x_{22}+\cdots+a_nx_{2n}+\varepsilon_2 \\ & \vdots \\ y_m &= a_0+a_1x_{m1}+a_2x_{m2}+\cdots+a_nx_{mn}+\varepsilon_m \end{cases}$$

其中，$\varepsilon_i\sim N(0,\sigma^2), i=1,2,\cdots,m$，并且相互独立，它们描述了观测过程中存在的不可测的随机误差。注意到 $m\gg n$，所以该方程组的精确解是不存在的，只能求出一组近似值 $\hat{a}_i, i=0,1,\cdots,n$ 使它们尽量满足方程组，即求出关系

$$\hat{y}=\hat{a}_0+\hat{a}_1x_1+\hat{a}_2x_2+\cdots+\hat{a}_nx_n$$

并使它计算出的结果和观测值的偏差平方和

$$\begin{aligned} Q &= \sum_{i=1}^{m}(y_i-\hat{y}_i)^2 \\ &= \sum_{i=1}^{m}(y_i-\hat{a}_0-\hat{a}_1x_{i1}-\cdots-\hat{a}_nx_{in})^2 \end{aligned}$$

尽量地小。

以上分析写成优化模型即为

$$\begin{cases} \min & \sum_{i=1}^{m}(y_i-\hat{a}_0-\hat{a}_1x_{i1}-\cdots-\hat{a}_nx_{in})^2 \\ \text{s. t.} & \hat{a}_i\in\mathbf{R}, i=0,1,\cdots,n \end{cases}$$

例 1-3 是线性回归问题，所对应的优化问题是最小二乘问题。最小二乘问题是一类典型的最优化问题，其目标函数是二次函数，所以最小二乘问题也是二次规划问题，是优化中研究得比较成熟的一类问题。

【例 1-4】 图 1-2 是一个复合齿轮系统，其中 T_d 是主动轮，其动力通过传动轮 $T_a(T_b)$ 传递给从动轮 T_f。在复合齿轮系统的设计中，一方面要找到每个齿轮的合适齿数以使齿轮系统的实际传动比尽量接近于最佳传动比(1/6.931)；另一方面要使最大齿轮上的齿数尽量地少。假设 T_d, T_b, T_a, T_f 上的齿数分别为 x_1, x_2, x_3, x_4，显然 $x_i, i=1,2,3,4$ 必为整数，则各个齿轮的齿数确定问题可以描述为以下优化模型

$$\begin{cases} \min & f_1(\boldsymbol{x})=\left(\dfrac{1}{6.931}-\dfrac{x_1x_2}{x_3x_4}\right)^2 \\ \min & f_2(\boldsymbol{x})=\max\{x_1,x_2,x_3,x_4\} \\ \text{s. t.} & 12\leqslant x_i\leqslant 60, i=1,2,3,4 \end{cases}$$

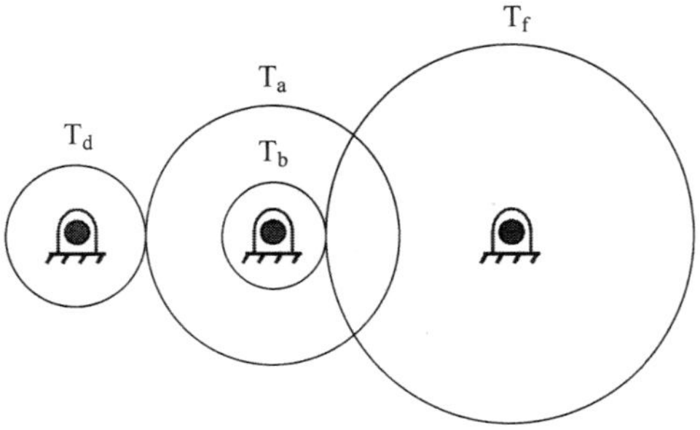

图 1-2 复合齿轮系统

例 1-4 的优化模型是一个多目标规划问题,多目标规划是研究在某种意义下多个数值目标同时最优化的问题。实际上,现实世界中的大多数问题涉及多个目标,因此多目标规划问题的理论和算法也引起了广泛关注。多目标规划是最优化中的一个相对独立的研究领域,超出了本书的讨论范围,故只作简单介绍。

【例 1-5】 有如表 1-3 所示的 6 种货物需要装到船上,其中第 1、2、3、4 种货物只能按数量装载,质量(单位为 T)、体积(单位为 m^3)和价值(单位为万元)均按数量计算;第 5、第 6 种货物可分开装载,体积和价值按质量计算。装载的货物总质量不得超过 2000T,总体积不得超过 $1800m^3$。各种货物总数量不限,试确定合适的装载方案,使装载货物的总价值最大。

表 1-3 例 1-5 的数据

货物 i	质量(T)	体积(m^3/件)	价值(万元/件)
货物 1	8	7	6
货物 2	6	7	8
货物 3	5	6	5
货物 4	9	7	8
货物 5	—	0.9	1.5
货物 6	—	1.1	1.3

解:设 x_1,x_2,x_3,x_4 分别为装载第 1、第 2、第 3、第 4 种货物的数量,x_5,x_6 分别为装载第 5、第 6 种货物的质量,则装载的货物总价值为

$$C=6x_1+8x_2+5x_3+8x_4+1.5x_5+1.3x_6$$

总质量为

$$M=8x_1+6x_2+5x_3+9x_4+x_5+x_6$$

总体积为

$$V=7x_1+7x_2+6x_3+7x_4+0.9x_5+1.1x_6$$

同时考虑到 x_1,x_2,x_3,x_4 只能取非负正整数,x_5,x_6 可以取非负实数,则装载问题的优化模型为

$$
\begin{cases}
\min & 6x_1+8x_2+5x_3+8x_4+1.5x_5+1.3x_6 \\
\text{s. t.} & 8x_1+6x_2+5x_3+9x_4+x_5+x_6 \leqslant 2000 \\
 & 7x_1+7x_2+6x_3+7x_4+0.9x_5+1.1x_6 \leqslant 1800 \\
 & x_1,x_2,x_3,x_4 \text{ 为非负整数} \\
 & x_5,x_6 \geqslant 0
\end{cases}
$$

例 1-5 的优化模型是一个混合整数规划模型，是整数规划问题的一个特例，属于组合优化范畴。除混合整数规划外，这类问题还有 0-1 规划问题、混合 0-1 规划问题、纯整数规划问题等。解决这类问题的主要方法有分支限界法、割平面法、智能优化算法等。

1.4 数学预备知识

52min

本节回顾一些在最优化中经常用的线性代数和数学分析知识。

1.4.1 向量范数

定义 1-4 若实值函数 $\|\cdot\|$: $\mathbf{R}^n \to \mathbf{R}$ 满足下列条件

(1) 非负性：$\|\boldsymbol{x}\| \geqslant 0, \forall \boldsymbol{x} \in \mathbf{R}^n$；$\|\boldsymbol{x}\|=0$ 当且仅当 $\boldsymbol{x}=\mathbf{0}$；

(2) 齐次性：$\|\alpha \boldsymbol{x}\|=|\alpha|\,\|\boldsymbol{x}\|, \forall \alpha \in \mathbf{R}, \boldsymbol{x} \in \mathbf{R}$；

(3) 三角不等式：$\|\boldsymbol{x}+\boldsymbol{y}\| \leqslant \|\boldsymbol{x}\|+\|\boldsymbol{y}\|, \forall \boldsymbol{x}, \boldsymbol{y} \in \mathbf{R}^n$；

则称 $\|\cdot\|$ 为向量范数。

向量范数实际上是一个满足特别条件的函数，这和一般的函数 f 一样，只是向量范数使用了 $\|\cdot\|$ 这个特殊的函数符号。

设 $\boldsymbol{x}=(x_1.x_2,\cdots,x_n)^{\mathrm{T}} \in \mathbf{R}^n$，常用的向量范数有 L_1-范数，L_2-范数和 L_∞-范数，分别为

$$
\begin{aligned}
\|\boldsymbol{x}\|_1 &= \sum_{i=1}^{n} |x_i| \\
\|\boldsymbol{x}\|_2 &= \left(\sum_{i=1}^{n} x_i^2\right)^{\frac{1}{2}} \\
\|\boldsymbol{x}\|_\infty &= \max_{1 \leqslant i \leqslant n} |x_i|
\end{aligned}
\tag{1-14}
$$

更一般地，对于 $1 \leqslant p < \infty$，L_p-范数为

$$
\|\boldsymbol{x}\|_p = \left(\sum_{i=1}^{n} |x_i|^p\right)^{\frac{1}{p}} \tag{1-15}
$$

显然，当 $p=1$ 和 $p=2$ 时，L_p-范数即为 L_1-范数和 L_2-范数。可以证明，当 $p \to \infty$ 时，L_p 范数趋近于 L_∞ 范数。

实际上，范数可以理解为对高维空间中点的距离的一种度量，这种度量在很大程度上决定了空间的度量性质。例如，在二维空间中，不同范数定义下的单位圆的形状是不同的。按

照单位圆的定义,到原点的距离等于定长1的点的集合,若将此处的距离用 L_p-范数来表示,则单位圆的方程为

$$\| \boldsymbol{x} \|_p = 1 \tag{1-16}$$

如图1-3所示,当 $p=2$ 时,式(1-16)所描述的图形就是传统的单位圆,但当 $p=1$ 时,式(1-16)所描述的图形是传统单位圆的内接正方形;当 $p\to\infty$ 时,式(1-16)所描述的图形是传统单位圆的外切正方形。

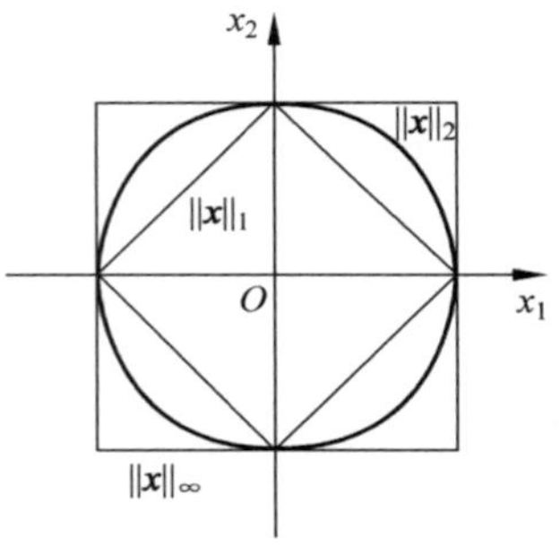

图1-3 不同范数定义下的单位圆

按照向量范数的定义,具体的向量范数应该是很多的,但不同的向量范数之间会满足一定的约束关系,将这种约束关系称为范数的等价性,具体定义如下。

定义1-5 设 $\|\cdot\|_\alpha$ 和 $\|\cdot\|_\beta$ 是 $\mathbf{R}^n$ 上任意两个向量范数,如果存在正数 c_1 和 c_2 使对每个 $\boldsymbol{x}\in\mathbf{R}^n$ 成立

$$c_1 \| \boldsymbol{x} \|_\alpha \leqslant \| \boldsymbol{x} \|_\beta \leqslant c_2 \| \boldsymbol{x} \|_\alpha \tag{1-17}$$

则称向量范数 $\| \boldsymbol{x} \|_\alpha$ 和 $\| \boldsymbol{x} \|_\beta$ 等价。

定理1-1 在 $\mathbf{R}^n$ 中任何两种向量范数均等价。

在 n 维向量空间中引入向量范数是必要的,因为若要考虑 n 维向量序列的收敛性,就必定涉及向量间的距离,也就是向量范数,而定理1-1的意义在于对于一个 n 维向量序列,若能够证明其在某个向量范数下收敛,就一定能够保证其在所有向量范数下都收敛,所以在证明 n 维向量序列收敛时,一般应选择比较简单的向量范数来证明。

1.4.2 方阵范数

关于方阵的范数定义如下。

定义1-6 若对任意 $\boldsymbol{A}\in\mathbf{R}^{n\times n}$ 都有一个实数 $\|\boldsymbol{A}\|$ 与之对应,并且满足

(1) 非负性:$\|\boldsymbol{A}\|\geqslant 0$,$\|\boldsymbol{A}\|=0$ 当且仅当 $\boldsymbol{A}=\boldsymbol{O}$($\boldsymbol{O}$ 表示零矩阵);

(2) 齐次性:对任意 $\lambda\in\boldsymbol{R}$,$\|\lambda\boldsymbol{A}\|=|\lambda|\,\|\boldsymbol{A}\|$;

(3) 三角不等式:对任意 $\boldsymbol{A},\boldsymbol{B}\in\mathbf{R}^{n\times n}$ 都有 $\|\boldsymbol{A}+\boldsymbol{B}\|\leqslant\|\boldsymbol{A}\|+\|\boldsymbol{B}\|$;

(4) 相容性:对任意 $\boldsymbol{A},\boldsymbol{B}\in\mathbf{R}^{n\times n}$ 都有 $\|\boldsymbol{AB}\|\leqslant\|\boldsymbol{A}\|\,\|\boldsymbol{B}\|$;

则称 $\|\boldsymbol{A}\|$ 为 $\mathbf{R}^{n\times n}$ 上方阵 $\boldsymbol{A}$ 的范数,简称方阵范数。

设 $\boldsymbol{A}\in\mathbf{R}^{n\times n}$ 是一个方阵,以下是几个常见的方阵范数。

(1) m_1-范数

$$\| \boldsymbol{A} \|_{m_1} = \sum_{i=1}^{n}\sum_{j=1}^{n} |a_{ij}| \tag{1-18}$$

(2) Frobenius 范数,简称 F-范数

$$\| \boldsymbol{A} \|_F = \left(\sum_{i=1}^{n}\sum_{j=1}^{n} (a_{ij})^2\right)^{\frac{1}{2}} = \sqrt{\mathrm{tr}(\boldsymbol{A}^{\mathrm{T}}\boldsymbol{A})} \tag{1-19}$$

(3) m_∞-范数,也称最大范数

$$\| \mathbf{A} \|_{m_\infty} = n \cdot \max_{i,j} | a_{ij} | \tag{1-20}$$

显然,方阵的 m_1-范数、F-范数和 m_∞-范数分别对应着向量的 L_1-范数、L_2-范数和 L_∞-范数。

(4) 1-范数,也称列和范数

$$\| \mathbf{A} \|_1 = \max_{1\leqslant j\leqslant n} \sum_{i=1}^{n} | a_{ij} | \tag{1-21}$$

(5) 2-范数,也称谱范数

$$\| \mathbf{A} \|_2 = \sqrt{\lambda_{\mathbf{A}^{\mathrm{T}}\mathbf{A}}^{\max}} \tag{1-22}$$

其中,$\lambda_{\mathbf{A}^{\mathrm{T}}\mathbf{A}}^{\max}$ 是 $\mathbf{A}^{\mathrm{T}}\mathbf{A}$ 的最大特征值。

(6) ∞-范数,也称行和范数

$$\| \mathbf{A} \|_\infty = \max_{1\leqslant i\leqslant n} \sum_{j=1}^{n} | a_{ij} | \tag{1-23}$$

1.4.3　序列的极限

定义 1-7　设$\{\boldsymbol{x}_k\}$是 $\mathbf{R}^n$ 中一个向量序列,$\boldsymbol{x}^* \in \mathbf{R}^n$,如果对任意给定的 $\varepsilon>0$,存在正整数 K,使当 $k>K$ 时,有 $\| \boldsymbol{x}_k - \boldsymbol{x}^* \| < \varepsilon$,则称序列收敛到 $\boldsymbol{x}^*$,或称序列以 $\boldsymbol{x}^*$ 为极限,记作 $\lim\limits_{k\to\infty} \boldsymbol{x}_k = \boldsymbol{x}^*$。

和数列极限一样,向量序列若存在极限,则其任意子序列也存在极限,并且极限相同,即序列的极限是唯一的。

定义 1-8　设$\{\boldsymbol{x}_k\}$是 $\mathbf{R}^n$ 中的一个向量序列,$\bar{\boldsymbol{x}} \in \mathbf{R}^n$,如果存在一个子序列$\{\boldsymbol{x}_{k_j}\}$使 $\lim\limits_{k_j\to\infty} \boldsymbol{x}_{k_j} = \bar{\boldsymbol{x}}$,则称 $\bar{\boldsymbol{x}}$ 是$\{\boldsymbol{x}_k\}$的一个聚点。

一个向量序列可能有多个聚点,但不一定收敛。反之,一个收敛的向量序列只有一个聚点,就是其极限点。若无穷序列有界,即存在正数 M,使对所有 k 均有 $\| \boldsymbol{x}_k \| \leqslant M$,则这个序列必存在聚点。

定义 1-9　设$\{\boldsymbol{x}_k\}$是 $\mathbf{R}^n$ 中的一个向量序列,如果对任意给定的 $\varepsilon>0$,总存在正整数 K,使当 $k,l>K$ 时,有 $\| \boldsymbol{x}_k - \boldsymbol{x}_l \| < \varepsilon$,则向量序列$\{\boldsymbol{x}_k\}$称为柯西(Cauchy)序列。

在 $\mathbf{R}^n$ 中,柯西序列一定收敛。

1.4.4　梯度、海森矩阵、泰勒展式

1. 梯度、海森矩阵

设集合 $S\subseteq\mathbf{R}^n$ 非空,$f(\boldsymbol{x})$为定义在 S 上的实函数,如果 f 在每点 $\boldsymbol{x}\in S$ 连续,则称 f 在 S 上连续,记作 $f\in C(S)$。再设 S 为开集,如果在每点 $\boldsymbol{x}\in S$,对所有 $i=1,2,\cdots,n$,偏导数$\partial f(\boldsymbol{x})/\partial x_i$ 存在且连续,则称 f 在开集 S 上连续可微,记作 $f\in C^1(S)$。如果在每点 $\boldsymbol{x}\in S$,对所有 $i=1,2,\cdots,n$ 和 $j=1,2,\cdots,n$,二阶偏导数$\partial^2 f(\boldsymbol{x})/\partial x_i \partial x_j$ 存在且连续,则称 f 在

开集 S 上二次连续可微,记作 $f\in C^2(S)$。

定义 1-10 设 $f:\mathbf{R}^n\to\mathbf{R}$ 为定义在 $S\in\mathbf{R}^n$ 上的函数,则函数 f 关于 $\boldsymbol{x}$ 的梯度为 n 维列向量

$$\nabla f(\boldsymbol{x})\triangleq\begin{bmatrix}\dfrac{\partial f}{\partial x_1}\\ \dfrac{\partial f}{\partial x_2}\\ \vdots\\ \dfrac{\partial f}{\partial x_n}\end{bmatrix}\tag{1-24}$$

函数 f 关于 $\boldsymbol{x}$ 的二阶梯度(也称为海森(Hessian)矩阵)为

$$\nabla^2 f(\boldsymbol{x})\triangleq\begin{bmatrix}\dfrac{\partial^2 f}{\partial x_1^2} & \dfrac{\partial^2 f}{\partial x_1\partial x_2} & \cdots & \dfrac{\partial^2 f}{\partial x_1\partial x_n}\\ \dfrac{\partial^2 f}{\partial x_2\partial x_1} & \dfrac{\partial^2 f}{\partial x_2^2} & \cdots & \dfrac{\partial^2 f}{\partial x_2\partial x_n}\\ \vdots & \vdots & & \vdots\\ \dfrac{\partial^2 f}{\partial x_n\partial x_1} & \dfrac{\partial^2 f}{\partial x_n\partial x_2} & \cdots & \dfrac{\partial^2 f}{\partial x_n^2}\end{bmatrix}\tag{1-25}$$

例如,设线性函数 $f(\boldsymbol{x})=\boldsymbol{a}^{\mathrm{T}}\boldsymbol{x}+b$,其中 $\boldsymbol{a}\in\mathbf{R}^n$ 是 n 维列向量,$b\in\mathbf{R}$ 是常数,则函数 $f(\boldsymbol{x})$ 关于 $\boldsymbol{x}$ 的梯度为 $\nabla f(\boldsymbol{x})=\boldsymbol{a}$,海森矩阵为 $\nabla^2 f(\boldsymbol{x})=\boldsymbol{O}$。

再例如,设二次函数 $f(\boldsymbol{x})=\dfrac{1}{2}\boldsymbol{x}^{\mathrm{T}}\boldsymbol{A}\boldsymbol{x}+\boldsymbol{b}^{\mathrm{T}}\boldsymbol{x}+c$,其中 $\boldsymbol{A}$ 是 n 阶对称矩阵,$\boldsymbol{b}\in\mathbf{R}^n$ 是 n 维列向量,$c\in\mathbf{R}$ 是常数,则函数 $f(\boldsymbol{x})$ 关于 $\boldsymbol{x}$ 的梯度为 $\nabla f(\boldsymbol{x})=\boldsymbol{A}\boldsymbol{x}+\boldsymbol{b}$,海森矩阵为 $\nabla^2 f(\boldsymbol{x})=\boldsymbol{A}$。

2. 泰勒展式

设 $f:\mathbf{R}^n\to\mathbf{R}$ 是 $S\subseteq\mathbf{R}^n$ 上的连续可微函数,即 $f\in C^1(S)$,给定点 $\bar{\boldsymbol{x}}\in S$,则 $f(\boldsymbol{x})$ 在点 $\bar{\boldsymbol{x}}$ 的一阶泰勒(Taylor)展式为

$$f(\boldsymbol{x})=f(\bar{\boldsymbol{x}})+\nabla f(\bar{\boldsymbol{x}})^{\mathrm{T}}(\boldsymbol{x}-\bar{\boldsymbol{x}})+o(\|\boldsymbol{x}-\bar{\boldsymbol{x}}\|)\tag{1-26}$$

其中,$o(\|\boldsymbol{x}-\bar{\boldsymbol{x}}\|)$是关于 $\|\boldsymbol{x}-\bar{\boldsymbol{x}}\|$ 的高阶无穷小量。

设 $f:\mathbf{R}^n\to\mathbf{R}$ 是 $S\subseteq\mathbf{R}^n$ 上的二次连续可微函数,即 $f\in C^2(S)$,给定点 $\bar{\boldsymbol{x}}\in S$,则 $f(\boldsymbol{x})$ 在点 $\bar{\boldsymbol{x}}$ 的二阶泰勒展式为

$$f(\boldsymbol{x})=f(\bar{\boldsymbol{x}})+\nabla f(\bar{\boldsymbol{x}})^{\mathrm{T}}(\boldsymbol{x}-\bar{\boldsymbol{x}})+\frac{1}{2}(\boldsymbol{x}-\bar{\boldsymbol{x}})^{\mathrm{T}}\nabla^2 f(\bar{\boldsymbol{x}})(\boldsymbol{x}-\bar{\boldsymbol{x}})+o(\|\boldsymbol{x}-\bar{\boldsymbol{x}}\|^2)\tag{1-27}$$

其中 $o(\|\boldsymbol{x}-\bar{\boldsymbol{x}}\|^2)$是关于 $\|\boldsymbol{x}-\bar{\boldsymbol{x}}\|^2$ 的高阶无穷小量。

一阶和二阶泰勒展式是最优化中经常用的函数近似方法。在式(1-26)和式(1-27)中,

如果忽略高阶无穷小部分，则其实是相当于在点 $\bar{\boldsymbol{x}}$ 处对函数 $f(\boldsymbol{x})$进行线性和二次近似。

1.4.5 雅可比矩阵、链式法则

1. 雅可比矩阵

考虑向量值函数 $\boldsymbol{F}:\mathbf{R}^n\to\mathbf{R}^m$

$$\boldsymbol{F}(\boldsymbol{x})=(f_1(\boldsymbol{x}),f_2(\boldsymbol{x}),\cdots,f_m(\boldsymbol{x}))^{\mathrm{T}} \tag{1-28}$$

其中，分量函数 $f_i:\mathbf{R}^n\to\mathbf{R},i=1,2,\cdots,m$ 为 n 元实值函数，假设对所有的 i,j 偏导数$\partial f_i/\partial x_j$ 存在，则函数 $\boldsymbol{F}(\boldsymbol{x})$关于 $\boldsymbol{x}$ 的雅可比(Jacobi)矩阵为

$$\boldsymbol{J}_{\boldsymbol{F}}(\boldsymbol{x})=\begin{bmatrix}\dfrac{\partial f_1}{\partial x_1} & \dfrac{\partial f_1}{\partial x_2} & \cdots & \dfrac{\partial f_1}{\partial x_n}\\ \dfrac{\partial f_2}{\partial x_1} & \dfrac{\partial f_2}{\partial x_2} & \cdots & \dfrac{\partial f_2}{\partial x_n}\\ \vdots & \vdots & & \vdots\\ \dfrac{\partial f_m}{\partial x_1} & \dfrac{\partial f_m}{\partial x_2} & \cdots & \dfrac{\partial f_m}{\partial x_n}\end{bmatrix} \tag{1-29}$$

$\boldsymbol{J}_{\boldsymbol{F}}(\boldsymbol{x})$实际上是向量值函数 $\boldsymbol{F}(\boldsymbol{x})$关于 $\boldsymbol{x}$ 的导数，所以也记作 $\boldsymbol{F}'(\boldsymbol{x})$或$\nabla\boldsymbol{F}(\boldsymbol{x})$，这里 $\nabla\boldsymbol{F}(\boldsymbol{x})=(\nabla f_1(\boldsymbol{x}),\nabla f_2(\boldsymbol{x}),\cdots,\nabla f_m(\boldsymbol{x}))^{\mathrm{T}}$。

实际上，n 元实值函数 $f:\mathbf{R}^n\to\mathbf{R}$ 的梯度就是一个向量值函数，按照雅可比矩阵的定义，$\nabla f(\boldsymbol{x})$的雅可比矩阵就是 $f(\boldsymbol{x})$的海森矩阵，即 $\boldsymbol{J}_{\nabla f}(\boldsymbol{x})=\nabla(\nabla f(\boldsymbol{x}))=\nabla^2 f(\boldsymbol{x})$。

【例 1-6】 设向量值函数 $\boldsymbol{F}:\mathbf{R}^2\to\mathbf{R}^3$ 为

$$\boldsymbol{F}(\boldsymbol{x})=(f_1(\boldsymbol{x}),f_2(\boldsymbol{x}),f_3(\boldsymbol{x}))^{\mathrm{T}}=\begin{bmatrix}\mathrm{e}^{x_1+2x_2}\\ \cos x_1+\sin x_2\\ 3x_1^2x_2^3\end{bmatrix}$$

则 $\boldsymbol{F}(\boldsymbol{x})$在任意点 $\boldsymbol{x}=(x_1,x_2)^{\mathrm{T}}$ 的雅可比矩阵为

$$\boldsymbol{J}_{\boldsymbol{F}}(\boldsymbol{x})=\begin{bmatrix}\mathrm{e}^{x_1+2x_2} & 2\mathrm{e}^{x_1+2x_2}\\ -\sin x_1 & \cos x_2\\ 6x_1x_2^3 & 9x_1^2x_2^2\end{bmatrix}$$

2. 链式法则

设有复合函数 $\boldsymbol{h}:\mathbf{R}^n\to\mathbf{R}^k$，$\boldsymbol{h}(\boldsymbol{x})=\boldsymbol{f}(\boldsymbol{g}(\boldsymbol{x}))$，其中 $\boldsymbol{g}:\mathbf{R}^n\to\mathbf{R}^m$，$\boldsymbol{f}:\mathbf{R}^m\to\mathbf{R}^k$，并且 $\boldsymbol{g}$ 和 $\boldsymbol{f}$ 均可微，则复合函数求导的链式法则为

$$\boldsymbol{h}'(\boldsymbol{x})=\boldsymbol{f}'(\boldsymbol{g}(\boldsymbol{x}))\boldsymbol{g}'(\boldsymbol{x}),\quad \boldsymbol{x}\in\mathbf{R}^n \tag{1-30}$$

其中 $\boldsymbol{f}'$和 $\boldsymbol{g}'$分别为 $k\times m$ 矩阵和 $m\times n$ 矩阵，$\boldsymbol{h}'$为 $k\times n$ 矩阵。若记$\nabla\boldsymbol{f}=(\nabla f_1,\nabla f_2,\cdots,\nabla f_k)^{\mathrm{T}}$，$\nabla\boldsymbol{g}=(\nabla g_1,\nabla g_2,\cdots,\nabla g_m)^{\mathrm{T}}$，则式(1-30)也可以写成

$$\nabla \boldsymbol{h}(\boldsymbol{x})=\nabla \boldsymbol{f}(\boldsymbol{g}(\boldsymbol{x}))\nabla \boldsymbol{g}(\boldsymbol{x}) \tag{1-31}$$

【例 1-7】 设复合函数 $\boldsymbol{h}(\boldsymbol{x})=\boldsymbol{f}(\boldsymbol{g}(\boldsymbol{x}))$,其中

$$\boldsymbol{f}(\boldsymbol{g})=\begin{bmatrix} f_1(\boldsymbol{g}) \\ f_2(\boldsymbol{g}) \end{bmatrix}=\begin{bmatrix} g_1^2-g_2 \\ g_1+g_2^2 \end{bmatrix},\quad \boldsymbol{g}(\boldsymbol{x})=\begin{bmatrix} g_1(\boldsymbol{x}) \\ g_2(\boldsymbol{x}) \end{bmatrix}=\begin{bmatrix} x_1+x_2 \\ x_1-x_3 \end{bmatrix}$$

则 $\boldsymbol{g}(\boldsymbol{x})$关于 $\boldsymbol{x}$ 的导数为

$$\boldsymbol{g}'(\boldsymbol{x})=\begin{bmatrix} 1 & 1 & 0 \\ 1 & 0 & -1 \end{bmatrix}$$

$\boldsymbol{f}(\boldsymbol{g})$关于 $\boldsymbol{g}$ 的导数为

$$\boldsymbol{f}'(\boldsymbol{g})=\begin{bmatrix} 2g_1 & -1 \\ 1 & 2g_2 \end{bmatrix}$$

由链式法则,$\boldsymbol{h}(\boldsymbol{x})$关于 $\boldsymbol{x}$ 的导数为

$$\begin{aligned} \boldsymbol{h}'(\boldsymbol{x}) &= \boldsymbol{f}'(\boldsymbol{g}(\boldsymbol{x}))\boldsymbol{g}'(\boldsymbol{x}) \\ &= \begin{bmatrix} 2g_1 & -1 \\ 1 & 2g_2 \end{bmatrix}\begin{bmatrix} 1 & 1 & 0 \\ 1 & 0 & -1 \end{bmatrix} \\ &= \begin{bmatrix} 2g_1-1 & 2g_1 & 1 \\ 1+2g_2 & 1 & -2g_2 \end{bmatrix} \\ &= \begin{bmatrix} 2x_1+2x_2-1 & 2x_1+2x_2 & 1 \\ 1+2x_1-2x_3 & 1 & -2x_1+2x_3 \end{bmatrix} \end{aligned}$$

1.5 凸集与凸函数

109min

凸集和凸函数是线性规划和非线性规划都要涉及的基本概念,是最优化的理论基础。本节只对凸集和凸函数做一般性介绍,想要对这部分知识有更深入了解的读者可以查阅相关专著。

1.5.1 凸集

定义 1-11 设 $S\in \mathbf{R}^n$,如果连接集合 S 中任意两点的线段都在 S 内,则称 S 为凸集,即

$$\boldsymbol{x}_1,\boldsymbol{x}_2\in S\Rightarrow \alpha\boldsymbol{x}_1+(1-\alpha)\boldsymbol{x}_2\in S,\forall \alpha\in[0,1] \tag{1-32}$$

在图 1-4 中,(a)和(b)是凸集,(c)和(d)为非凸集,其中(d)的长方形不含部分边界点。

在定义 1-11 中,式(1-32)称为 $\boldsymbol{x}_1,\boldsymbol{x}_2$ 的一个凸组合,可以将其推广到 k 个点的凸组合,即

$$\boldsymbol{x}=\alpha_1\boldsymbol{x}_1+\alpha_2\boldsymbol{x}_2+\cdots+\alpha_k\boldsymbol{x}_k,\alpha_1+\alpha_2+\cdots+\alpha_k=1,\alpha_i\geqslant 0,\quad i=1,2,\cdots,k \tag{1-33}$$

集合 S 的所有点的凸组合构成包括集合 S 的最小凸集，称为集合 S 的凸包，记为 $\mathrm{conv}(S)$，如图 1-5 所示，(a)为离散点集的凸包，(b)为扇形(图 1-4(c))的凸包。

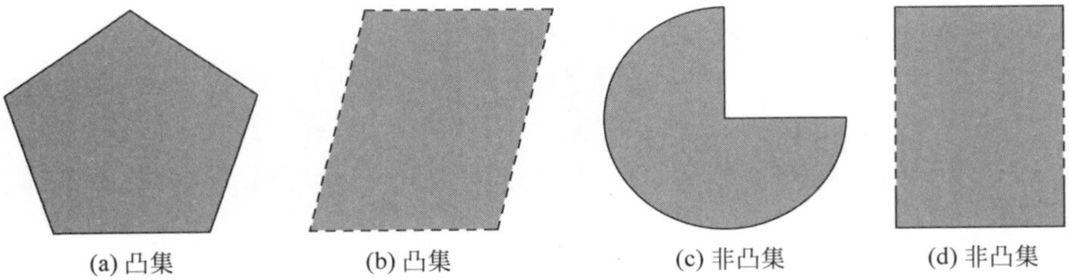

图 1-4　凸集的定义

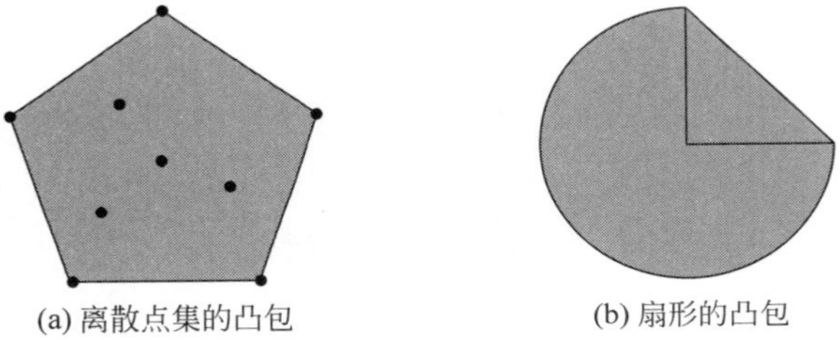

图 1-5　凸包

1.5.2　典型的凸集

下面介绍一些典型的凸集，这些凸集也是线性规划和非线性规划中经常用的重要凸集。在此只进行介绍，不证明，有兴趣的读者可以自行写出这些凸集的证明过程。

1. 超平面和半空间

任取非零向量$\boldsymbol{\alpha} \in \mathbf{R}^n$，形如

$$\{\boldsymbol{x} \in \mathbf{R}^n \mid \boldsymbol{\alpha}^{\mathrm{T}}\boldsymbol{x} = b\} \tag{1-34}$$

的集合称为超平面(如图 1-6(a)所示)，形如

$$\{\boldsymbol{x} \in \mathbf{R}^n \mid \boldsymbol{\alpha}^{\mathrm{T}}\boldsymbol{x} \leqslant b\} \tag{1-35}$$

的集合称为半空间(如图 1-6(b)所示)。$\boldsymbol{\alpha}$ 是对应超平面和半空间的法向量。容易证明，超平面和半空间都是凸集。

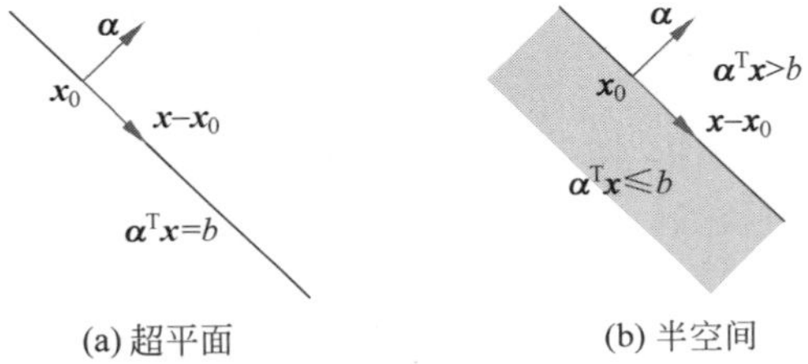

图 1-6　超平面和半空间

2. 直线和射线

设 $\boldsymbol{x}_0 \in \mathbf{R}^n$ 为一定点，$\boldsymbol{d} \in \mathbf{R}^n$ 为一给定的非零向量，则集合

$$L_1 = \{\boldsymbol{x} \in \mathbf{R}^n \mid \boldsymbol{x} = \boldsymbol{x}_0 + \lambda \boldsymbol{d}, \lambda \in \mathbf{R}\} \tag{1-36}$$

表示一条过点 $\boldsymbol{x}_0$ 且方向向量为 $\boldsymbol{d}$ 的直线(如图 1-7(a)所示)。集合

$$L_2 = \{\boldsymbol{x} \in \mathbf{R}^n \mid \boldsymbol{x} = \boldsymbol{x}_0 + \lambda \boldsymbol{d}, \lambda \geqslant 0\} \tag{1-37}$$

表示一条从 $\boldsymbol{x}_0$ 出发，沿方向 $\boldsymbol{d}$ 延伸的射线(如图 1-7(b)所示)。容易验证，直线 L_1 和射线 L_2 都是凸集。

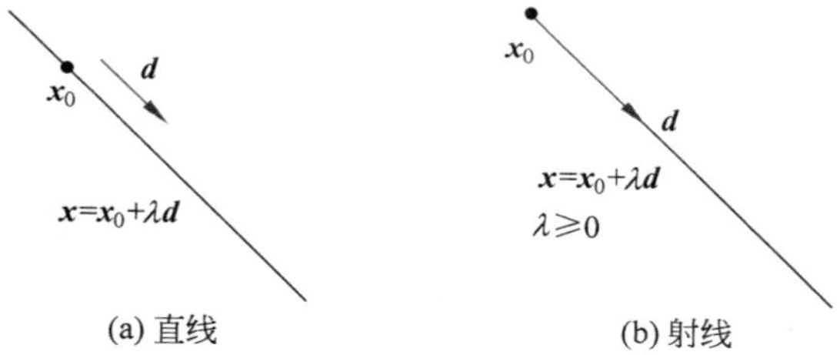

图 1-7　直线和射线

3. 球、椭球

球和椭球也是常见的凸集。球是到空间中的定点的距离小于或等于定长的点的集合，即

$$S_2 = \left\{\boldsymbol{x} \in \mathbf{R}^n \mid \left(\sum_{i=1}^{n} (x_i - a_i)^2\right)^{\frac{1}{2}} \leqslant r\right\} \tag{1-38}$$

其中，$\boldsymbol{a} = (a_1, a_2, \cdots, a_n)^{\mathrm{T}} \in \mathbf{R}^n$ 是定点，即球心，$r \in \mathbf{R}, r > 0$ 是定长，即半径。在定义球时也可以用其他范数诱导出的距离，例如 1-范数球定义为

$$S_1 = \left\{\boldsymbol{x} \in \mathbf{R}^n \mid \|\boldsymbol{x} - \boldsymbol{a}\|_1 = \sum_{i=1}^{n} |x_i - a_i| \leqslant r\right\} \tag{1-39}$$

∞-范数球定义为

$$S_\infty = \{\boldsymbol{x} \in \mathbf{R}^n \mid \|\boldsymbol{x} - \boldsymbol{a}\|_\infty = \max_{1 \leqslant i \leqslant n} \{|x_i - a_i|\} \leqslant r\} \tag{1-40}$$

p-范数球定义为

$$S_p = \left\{\boldsymbol{x} \in \mathbf{R}^n \mid \|\boldsymbol{x} - \boldsymbol{a}\|_p = \left(\sum_{i=1}^{n} (x_i - a_i)^p\right)^{\frac{1}{p}} \leqslant r\right\} \tag{1-41}$$

可以证明，当 $p=1, p=2$ 和 $p=\infty$ 时，p-范数球分别为 1-范数球、2-范数球(欧几里得球)和∞-范数球。使用不同范数得到的球形状不一，但它们都满足到定点的距离小于或等于定长这一条件。图 1-8 展示了 $\mathbf{R}^2$ 上的单位 1-范数球、2-范数球和∞-范数球。可以证明，p-范数球都是凸集。

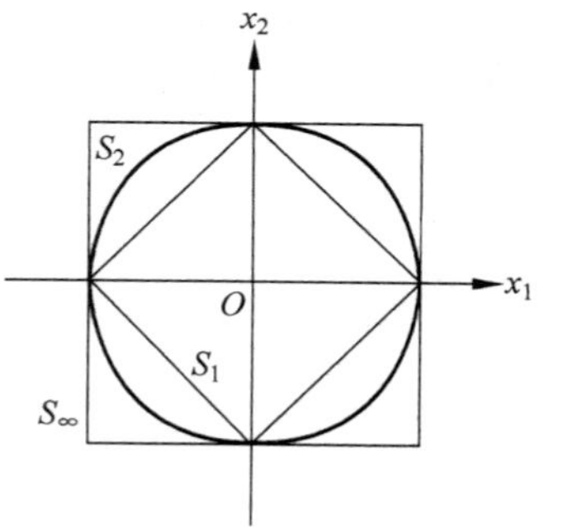

图 1-8　范数球

4. 锥

设有集合 $C\subset\mathbf{R}^n$，若对任意 $\boldsymbol{x}\in C$，当 $\lambda\geqslant 0$ 时都有 $\lambda\boldsymbol{x}\in C$，则称 C 为锥。又若 C 为凸集，则称 C 为凸锥，如图 1-9 所示，其中(a)是凸锥，(b)是锥，但不是凸锥。

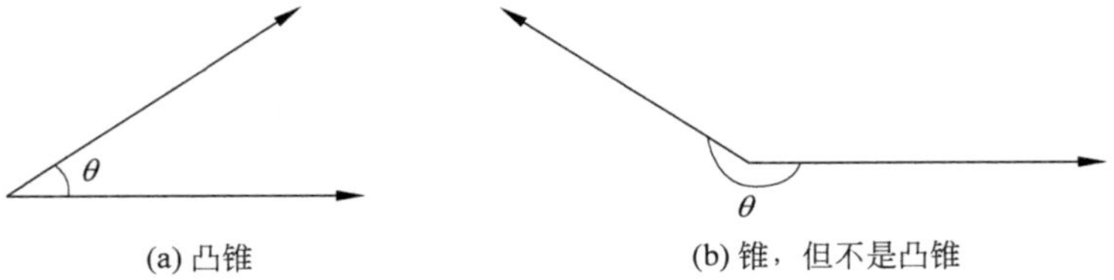

图 1-9 锥和凸锥

向量集$\{\boldsymbol{a}_1,\boldsymbol{a}_2,\cdots,\boldsymbol{a}_k\}$的所有非负线性组合构成一个凸锥，即

$$C=\left\{\boldsymbol{x}\in\mathbf{R}^n \mid \boldsymbol{x}=\sum_{i=1}^{k}\lambda_i\boldsymbol{a}_i,\lambda_i\geqslant 0,i=1,2,\cdots,k\right\} \tag{1-42}$$

称集合

$$C=\{(\boldsymbol{x},t)\in\mathbf{R}^n\times\mathbf{R} \mid \|\boldsymbol{x}\|\leqslant t\} \tag{1-43}$$

为范数锥。若 $\|\cdot\|$ 定义为 2-范数，则 C 称为二次锥。范数锥也是凸集。

5. 多面体

把满足线性等式和不等式组的点构成的集合称为多面体，即

$$S=\{\boldsymbol{x}\in\mathbf{R}^n \mid \boldsymbol{A}\boldsymbol{x}\leqslant b,\boldsymbol{C}\boldsymbol{x}=d\} \tag{1-44}$$

其中，$\boldsymbol{A}\in\mathbf{R}^{m\times n}$，$C\in\mathbf{R}^{p\times n}$，$\leqslant$表示左边向量的每个分量均小于或等于右边向量的对应分量。多面体实际上是有限个半空间和超平面的交集，因此是凸集。

1.5.3 凸集分离定理

凸集可以用超平面分离是凸集的一个重要性质，在凸优化中，许多重要结论都需要用凸集分离定理来证明。

所谓集合的分离，直观上讲是指两个集合是分开的，没有公共元素。从二维平面上的集合来看，集合的分离方式有线性分离和非线性分离。线性分离是指存在一条直线可以将两个集合分居直线两侧，例如图 1-10(a)中两个集合 S_1，S_2 可以被直线 l 分开；非线性分离则不然，例如图 1-10(b)中的两个集合 A，B 是分离的，但并不存在一条直线可以将它们分开。凸集的一个重要特点是两个不相交的凸集的线性分离总是存在的，这便是凸集分离定理。

定义 1-12 设 S_1 和 S_2 是 $\mathbf{R}^n$ 中的两个非空集合，$H=\{\boldsymbol{x}\in\mathbf{R}^n \mid \boldsymbol{p}^{\mathrm{T}}\boldsymbol{x}=\alpha\}$为超平面，如果对每个 $\boldsymbol{x}\in S_1$ 都有 $\boldsymbol{p}^{\mathrm{T}}\boldsymbol{x}\geqslant\alpha$，对于每个 $\boldsymbol{x}\in S_2$ 都有 $\boldsymbol{p}^{\mathrm{T}}\boldsymbol{x}\leqslant\alpha$(或情形正好相反)，则称超平面 H 分离集合 S_1 和 S_2，如图 1-10(a)所示。

定理 1-2 设 $S\subset\mathbf{R}^n$ 为非空闭凸集，$\boldsymbol{y}\notin S$，则存在唯一点 $\boldsymbol{x}^*\in S$，使

$$\|\boldsymbol{y}-\boldsymbol{x}^*\|=\min_{\boldsymbol{x}\in S}\|\boldsymbol{y}-\boldsymbol{x}\| \tag{1-45}$$

定理 1-2 给出了闭凸集的一个显然性质，即集合外一点到集合上点的最小距离能取到，

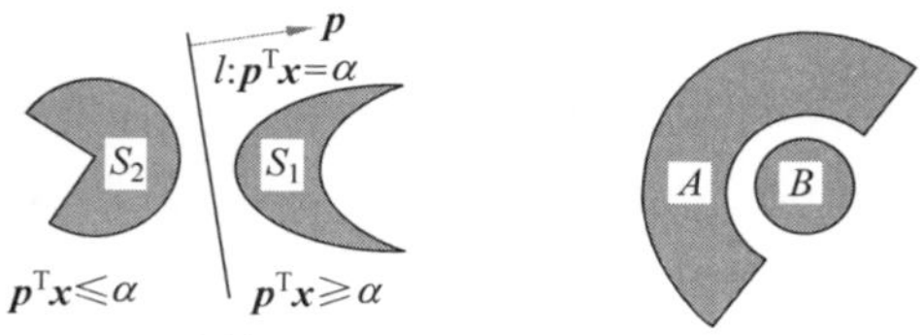

(a) 线性分离　　(b) 非线性分离

图 1-10　集合的线性和非线性分离

而且达到最小距离的集合上的点是唯一的,如图 1-11(a)所示。值得注意的是定理条件中的闭性和凸性是必需的,如图 1-11(b)所示,若集合是开凸集,则下确界存在,但不能取到;另一方面,如图 1-11(c)所示,若 S 不是凸集,则达到最小距离的点可能不是唯一的。

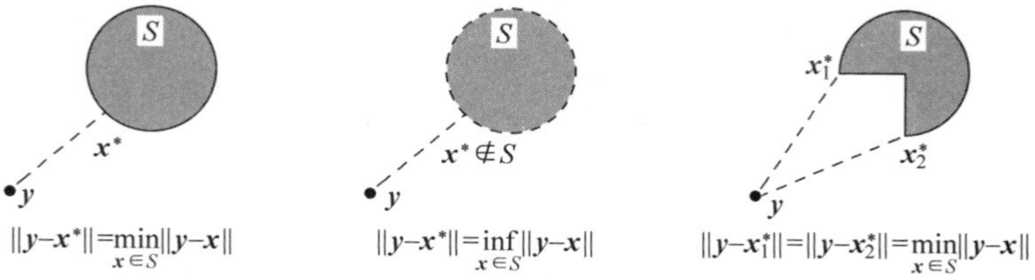

(a) x^*是唯一的　　(b) 闭性是必须的　　(c) 凸性是必须的

图 1-11　凸集分离定理示意图

定理 1-3　设 $S\subset\mathbf{R}^n$ 为非空凸集,$\boldsymbol{y}\notin S$,则存在非零向量 $\boldsymbol{p}$,使对 S 的闭包中的每点,即 $\boldsymbol{x}\in \mathrm{cl}S$,其中 cl 表示闭包,有 $\boldsymbol{p}^{\mathrm{T}}(\boldsymbol{x}-\boldsymbol{y})\leqslant 0$。

定理 1-3 可以由定理 1-2 推出,其作用是保证了分离超平面的存在性。实际上,如图 1-12 所示,$\boldsymbol{p}^{\mathrm{T}}(\boldsymbol{x}-\boldsymbol{y})\leqslant 0$ 表示向量 $\boldsymbol{p}$ 和向量 $\boldsymbol{x}-\boldsymbol{y}$,$\boldsymbol{x}\in S$ 的夹角大于 $\pi/2$,而向量 $\boldsymbol{x}-\boldsymbol{y}$,$\forall \boldsymbol{x}\in S$ 的范围就在经过 $\boldsymbol{y}$ 的凸集 S 的两条切线所夹的范围内,即图中的 θ 角范围。若这两条切线的法向量分别为 $\boldsymbol{p}_1$ 和 $\boldsymbol{p}_2$,则在 $\boldsymbol{p}_1$ 和 $\boldsymbol{p}_2$ 所夹的区域(图中 γ 角的阴影部分)的所有方向 $\boldsymbol{p}$ 都满足 $\boldsymbol{p}^{\mathrm{T}}(\boldsymbol{x}-\boldsymbol{y})\leqslant 0$,$\forall \boldsymbol{x}\in S$,这些 $\boldsymbol{p}$ 都可以作为分离超平面的法向量。

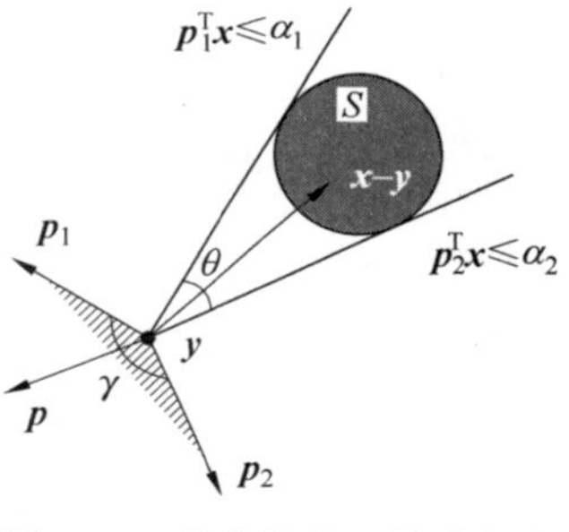

图 1-12　分离超平面的法向量

基于以上定理,可以得到如下凸集分离定理。

定理 1-4　设 S_1 和 S_2 是 $\mathbf{R}^n$ 中的两个非空凸集,$S_1\cap S_2=\varnothing$,则存在非零向量 $\boldsymbol{p}$ 使

$$\inf\{\boldsymbol{p}^{\mathrm{T}}\boldsymbol{x}\mid \boldsymbol{x}\in S_1\}\geqslant \sup\{\boldsymbol{p}^{\mathrm{T}}\boldsymbol{x}\mid \boldsymbol{x}\in S_2\} \tag{1-46}$$

定理 1-4 中的 $\boldsymbol{p}^{\mathrm{T}}\boldsymbol{x}=\alpha$ 便是分离非空凸集 S_1 和 S_2 的分离超平面。以下再给出支撑超平面的定义和凸集在任何边界点的支撑超平面存在定理。

定义 1-13　给定集合 S 及其边界上一点 $\boldsymbol{x}_0$,如果非零向量 $\boldsymbol{p}$ 满足

$$\boldsymbol{p}^{\mathrm{T}}\boldsymbol{x}\leqslant \boldsymbol{p}^{\mathrm{T}}\boldsymbol{x}_0,\quad \forall \boldsymbol{x}\in S \tag{1-47}$$

成立,则称集合

$$H=\{\boldsymbol{x}\in\mathbf{R}^n \mid \boldsymbol{p}^{\mathrm{T}}\boldsymbol{x}=\boldsymbol{p}^{\mathrm{T}}\boldsymbol{x}_0\} \tag{1-48}$$

为集合 S 在边界点 $\boldsymbol{x}_0$ 处的支撑超平面。

由支撑超平面的定义可知，点 $\boldsymbol{x}_0$ 和集合 S 也该被超平面分开。从几何上来讲，超平面 $\{\boldsymbol{x}\in\mathbf{R}^n \mid \boldsymbol{p}^{\mathrm{T}}\boldsymbol{x}=\boldsymbol{p}^{\mathrm{T}}\boldsymbol{x}_0\}$ 与集合 S 在点 $\boldsymbol{x}_0$ 相切，并且半空间 $\{\boldsymbol{x}\in\mathbf{R}^n \mid \boldsymbol{p}^{\mathrm{T}}\boldsymbol{x}\leqslant\boldsymbol{p}^{\mathrm{T}}\boldsymbol{x}_0\}$ 包含 S。

定理 1-5 设 S 是 $\mathbf{R}^n$ 中的一个非空凸集，$\boldsymbol{y}$ 是 S 的一条边界点，则存在非零向量 $\boldsymbol{p}$，使对每点 $\boldsymbol{x}\in \mathrm{cl}S$ 有 $\boldsymbol{p}^{\mathrm{T}}\boldsymbol{x}\leqslant\boldsymbol{p}^{\mathrm{T}}\boldsymbol{y}$ 成立。

定理 1-5 表示凸集的任意边界点处的支撑超平面总是存在的，如图 1-13(a)所示。注意，非凸集并不存在这一性质，如图 1-13(b)所示，在点 $\boldsymbol{y}$ 处并不存在支撑超平面。

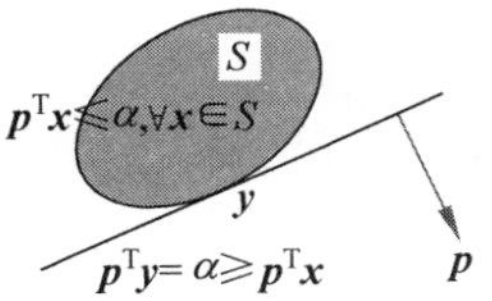

(a) 存在支撑超平面

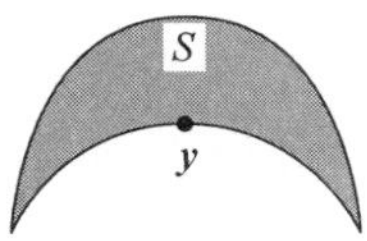

(b) 不存在支撑超平面

图 1-13 支撑超平面示意图

1.5.4 凸函数

凸函数是优化中的重要函数，具有一些特殊的重要性质。许多一般优化问题的理论探讨和数值计算都要归结到凸优化问题。凸函数的定义方式有多种，以下介绍最常用的定义方式。

定义 1-14 设 $S\subset\mathbf{R}^n$ 为非空凸集，f 是定义在 S 上的实函数，如果对任意的 $\boldsymbol{x}_1,\boldsymbol{x}_2\in S$ 及每个 $\lambda\in[0,1]$都有

$$f(\lambda\boldsymbol{x}_1+(1-\lambda)\boldsymbol{x}_2)\leqslant\lambda f(\boldsymbol{x}_1)+(1-\lambda)f(\boldsymbol{x}_2) \tag{1-49}$$

则称 f 为 S 上的凸函数。

如果对任意互不相同的 $\boldsymbol{x}_1,\boldsymbol{x}_2\in S$，以及每个数 $\lambda\in(0,1)$都有

$$f(\lambda\boldsymbol{x}_1+(1-\lambda)\boldsymbol{x}_2)<\lambda f(\boldsymbol{x}_1)+(1-\lambda)f(\boldsymbol{x}_2) \tag{1-50}$$

则称 f 为 S 上的严格凸函数。

直观地看，连接凸函数的图像上任意两点的线段都在函数图像上方，如图 1-14(a)所示。显然，严格凸函数一定是凸函数，反之则不然，例如图 1-14(b)中的函数是凸函数，但不是严格凸函数。

如果 $-f$ 为 S 上的凸函数，则称 f 为 S 上的凹函数。

1.5.5 凸函数的判定

凸函数的一个最基本的判定方式是：先将其限制在任意直线上，然后判断对应的一维函数是否是凸的。

定理 1-6 设 $f(\boldsymbol{x})$是定义在凸集 $S\in\mathbf{R}^n$ 上的函数，则 $f(\boldsymbol{x})$是凸函数当且仅当对任意

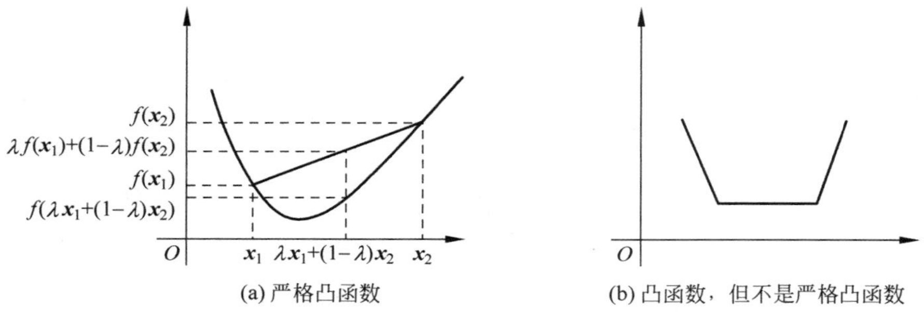

图 1-14 凸函数

的 $\boldsymbol{x}\in S$, $\boldsymbol{v}\in\mathbf{R}^n$, g: $\mathbf{R}\to\mathbf{R}$

$$g(t)=f(\boldsymbol{x}+t\boldsymbol{v}),\quad \operatorname{dom} g=\{t \mid \boldsymbol{x}+t\boldsymbol{v}\in S\} \tag{1-51}$$

是凸函数。这里 dom g 表示函数 g 的定义域。

对于可微函数，也可以利用其导数信息来判断它的凸性。

定理 1-7 设 $f(\boldsymbol{x})$是定义在凸集 $S\subset\mathbf{R}^n$ 上的可微函数，则 $f(\boldsymbol{x})$是凸函数当且仅当对于任意 $\boldsymbol{x}\in S$，满足

$$f(\boldsymbol{y})\geqslant f(\boldsymbol{x})+\nabla f(\boldsymbol{x})^{\mathrm{T}}(\boldsymbol{y}-\boldsymbol{x}),\quad \forall\,\boldsymbol{y}\in S \tag{1-52}$$

而 $f(\boldsymbol{x})$是严格凸函数当且仅当对于任意 $\boldsymbol{x}\in S$ 满足

$$f(\boldsymbol{y})>f(\boldsymbol{x})+\nabla f(\boldsymbol{x})^{\mathrm{T}}(\boldsymbol{y}-\boldsymbol{x}),\quad \forall\,\boldsymbol{y}\in S,\boldsymbol{y}\neq\boldsymbol{x} \tag{1-53}$$

定理 1-7 说明可微凸函数 f 的图像始终在其任一点处的切线上方，如图 1-15 所示。凸函数的这一性质常用于设计一阶优化算法，如最速下降算法。

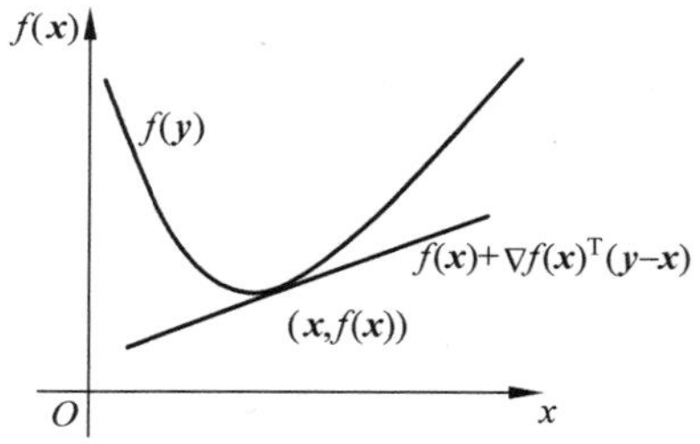

图 1-15 可微凸函数的支撑超平面

定理 1-8 设 $f(\boldsymbol{x})$是定义在凸集 $S\subset\mathbf{R}^n$ 上的二阶连续可微函数，则 $f(\boldsymbol{x})$是凸函数当且仅当$\nabla^2 f(\boldsymbol{x})$是半正定矩阵，即

$$\nabla^2 f(\boldsymbol{x})\succcurlyeq\boldsymbol{O},\quad \forall\,\boldsymbol{x}\in S \tag{1-54}$$

如果$\nabla^2 f(\boldsymbol{x})\succ\boldsymbol{O}$, $\forall\,\boldsymbol{x}\in S$，则 f 是严格凸函数。

注意$\nabla^2 f(\boldsymbol{x})\succ\boldsymbol{O}$, $\forall\,\boldsymbol{x}\in S$ 只是 f 严格凸的充分而非必要条件。例如 $\boldsymbol{y}=\boldsymbol{x}^4$ 是严格凸函数，但当 $\boldsymbol{x}=0$ 时 $\boldsymbol{y}''=0$。当函数二阶连续可微时，利用二阶条件判断凸性通常更为方便。

【例 1-8】 (1) 考虑二次函数 $f(\boldsymbol{x})=\dfrac{1}{2}\boldsymbol{x}^{\mathrm{T}}\boldsymbol{A}\boldsymbol{x}+\boldsymbol{b}^{\mathrm{T}}\boldsymbol{x}+c$，其中 $\boldsymbol{A}$ 为对称矩阵，容易计算出梯度与二阶梯度(海森矩阵)分别为

$$\nabla f(\boldsymbol{x})=\boldsymbol{A}\boldsymbol{x}+\boldsymbol{b},\quad \nabla^2 f(\boldsymbol{x})=\boldsymbol{A}$$

那么，f 是凸函数当且仅当$\boldsymbol{A}$ 为半正定矩阵。

(2) 考虑最小二乘函数 $f(\boldsymbol{x})=\dfrac{1}{2}\|\boldsymbol{A}\boldsymbol{x}-\boldsymbol{b}\|_2^2$，其梯度和海森矩阵分别为

$$\nabla f(\boldsymbol{x})=\boldsymbol{A}^{\mathrm{T}}(\boldsymbol{A}\boldsymbol{x}-\boldsymbol{b}),\quad \nabla^2 f(\boldsymbol{x})=\boldsymbol{A}^{\mathrm{T}}\boldsymbol{A}$$

注意到 $\boldsymbol{A}^{\mathrm{T}}\boldsymbol{A}$ 恒为半正定矩阵，因此，对任意的 $\boldsymbol{A}$，f 都是凸函数。

也可以使用凸函数和凸集的关系来判定函数的凸性。对于函数 $f: \mathbf{R}^n \to \mathbf{R}$，称集合

$$\mathrm{epi}f = \{(\boldsymbol{x}, y) \in \mathbf{R}^n \times \mathbf{R} \mid y \geqslant f(\boldsymbol{x})\} \tag{1-55}$$

为函数 f 的上方图，如图 1-16 所示。凸函数的一个特有性质是其上方图一定是凸集，如图 1-16(b)所示，所以有以下凸函数判定定理。

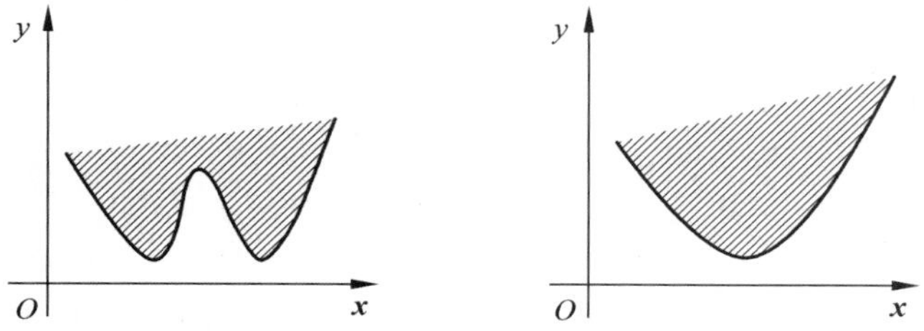

(a) 非凸函数的上方图　　(b) 凸函数的上方图

图 1-16　非凸函数和凸函数的上方图

定理 1-9　设 $f(\boldsymbol{x})$是定义在凸集 $S \in \mathbf{R}^n$ 上的函数，则 $f(\boldsymbol{x})$是凸函数当且仅当 $\mathrm{epi}f$ 为凸集。

1.5.6　凸函数的性质

凸函数除了在 1.5.5 节凸函数的判定中提到的相关性质以外，还具有一些代数性质。

定理 1-10　若 $f_1(\boldsymbol{x})$和 $f_2(\boldsymbol{x})$均为定义在凸集 $S \subset \mathbf{R}^n$ 上的凸函数，则

(1) 对任意 $\lambda \geqslant 0$，$f(\boldsymbol{x}) \triangleq \lambda f_1(\boldsymbol{x})$也为凸函数；

(2) $f(\boldsymbol{x}) \triangleq f_1(\boldsymbol{x}) + f_2(\boldsymbol{x})$也为凸函数。

定理 1-10 说明凸函数乘以一个非负常数不改变其凸性，凸函数的和也是凸函数。实际上，定理 1-10 可以推广到更一般的形式。

定理 1-11　若 $f_1(\boldsymbol{x}), f_2(\boldsymbol{x}), \cdots, f_m(\boldsymbol{x})$均为定义在凸集 $S \subset \mathbf{R}^n$ 上的凸函数，则

$$f(\boldsymbol{x}) \triangleq \lambda_1 f_1(\boldsymbol{x}) + \lambda_2 f_2(\boldsymbol{x}) + \cdots + \lambda_m f_m(\boldsymbol{x}), \lambda_i \geqslant 0, \quad i = 1, 2, \cdots, m \tag{1-56}$$

也为凸函数。

定理 1-12　若 $f_1(\boldsymbol{x})$和 $f_2(\boldsymbol{x})$均为定义在凸集 $S \in \mathbf{R}^n$ 上的凸函数，则

$$f(\boldsymbol{x}) \triangleq \max\{f_1(\boldsymbol{x}), f_2(\boldsymbol{x})\} \tag{1-57}$$

也是凸函数。

定理 1-12 说明，两个凸函数取大也是凸函数，该定理同样可以推广到多个凸函数的情形。

对 $\lambda \in \mathbf{R}$，称集合

$$L_\alpha \triangleq \{\boldsymbol{x} \in S \mid f(\boldsymbol{x}) \leqslant \alpha\} \tag{1-58}$$

为函数 $f(\boldsymbol{x})$的 α-水平集。

定理 1-13　若 $f(\boldsymbol{x})$为定义在凸集 $S \in \mathbf{R}^n$ 上的凸函数，则对任意 $\alpha \in \mathbf{R}$，$f(\boldsymbol{x})$的水平集

都是凸集。

1.5.7 凸规划

考虑最优化问题

$$\begin{cases}\min & f(\boldsymbol{x}) \\ \text{s.t.} & g_i(\boldsymbol{x}) \leqslant 0 \quad i \in I \\ & h_j(\boldsymbol{x}) = 0 \quad j \in J\end{cases} \tag{1-59}$$

设 $f(\boldsymbol{x}), g_i(\boldsymbol{x}), i \in I$ 是凸函数，$h_j(\boldsymbol{x}), j \in J$ 是线性函数，问题(1-54)的可行域是

$$F = \{\boldsymbol{x} \in \mathbf{R}^n \mid g_i(\boldsymbol{x}) \leqslant 0, i \in I, h_j(\boldsymbol{x}) = 0, j \in J\} \tag{1-60}$$

由于 $g_i(\boldsymbol{x}), i \in I$ 是凸函数，由定理 1-13，满足 $g_i(\boldsymbol{x}) \leqslant 0, i \in I$ 的集合是凸集；又因为 $h_j(\boldsymbol{x}), j \in J$ 是线性函数，显然满足 $h_j(\boldsymbol{x}) = 0, j \in J$ 的集合也是凸集，因此，可行域 F 实际上是 $|I| + |J|$ 个凸集的交，当然也是凸集。这样，问题(1-59)是求凸函数在凸集上的极小点，这类问题称为凸规划。

凸规划是非线性规划中的一种重要的特殊情形，它具有很好的性质。凸规划的局部极小点就是全局极小点，并且极小点集合是凸集。如果凸规划的目标函数是严格凸函数，又存在极小点，则它的极小点是唯一的。因为凸规划具有很好的性质，所以许多优化算法将其作为求解优化问题的中间问题，例如序列二次规划法。

第 2 章 一维搜索

一维搜索是绝大多数优化算法的基础，它在优化算法中以子问题的形式出现，一个常见的优化问题求解过程一般是通过求解一系列一维搜索子问题来实现的，所以研究一维搜索算法对优化算法的设计显得至关重要，可以说一维搜索算法的效率和精度在很大程度上决定了优化算法的效率和精度。

本章首先介绍一维搜索的概念、最优性条件、收敛性等理论问题，再介绍三类常用的一维搜索算法：试探法、函数逼近法和非精确线搜索。

2.1 优化问题的基本框架

45min

考虑无约束优化问题

$$\begin{cases} \min & f(\boldsymbol{x}) \\ \text{s.t.} & \boldsymbol{x} \in \mathbf{R}^n \end{cases} \tag{2-1}$$

其中，$f: \mathbf{R}^n \to \mathbf{R}$ 是多元实值函数，并且一阶连续可微。

本书中所讨论的求解问题(2-1)的优化算法的基本设计思想是迭代法，其基本流程是设置一个初始点 $\boldsymbol{x}_0$，按照某一种迭代规则

$$\boldsymbol{x}_{k+1} = F(\boldsymbol{x}_k) \tag{2-2}$$

产生一个点列 $\{\boldsymbol{x}_k\}$，当 $\{\boldsymbol{x}_k\}$ 是有穷点列时，其最后一个点是问题(2-1)的极小值点 $\boldsymbol{x}^*$；当 $\{\boldsymbol{x}_k\}$ 是无穷点列时，它有极限点，并且这个极限点就是问题(2-1)的极小值点 $\boldsymbol{x}^*$。

一个简单实用的迭代规则是基于方向的迭代，即在当前迭代点 $\boldsymbol{x}_k$ 处，找一个方向 $\boldsymbol{d}_k$，按照

$$\boldsymbol{x}_{k+1} = \boldsymbol{x}_k + \alpha \boldsymbol{d}_k \tag{2-3}$$

方式迭代。这里 α 称为迭代步长，$\boldsymbol{d}_k$ 称为搜索方向。从几何上看，$\boldsymbol{x}_{k+1}$ 实际上是从 $\boldsymbol{x}_k$ 出发，以 $\boldsymbol{d}_k$ 为单位，移动 α 个单位得到的新点，如图 2-1 所示。

若 $\boldsymbol{x}_k$ 和 $\boldsymbol{x}_{k+1}$ 满足 $f(\boldsymbol{x}_{k+1}) < f(\boldsymbol{x}_k)$，则说明新得到的迭代点的目标函数值比原迭代点的目标函数值更小，对于问题(2-1)来讲，这意味着找到了一个更好的点，称这种迭代为下

降迭代。

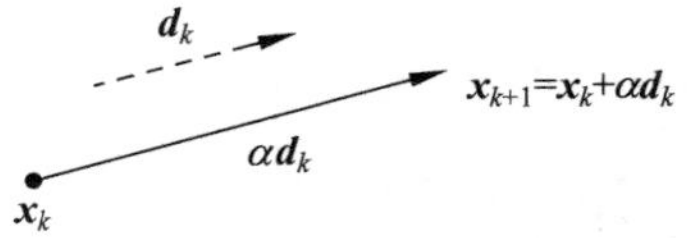

图 2-1 基于方向的迭代示意图

显然,步长 α 和搜索方向 $\boldsymbol{d}_k$ 的选择对下降迭代是至关重要的。

定义 2-1 如果存在 $\bar{\alpha}>0$,使对 $\boldsymbol{d}_k \neq 0$ 和任意 $\alpha \in (0,\bar{\alpha})$有

$$f(\boldsymbol{x}_k+\alpha \boldsymbol{d}_k)<f(\boldsymbol{x}_k) \tag{2-4}$$

成立,则称 $\boldsymbol{d}_k$ 为 $f(\boldsymbol{x})$在点 $\boldsymbol{x}_k$ 处的一个下降方向。

读者在此处可以思考一下 $\bar{\alpha}$ 在定义中的作用是什么,能否去掉 $\alpha \in (0,\bar{\alpha})$这一限制。以下介绍下降方向的充要条件。

定理 2-1 设 $f:\mathbf{R}^n \to \mathbf{R}$ 为一阶连续可微函数,则 $\boldsymbol{d}_k$ 是 $\boldsymbol{x}_k$ 处的一个下降方向的充要条件是$\nabla f(\boldsymbol{x}_k)^{\mathrm{T}}\boldsymbol{d}_k<0$。

证明:先证明必要性,若 $\boldsymbol{d}_k$ 是 $\boldsymbol{x}_k$ 处的一个下降方向,由定义 2-1 知,存在 $\bar{\alpha}>0$,对任意 $\alpha \in (0,\bar{\alpha})$有

$$f(\boldsymbol{x}_k+\alpha \boldsymbol{d}_k)<f(\boldsymbol{x}_k)$$

对 $f(\boldsymbol{x}_k+\alpha \boldsymbol{d}_k)$进行一阶泰勒展开,即

$$f(\boldsymbol{x}_k+\alpha \boldsymbol{d}_k)=f(\boldsymbol{x}_k)+\alpha \nabla f(\boldsymbol{x}_k)^{\mathrm{T}}\boldsymbol{d}_k+\alpha o(\|\boldsymbol{d}_k\|) \tag{2-5}$$

则

$$\alpha \nabla f(\boldsymbol{x}_k)^{\mathrm{T}}\boldsymbol{d}_k+\alpha o(\|\boldsymbol{d}_k\|)=f(\boldsymbol{x}_k+\alpha \boldsymbol{d}_k)-f(\boldsymbol{x}_k)<0$$

又由 $o(\|\boldsymbol{d}_k\|)$是 $\|\boldsymbol{d}_k\| \to 0$ 时的高阶无穷小量,得

$$\frac{\nabla f(\boldsymbol{x}_k)^{\mathrm{T}}\boldsymbol{d}_k}{\|\boldsymbol{d}_k\|}<0$$

即$\nabla f(\boldsymbol{x}_k)^{\mathrm{T}}\boldsymbol{d}_k<0$。

再证充分性,由泰勒展开式(2-5),对某 $\bar{\alpha}>0$,有

$$f(\boldsymbol{x}_k+\bar{\alpha}\boldsymbol{d}_k)-f(\boldsymbol{x}_k)=\bar{\alpha}\nabla f(\boldsymbol{x}_k)^{\mathrm{T}}\boldsymbol{d}_k+\bar{\alpha}o(\|\boldsymbol{d}_k\|)$$

等式两边同时除以 $\|\boldsymbol{d}_k\|$,并考虑到高阶无穷小量,则

$$\frac{f(\boldsymbol{x}_k+\bar{\alpha}\boldsymbol{d}_k)-f(\boldsymbol{x}_k)}{\|\boldsymbol{d}_k\|}=\bar{\alpha}\frac{\nabla f(\boldsymbol{x}_k)^{\mathrm{T}}\boldsymbol{d}_k}{\|\boldsymbol{d}_k\|}<0$$

故对任意 $\alpha \in (0,\bar{\alpha})$,有

$$f(\boldsymbol{x}_k+\alpha \boldsymbol{d}_k)<f(\boldsymbol{x}_k)$$

即 $\boldsymbol{d}_k$ 是 $\boldsymbol{x}_k$ 处的一个下降方向。

图 2-2 是对定理 2-1 的一个简单几何解释,实际上$\nabla f(\boldsymbol{x}_k)$是函数 $f(\boldsymbol{x})$在 $\boldsymbol{x}_k$ 处上升最快的方向(后文将证明这一点),所以只要函数 $f(\boldsymbol{x})$是一阶连续可微的,和$\nabla f(\boldsymbol{x}_k)$成锐角(内积大于 0)的方向都是上升方向;反之,和$\nabla f(\boldsymbol{x}_k)$成钝角(内积小于 0)的方向都是下降方向。例如图 2-2 中,$\boldsymbol{d}$ 是一个下降方向,而 $\boldsymbol{d}'$是一个上升方向。

基于下降迭代规则,可以设计出一个求解优化问题的通用算法框架。

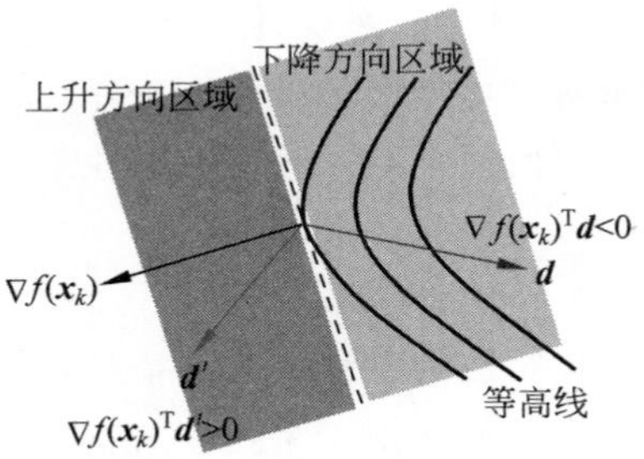

图 2-2　下降方向充分必要条件的几何解释

算法 2-1　优化算法通用框架

第 1 步：初始化，初始点 $\boldsymbol{x}_0$，计数器 $k=0$。

第 2 步：终止准则检查 $\boldsymbol{x}_k$ 是否满足终止准则，若满足，则停止迭代，输出 $\boldsymbol{x}_k$ 和 $f(\boldsymbol{x}_k)$；若不满足，则转第 3 步，进入下一次迭代。

第 3 步：下降方向，确定 $\boldsymbol{x}_k$ 处的下降方向 $\boldsymbol{d}_k$。

第 4 步：搜索步长，确定步长 α_k，使 $f(\boldsymbol{x}_k+\alpha_k\boldsymbol{d}_k)<f(\boldsymbol{x}_k)$。

第 5 步：迭代更新，置 $\boldsymbol{x}_{k+1}=\boldsymbol{x}_k+\alpha_k\boldsymbol{d}_k$，$k:=k+1$，返回第 2 步。

如图 2-3 所示为算法 2-1 的流程。

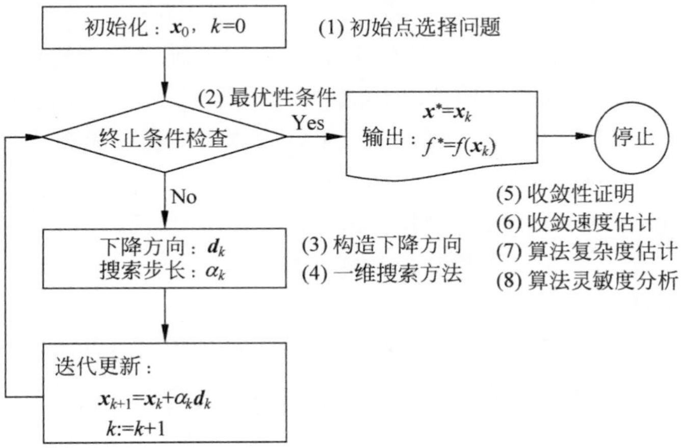

图 2-3　算法 2-1 的流程

从流程图 2-3 可以总结出最优化中需要研究的几个基本问题。

1. 初始点的选择问题

一个好的初始点可以大大减少优化算法的计算量，初始点所处的位置也会在很大程度上决定最终最优解的优劣，所以在迭代计算正式开始之前，往往要对初始点进行低精度初选，初选初始点的方法是最优化的一个研究方向。

2. 最优性条件

最优性条件是指最优解或近似最优解需要满足的充分、必要或充分必要条件，在数值优化中通常用作设计终止准则的理论基础。最优性条件是最优化中比较难和理论性很强的研究方向,大部分优化问题并没有明显可操作的最优性条件,而且不同类型的优化问题最优性条件的表述也可能大相径庭,所以研究不同问题的最优性条件,以及据此设计终止准则是最优化的一大研究方向。

3. 构造下降方向

显然,下降方向的构造在优化算法的设计中起着举足轻重的作用。实际上,在各种不同的优化算法中,其不同之处的一个重要体现正是搜索方向的构造方式不同。下降方向不仅要满足使目标函数值下降,而且还要保证要有足够的下降量,所以如何从已知的信息中构造当前点处的下降方向是最优化的重要研究内容之一,也是本书要讨论的主要内容之一。

4. 一维搜索方法

有了下降方向,接下来要解决的问题是沿着下降方向移动多远,即搜索步长。实际上,计算搜索步长是一个一维优化问题(将在 2.2 节说明),优化算法的设计要求以很高的效率来求解一维搜索问题,因此,设计高效的一维搜索算法是最优化首先需要解决的问题,第 2 章主要讨论一维搜索方法。

5. 收敛性证明

算法 2-1 的迭代过程会产生一个有穷或无穷点列$\{\boldsymbol{x}_k\}$,要从理论上保证一个算法的有效性,就必须保证当点列$\{\boldsymbol{x}_k\}$有限时,最后一个点就是极小值点 $\boldsymbol{x}^*$;当点列$\{\boldsymbol{x}_k\}$无限时,它会收敛到优化问题的极小值点 $\boldsymbol{x}^*$,证明上述结论就是研究一个算法的收敛性。严格来讲,提出一个新算法就必须证明其收敛性,但收敛性的证明是一个理论性非常强,也非常困难的工作,所以很多已经使用了很久而且效果很好的算法却至今无法证明其收敛性,好在收敛性的证明并不直接影响算法的使用。一般来讲,一个算法若经过大量的实践证明是可用的,就可以放心使用,至于收敛性的证明就留给数学家慢慢研究。本书只给出算法收敛性的结论,不讨论证明。

6. 收敛速度估计

收敛速度估计也是一个很重要的理论研究内容,它是指由算法 2-1 产生的点列$\{\boldsymbol{x}_k\}$以多快的速度收敛到 $\boldsymbol{x}^*$。本章将在 2.4 节介绍收敛速度的定义。

7. 算法复杂度估计

算法复杂度估计指估算算法的时间复杂度和空间复杂度。

8. 算法灵敏度分析

算法灵敏度分析指分析算法对一些参数的微小扰动的响应程度。

2.2 一维搜索的概念

14min

2.1 节说明了什么是一维搜索,为什么需要一维搜索,本节将详细讨论一维搜索的模型。

由算法 2-1 可知，在当前点 $\boldsymbol{x}_k$ 处的下降方向 $\boldsymbol{d}_k$ 已知的情况下，步长应该满足让函数值下降尽量多，即 $f(\boldsymbol{x}_k+\alpha\boldsymbol{d}_k)-f(\boldsymbol{x}_k)$尽量小。为此，设

$$\varphi(\alpha)\triangleq f(\boldsymbol{x}_k+\alpha\boldsymbol{d}_k)-f(\boldsymbol{x}_k) \tag{2-6}$$

一维搜索问题即为一维优化问题

$$\begin{cases}\min & \varphi(\alpha)\triangleq f(\boldsymbol{x}_k+\alpha\boldsymbol{d}_k)-f(\boldsymbol{x}_k)\\ \text{s. t.} & \alpha\in(0,+\infty)\end{cases} \tag{2-7}$$

由于 $f(\boldsymbol{x}_k)$已知，故在问题(2-6)的目标函数中去掉 $f(\boldsymbol{x}_k)$并不影响其最优解，于是问题(2-7)可以简化为

$$\begin{cases}\min & \varphi(\alpha)\triangleq f(\boldsymbol{x}_k+\alpha\boldsymbol{d}_k)\\ \text{s. t.} & \alpha\in(0,+\infty)\end{cases} \tag{2-8}$$

问题(2-8)即为一维搜索问题的基本模型。

问题(2-8)的目标函数存在单峰和多峰两种情况，以下分别讨论。

1. 单峰情况

由于 $\boldsymbol{d}_k$ 是下降方向，故当 α 稍大于 0 时，$\varphi(\alpha)$一定是单调递减的，但当 α 逐渐增大时，$\boldsymbol{x}_k+\alpha\boldsymbol{d}_k$ 可能已经超出了 $\boldsymbol{x}_k$ 的递减区域，开始递增直到无穷大。这样的 $\varphi(\alpha)$形成了一个单峰函数，如图 2-4 所示。

在 $\varphi(\alpha)$是单峰函数的情况下，问题(2-8)一定存在一个最优解 α^*，即

$$\alpha^*=\arg\min_{\alpha\in(0,+\infty)}\varphi(\alpha) \tag{2-9}$$

最优解 α^* 称为精确步长，求解问题(2-8)的过程称为精确一维搜索(精确线搜索)。在实际操作中，因为 $\alpha\in(0,+\infty)$不好处理，所以一般会估计一个足够大的 $\alpha_{\max}$，将约束改为 $\alpha\in(0,\alpha_{\max})$。

2. 多峰情况

与单峰情况不同，$\varphi(\alpha)$可能随着 α 的增大而出现上下波动的情况，如图 2-5 所示。此时，要准确找到全局最优解 α_2^* 并不容易，有时甚至要找到局部最优解 α_1^* 或 α_3^* 都很困难，因此，在实际操作中，并不苛求一定要找到精确最优解，而是只要原问题目标函数值满足一定的下降量即可，例如 $f(\boldsymbol{x}_k)-f(\boldsymbol{x}_k+\alpha\boldsymbol{d}_k)\geqslant\varepsilon$，这里 $\varepsilon>0$ 称为容忍系数。这种求解一维搜索的方式称为非精确一维搜索(或非精确线搜索)。

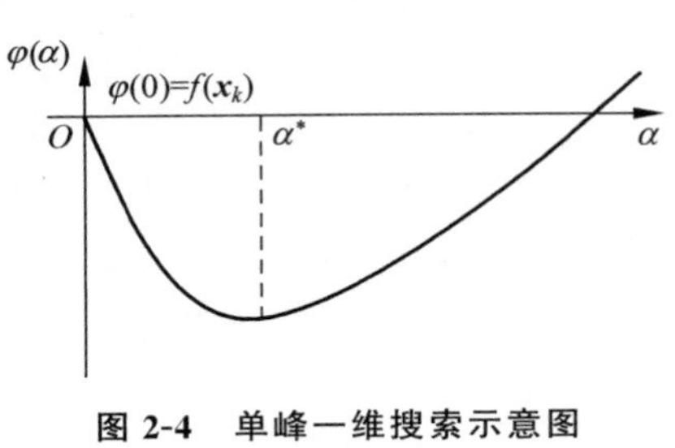

图 2-4　单峰一维搜索示意图

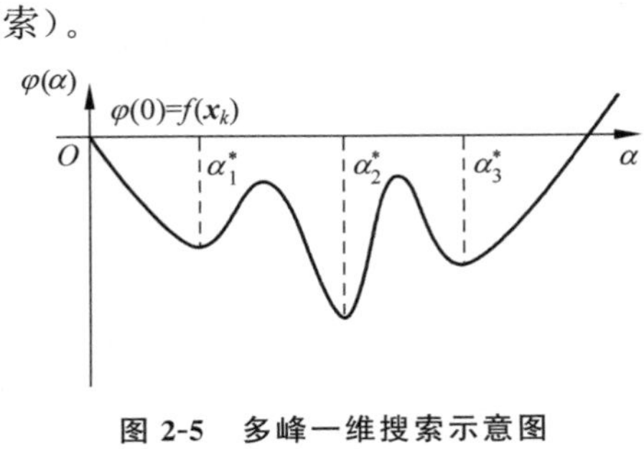

图 2-5　多峰一维搜索示意图

其实一维搜索本质上就是一维优化问题，所以本章部分内容也直接讨论无约束优化问题

$$\begin{cases}\min & f(\boldsymbol{x}) \\ \text{s.t.} & \boldsymbol{x} \in \mathbf{R}\end{cases} \tag{2-10}$$

或区间约束一维优化问题

$$\begin{cases}\min & f(\boldsymbol{x}) \\ \text{s.t.} & \boldsymbol{x} \in [a,b]\end{cases} \tag{2-11}$$

的求解。

24min

2.3 一维优化的最优性条件

最优性条件是最优化的重要研究内容之一。对于一般的最优化问题而言，得到最优性条件并不容易，甚至从数值上去验证一个点是否是最优点也很难做到，但如果优化问题的目标函数连续可微，就可以得到一些简易的最优性条件。按照从简到繁的思路，本节仅介绍一维无约束优化问题的最优性条件，一般无约束优化问题的最优性条件在第3章再作推广。

考虑无约束优化问题

$$\begin{cases}\min & f(x) \\ \text{s.t.} & x \in \mathbf{R}\end{cases} \tag{2-12}$$

其中，$f: \mathbf{R} \to \mathbf{R}$ 二阶连续可导。以下为问题(2-12)的最优解的一阶必要条件。

定理 2-2 (一阶必要条件)若 x^* 是问题(2-12)的最优解，则 $f'(x^*)=0$。

证明 用反证法，若 $f'(x^*) \neq 0$，取 $d=-f'(x^*)$，则对充分小的 $\alpha>0$，由泰勒展开式得

$$\begin{aligned} f(x^*+\alpha d) &= f(x^*)+\alpha f'(x^*)d+o(\alpha) \\ &= f(x^*)-\alpha(f'(x^*))^2+o(\alpha) \\ &< f(x^*) \end{aligned}$$

这与 x^* 是问题(2-12)的最优解矛盾，命题结论得证。

从高等数学中，我们知道，满足 $f'(x)=0$ 的点称为稳定点。稳定点可能是 $f(x)$ 的极大值点、极小值点或拐点，所以定理2-2中的条件只能是 x^* 为极小值点的必要条件，它不是充分的。例如，$f(x)=-x^2$ 在 $\bar{x}=0$ 时，$f'(\bar{x})=0$，但 $\bar{x}$ 是极大值点；又如 $f(x)=x^3$ 在 $\bar{x}=0$ 时，$f'(\bar{x})=0$，但 $\bar{x}$ 是拐点。

定理2-2只涉及目标函数的一阶导数，所以称为一阶条件，接下来介绍涉及二阶导数的二阶最优性条件。

定理 2-3 (二阶必要条件)设 $f(x)$ 在 x^* 点附近二阶连续可导，$x^* \in \mathbf{R}$ 是无约束优化问题(2-12)的最优解，则 $f'(x^*)=0$，$f''(x^*) \geqslant 0$。

证明 用反证法，对函数 $f(x)$ 在 x^* 使用二阶泰勒展开

$$f(x)=f(x^*)+f'(x^*)(x-x^*)+\frac{1}{2}f''(x^*)(x-x^*)^2+o(|x-x^*|^2) \tag{2-13}$$

由于 $f'(x^*)=0$，$f''(x^*)<0$，并且 $o(|x-x^*|^2)$ 是 $|x-x^*|^2$ 的高阶无穷小，所以当 x 足够接近 x^* 时，有

$$f(x)<f(x^*)$$

这与 x^* 是问题(2-12)的最优解矛盾，结论得证。

定理 2-3 的条件仍然只是必要而不充分的。例如，函数 $f(x)=x^3$ 在 $\bar{x}=0$ 同时满足 $f'(\bar{x})=0$ 和 $f''(\bar{x})\geqslant 0$，但 $\bar{x}$ 并不是该函数的极小值点。以下介绍一个二阶充分条件。

定理 2-4　设 $x^*\in\mathbf{R}$ 满足 $f'(x^*)=0$，并且 $f''(x^*)>0$，则 x^* 是问题(2-12)的严格最优解。

证明　对函数 $f(x)$ 在 x^* 使用二阶泰勒展开

$$f(x)=f(x^*)+f'(x^*)(x-x^*)+\frac{1}{2}f''(x^*)(x-x^*)^2+o(|x-x^*|^2)$$

由于 $f'(x^*)=0$，$f''(x^*)>0$，并且 $o(|x-x^*|^2)$ 是 $|x-x^*|^2$ 的高阶无穷小量，所以当 x 足够接近 x^* 时，有

$$f(x)>f(x^*)$$

从而，x^* 是问题(2-12)的严格最优解。

定理 2-4 的条件是充分但不必要的，例如 $x^*=0$ 是 $f(x)=x^4$ 的严格极小值点，但 $f''(x^*)=0$。

一般来讲，无约束优化问题不存在充分必要的最优性条件，但对凸目标函数最优化问题，可以得到充分必要的最优性条件。

定理 2-5　对问题(2-12)，若目标函数 $f(x)$ 是可导凸函数，则 x^* 为全局最优解的充分必要条件是 $f'(x^*)=0$。

证明　必要条件由定理 2-2 直接得到，以下证明充分条件。由凸函数的性质

$$f(x)\geqslant f(x^*)+f'(x^*)(x-x^*) \tag{2-14}$$

由于 $f'(x^*)=0$，故 $f(x)\geqslant f(x^*)$ 对任意 $x\in\mathbf{R}$ 都成立，所以 x^* 是问题(2-12)的全局最优解。

值得注意的是，定理 2-5 的条件并不保证严格最优解，也就是说全局最优解可能不止一个，读者可以思考什么样的条件可以保证严格最优解。我们把所有全局最优解组成的集合称为全局最优解集，记为

$$X^*=\{x^*\mid f(x^*)\leqslant f(x),\forall x\in\mathbf{R}\} \tag{2-15}$$

2.4　算法的收敛性

38min

算法的收敛性主要是从理论上保证一个算法是可靠的。基于迭代的优化算法会产生一

个决策变量点列和一个对应的函数值数列，收敛性主要研究该决策变量点列和函数值数列的收敛性。在目标函数连续的假设下，两者实际上是等价的，所以一般只研究决策变量点列的收敛性。本节分别介绍算法收敛性的相关定义，以及收敛速度和一些设计算法时经常使用的收敛准则。

2.4.1 算法收敛的定义

先介绍一般性的算法收敛性定义。

定义 2-2 设$\{\boldsymbol{x}_k\}$是由某个算法产生的一个序列(对一维优化问题退化为数列)，若$\{\boldsymbol{x}_k\}$的任一子序列都收敛，并且极限相同，则称该算法收敛。

有的优化问题最优解不止一个，此时序列$\{\boldsymbol{x}_k\}$的不同子序列可能收敛到不同的最优解，这种情况也可以认定为算法收敛。

定义 2-3 如果只有当初始点$\boldsymbol{x}_0$充分接近最优解$\boldsymbol{x}^*$时，由算法产生的序列$\{\boldsymbol{x}_k\}$才收敛于最优解$\boldsymbol{x}^*$，则称该算法具有局部收敛性。如果对于任意初始点$\boldsymbol{x}_0$，由算法产生的序列$\{\boldsymbol{x}_k\}$都收敛于最优解$\boldsymbol{x}^*$，则称该算法具有全局收敛性。

具有局部收敛性的优化算法称为局部优化算法，本书所介绍的大部分算法是局部优化算法；具有全局收敛性的算法称为全局优化算法，研究全局优化算法的优化分支称为全局最优化，是优化中非常活跃的研究方向。

2.4.2 收敛速度

在算法产生的序列$\{\boldsymbol{x}_k\}$收敛的前提下，一般通过$\{\boldsymbol{x}_k\}$收敛到$\boldsymbol{x}^*$的快慢来定义算法的收敛速度。

定义 2-4 设序列$\{\boldsymbol{x}_k\}$收敛于$\boldsymbol{x}^*$，定义满足

$$0 \leqslant \overline{\lim_{k\to\infty}} \frac{\|\boldsymbol{x}_{k+1}-\boldsymbol{x}^*\|}{\|\boldsymbol{x}_k-\boldsymbol{x}^*\|^p}=\beta<\infty \tag{2-16}$$

的非负数p的上界为序列$\{\boldsymbol{x}_k\}$的收敛级，称为p级收敛。

(1) 若$p=1$，并且$\beta<1$，则称序列是以收敛比β线性收敛的；

(2) 若$p>1$，或者$p=1$，并且$\beta=0$，则称序列是超线性收敛的；

(3) 特别地，若$p=2$，则称序列是二阶收敛的。

从定义 2-4 可以看出，式(2-16)实际上是在比较下一个迭代点$\boldsymbol{x}_{k+1}$与$\boldsymbol{x}^*$的范数距离构成的无穷小量$\|\boldsymbol{x}_{k+1}-\boldsymbol{x}^*\|$和当前迭代点$\boldsymbol{x}_k$与$\boldsymbol{x}^*$的范数距离构成的无穷小量$\|\boldsymbol{x}_k-\boldsymbol{x}^*\|$的阶数。线性收敛是指$\|\boldsymbol{x}_{k+1}-\boldsymbol{x}^*\|$和$\|\boldsymbol{x}_k-\boldsymbol{x}^*\|$是同阶无穷小量，但并非等价无穷小量，因为$\beta<1$；超线性收敛是指$\|\boldsymbol{x}_{k+1}-\boldsymbol{x}^*\|$是比$\|\boldsymbol{x}_k-\boldsymbol{x}^*\|$更高阶的无穷小量；特别地，二阶收敛是指$\|\boldsymbol{x}_{k+1}-\boldsymbol{x}^*\|$和$\|\boldsymbol{x}_k-\boldsymbol{x}^*\|^2$是同阶无穷小量。

【例 2-1】 考虑序列

$$\boldsymbol{x}_k=a^k,\quad (0<a<1)$$

由于 $a^k \to 0(k\to\infty)$，以及

$$\lim_{k\to\infty}\frac{a^{k+1}}{a^k}=a<1$$

故序列$\{\boldsymbol{x}_k\}$以收敛比 a 线性收敛于 0。

【例 2-2】 考虑序列

$$x_k=\left(\frac{1}{k}\right)^k$$

由于$(1/k)^k\to 0(k\to\infty)$及

$$\lim_{k\to\infty}\frac{\left(\frac{1}{k+1}\right)^{k+1}}{\left(\frac{1}{k}\right)^k}=0$$

故序列$\{\boldsymbol{x}_k\}$超线性收敛于 0。

【例 2-3】 考虑序列

$$x_k=a^{2^k},\quad 0<|a|<1$$

由于 $a^{2^k}\to 0(k\to\infty)$，以及

$$\lim_{k\to\infty}\frac{a^{2^{k+1}}}{[a^{2^k}]^2}=1$$

故序列$\{\boldsymbol{x}_k\}$二阶收敛于 0。

收敛速度是衡量算法优劣的一个重要标准，设计算法时要尽量考虑收敛阶高的算法。

2.4.3 实用收敛准则

在优化算法设计时，最优性条件一般作为收敛准则（或停机准则）使用，但从 2.3 节的结论可知，一般优化问题的充分必要最优性条件是不存在的，所以并没有充分必要的收敛准则。在实际操作中，一般根据收敛性设置一些可操作的实用收敛准则，本节对它们进行简单介绍。

1. 基于决策变量收敛的收敛准则

当迭代产生的点列$\{\boldsymbol{x}_k\}$的改变量非常小时，满足条件

$$\|\boldsymbol{x}_{k+1}-\boldsymbol{x}_k\|<\varepsilon \tag{2-17}$$

或

$$\frac{\|\boldsymbol{x}_{k+1}-\boldsymbol{x}_k\|}{\|\boldsymbol{x}_k\|}<\varepsilon \tag{2-18}$$

即停止计算。

其中，$\varepsilon>0$ 是一个非常小的整数，称为容忍系数，式(2-17)称为 $\boldsymbol{x}_k$ 的绝对改变量，式(2-18)称为 $\boldsymbol{x}_k$ 的相对改变量。

2. 基于函数值收敛的收敛准则

当迭代产生的点列$\{\boldsymbol{x}_k\}$对应的函数值数列$\{f(\boldsymbol{x}_k)\}$的改变量非常小时，满足绝对下降量条件

$$f(\boldsymbol{x}_k)-f(\boldsymbol{x}_{k+1})<\varepsilon \tag{2-19}$$

或相对下降量条件

$$\frac{f(\boldsymbol{x}_k)-f(\boldsymbol{x}_{k+1})}{|f(\boldsymbol{x}_k)|}<\varepsilon \tag{2-20}$$

即停止计算。值得注意的是，若算法是下降算法，则一定会满足$f(\boldsymbol{x}_k)-f(\boldsymbol{x}_{k+1})>0$。

3. 基于一阶必要条件的收敛准则

在无约束优化中，根据一阶必要条件$\nabla f(\boldsymbol{x}^*)=0$，若目标函数在点$\boldsymbol{x}_k$处的梯度(一维时退化为导数)满足

$$\|\nabla f(\boldsymbol{x}_k)\|<\varepsilon \tag{2-21}$$

则停止计算。

72min

2.5 试探法

试探法是一类精确线搜索方法，主要包括黄金分割法(0.618法)和斐波那契法(Fibonacci法)。试探法适用于单峰函数，为此，本节首先介绍单峰函数的概念和性质，然后逐一介绍两种试探法。

2.5.1 单峰函数

定义 2-5 设f是定义在闭区间$[a,b]$上的一元实函数，x^*是f在$[a,b]$上的极小值点，并且对任意的$x_1,x_2\in[a,b]$，并且$x_1<x_2$，有当$x_2\leqslant x^*$时，$f(x_1)>f(x_2)$；当$x^*\leqslant x_1$时，有$f(x_2)>f(x_1)$，则称f是在闭区间$[a,b]$上的单峰函数。

单峰函数的示意图如图2-6(a)所示，值得注意的是凸函数一定是单峰函数，但单峰函数不一定是凸函数，如图2-6(b)所示，$y=\max\{(x-1)^3,(-x-1)^3\}$是单峰函数，但并不是凸函数。

定理 2-6 设f是区间$[a,b]$上的单峰函数，x^*是其极小值点，$x_1,x_2\in[a,b]$，并且$x_1<x_2$，如果$f(x_1)>f(x_2)$，则一定有$x^*\in[x_1,b]$；如果$f(x_1)<f(x_2)$，则一定有$x^*\in[a,x_2]$。

证明 只证当$f(x_1)>f(x_2)$，则有$x^*\in[x_1,b]$。以下分3种情况讨论，x^*的位置必居其一：

(1) 若$a\leqslant x^*\leqslant x_1<x_2$，此时由单峰函数的定义，一定有$f(x_2)>f(x_1)$，与定理条件矛盾，所以这种情况不可能出现。

(2) 若$x_1<x_2\leqslant x^*\leqslant b$，此时由单峰函数的定义，一定有$f(x_1)>f(x_2)$，符合条件假

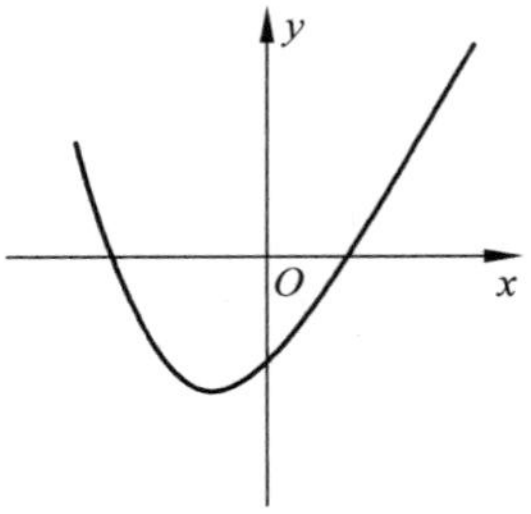

(a) 单峰且凸函数

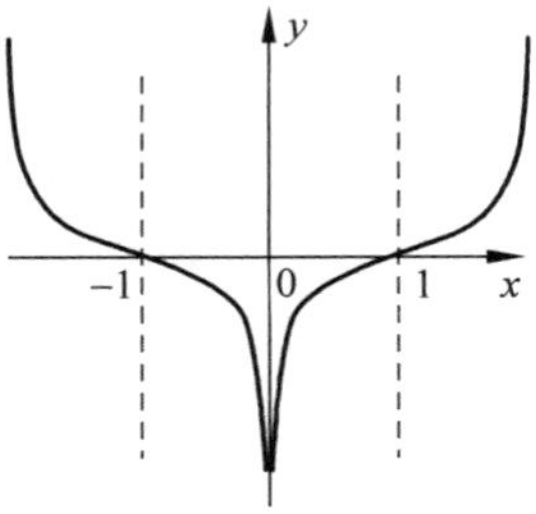

(b) 单峰非凸函数

图 2-6　单峰函数示意图

设，此时 $x^* \in [x_1, b]$。

(3) 若 $a \leqslant x_1 < x^* < x_2 \leqslant b$，无论 $f(x_1) > f(x_2)$，还是 $f(x_1) < f(x_2)$ 都有 $x^* \in [x_1, b]$。

所以在情况(2)和(3)出现时，定理前半部分得证。后半部分同理可以证明。

根据定理 2-4，对于单峰函数，可以通过比较两个试探点的函数值，使包含极小值点的区间缩小，直到区间缩小到满意的精度为止，再取最终区间中的任意一点作为极小值点的近似。

在实际应用中，一个函数在整个定义域区间往往是多峰的，此时需要确定一个单峰区间，以下介绍确定函数单峰区间的追赶法。

追赶法也是一种试探法，其基本思路是从一点出发，按一定的步长确定出函数呈现出“高—低—高”的 3 点。在试探过程中，3 个试探点会呈现出一种追赶的态势，故取名为追赶法。

追赶法的算法步骤如下：

算法 2-2　追赶法

第 1 步：初始化，试探步长 $h>0$，试探点 $x_1, x_2 = x_1 + h$。

第 2 步：若 $f(x_1) > f(x_2)$，则转到第 3 步，否则转到第 5 步。

第 3 步：$x_3 = x_2 + h$。

第 4 步：若 $f(x_2) > f(x_3)$，则置 $x_1 = x_2, x_2 = x_3$，转到第 3 步，否则 x_1, x_2, x_3 满足 $x_1 < x_2 < x_3$，并且 $f(x_1) > f(x_2), f(x_3) > f(x_2)$，输出单峰区间 $[x_1, x_3]$。

第 5 步：置 $x_3 = x_2, x_2 = x_1$。

第 6 步：置 $x_1 = x_2 - h$。

第 7 步：若 $f(x_2) < f(x_1)$，则 x_1, x_2, x_3 满足 $x_1 < x_2 < x_3$，并且 $f(x_1) > f(x_2), f(x_3) > f(x_2)$，输出单峰区间 $[x_1, x_3]$，否则置 $x_3 = x_2, x_2 = x_1$，转到第 6 步。

追赶法的算法流程如图 2-7 所示。

在实际应用中，试探步长 h 是一个非常重要的超参数，如果 h 取得太小，则可能会增加试探点的个数，增大计算量；如果 h 取得过大，则可以得到非单峰区间，但因为确定单峰区间只需运行一次追赶法，所以适当地增加计算量也是可以接受的。所以，为尽可能地保证单峰区间，一般取较小的试探步长 h。

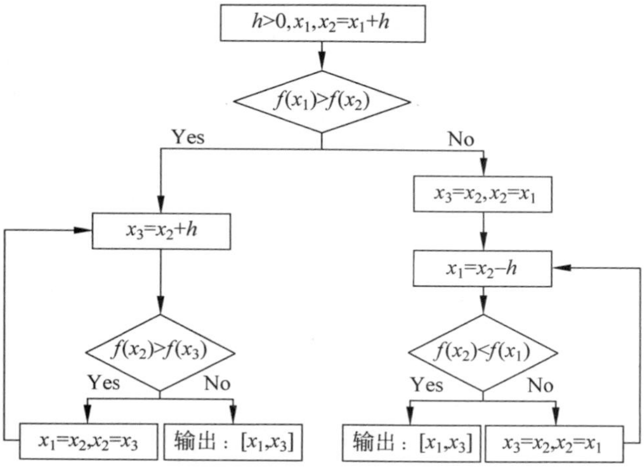

图 2-7 追赶法的算法流程

如图 2-8 所示，通过一个案例给出用追赶法获取单峰区间的代码。

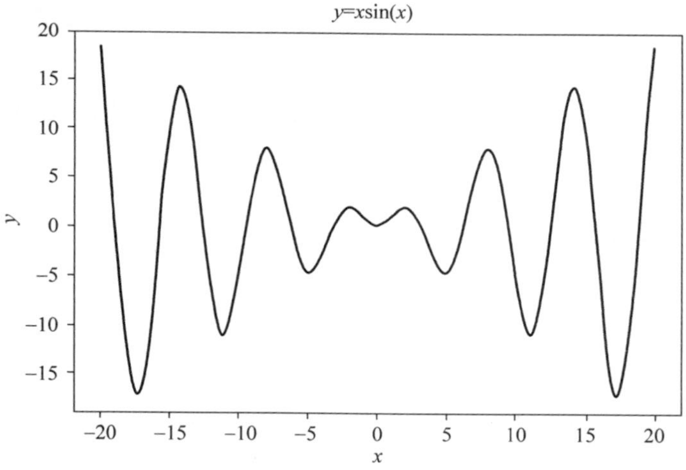

图 2-8 $y=x\sin(x), x\in[-20,20]$的函数图像

【例 2-4】 函数 $f(x)=x\sin(x), x\in[-20,20]$的图像如图 2-8 所示。显然，它是一个多峰函数，用追赶法获取其单峰区间的代码如下：

```
"""
代码 2-1:追赶法
"""

import math

#目标函数
```

```
def objfun(x):
    y = x *math.sin(x)
    return y

#追赶法
def Chase(x0,h):
    x1,x2 = x0,x0+h
    fx1,fx2 = objfun(x1),objfun(x2)
    k = 0

    if fx1>fx2:
        while True:
            k += 1
            x3 = x2+h
            fx3 = objfun(x3)
            if fx2>fx3:
                x1,x2 = x2,x3
                fx1,fx2 = fx2,fx3
            else:
                return x1,x3,k
    else:
        x3,x2 = x2,x1
        fx3,fx2 = fx2,fx1
        while True:
            k += 1
            x1 = x2-h
            fx1 = objfun(x1)
            if fx2<fx1:
                return x1,x3,k
            else:
                x3,x2 = x2,x1
                fx3,fx2 = fx2,fx1

#主函数
if __name__ == '__main__':
    #第 1 组
    x0,h = -2.,1                      #初始试探点和试探步长
    a,b,k = Chase(x0,h)               #追赶法
    print('Input:x0={},h={}; Output: [{},{}], {}'.format(x0,h,a,b,k))

    #第 2 组
    x0,h = 5.,0.5                     #初始试探点和试探步长
    a,b,k = Chase(x0,h)               #追赶法
    print('Input:x0={},h={}; Output: [{},{}], {}'.format(x0,h,a,b,k))

    #第 3 组
    x0,h = -13.,1                     #初始试探点和试探步长
    a,b,k = Chase(x0,h)               #追赶法
    print('Input:x0={},h={}; Output: [{},{}], {}'.format(x0,h,a,b,k))
```

运行结果如下：

```
Input:x0=-2.0,h=1; Output: [-1.0,1.0], 2            #第 1 组运行结果
Input:x0=5.0,h=0.5; Output: [4.5,5.5], 1            #第 2 组运行结果
Input:x0=-13.0,h=1; Output: [-12.0,-10.0], 2        #第 3 组运行结果
```

2.5.2 黄金分割法

黄金分割法也称为 0.618 法，因其选取试探点的方法和黄金分割数有关而得名。黄金分割法的基本思想是通过每次选取一个新的试探点，使包含极小值点的区间不断缩小，直到达到满意的精度为止。

以下推导黄金分割法产生新的试探点的方法。

设当前包含极小值点的区间为$[a_k,b_k]$，取两个试探点

$$\begin{aligned}\lambda_k &= a_k + (1-\tau)(b_k - a_k) \\ \mu_k &= a_k + \tau(b_k - a_k)\end{aligned} \tag{2-22}$$

不妨规定 $\lambda_k < \mu_k$，计算函数值 $f(\lambda_k)$ 和 $f(\mu_k)$，以下分两种情况讨论。

（1）若 $f(\lambda_k) < f(\mu_k)$，根据定理 2-6，有 $x^* \in [a_k,\mu_k]$，因此令

$$a_{k+1} = a_k, \quad b_{k+1} = \mu_k \tag{2-23}$$

如图 2-9(a)所示。

（2）若 $f(\lambda_k) \geqslant f(\mu_k)$，根据定理 2-6，有 $x^* \in [\lambda_k,b_k]$，因此令

$$a_{k+1} = \lambda_k, \quad b_{k+1} = b_k \tag{2-24}$$

如图 2-9(b)所示。

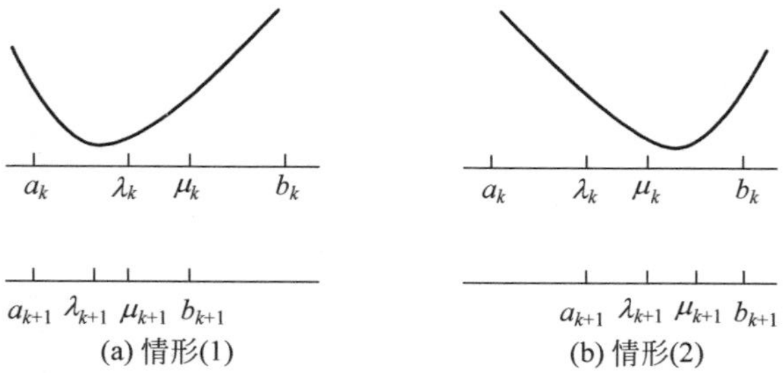

图 2-9 黄金分割法示意图

以下讨论如何选取新的试探点 λ_{k+1} 和 μ_{k+1}，基本要求是将第 k 次迭代的其中一个试探点继承到第 $k+1$ 次迭代，在第 $k+1$ 次迭代新产生一个试探点即可，基于这一要求来求参数 τ。

对于情形(1)，如图 2-9(a)所示，用 μ_{k+1} 继承 λ_k，即 $\mu_{k+1}=\lambda_k$，则一方面

$$\begin{aligned}\mu_{k+1} &= a_{k+1} + \tau(b_{k+1} - a_{k+1}) \\ &= a_k + \tau(\mu_k - a_k) \\ &= a_k + \tau^2(b_k - a_k)\end{aligned}$$

另一方面由式(2-22)中 λ_k 的计算公式，故 $\tau^2=1-\tau$，所以

$$\tau=\frac{-1+\sqrt{5}}{2}\approx 0.618$$

对于情形(2)，如图 2-9(b)所示，用 λ_{k+1} 继承 μ_k，即 $\lambda_{k+1}=\mu_k$，则一方面

$$\begin{aligned}\lambda_{k+1}&=a_{k+1}+(1-\tau)(b_{k+1}-a_{k+1})\\&=\lambda_k+(1-\tau)(b_k-\lambda_k)\\&=a_k+(1-\tau^2)(b_k-a_k)\end{aligned}$$

另一方面由式(2-22)中 μ_k 的计算公式，故 $1-\tau^2=\tau$，所以

$$\tau=\frac{-1+\sqrt{5}}{2}\approx 0.618$$

可见，当 $\tau=0.618$ 时，两种情形都可以满足要求，其实，按照式(2-22)选取的 λ_k，μ_k 在区间$[a_k,b_k]$中的位置是对称的，即它们到区间端点是等距的。这样，每次迭代后区间长度都缩小相同的比例。λ_k 和 μ_k 正好是区间$[a_k,b_k]$的黄金分割点，这也是该算法取名为黄金分割法的原因。

以下是黄金分割法的算法步骤。

算法 2-3　黄金分割法

第 1 步：输入：初始区间$[a,b]$，容忍精度 $\varepsilon>0$。

第 2 步：初始化，令 $a_1=a$，$b_1=b$；计算 $\lambda_1=a_1+0.382(b_1-a_1)$，$\mu_1=a_1+0.618(b_1-a_1)$；置 $k=1$。

第 3 步：终止判断：若 $b_k-a_k<\varepsilon$，则停止计算，转到第 6 步，否则当 $f(\lambda_k)<f(\mu_k)$时，转到第 4 步；当 $f(\lambda_k)\geqslant f(\mu_k)$时，转到第 5 步。

第 4 步：置 $a_{k+1}=a_k$，$b_{k+1}=\mu_k$，$\mu_{k+1}=\lambda_k$，$\lambda_{k+1}=a_{k+1}+0.382(b_{k+1}-a_{k+1})$，$k=k+1$，转到第 3 步。

第 5 步：置 $a_{k+1}=\lambda_k$，$b_{k+1}=b_k$，$\lambda_{k+1}=\mu_k$，$\mu_{k+1}=a_{k+1}+0.618(b_{k+1}-a_{k+1})$，$k=k+1$，转到第 3 步。

第 6 步：输出：任取 $x^*\in[a_k,b_k]$，输出 x^* 和 $f^*=f(x^*)$。

黄金分割法的算法流程如图 2-10 所示。

接下来分析黄金分割法的收敛速度。

对情形(1)，有

$$b_{k+1}-a_{k+1}=a_k+\tau(b_k-a_k)-a_k=\tau(b_k-a_k)$$

故

$$\frac{b_{k+1}-a_{k+1}}{b_k-a_k}=\tau$$

对情形(2)，有

$$b_{k+1}-a_{k+1}=b_k-a_k-(1-\tau)(b_k-a_k)=\tau(b_k-a_k)$$

故

$$\frac{b_{k+1}-a_{k+1}}{b_k-a_k}=\tau$$

也就是说，每次迭代后，包含极小值点的区间缩短率为 τ，故若初始区间为$[a_1,b_1]$，则

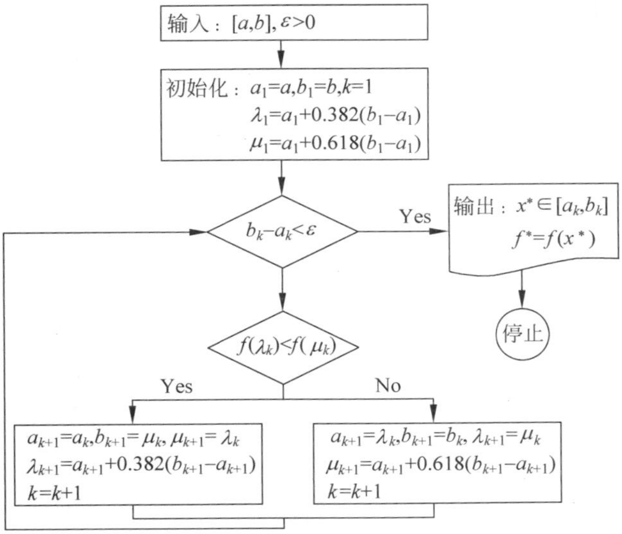

图 2-10　黄金分割法的算法流程

经过 n 次迭代后的区间长度为

$$b_n - a_n = \tau^{n-1}(b_1 - a_1) \tag{2-25}$$

因此可知黄金分割法具有线性收敛速度。

对于容忍精度 $\varepsilon>0$，由式(2-25)知，要使

$$b_n - a_n = \tau^{n-1}(b_1 - a_1) < \varepsilon \tag{2-26}$$

必有

$$n > \log_{\tau}^{b_1-a_1} + 1 \tag{2-27}$$

故要使最终区间满足 $b_n - a_n < \varepsilon$，至少需要 $n = \lceil \log_{\tau}^{b_1-a_1} + 1 \rceil$ 次迭代，其中，$\lceil \cdot \rceil$ 表示向上取整。

2.5.3　斐波那契法

斐波那契法和黄金分割法类似，也适用于单峰函数，每次迭代只需生成一个新的试探点，另外一个试探点继承自上一次迭代。不同的是，斐波那契法根据斐波那契数列前后两个数的比例，而不是固定比例生成新的试探点。

假设已经生成了前 n 个斐波那契数，即

$$F_1 = F_2 = 1, \quad F_n = F_{n-1} + F_{n-2}, \quad n \geqslant 3 \tag{2-28}$$

以下介绍斐波那契法的原理。

设当前包含极小值点的区间为 $[a_k, b_k]$，取两个试探点

$$\lambda_k = a_k + \frac{F_{n-k-1}}{F_{n-k+1}}(b_k - a_k)$$

$$\mu_k = a_k + \frac{F_{n-k}}{F_{n-k+1}}(b_k - a_k) \tag{2-29}$$

显然有 $\lambda_k < \mu_k$，计算函数值 $f(\lambda_k)$ 和 $f(\mu_k)$，分两种情况讨论。

(1) 若 $f(\lambda_k) < f(\mu_k)$，根据定理 2-6，有 $x^* \in [a_k, \mu_k]$，因此令

$$a_{k+1} = a_k, \quad b_{k+1} = \mu_k \tag{2-30}$$

如图 2-9(a)所示。

(2) 若 $f(\lambda_k) \geqslant f(\mu_k)$，根据定理 2-6，有 $x^* \in [\lambda_k, b_k]$，因此令

$$a_{k+1} = a_k, \quad b_{k+1} = \mu_k \tag{2-31}$$

如图 2-9(b)所示。

以下讨论如何选取新的试探点 λ_{k+1} 和 μ_{k+1}。

对于情形(1)，根据式(2-29)得

$$\lambda_{k+1} = a_{k+1} + \frac{F_{n-k-2}}{F_{n-k}}(b_{k+1} - a_{k+1}) \tag{2-32}$$

而

$$\begin{aligned}\mu_{k+1} &= a_{k+1} + \frac{F_{n-k-1}}{F_{n-k}}(b_{k+1} - a_{k+1}) \\ &= a_k + \frac{F_{n-k-1}}{F_{n-k}}(\mu_k - a_k) \\ &= a_k + \frac{F_{n-k-1}}{F_{n-k+1}}(b_k - a_k) \\ &= \lambda_k\end{aligned} \tag{2-33}$$

可见 $\mu_{k+1} = \lambda_k$，于是可将 λ_k 继承到下一次迭代的 μ_{k+1}，而根据式(2-32)生成新的试探点 λ_{k+1}。

对于情形(2)，同理可以得出 $\lambda_{k+1} = \mu_k$，即将 μ_k 继承到下一次迭代的 λ_{k+1}，而由

$$\mu_{k+1} = a_{k+1} + \frac{F_{n-k-1}}{F_{n-k}}(b_{k+1} - a_{k+1}) \tag{2-34}$$

生成新的试探点 μ_{k+1}。

以下讨论斐波那契法的收敛速度。

对于情形(1)和情形(2)均有

$$b_{k+1} - a_{k+1} = \frac{F_{n-k}}{F_{n-k+1}}(b_k - a_k) \tag{2-35}$$

说明斐波那契法的区间缩短率为 F_{n-k}/F_{n-k+1}，这是一个和斐波那契数列有关的变比率，与黄金分割法的常比率不同。

循环使用式(2-35)得

$$b_n - a_n = \frac{F_1}{F_n}(b_1 - a_1) = \frac{1}{F_n}(b_1 - a_1) \tag{2-36}$$

若容忍精度为 $\varepsilon>0$，则由

$$\frac{1}{F_n}(b_1-a_1)<\varepsilon \tag{2-37}$$

得 $F_n>(b_1-a_1)/\varepsilon$。

也就是说，要使最终区间的长度小于 ε，至少要生成直到大于 $(b_1-a_1)/\varepsilon$ 的斐波那契数列。

以下是斐波那契法的算法步骤。

算法 2-4　斐波那契法

第 1 步：输入，初始区间 $[a,b]$，容忍精度 $\varepsilon>0$。
第 2 步：生成直到大于 $(b_1-a_1)/\varepsilon$ 的斐波那契数列 $\{1,1,2,\cdots,F_n\}$。
第 3 步：初始化，令 $a_1=a, b_1=b$；计算

$$\lambda_1=a_1+\frac{F_{n-2}}{F_n}(b_1-a_1)$$

$$\mu_1=a_1+\frac{F_{n-1}}{F_n}(b_1-a_1)$$

置 $k=1$。
第 4 步：终止判断，若 $b_k-a_k<\varepsilon$，则停止计算，转到第 7 步，否则当 $f(\lambda_k)<f(\mu_k)$ 时，转到第 5 步；当 $f(\lambda_k)\geqslant f(\mu_k)$ 时，转到第 6 步。
第 5 步：置 $a_{k+1}=a_k, b_{k+1}=\mu_k, \mu_{k+1}=\lambda_k$，

$$\lambda_{k+1}=a_{k+1}+\frac{F_{n-k-2}}{F_{n-k}}(b_{k+1}-a_{k+1})$$

$k:=k+1$，转到第 4 步。
第 6 步：置 $a_{k+1}=\lambda_k, b_{k+1}=b_k, \lambda_{k+1}=\mu_k$，

$$\mu_{k+1}=a_{k+1}+\frac{F_{n-k-1}}{F_{n-k}}(b_{k+1}-a_{k+1})$$

$k:=k+1$，转到第 4 步。
第 7 步：输出：任取 $x^*\in[a_k,b_k]$，输出 x^* 和 $f^*=f(x^*)$。

斐波那契法的算法流程如图 2-11 所示。

黄金分割法和斐波那契法存在内在联系，可以证明，斐波那契数列前后两个元素之比的极限正好是黄金分割数，即

$$\lim_{n\to+\infty}\frac{F_{n-1}}{F_n}\approx 0.618 \tag{2-38}$$

因此，可以认为黄金分割法是斐波那契法的极限形式。

斐波那契法的精度略高于黄金分割法，理论分析表明，在初始条件相同的情况下，进行同样多次迭代后，黄金分割法得到的最终区间比斐波那契法得到的最终区间约长 17%，但斐波那契法的缺点是需要事先确定迭代次数 n 及直到 F_n 的斐波那契数列。实际上，当 $n\geqslant 7$ 时，F_{n-1}/F_n 就已经很接近黄金分割数了，所以实际应用中一般使用黄金分割法。

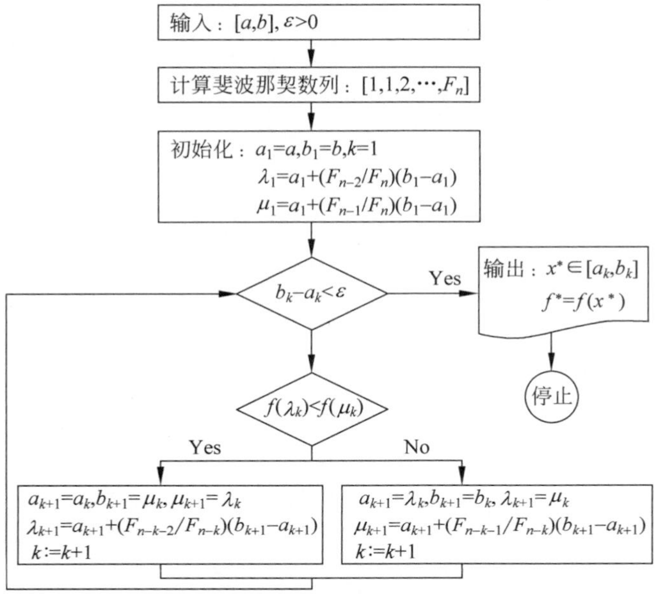

图 2-11　斐波那契法的算法流程

2.5.4　试探法案例

本节给出一个用试探法求解一维优化问题的案例，并给出黄金分割法和斐波那契法的Python代码。

【例 2-5】 用黄金分割法和斐波那契法求解一维优化问题

$$\begin{cases} \min \quad f(x)=2x^2-4x-1 \\ \text{s.t.} \quad x\in[-4,4] \end{cases} \tag{2-39}$$

例 2-5 的目标函数是一个二次函数，极小值点为 $x^*=1$，显然有 $x^*\in[-4,4]$，符合试探法针对单峰函数的假设。用黄金分割法和斐波那契法求解例 2-5 的 Python 代码如下：

```
"""
代码 2-2 试探法
"""

#目标函数
def objfun(x):
    y = 2*x**2-4*x-1
    return y

#黄金分割法
def Golden(a,b,epsilon):
    #初始化
```

```
    ak = a                                                    #初始区间左端点
    bk = b                                                    #初始区间右端点
    k = 1                                                     #迭代计数器
    lambdak = ak+0.382*(bk-ak)                                #左试探点
    muk = ak+0.618*(bk-ak)                                    #右试探点
    flambdak = objfun(lambdak)                                #左试探点函数值
    fmuk = objfun(muk)                                        #右试探点函数值

    #迭代过程
    while True:
        print(k,ak,bk,bk-ak)
        if bk-ak <= epsilon:                                  #终止条件判断
            xstar = (ak+bk)/2
            fstar = objfun(xstar)
            return xstar,fstar,k
        else:
            k += 1                                            #迭代计数
            if flambdak < fmuk:                               #情形 1
                bk = muk
                muk = lambdak
                fmuk = flambdak
                lambdak = ak+0.382*(bk-ak)
                flambdak = objfun(lambdak)
            else:                                             #情形 2
                ak = lambdak
                lambdak = muk
                flambdak = fmuk
                muk = ak+0.618*(bk-ak)
                fmuk = objfun(muk)

#斐波那契数列生成函数
def Fibonacci(a,b,epsilon):
    bound = (b-a)/epsilon
    fibseq = [1.,1.]
    while fibseq[-1] < bound:
        f = fibseq[-1]+fibseq[-2]
        fibseq.append(f)
    return fibseq,len(fibseq)

#斐波那契法
def FibonacciMethod(a,b,epsilon):
    #生成斐波那契序列
    fibseq,n = Fibonacci(a,b,epsilon)

    #初始化
    ak = a                                                    #初始区间左端点
    bk = b                                                    #初始区间右端点
    k = 1                                                     #迭代计数器
    lambdak = ak+(fibseq[(n-1)-2]/fibseq[n-1])*(bk-ak)        #左试探点
```

```
    muk = ak+(fibseq[(n-1)-1]/fibseq[n-1])*(bk-ak)          #右试探点
    flambdak = objfun(lambdak)                               #左试探点函数值
    fmuk = objfun(muk)                                       #右试探点函数值

    #迭代过程
    while True:
        print(k,ak,bk,bk-ak)
        if bk-ak <= epsilon:                                 #终止条件判断
            xstar = (ak+bk)/2
            fstar = objfun(xstar)
            return xstar,fstar,k
        else:
            k += 1                                           #计数器加 1
            if flambdak < fmuk:                              #情形 1
                bk = muk
                muk = lambdak
                fmuk = flambdak
                lambdak = ak+(fibseq[(n-1)-k-1]/fibseq[(n-1)-k+1])*(bk-ak)
                flambdak = objfun(lambdak)
            else:                                            #情形 2
                ak = lambdak
                lambdak = muk
                flambdak = fmuk
                muk = ak+(fibseq[(n-1)-k]/fibseq[(n-1)-k+1])*(bk-ak)
                fmuk = objfun(muk)

#主函数
if __name__ == '__main__':
    #输入
    a = -4.                                                  #初始区间左端点
    b = 4.                                                   #初始区间右端点
    epsilon = 0.1                                            #容忍精度

    #黄金分割法
    print('Golden Method: ', Golden(a,b,epsilon))

    #斐波那契法
    print('Fibonacci Method: ', FibonacciMethod(a,b,epsilon))
```

运行结果如下：

```
#黄金分割法运行结果,输出分别为 k,ak,bk,bk-ak
1 -4.0 4.0 8.0
2 -0.944 4.0 4.944
3 -0.944 2.111392 3.055392
4 0.22315974399999994 2.111392 1.888232256
5 0.22315974399999994 1.3900872782079998 1.1669275342079999
6 0.668926062067456 1.3900872782079998 0.7211612161405438
7 0.668926062067456 1.114603693642312 0.44567763157485607
```

```
8 0.839174917329051 1.114603693642312 0.275428776313261
9 0.944 1.114603693642312 0.1706036936423121
10 0.944 1.0494330826709488 0.10543308267094886
11 0.9842754375803024 1.0494330826709488 0.06515764509064637
Golden Method: (1.0168542601256256, -2.9994318678312353, 11)

#斐波那契法运行结果,输出分别为 k,ak,bk,bk-ak
1 -4.0 4.0 8.0
2 -0.9438202247191012 4.0 4.943820224719101
3 -0.9438202247191012 2.1123595505617976 3.056179775280899
4 0.2247191011235954 2.1123595505617976 1.8876404494382022
5 0.2247191011235954 1.393258426966292 1.1685393258426966
6 0.6741573033707864 1.393258426966292 0.7191011235955056
7 0.6741573033707864 1.1235955056179774 0.449438202247191
8 0.8539325842696628 1.1235955056179774 0.2696629213483146
9 0.9438202247191008 1.1235955056179774 0.17977528089887662
10 1.0337078651685392 1.1235955056179774 0.0898876404494382
Fibonacci Method: (1.0786516853932584, -2.9876278247696, 10)
```

从运行结果可以看出,黄金分割法用了 11 次迭代达到了规定精度,而斐波那契法只用了 10 次。两者在第 10 次迭代时,黄金分割法的区间长度和斐波那契法的区间长度之比为

$$\frac{\text{黄金分割法区间长度}}{\text{斐波那契法区间长度}}=\frac{0.10543308267094886}{0.0898876404494382}=1.1729$$

即黄金分割法的区间比斐波那契法的区间约长 17%,和前述理论分析的结果一致。

58min

2.6 函数逼近法

有的优化问题的目标函数比较复杂,直接求导计算量较大;从实际工程问题中提炼出的优化问题甚至没有目标函数的解析表达式,此时可以使用函数逼近的方法,先将目标函数逼近成一个易处理的解析函数,例如一次函数、二次函数或多项式函数,再用一般的优化方法进行处理,这种方法称为函数逼近法。本节将介绍牛顿法、割线法、抛物线法 3 种函数逼近法。

2.6.1 牛顿法

牛顿法是优化中最基础的算法之一,其基本思想是在当前迭代点用二阶泰勒展开式逼近目标函数,通过最小化一个二次目标函数求出一个极小值点的估计作为下一个迭代点,该过程一直循环直到获得满意精度的极小值点。

以下推导牛顿法的迭代公式,考虑问题

$$\begin{cases}\min & f(x)\\ \text{s.t.} & x\in\mathbf{R}\end{cases} \tag{2-40}$$

在当前迭代点 x_k，令

$$q(x)=f(x_k)+f'(x_k)(x-x_k)+\frac{1}{2}f''(x_k)(x-x_k)^2 \tag{2-41}$$

又令其导数等于 0，即

$$q'(x)=f'(x_k)+f''(x_k)(x-x_k)=0 \tag{2-42}$$

解方程得到 $q(x)$的驻点，记作 x_{k+1}，即

$$x_{k+1}=x_k-\frac{f'(x_k)}{f''(x_k)} \tag{2-43}$$

牛顿法的几何解释如图 2-12 所示，从图中可以看出牛顿法实际上是用一系列抛物线来近似函数 $f(x)$，通过求解抛物线的极小值点来逐渐逼近 $f(x)$的极小值点。

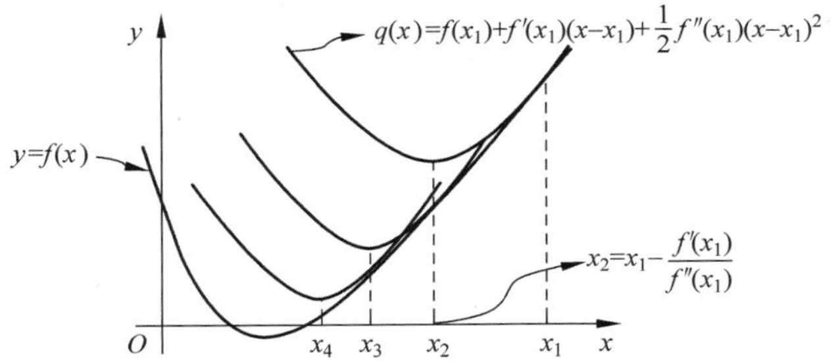

图 2-12 牛顿法示意图

牛顿法具有二阶收敛速度，是收敛非常快的算法，但牛顿法是局部算法，只有在初始迭代点非常接近极小值点时才收敛，当初始点离极小值点太远时，牛顿法可能发散。

【例 2-6】 考虑一维无约束优化问题

$$\min\ f(x)=\sqrt{1+x^2},\quad x\in\mathbf{R} \tag{2-44}$$

显然，该问题的极小值点为 $x^*=0$，极小值为 $f^*=1$。以下讨论用牛顿法求解该优化问题。

由目标函数的一阶和二阶导数

$$f'(x)=\frac{x}{\sqrt{1+x^2}},\quad f''(x)=\frac{1}{(1+x^2)^{\frac{3}{2}}} \tag{2-45}$$

及迭代式(2-43)可得

$$x_{k+1}=x_k-\frac{x_k}{\sqrt{1+x_k^2}}(1+x_k^2)^{\frac{3}{2}}=-x_k^3 \tag{2-46}$$

于是，当$|x_0|<1$ 时，x_k 收敛到 0，即极小值点，但当$|x_0|\geqslant 1$ 时，x_k 是发散的。也就是说，对于例 2-6，初始点的选取必须满足$|x_0|<1$ 才能保证牛顿法收敛。

以下是牛顿法的算法步骤。

算法 2-5　牛顿法

第 1 步：输入，初始单峰区间$[a,b]$，初始迭代点 $x_0\in[a,b]$，容忍精度 $\varepsilon>0$。
第 2 步：初始化，置 $x_1=x_0,k=1$。
第 3 步：终止判断，若$|f'(x_k)|<\varepsilon$，则停止计算，转到第 5 步，否则转到第 4 步。
第 4 步：迭代过程，计算

$$x_{k+1}=x_k-\frac{f'(x_k)}{f''(x_k)}$$

置 $k:=k+1$，转到第 3 步。
第 5 步：输出，$x^*=x_k,f^*=f(x^*)$。

在第 3 步中，算法的终止条件是一阶导数在迭代点的梯度绝对值小于容忍精度，这是根据无约束优化问题的一阶必要条件得到的，因此这只是一个必要而不充分的终止条件，但是由于牛顿算法是下降算法，因此一般可以保证满足终止条件的点是极小值点而不是其他类型的稳定点。

牛顿法的算法流程如图 2-13 所示。

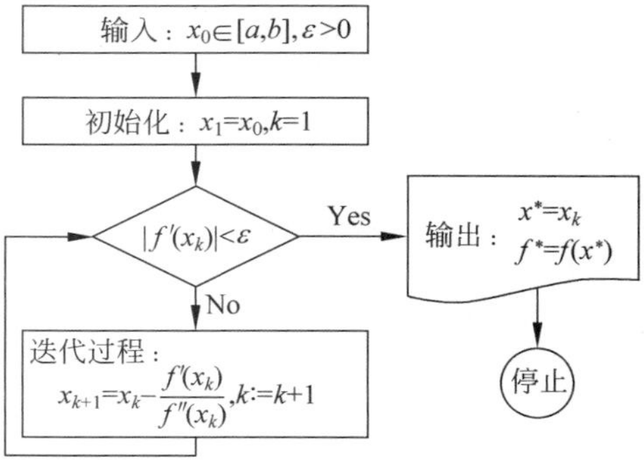

图 2-13　牛顿法的算法流程

2.6.2　割线法

对于目标函数一阶连续可导的优化问题，根据无约束优化问题的一阶必要条件，极小值点一定是驻点，满足方程

$$f'(x)=0 \tag{2-47}$$

所以对于单峰函数，求解方程(2-47)就可以得到极小值点。用割线法求解方程(2-47)的基本思想是用一系列割线逼近函数 $f'(x)$，用割线的零点逼近 $f'(x)$的零点，即极小值点。

以下推导割线法的迭代步骤。

如图 2-14 所示，设在当前迭代点 x_k 和上一迭代点 x_{k-1} 处的导数分别为 $f'(x_k)$和 $f'(x_{k-1})$，则过点$(x_k,f'(x_k))$和$(x_{k-1},f'(x_{k-1}))$的割线方程为

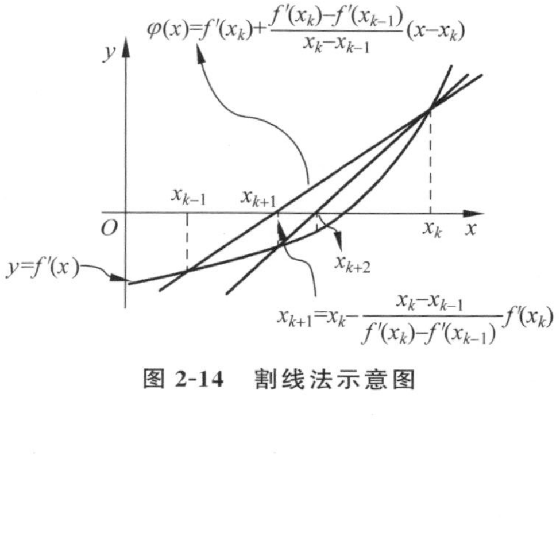

图 2-14　割线法示意图

$$\varphi(x)=f'(x_k)+\frac{f'(x_k)-f'(x_{k-1})}{x_k-x_{k-1}}(x-x_k) \tag{2-48}$$

令 $\varphi(x)=0$，得

$$x_{k+1}=x_k-\frac{x_k-x_{k-1}}{f'(x_k)-f'(x_{k-1})}f'(x_k) \tag{2-49}$$

式(2-49)即为割线法的迭代公式。

以下是割线法的算法步骤。

算法 2-6　割线法

第 1 步：输入，初始单峰区间$[a,b]$，容忍精度 $\varepsilon>0$。

第 2 步：初始化，置 $x_0=a,x_1=b,k=1$。

第 3 步：终止判断，若$|f'(x_k)|<\varepsilon$，则停止计算，转到第 5 步，否则转到第 4 步。

第 4 步：迭代过程，计算

$$x_{k+1}=x_k-\frac{x_k-x_{k-1}}{f'(x_k)-f'(x_{k-1})}f'(x_k)$$

置 $k:=k+1$，转到第 3 步。

第 5 步：输出，$x^*=x_k,f^*=f(x^*)$。

割线法的计算流程图和牛顿法基本一致，此处不再赘述。

可以证明，割线法具有超线性收敛速度，并且收敛阶为 1.618。

其实，比较式(2-42)和式(2-48)可知，牛顿法和割线法均用一阶线性近似，只是牛顿法用导数计算斜率(如图 2-15 所示)，而割线法用割线近似斜率(如图 2-14 所示)。割线法与牛顿法相比，收敛速度较慢，但不需要计算二阶导数。它的缺点与牛顿法一样都不具有全局收敛性，如果初始点选择不好，则可能不收敛。

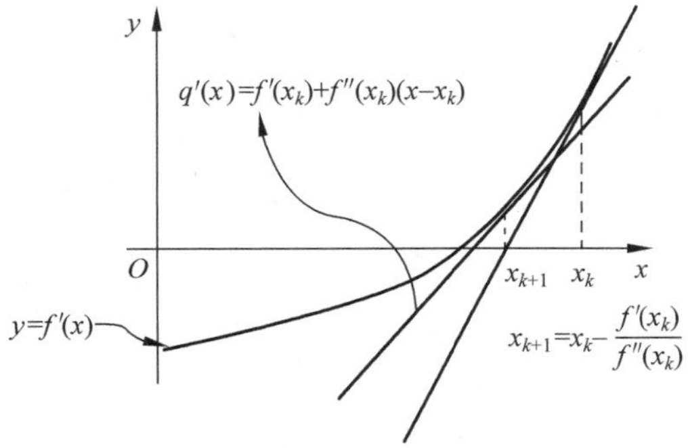

图 2-15　牛顿法解方程示意图

2.6.3　抛物线法

抛物线法的基本思想是，在极小值点附近，用二次三项式 $\varphi(x)$ 逼近目标函数 $f(x)$，

$\varphi(x)$通过插值法得到。

以下推导抛物线法的迭代公式。在第 k 次迭代,假设 $\varphi(x)$为二次三项式,即

$$\varphi(x)=a_0+a_1x+a_2x^2 \tag{2-50}$$

令 $\varphi(x)$与 $f(x)$在 3 点 $x_1<x_2<x_3$ 处有相同的函数值,并假设

$$f(x_1)>f(x_2),\quad f(x_2)<f(x_3) \tag{2-51}$$

如图 2-16 所示,则

$$\begin{cases}\varphi(x_1)=a_0+a_1x_1+a_2x_1^2=f(x_1)\\ \varphi(x_2)=a_0+a_1x_2+a_2x_2^2=f(x_2)\\ \varphi(x_3)=a_0+a_1x_3+a_2x_3^2=f(x_3)\end{cases} \tag{2-52}$$

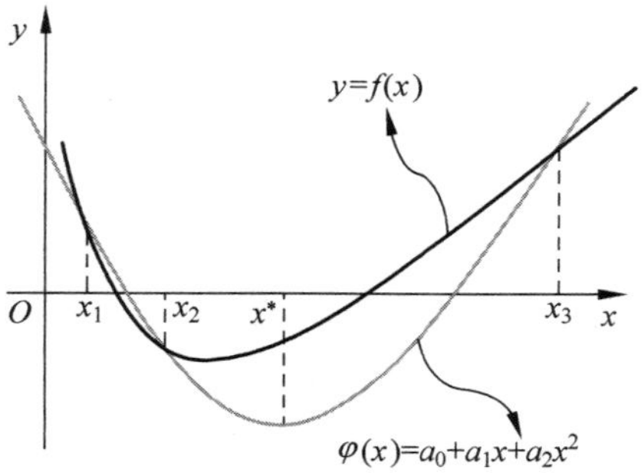

图 2-16 抛物线法示意图

用克莱姆法则求解方程组(2-52)得

$$a_0=\frac{D_0}{D},\quad a_1=\frac{D_1}{D},\quad a_2=\frac{D_2}{D} \tag{2-53}$$

其中

$$D=\begin{vmatrix}1 & x_1 & x_1^2\\ 1 & x_2 & x_2^2\\ 1 & x_3 & x_3^2\end{vmatrix},\quad D_0=\begin{vmatrix}f(x_1) & x_1 & x_1^2\\ f(x_2) & x_2 & x_2^2\\ f(x_3) & x_3 & x_3^2\end{vmatrix}$$

$$D_1=\begin{vmatrix}1 & f(x_1) & x_1^2\\ 1 & f(x_2) & x_2^2\\ 1 & f(x_3) & x_3^2\end{vmatrix},\quad D_2=\begin{vmatrix}1 & x_1 & f(x_1)\\ 1 & x_2 & f(x_2)\\ 1 & x_3 & f(x_3)\end{vmatrix} \tag{2-54}$$

由二次函数的极小点公式可知 $\varphi(x)$的极小值点为

$$x^*=-\frac{a_1}{2a_2}=-\frac{D_1}{2D_2} \tag{2-55}$$

接下来,首先把 x^* 作为新的迭代点,即 $x_{k+1}=x^*$,然后从 x_1,x_2,x_3,x^* 中选出函数值最小的点作为新一轮迭代中的 x_2,即

$$x_2=\operatorname{argmin}\{f(x_1),f(x_2),f(x_3),f(x^*)\} \tag{2-56}$$

最后，置 x_1 为 x_2 的靠左边一点，x_3 为 x_2 的靠右边一点，这样就得到了新的插值点 $x_1<x_2<x_3$，并且满足 $f(x_1)>f(x_2)$，$f(x_2)<f(x_3)$，迭代得以继续下去。

以下是抛物线法的算法步骤。

算法 2-7 抛物线法

第 1 步：输入，单峰区间 $[a,b]$，容忍精度 $\varepsilon>0,\delta>0$。

第 2 步：初始化，置 $x_1'=a$，$x_2'=(a+b)/2$，$x_3'=b$，置 $k=1$。

第 3 步：插值计算，按照式(2-55)计算 x'^*，并置 $x_k=x'^*$。

第 4 步：终止判断，若 $k\geqslant 2$，并且 $|f(x_k)-f(x_{k-1})|<\varepsilon$ 或 $\|x_k-x_{k-1}\|<\delta$ 成立，则停止计算，转到第 6 步，否则转到第 5 步。

第 5 步：迭代过程，按照式(2-56)计算新的 x_2'，置 x_2' 左边一点为新的 x_1'，x_2' 右边一点为新的 x_3'，置 $k:=k+1$，转到第 3 步。

第 6 步：输出，$x^*=x_k$，$f^*=f(x^*)$。

在算法 2-7 中，初始的插值点的选择为区间左右端点和中点，分别为 x_1'、x_3' 和 x_2'，显然满足 $x_1'<x_2'<x_3'$，并且由于区间 $[a,b]$ 是一个单峰区间，所以也能够保证 $f(x_1')>f(x_2')$，$f(x_3')>f(x_2')$。

抛物线法的算法流程图如图 2-17 所示。

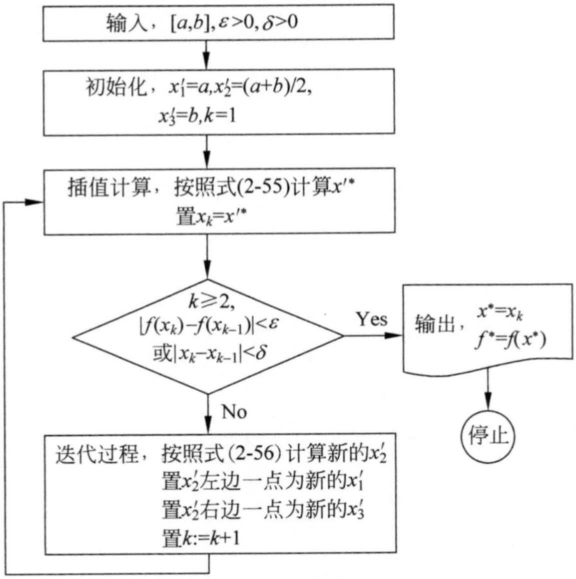

图 2-17 抛物线法的算法流程

2.6.4 函数逼近法案例

【例 2-7】 用函数逼近法求解一维优化问题

$$\begin{cases}\min & f(x)=e^{-x}+x^2 \\ \text{s.t.} & x\in[-2,4]\end{cases}$$

目标函数在 $x\in[-2,4]$ 的函数图像如图 2-18 所示。显然，$[-2,4]$ 是目标函数 $f(x)$ 的一个单峰区间，用牛顿法、割线法、抛物线法求解例 2-7 的代码如下：

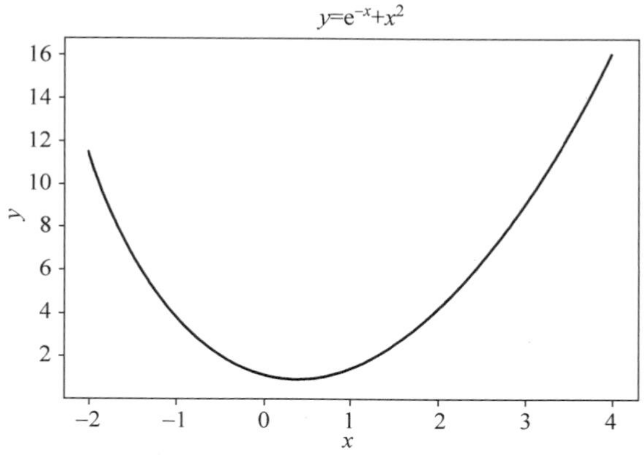

图 2-18　例 2-7 目标函数的图像

```
"""
代码 2-3 函数逼近法
"""

import math
import numpy as np

#目标函数
def objfun(x):
    y = math.e ** (-x) +x **2
    return y

#目标函数的梯度函数
def gradfun(x):
    y = -math.e ** (-x) +2*x
    return y

#目标函数的二阶梯度函数
def hessian(x):
    y = math.e ** (-x) +2
    return y

#牛顿法
def Newton(a,b,epsilon):
    xk = (a+b)/2
    k = 0
```

```
    while True:
        k += 1
        if abs(gradfun(xk))<=epsilon:
            xstar = xk
            fstar = objfun(xk)
            return xstar,fstar,k
        else:
            xk -= gradfun(xk)/hessian(xk)     #式(2-43)

#割线法
def Secant(a,b,epsilon):
    xk_1,xk= a,b
    k = 0

    while True:
        k += 1
        if abs(gradfun(xk))<=epsilon:
            xstar = xk
            fstar = objfun(xk)
            return xstar,fstar,k
        else:
            temp = xk
                                                  #式(2-49)
            xk -= ((xk-xk_1)/(gradfun(xk)-gradfun(xk_1)))*gradfun(xk)
            xk_1 = temp

#抛物线法
def Parabola(a,b,epsilon):
    x1prime,x2prime,x3prime = a,(a+b)/2.,b
    fx1prime,fx2prime,fx3prime = objfun(x1prime),objfun(x2prime),objfun(x3prime)
    xk,fxk = x2prime,fx2prime
    k = 0

    while True:
        k += 1
        a0 = np.array([[1,1,1]]).T
        a1 = np.array([[x1prime,x2prime,x3prime]]).T
        a2 = np.array([[x1prime**2,x2prime**2,x3prime**2]]).T
        b = np.array([[fx1prime,fx2prime,fx3prime]]).T
        D1_mat = np.concatenate((a0,b,a2),axis=1)
        D2_mat = np.concatenate((a0,a1,b),axis=1)
        D1_det = np.linalg.det(D1_mat)
        D2_det = np.linalg.det(D2_mat)
        xstarprime = -D1_det/(2.*D2_det)          #式(2-55)

        xk_1,fxk_1 = xk,fxk
        xk,fxk = xstarprime,objfun(xstarprime)
```

```
        if abs(fxk-fxk_1)<epsilon or abs(xk-xk_1)<epsilon:
            xstar = xk
            fstar = fxk
            return xstar,fstar,k
        else:
            x = np.array([x1prime,x2prime,x3prime,xk])
            f = np.array([fx1prime,fx2prime,fx3prime,fxk])
            index = np.argsort(x)
            xsort = x[index]
            fsort = f[index]
            fmin_index = np.argmin(fsort)           #式(2-56)
            index = [fmin_index-1,fmin_index,fmin_index+1]
            x1prime,x2prime,x3prime = xsort[index]
            fx1prime,fx2prime,fx3prime = fsort[index]

#主函数
if __name__ == '__main__':
    #输入
    a = -2.                                     #初始区间左端点
    b = 4.                                      #初始区间右端点
    epsilon = 0.00001                           #容忍精度

    #牛顿法
    print('Newton: ', Newton(a,b,epsilon))

    #割线法
    print('Secant: ', Secant(a,b,epsilon))

    #抛物线法
    print('Parabola: ', Parabola(a,b,epsilon))
```

运行结果如下：

```
Newton: (0.35173371099294265, 0.8271840261275244, 4)
Secant: (0.3517337178973182, 0.8271840261275244, 7)
Parabola: (0.35178535260215843, 0.8271840297323513, 6)
```

从运行结果可以看出，要达到预定的精度，3 种方法所需的迭代次数是不同的，牛顿法收敛速度最快，割线法收敛速度最慢，抛物线法居中。

2.7 非精确一维搜索

55min

用试探法和函数逼近法求解一维搜索问题，理论上，无论预设的容忍精度有多高，只要迭代次数足够多，总可以得到满足预设精度的解，这种能够收敛到满足足够高精度的解的方法叫作精确一维搜索方法。

但是，过高的预设精度会耗费巨大的计算资源，而一维搜索是绝大多数非线性优化方法的底层算法，这意味着使用较高预设精度的一维搜索作为底层算法的非线性优化方法效率会非常低。事实上，一维搜索的精度并不会在很大程度上影响非线性优化方法的收敛速度，因此，并不需要在每次一维搜索都找到精度非常高的最优解，而是让原问题的目标函数达到满意的下降量即可，这样可以将更多的精力集中到一维搜索算法的宏观层面，而不拘泥于每次迭代过程的微观层面。

非精确一维搜索的基本思想是预先设定一些能够保证目标函数达到满意下降量的准则，只要迭代点满足这些准则就结束一维搜索过程。本节介绍两个常用的非精确一维搜索准则。

2.7.1 Armijo-Goldstein 步长准则

考虑无约束非线性优化问题

$$\begin{cases} \min & f(\boldsymbol{x}) \\ \text{s. t.} & \boldsymbol{x} \in \mathbf{R}^n \end{cases} \tag{2-57}$$

设 $\boldsymbol{x}_k$ 为当前迭代点，$\boldsymbol{d}_k$ 为当前下降方向，则当前一维搜索问题为

$$\begin{cases} \min & \varphi(\alpha) \triangleq f(\boldsymbol{x}_k + \alpha \boldsymbol{d}_k) \\ \text{s. t.} & \alpha \in (0, +\infty) \end{cases} \tag{2-58}$$

则 Armijo-Goldstein 步长准则为

$$f(\boldsymbol{x}_k + \alpha \boldsymbol{d}_k) \leqslant f(\boldsymbol{x}_k) + \rho \nabla f(\boldsymbol{x}_k)^{\mathrm{T}} \boldsymbol{d}_k \cdot \alpha \tag{2-59}$$

且

$$f(\boldsymbol{x}_k + \alpha \boldsymbol{d}_k) \geqslant f(\boldsymbol{x}_k) + (1-\rho) \nabla f(\boldsymbol{x}_k)^{\mathrm{T}} \boldsymbol{d}_k \cdot \alpha \tag{2-60}$$

其中 $0<\rho<\frac{1}{2}$。

以下从几何图像上对 Armijo-Goldstein 步长准则进行解释。

如图 2-19 所示，直线 l_1 的方程为 $y=f(\boldsymbol{x}_k)+\nabla f(\boldsymbol{x}_k)^{\mathrm{T}} \boldsymbol{d}_k \cdot \alpha$，这是显然的，因为 l_1 是 $\varphi(\alpha)$在 $\alpha=0$ 处的切线，由一阶泰勒展开式

$$\begin{aligned} \varphi(\alpha) &= \varphi(0) + \varphi'(0) \cdot \alpha + o(\alpha) \\ &= f(\boldsymbol{x}_k) + \nabla f(\boldsymbol{x}_k)^{\mathrm{T}} \boldsymbol{d}_k \cdot \alpha + 0(\alpha) \end{aligned} \tag{2-61}$$

即可得到。特别注意，$\nabla f(\boldsymbol{x}_k)^T \boldsymbol{d}_k<0$ 是 l_1 的斜率，又由于 $0<\rho<\frac{1}{2}$，于是有

$$\nabla f(\boldsymbol{x}_k)^{\mathrm{T}} \boldsymbol{d}_k < (1-\rho) \nabla f(\boldsymbol{x}_k)^{\mathrm{T}} \boldsymbol{d}_k < \rho \nabla f(\boldsymbol{x}_k)^{\mathrm{T}} \boldsymbol{d}_k \tag{2-62}$$

它们作为直线 l_1, l_2, l_3 的斜率确定了 l_1, l_2, l_3 在图 2-19 中所处的相对位置。

于是，准则式(2-59)描述了 $\varphi(\alpha)$处于直线 l_3 之下的部分，即 $\alpha \in [0, \alpha_2]$的部分，而准则式(2-60)描述了 $\varphi(\alpha)$处于直线 l_2 之上的部分，即 $\alpha \in [\alpha_1, +\infty)$的部分，自然，同时满足准则式(2-59)和式(2-60)的部分为 $\alpha \in [\alpha_1, \alpha_2]$。也就是说，只要迭代点落在区间$[\alpha_1, \alpha_2]$即可停止一维搜索。

总体来讲，条件(2-59)是为了保证步长使目标函数值有一定的下降量，而条件(2-60)是

为了保证步长不要太小。

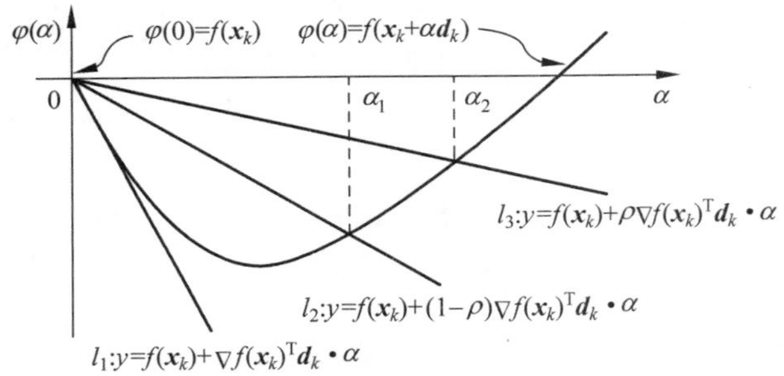

图 2-19 Armijo-Goldstein 步长准则示意图

以下是基于 Armijo-Goldstein 步长准则的非精确一维搜索算法。

算法 2-8 Armijo-Goldstein 步长准则

第 1 步：输入，初始区间$[0,+\infty)$(或$[0,\alpha_{\max}]$)，$\rho\in\left(0,\frac{1}{2}\right)$，$t>1$。

第 2 步：初始化，置 $a_0=0,b_0=+\infty$(或 $b_0=\alpha_{\max}$)，$\alpha_0>0$，计算 $f(\boldsymbol{x}_k)$，$\nabla f(\boldsymbol{x}_k)^{\mathrm{T}}\boldsymbol{d}_k$，置 $l=0$。

第 3 步：计算 $\varphi(\alpha_l)$。

第 4 步：若 $\varphi(\alpha_l)\leqslant f(\boldsymbol{x}_k)+\rho\nabla f(\boldsymbol{x}_k)^{\mathrm{T}}\boldsymbol{d}_k\cdot\alpha_l$，转到第 5 步，否则置 $b_{l+1}=\alpha_l$，$a_{l+1}=a_l$，$\alpha_{l+1}=\frac{a_{l+1}+b_{l+1}}{2}$，$l:=l+1$，转到第 3 步。

第 5 步：若 $\varphi(\alpha_l)\geqslant f(\boldsymbol{x}_k)+(1-\rho)\nabla f(\boldsymbol{x}_k)^{\mathrm{T}}\boldsymbol{d}_k\cdot\alpha_l$，转到第 7 步，否则置 $b_{l+1}=b_l$，$a_{l+1}=\alpha_l$，转到第 6 步。

第 6 步：如果 $b_{l+1}<+\infty$，则 $\alpha_{l+1}=\frac{a_{l+1}+b_{l+1}}{2}$，否则 $\alpha_{l+1}=t\alpha_l$，置 $l:=l+1$，转到第 3 步。

第 7 步：输出非精确步长，$\alpha_k=\alpha_l$。

算法 2-8 的计算流程如图 2-20 所示。值得一提的是，根据算法 2-8 的机制，并不需要预先选定一个区间上限 $\alpha_{\max}$。

2.7.2 Wolf-Powell 步长准则

从图 2-19 可以看出，Armijo-Goldstein 步长准则可能将最优步长排除在外，为了弥补这一缺陷，人们提出了用条件

$$\nabla f(\boldsymbol{x}_k+\alpha\boldsymbol{d}_k)^{\mathrm{T}}\boldsymbol{d}_k\geqslant\sigma\nabla f(\boldsymbol{x}_k)^{\mathrm{T}}\boldsymbol{d}_k,\quad \sigma\in(\rho,1) \tag{2-63}$$

来替代条件(2-60)，条件(2-59)和(2-63)合称为 Wolf-Powell 步长准则。

Wolf-Powell 步长准则的几何解释如图 2-21 所示。由于，$\sigma\in(\rho,1)$，故

$$\nabla f(\boldsymbol{x}_k)^{\mathrm{T}}\boldsymbol{d}_k<\sigma\nabla f(\boldsymbol{x}_k)^{\mathrm{T}}\boldsymbol{d}_k<0 \tag{2-64}$$

可将 $\sigma\nabla f(\boldsymbol{x}_k)^{\mathrm{T}}\boldsymbol{d}_k$ 视作下降区域某一点的斜率，例如图 2-21 中的 α_2 点。当 $\alpha\in[0,\alpha_2)$时，均有 $\nabla f(\boldsymbol{x}_k+\alpha\boldsymbol{d}_k)^{\mathrm{T}}\boldsymbol{d}_k<\sigma\nabla f(\boldsymbol{x}_k)^{\mathrm{T}}\boldsymbol{d}_k$，例如 α_1 点，而当 $\alpha\in(\alpha_2,\alpha_4)$时，均有 $\nabla f(\boldsymbol{x}_k+\alpha\boldsymbol{d}_k)^{\mathrm{T}}\boldsymbol{d}_k>\sigma\nabla f(\boldsymbol{x}_k)^{\mathrm{T}}\boldsymbol{d}_k$，例如 α^*，α_3 点，因此，同时满足条件式(2-59)和式(2-63)的

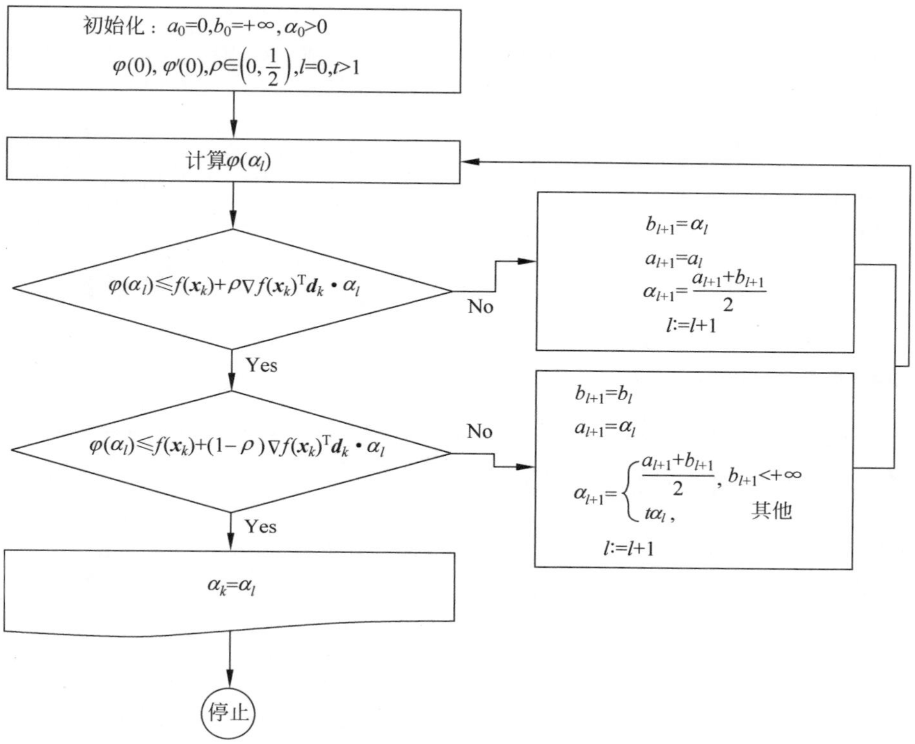

图 2-20　Armijo-Goldstein 步长准则算法流程图

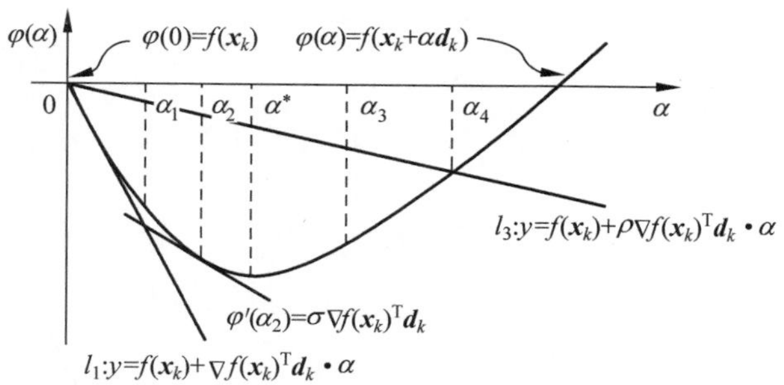

图 2-21　Wolf-Powell 步长准则示意图

区间为$[\alpha_2,\alpha_4]$，也就是说，只要迭代点落在区间$[\alpha_2,\alpha_4]$，即可停止一维搜索。

基于 Wolf-Powell 步长准则的算法与流程图与基于 Armijo-Goldstein 步长准则的算法和流程图相似，此处不再赘述。

2.7.3　简单准则和后退法

在实际应用中，为了简单起见，有时仅采用准则(2-59)，并要求 α 不能太小，把这种仅使用准则(2-59)的方法叫作简单准则，后退法就是基于简单准则的一种非精确的一维搜索方法。

后退法的基本思想为初始置 $\alpha=1$，如果 $\boldsymbol{x}_k+\alpha\boldsymbol{d}_k$ 不满足准则(2-59)，则将 α 按照一定的比例缩小，直到 $\boldsymbol{x}_k+\alpha\boldsymbol{d}_k$ 满足准则(2-59)为止。

后退法的算法如下。

算法 2-9　后退法

第 1 步：输入，$\rho\in\left(0,\frac{1}{2}\right)$，$0<t<1$。

第 2 步：初始化，$\alpha_0=1$，$l=0$。

第 3 步：如果 $f(\boldsymbol{x}_k+\alpha_l\boldsymbol{d}_k)\leqslant f(\boldsymbol{x}_k)+\rho\nabla f(\boldsymbol{x}_k)^{\mathrm{T}}\boldsymbol{d}_k\cdot\alpha$，则转到第 4 步，否则转到第 5 步。

第 4 步：停止搜索，输出非精确步长 $\alpha_k=\alpha_l$。

第 5 步：令 $\alpha_{l+1}=t\alpha l$，$l:=l+1$，转到第 3 步。

2.7.4　非精确一维搜索案例

本节通过一个案例给出非精确一维搜索的程序代码。

【例 2-8】　考虑无约束优化问题

$$\begin{cases}\min & f(\boldsymbol{x})=(\boldsymbol{x}_1-1)^2+(\boldsymbol{x}_2+1)^2\\ \text{s.t.} & \boldsymbol{x}\in\mathbf{R}^2\end{cases}$$

设当前迭代点为 $\boldsymbol{x}_k=(0,0)^{\mathrm{T}}$，当前搜索方向为 $\boldsymbol{x}_k$ 处的负梯度方向，即 $\boldsymbol{d}_k=-\nabla f(\boldsymbol{x}_k)=(2,-2)^{\mathrm{T}}$，则当前一维搜索子问题为

$$\begin{cases}\min & \varphi(\alpha)\triangleq f(\boldsymbol{x}_k+\alpha\boldsymbol{d}_k)\\ \text{s.t.} & \alpha\in(0,\alpha_{\max})\end{cases}$$

其中，$\alpha_{\max}$ 可以取 $+\infty$，也可以设置为一个足够大的正数，本例中置 $\alpha_{\max}=20$。$\varphi(\alpha)$ 在 $[0,1.2]$ 的函数图像如图 2-22 所示。

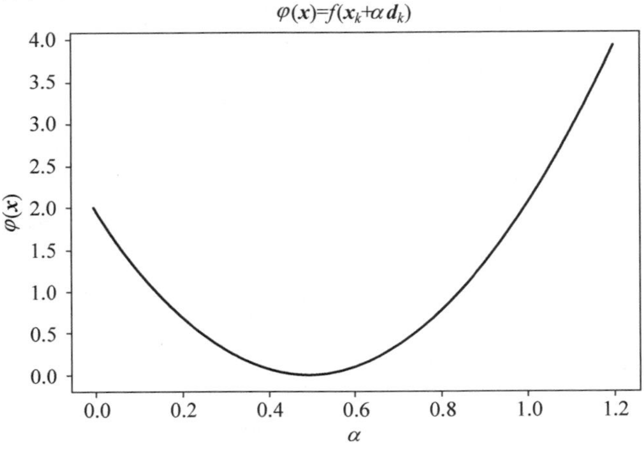

图 2-22　例 2-8 的一维搜索子问题的目标函数图像

用非精确一维搜索方法求解当前一维搜索子问题的代码如下：

```
"""
代码 2-4 非精确一维搜索算法
"""

import numpy as np

#原问题目标函数
def objfun(x):
    y = (x[0]-1)**2+(x[1]+1)**2
    return y

#原问题目标函数的梯度函数
def grad(x):
    y = np.array([2*(x[0]-1),2*(x[1]+1)])
    return y

#一维搜索目标函数
def phi(xk,dk,alpha):
    y = objfun(xk+alpha*dk)
    return y

#Armijo-Goldstein 步长准则
def Armijo_Goldstein(xk,dk,a0,b0,alpha0):
    rho,t = 0.3,1.1
    al,bl,alphal = a0,b0,alpha0
    l = 0

    while True:
        if phi(xk,dk,alphal)<=objfun(xk)+rho*np.dot(grad(xk),dk)*alphal:
            if phi(xk,dk,alphal)>=objfun(xk)+(1-rho)*np.dot(grad(xk),dk)*alphal:
                error = objfun(xk)-objfun(xk+alphal*dk)
                return alphal,l,error
            else:
                al = alphal
                if bl<100.:
                    alphal = (al+bl)/2.
                else:
                    alphal = t*alphal
                l += 1
                continue
        else:
            bl = alphal
            alphal = (al+bl)/2.
            l += 1
            continue
```

```
#Wolf-Powell 步长准则
def Wolf_Powell(xk,dk,a0,b0,alpha0):
    rho,t,sigma = 0.3,1.1,0.5
    al,bl,alphal = a0,b0,alpha0
    l = 0

    while True:
        if phi(xk,dk,alphal)<=objfun(xk)+rho*np.dot(grad(xk),dk)*alphal:
            if np.dot(grad(xk+alphal*dk),dk)>=sigma*np.dot(grad(xk),dk):
                error = objfun(xk)-objfun(xk+alphal*dk)
                return alphal,l,error
            else:
                al = alphal
                if bl<100.:
                    alphal = (al+bl)/2.
                else:
                    alphal = t*alphal
                l += 1
                continue
        else:
            bl = alphal
            alphal = (al+bl)/2.
            l += 1
            continue

#简单准则和后退法
def Simple_Rule(xk,dk,a0,b0,alpha0):
    rho,t = 0.3,0.9
    al,bl,alphal = a0,b0,alpha0
    l = 0

    while True:
        if phi(xk,dk,alphal)<=objfun(xk)+rho*np.dot(grad(xk),dk)*alphal:
            error = objfun(xk)-objfun(xk+alphal*dk)
            return alphal,l,error
        else:
            alphal = t*alphal
            l += 1

#主函数
if __name__ == '__main__':
    #输入
    xk = np.array([0,0])                    #原目标函数当前迭点
    dk = -grad(xk)                          #当前搜索方向
    a0,b0,alpha0 = 0.,20.,10.               #初始区间和初始试探点

    #Armijo-Goldstein 步长准则
    print('Armijo-Goldstein 步长准则: ', Armijo_Goldstein(xk,dk,a0,b0,alpha0))
```

```
    #Wolf-Powell 步长准则
    print('Wolf-Powell 步长准则: ', Wolf_Powell(xk,dk,a0,b0,alpha0))

    #简单准则和后退法
    print('Simple-Rule 步长准则: ', Simple_Rule(xk,dk,a0,b0,alpha0))
```

运行结果如下

```
Armijo-Goldstein 步长准则: (0.625, 4, 1.875)
Wolf-Powell 步长准则: (0.625, 4, 1.875)
Simple-Rule 步长准则: (0.6461081889226673, 26, 1.8292191770379054)
```

从运行结果可以看出,简单步长准则用了更多次迭代,但是目标函数值的下降量更少,相较于 Armijo-Goldstein 步长准则和 Wolf-Powell 步长准则效率更低。

第3章 无约束优化的梯度方法

求解无约束优化问题的方法大致可以分为两类：一类方法利用目标函数的梯度信息来求取搜索方向，这类方法称为梯度方法，将在本章介绍；另一类方法只计算目标函数值，而不计算梯度，这类方法称为直接方法，将在第4章介绍。

从2.1节中列出的几个基本研究点来看，本章主要介绍如何构造搜索方向，这是无约束最优化的核心问题，不同的搜索方向构造方案，形成不同的无约束最优化方法。

47min

3.1 无约束优化的最优性条件

本节介绍无约束优化问题的最优性条件，这些条件将为各种算法的推导和分析提供必不可少的理论基础，其实，一维情况下的无约束优化问题最优性条件已经在2.3节中介绍过，本节不过是将一维情况下的最优性条件推广到高维情况而已。

3.1.1 下降方向

考虑优化问题

$$\begin{cases} \min & f(\boldsymbol{x}) \\ \text{s.t.} & \boldsymbol{x} \in \mathbf{R}^n \end{cases} \tag{3-1}$$

其中，$f: \mathbf{R}^n \to \mathbf{R}$ 是 $\mathbf{R}^n$ 上的非线性实值函数。由于问题(3-1)对决策变量 $\boldsymbol{x}$ 没有任何限制，所以称其为无约束非线性优化问题。

首先介绍下降方向的一个充分条件。

定理3-1 设函数 $f(\boldsymbol{x})$ 一阶连续可微，在点 $\bar{\boldsymbol{x}}$，如果存在方向 $\boldsymbol{d}$，使 $\nabla f(\bar{\boldsymbol{x}})^{\mathrm{T}}\boldsymbol{d}<0$，则存在 $\alpha_{\max}>0$，使对任意 $\alpha\in(0,\alpha_{\max})$ 有 $f(\bar{\boldsymbol{x}}+\alpha\boldsymbol{d})<f(\bar{\boldsymbol{x}})$。

证明 设 $\varphi(\alpha)=f(\bar{\boldsymbol{x}}+\alpha\boldsymbol{d})$，由 $\varphi(\alpha)$ 在 $\alpha=0$ 处的一阶泰勒展开式

$$\begin{aligned}\varphi(\alpha) &= f(\bar{\boldsymbol{x}}+\alpha\boldsymbol{d}) \\ &= f(\bar{\boldsymbol{x}}) + \nabla f(\bar{\boldsymbol{x}})^{\mathrm{T}}\boldsymbol{d}\cdot\alpha + o(|\alpha|) \\ &= f(\bar{\boldsymbol{x}}) + \frac{1}{\alpha}\left[\nabla f(\bar{\boldsymbol{x}})^{\mathrm{T}}\boldsymbol{d} + \frac{o(|\alpha|)}{\alpha}\right]\end{aligned}$$

注意到$\nabla f(\bar{x})^{\mathrm{T}}\boldsymbol{d}<0$和$o(|\alpha|)$是关于$\alpha$的高阶无穷小，故当$|\alpha|$充分小时，有

$$\nabla f(\bar{x})^{\mathrm{T}}\boldsymbol{d}+\frac{o(|\alpha|)}{\alpha}<0$$

故$f(\bar{x}+\alpha\boldsymbol{d})<f(\bar{x})$。

参考定义 2-1 可知，定理 3-1 的后半部分表明$\boldsymbol{d}$是函数$f(\boldsymbol{x})$在$\bar{x}$处的一个下降方向，也就是说在$\bar{x}$点处满足条件$\nabla f(\bar{x})^{\mathrm{T}}\boldsymbol{d}<0$的方向$\boldsymbol{d}$一定是在$\bar{x}$处的一个下降方向。这一条件为后续下降算法中构造搜索方向提供了理论依据。

定理 3-1 的几何解释如图 3-1 所示，图中同心圆为函数$f(\boldsymbol{x})=x_1^2+x_2^2$的等高线，在点$\bar{x}$处的下降方向为和梯度$\nabla f(\bar{x})$成钝角的方向组成的锥(图中阴影部分)，例如方向$\boldsymbol{d}$在$\alpha\in(0,\alpha_{\max})$时的确可以使$f(\boldsymbol{x})$的函数值下降，但当$\alpha>\alpha_{\max}$时函数值就不降反升了。

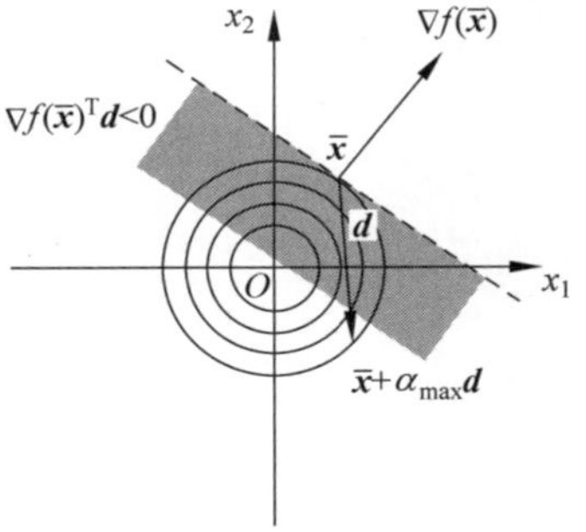

图 3-1 下降方向的充分条件示意图

3.1.2 一阶必要条件

定理 3-2 设函数$f(\boldsymbol{x})$一阶连续可微，若$\bar{x}$是局部极小点，则梯度$\nabla f(\bar{x})=0$。

证明 用反证法，设$\nabla f(\bar{x})\neq 0$，令方向$\boldsymbol{d}=-\nabla f(\bar{x})$，则有

$$\nabla f(\bar{x})^{\mathrm{T}}\boldsymbol{d}=-\nabla f(\bar{x})^{\mathrm{T}}\nabla f(\bar{x})=-\|\nabla f(\bar{x})\|^2<0$$

于是由定理 3-1，必存在$\alpha_{\max}>0$，使当$\alpha\in(0,\alpha_{\max})$时，成立

$$f(\bar{x}+\alpha\boldsymbol{d})<f(\bar{x})$$

这与$\bar{x}$是局部极小点矛盾，故定理成立。

其实满足$\nabla f(\boldsymbol{x})=0$的点称为稳定点，包括极大点、极小点和鞍点，也正是因为如此，定理 3-2 只是必要而非充分条件。

3.1.3 二阶必要条件

定理 3-3 设函数$f(\boldsymbol{x})$二阶连续可微，若$\bar{x}$是局部极小点，则梯度$\nabla f(\bar{x})=0$，并且海森(Hessian)矩阵$\nabla^2 f(\bar{x})$半正定。

证明 $\nabla f(\bar{x})=0$已经在定理 3-2 中证明，以下证明$\nabla^2 f(\bar{x})$半正定。对任一$\boldsymbol{d}\in\mathbf{R}^n$

$$\begin{aligned}f(\bar{x}+\alpha\boldsymbol{d})&=f(\bar{x})+\alpha\cdot\nabla f(\boldsymbol{x})^{\mathrm{T}}\boldsymbol{d}+\frac{1}{2}\alpha^2\boldsymbol{d}^{\mathrm{T}}\nabla^2 f(\bar{x})\boldsymbol{d}+o(\|\alpha\boldsymbol{d}\|^2)\\&=f(\bar{x})+\frac{1}{2}\alpha^2\boldsymbol{d}^{\mathrm{T}}\nabla^2 f(\bar{x})\boldsymbol{d}+o(\|\alpha\boldsymbol{d}\|^2)\end{aligned}$$

于是

$$\frac{f(\bar{x}+\alpha\boldsymbol{d})-f(\bar{x})}{\alpha^2}=\frac{1}{2}\boldsymbol{d}^{\mathrm{T}}\nabla^2 f(\bar{x})\boldsymbol{d}+\frac{o(\|\alpha\boldsymbol{d}\|^2)}{\alpha^2}$$

由于 $\bar{x}$ 是局部极小点，故当 $|\alpha|$ 充分小时，必有

$$f(\bar{x}+\alpha d)-f(\bar{x})\geqslant 0$$

故 $d^{\mathrm{T}}\nabla^2 f(\bar{x})d\geqslant 0$，即 $\nabla^2 f(\bar{x})$ 是半正定的。

3.1.4 二阶充分条件

定理 3-4 设函数 $f(x)$ 二阶连续可微，若梯度 $\nabla f(\bar{x})=0$，并且海森矩阵 $\nabla^2 f(\bar{x})$ 正定，则 $\bar{x}$ 是局部极小点。

证明 由 $f(x)$ 在点 $\bar{x}$ 处的二阶泰勒展开式的

$$\begin{aligned} f(x)&=f(\bar{x})+\nabla^{\mathrm{T}} f(\bar{x})(x-\bar{x})+\frac{1}{2}(x-\bar{x})\nabla^2 f(\bar{x})(x-\bar{x})+o(\|x-\bar{x}\|^2)\\ &=f(\bar{x})+\frac{1}{2}(x-\bar{x})^{\mathrm{T}}\nabla^2 f(\bar{x})(x-\bar{x})+o(\|x-\bar{x}\|^2)\end{aligned}$$

设 $\nabla^2 f(\bar{x})$ 的最小特征值为 $\lambda_{\min}>0$，由于 $\nabla^2 f(\bar{x})$ 正定，必有

$$(x-\bar{x})^{\mathrm{T}}\nabla^2 f(\bar{x})(x-\bar{x})\geqslant\lambda_{\min}\|x-\bar{x}\|^2$$

从而

$$f(x)\geqslant f(\bar{x})+\left[\frac{1}{2}\lambda_{\min}+\frac{o(\|x-\bar{x}\|^2)}{\|x-\bar{x}\|^2}\right]\|x-\bar{x}\|$$

当 $x\to\bar{x}$ 时，$(o(\|x-\bar{x}\|^2)/\|x-\bar{x}\|^2)\to 0$，因此存在 $\bar{x}$ 的 ε 邻域 $N(\bar{x},\varepsilon)$，当 $x\in N(\bar{x},\varepsilon)$ 时有

$$f(x)\geqslant f(\bar{x})$$

即 $\bar{x}$ 是 $f(\bar{x})$ 的局部极小点。

3.1.5 充要条件

前面几个定理给出的条件都不是充分必要的，而且都只是局部极小点的最优性条件。事实上，到目前为止，尚未发现一般无约束优化问题的充分必要最优性条件。在目标函数凸性的设定下，可以给出全局最优解的充分必要条件。

定理 3-5 设 $f(x)$ 是定义在 $\mathbf{R}^n$ 上的可微凸函数，则 $\bar{x}\in\mathbf{R}^n$ 是全局极小点的充分必要条件是梯度 $\nabla f(\bar{x})=0$。

证明 必要性由定理 3-2 得到，以下证明充分性。设 $\nabla f(\bar{x})=0$，则对任一 $x\in\mathbf{R}^n$，有

$$\nabla f(\bar{x})^{\mathrm{T}}(x-\bar{x})=0$$

由于 $f(x)$ 是可微凸函数，则

$$f(x)\geqslant f(\bar{x})+\nabla f(\bar{x})^{\mathrm{T}}(x-\bar{x})=f(\bar{x})$$

即 $\bar{x}$ 是全局极小点。

在定理 3-5 中，若 $f(x)$ 还满足在点 $\bar{x}$ 严格凸，即 $\nabla f(\bar{x})=0$ 且 $\nabla^2 f(\bar{x})$ 正定，则全局极小点是唯一的。

3.1.6 最优性条件应用案例

对于比较简单的优化问题,可以直接通过最优性条件来求解,以下给出两个案例。

【例 3-1】 利用最优性条件求解优化问题

$$\begin{cases}\min & f(\boldsymbol{x})=(x_1^2-1)^2+x_1^2+x_2^2-2x_1\\ \text{s.t.} & \boldsymbol{x}\in\mathbf{R}^2\end{cases}$$

解 由一阶必要条件

$$\nabla f(\boldsymbol{x})=\begin{bmatrix}\dfrac{\partial f}{\partial x_1}\\ \dfrac{\partial f}{\partial x_2}\end{bmatrix}=\begin{bmatrix}4x_1^3-2x_1-2\\ 2x_2\end{bmatrix}=0$$

得 $f(\boldsymbol{x})$的稳定点为 $\bar{\boldsymbol{x}}=(1,0)^{\mathrm{T}}$。函数 $f(\boldsymbol{x})$在 $\bar{\boldsymbol{x}}=(1,0)^{\mathrm{T}}$ 的海森矩阵为

$$\nabla^2 f(\bar{\boldsymbol{x}})=\begin{bmatrix}12x_1^2-2 & 0\\ 0 & 2\end{bmatrix}_{\boldsymbol{x}=(1,0)^{\mathrm{T}}}=\begin{bmatrix}10 & 0\\ 0 & 2\end{bmatrix}$$

显然,$\nabla^2 f(\bar{\boldsymbol{x}})$为正定矩阵,由二阶充分条件知 $\bar{\boldsymbol{x}}=(1,0)^{\mathrm{T}}$ 是局部极小点。

【例 3-2】 利用最优性条件求解优化问题

$$\begin{cases}\min & f(\boldsymbol{x})=\dfrac{1}{3}x_1^3+\dfrac{1}{3}x_2^3-x_2^2-x_1\\ \text{s.t.} & \boldsymbol{x}\in\mathbf{R}^2\end{cases}$$

解 由一阶必要条件

$$\nabla f(\boldsymbol{x})=\begin{bmatrix}\dfrac{\partial f}{\partial x_1}\\ \dfrac{\partial f}{\partial x_2}\end{bmatrix}=\begin{bmatrix}x_1^2-1\\ x_2^2-2x_2\end{bmatrix}=0$$

得 $f(\boldsymbol{x})$的稳定点为 $\boldsymbol{x}_1=(1,0)^{\mathrm{T}}$,$\boldsymbol{x}_2=(1,2)^{\mathrm{T}}$,$\boldsymbol{x}_3=(-1,0)^{\mathrm{T}}$ 和 $\boldsymbol{x}_4=(-1,2)^{\mathrm{T}}$。再由海森矩阵

$$\nabla^2 f(\boldsymbol{x})=\begin{bmatrix}2x_1 & 0\\ 0 & 2x_2-2\end{bmatrix}$$

得

$$\nabla^2 f(\boldsymbol{x}_1)=\begin{bmatrix}2 & 0\\ 0 & -2\end{bmatrix},\quad \nabla^2 f(\boldsymbol{x}_2)=\begin{bmatrix}2 & 0\\ 0 & 2\end{bmatrix}$$

$$\nabla^2 f(\boldsymbol{x}_3)=\begin{bmatrix}-2 & 0\\ 0 & -2\end{bmatrix},\quad \nabla^2 f(\boldsymbol{x}_4)=\begin{bmatrix}-2 & 0\\ 0 & 2\end{bmatrix}$$

可见,$\nabla^2 f(\boldsymbol{x}_1)$和$\nabla^2 f(\boldsymbol{x}_4)$是不定矩阵,$\nabla^2 f(\boldsymbol{x}_3)$是负定矩阵,$\nabla^2 f(\boldsymbol{x}_2)$是正定矩阵。于是由二阶充分条件知 $\boldsymbol{x}_2$ 是局部极小点。

3.2 最速下降法

43min

最速下降法是最基础的基于梯度的非线性优化算法，本节首先介绍最速下降方向，然后介绍最速下降法的算法步骤、算法流程和收敛性，最后给出一个最速下降法案例。

3.2.1 最速下降方向

最速下降法的基本思想是：首先，找到在当前迭代点使函数值下降最快的方向，然后在该方向上进行精确线搜索以使目标函数值产生最大的下降量。最速下降方向即为在某一点处使目标函数值下降最快的方向，以下讨论如何求取最速下降方向。

首先，由微积分知识可知，函数 $f(\boldsymbol{x})$ 在点 $\boldsymbol{x}$ 处沿方向 $\boldsymbol{d}$ 的变化率可用方向导数来表达，而对于可微函数，方向导数等于梯度与方向的内积，即

$$\mathrm{D}f(\boldsymbol{x};\boldsymbol{d})=\nabla f(\boldsymbol{x})^{\mathrm{T}}\boldsymbol{d} \tag{3-2}$$

其中，$\mathrm{D}f(\boldsymbol{x};\boldsymbol{d})$ 为函数 $f(\boldsymbol{x})$ 沿方向 $\boldsymbol{d}$ 的方向导数。

接着，$f(\boldsymbol{x})$ 在点 $\boldsymbol{x}$ 处下降最快的方向即为使 $\mathrm{D}f(\boldsymbol{x};\boldsymbol{d})$ 最小的方向，即优化问题

$$\min_{\|\boldsymbol{d}\|=1} \mathrm{D}f(\boldsymbol{x};\boldsymbol{d}) \tag{3-3}$$

的解。注意到式(3-2)，故问题(3-3)等价于

$$\min_{\|\boldsymbol{d}\|=1} \nabla f(\boldsymbol{x})^{\mathrm{T}}\boldsymbol{d} \tag{3-4}$$

由 Schwartz 不等式，有

$$|\nabla f(\boldsymbol{x})^{\mathrm{T}}\boldsymbol{d}|\leqslant\|\nabla f(\boldsymbol{x})\|\cdot\|\boldsymbol{d}\|=\|\nabla f(\boldsymbol{x})\|$$

去掉绝对值符号，可以得到

$$\nabla f(\boldsymbol{x})^{\mathrm{T}}\boldsymbol{d}\geqslant-\|\nabla f(\boldsymbol{x})\|$$

且当

$$\boldsymbol{d}=-\frac{\nabla f(\boldsymbol{x})}{\|\nabla f(\boldsymbol{x})\|} \tag{3-5}$$

时等号成立，因此，在点 $\boldsymbol{x}$ 处，由式(3-5)得到的方向使方向导数 $\mathrm{D}f(\boldsymbol{x};\boldsymbol{d})$ 最小，即为最速下降方向。

综上所述，负梯度方向即为最速下降方向(the Steepest Descent Direction)，记为

$$\boldsymbol{d}_S=-\frac{\nabla f(\boldsymbol{x})}{\|\nabla f(\boldsymbol{x})\|} \tag{3-6}$$

3.2.2 最速下降法

最速下降法的迭代公式是

$$\boldsymbol{x}_{k+1}=\boldsymbol{x}_k+\lambda_k\boldsymbol{d}_k \tag{3-7}$$

其中，搜索方向 $\boldsymbol{d}_k$ 取最速下降方向，即 $\boldsymbol{d}_k=\boldsymbol{d}_S$，或直接取

$$\boldsymbol{d}_k=-\nabla f(\boldsymbol{x}_k) \tag{3-8}$$

步长 λ_k 是从 $\boldsymbol{x}_k$ 出发沿 $\boldsymbol{d}_k$ 方向进行一维搜索的精确步长，即

$$\lambda_k = \underset{\lambda>0}{\arg\min} f(\boldsymbol{x}_k + \lambda \boldsymbol{d}_k) \tag{3-9}$$

最速下降法的算法步骤如下。

算法 3-1　最速下降法

第 1 步： 输入，初始点 $\boldsymbol{x}_0$，容忍误差 $\varepsilon>0$。

第 2 步： 初始化，置 $\boldsymbol{x}_1=\boldsymbol{x}_0$，$k=1$。

第 3 步： 计算搜索方向，$\boldsymbol{d}_k=-\nabla f(\boldsymbol{x}_k)$。

第 4 步： 终止准则，若 $\|\boldsymbol{d}_k\|\leqslant\varepsilon$，则停止迭代，输出 $\boldsymbol{x}^*=\boldsymbol{x}_k$，$f^*=f(\boldsymbol{x}_k)$，否则求解一维搜索子问题(3-9)。

第 5 步： 置 $\boldsymbol{x}_{k+1}=\boldsymbol{x}_k+\lambda_k\boldsymbol{d}_k$，$k:=k+1$，转到第 3 步。

值得注意的是，第 4 步中求解一维搜索子问题时使用的是精确线搜索方法，而不是非精确线搜索。可以使用第 2 章中介绍的黄金分割法、斐波那契法、牛顿法、割线法或抛物线法。

最速下降法的算法流程如图 3-2 所示。

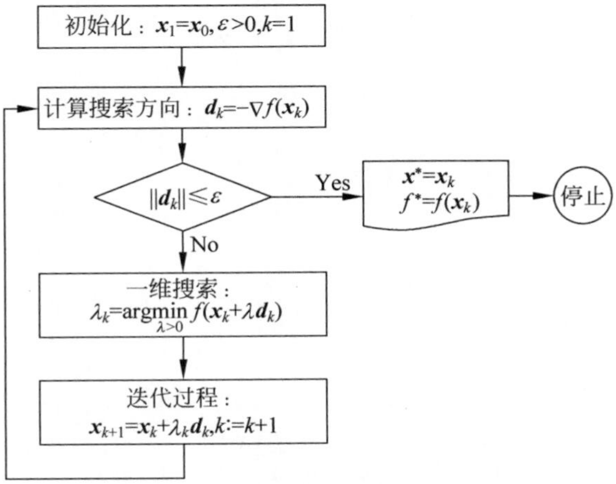

图 3-2　最速下降法的算法流程

3.2.3　最速下降法案例

以下通过一个具体案例给出最速下降法的 Python 代码。

【例 3-3】 用最速下降法求解优化问题

$$\begin{cases} \min & f(\boldsymbol{x}) = 4(x_1-2)^2+9(x_2+3)^2 \\ \text{s.t.} & \boldsymbol{x}\in\mathbf{R}^2 \end{cases}$$

显然，函数 $f(\boldsymbol{x})$表示的是一个二维空间中以 $\boldsymbol{x}^*=(2,-3)^{\mathrm{T}}$ 为中心的椭圆，故该问题的理论最优解为 $\boldsymbol{x}^*=(2,-3)^{\mathrm{T}}$，最优值为 $f^*=0$。目标函数的梯度为

$$\nabla f(\boldsymbol{x})=\begin{bmatrix}8(x_1-2)\\18(x_2+3)\end{bmatrix}$$

以下为用最速下降法求解例 3-3 的 Python 代码。

```
"""
#代码 3-1 最速下降法
"""

import numpy as np

#原问题目标函数
def objfun(x):
    y = 4*(x[0]-2)**2+9*(x[1]+3)**2
    return y

#原问题目标函数的梯度函数
def gradfun(x):
    y =np.array([8*(x[0]-2),18*(x[1]+3)])
    return y

#一维搜索子问题目标函数
def lineobjfun(xk,dk,alpha):
    y = objfun(xk+alpha*dk)
    return y

#黄金分割法
def Golden(xk,dk,ak,bk,epsilon):
    lambdak = ak+0.382*(bk-ak)
    muk = ak+0.618*(bk-ak)
    flambdak = lineobjfun(xk,dk,lambdak)
    fmuk = lineobjfun(xk,dk,muk)
    while True:
        if bk-ak <= epsilon:
            xstar = (ak+bk)/2
            return xstar
        else:
            if flambdak > fmuk:
                ak = lambdak
                lambdak = muk
                flambdak = fmuk
                muk = ak+0.618*(bk-ak)
                fmuk = lineobjfun(xk,dk,muk)
            else:
                bk = muk
                muk = lambdak
                fmuk = flambdak
                lambdak = ak+0.382*(bk-ak)
                flambdak = lineobjfun(xk,dk,lambdak)
```

```
#最速下降法
def SteDesDir(x0,epsilon):
    xk = x0.copy()
    k = 0
    while True:
        k += 1
        gk = gradfun(xk)
        if np.linalg.norm(gk) <= epsilon:
            xstar = xk
            fstar = objfun(xk)
            return xstar,fstar,k
        else:
            dk = -gk
            lambdak = Golden(xk,dk,0.,3.,0.001)
            xk += lambdak * dk

#主程序
if __name__ == '__main__':
    epsilon = 0.001

    #第 1 组
    x0 = np.array([1.,1.])
    xstar,fstar,k = SteDesDir(x0,epsilon)
    print("第 1 组:")
    print("Input:x0 = {}".format(x0))
    print("Output: (xstar,fstar,k) = {}".format((xstar,fstar,k)))

    #第 2 组
    x0 = np.array([-2.,3.])
    xstar,fstar,k = SteDesDir(x0,epsilon)
    print("第 2 组:")
    print("Input:x0 = {}".format(x0))
    print("Output: (xstar,fstar,k) = {}".format((xstar,fstar,k)))

    #第 3 组
    x0 = np.array([10.,-10.])
    xstar,fstar,k = SteDesDir(x0,epsilon)
    print("第 3 组:")
    print("Input:x0 = {}".format(x0))
    print("Output: (xstar,fstar,k) = {}".format((xstar,fstar,k)))
```

运行结果如下：

```
第 1 组:
Input:x0 = [ 1.99997618 -3.00000187]
Output: (xstar,fstar,k) = (array([ 1.99997618, -3.00000187]),
2.3005343989825326e-09, 6)
第 2 组:
Input:x0 = [ 1.99998104 -2.99997138]
```

```
Output: (xstar,fstar,k) = (array([ 1.99998104, -2.99997138]),
8.81133832674739e-09, 9)
第 3 组：
Input:x0 = [ 2.00004392 -2.9999901 ]
Output: (xstar,fstar,k) = (array([ 2.00004392, -2.9999901 ]),
8.597280705350136e-09, 12)
```

从运行结果可以看出，从不同的初始点出发均成功地求解了原问题，但循环次数不同。

3.2.4 最速下降法的收敛性

以下简要讨论最速下降法的收敛性。

定理 3-6 设 $f(\boldsymbol{x})$是一阶连续可微的实值函数，集合 S 是方程$\nabla f(\boldsymbol{x})=0$ 的解集合，即 $S=\{\boldsymbol{x}\mid\nabla f(\boldsymbol{x})=0\}$，最速下降法产生的序列$\{\boldsymbol{x}_k\}$，若$\{\boldsymbol{x}_k\}$存在聚点，则其任一聚点 $\boldsymbol{x}^*\in S$。

定理 3-6 的详细证明参见文献[1]。简单地讲，定理 3-6 表达的意思是最速下降法产生的序列$\{\boldsymbol{x}_k\}$的每个聚点都是驻点。

最速下降法使用的是下降最快的方向，精确步长也使每个迭代步中目标函数的下降量达到了最大，所以直观上来看，最速下降法收敛速度应该非常快，但事实并非如此，对于某些目标函数，最速下降法会出现锯齿(Zig-Zag)现象，以下对此进行讨论。

首先，使用最速下降法搜索时，相继两个搜索方向是正交的。

对一维搜索子问题，由一阶必要最优性条件可知，精确步长 α_k 满足

$$\varphi'(\alpha_k)=\nabla f(\boldsymbol{x}_k+\alpha_k\boldsymbol{d}_k)^{\mathrm{T}}\boldsymbol{d}_k=0 \tag{3-10}$$

注意到 $\boldsymbol{x}_{k+1}=\boldsymbol{x}_k+\alpha_k\boldsymbol{d}_k$，$\boldsymbol{d}_{k+1}=-\nabla f(\boldsymbol{x}_{k+1})^{\mathrm{T}}$ 和 $\boldsymbol{d}_k=-\nabla f(\boldsymbol{x}_k)$，故

$$\boldsymbol{d}_{k+1}^{\mathrm{T}}\boldsymbol{d}_k=0 \tag{3-11}$$

即相继两个搜索方向正交。

接着，如图 3-3 所示，若函数的等高线是比较扁狭的，而初始点恰好取在等高线的两极，则相继搜索方向正交的精确一维搜索就容易出现锯齿现象。

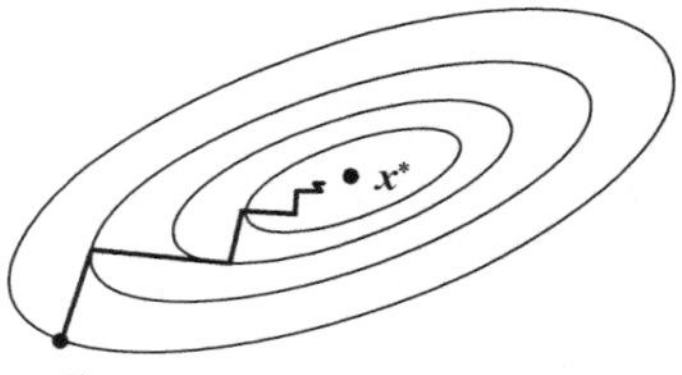

图 3-3 最速下降法锯齿现象示意图

锯齿现象会导致最速下降法在前段收敛较快，而越接近最优解时收敛速度越慢，所以最速下降法只有线性收敛速度，是收敛速度很慢的算法。为了克服最速下降法的锯齿现象，人们想出了很多改进方案，例如使用非精确线搜索，将收敛较慢的后段用其他算法替换，扰动搜索方向等，这些算法将在下文逐一介绍。

3.3 牛顿法

51min

2.6.1 节介绍了一维搜索中的牛顿法，本节将其推广到多维情形。牛顿法的基本思想是在迭代点 $\boldsymbol{x}_k$ 将目标函数用二次函数近似，用二次函数的极小点近似目标函数的极小点。

3.3.1 基本原理

设 $f: \mathbf{R}^n \to \mathbf{R}$ 是二次可微实值函数，又设 $\boldsymbol{x}_k$ 是 $f(\boldsymbol{x})$ 的极小点的一个估计，则函数 $f(\boldsymbol{x})$ 在点 $\boldsymbol{x}_k$ 的二次泰勒展开式为

$$f(\boldsymbol{x}) = f(\boldsymbol{x}_k) + \nabla f(\boldsymbol{x}_k)^{\mathrm{T}}(\boldsymbol{x} - \boldsymbol{x}_k) + \frac{1}{2}(\boldsymbol{x} - \boldsymbol{x}_k)^{\mathrm{T}} \nabla^2 f(\boldsymbol{x}_k)(\boldsymbol{x} - \boldsymbol{x}_k) + o(\|\boldsymbol{x} - \boldsymbol{x}_k\|^2) \tag{3-12}$$

其中，$\nabla^2 f(\boldsymbol{x})$ 是 $f(\boldsymbol{x})$ 在 $\boldsymbol{x}_k$ 处的海森矩阵，$o(\|\boldsymbol{x}-\boldsymbol{x}_k\|^2)$ 为皮亚诺余项。在式(3-12)中忽略余项部分得到 $f(\boldsymbol{x})$ 在 $\boldsymbol{x}_k$ 处的一个二次近似函数

$$f(\boldsymbol{x}) \approx q(\boldsymbol{x}) = f(\boldsymbol{x}_k) + \nabla f(\boldsymbol{x}_k)^{\mathrm{T}}(\boldsymbol{x} - \boldsymbol{x}_k) + \frac{1}{2}(\boldsymbol{x} - \boldsymbol{x}_k)^{\mathrm{T}} \nabla^2 f(\boldsymbol{x}_k)(\boldsymbol{x} - \boldsymbol{x}_k) \tag{3-13}$$

为求 $q(\boldsymbol{x})$ 的稳定点，令

$$\nabla q(\boldsymbol{x}) = 0 \tag{3-14}$$

即

$$\nabla f(\boldsymbol{x}_k) + \nabla^2 f(\boldsymbol{x}_k)(\boldsymbol{x} - \boldsymbol{x}_k) = 0 \tag{3-15}$$

设 $\nabla^2 f(\boldsymbol{x}_k)$ 可逆(非奇异)，则由式(3-15)可得牛顿法的迭代公式为

$$\boldsymbol{x}_{k+1} = \boldsymbol{x}_k - \nabla^2 f(\boldsymbol{x}_k)^{-1} \nabla f(\boldsymbol{x}) \tag{3-16}$$

其中，$\nabla^2 f(\boldsymbol{x}_k)^{-1}$ 为海森矩阵 $\nabla^2 f(\boldsymbol{x})$ 的逆矩阵。一般将搜索方向

$$\boldsymbol{d}^N = -\nabla^2 f(\boldsymbol{x}_k)^{-1} \nabla f(\boldsymbol{x}_k) \tag{3-17}$$

称作牛顿方向，于是式(3-16)可以解释为步长为 1 且搜索方向为牛顿方向的迭代。

在一维情况下，牛顿法的几何解释如图 3-4 所示，在点 $\boldsymbol{x}_1$ 处对函数 $f(\boldsymbol{x})$ 进行二次近似，得到二次函数 $q(\boldsymbol{x})$，其图像为一抛物线，最小化 $q(\boldsymbol{x})$ 得到下一个迭代点 $\boldsymbol{x}_2$，以此类推。由此可知，在二维情形下，牛顿法实际上是用一系列抛物面来近似曲线 $f(\boldsymbol{x})$，用抛物面的极小值点来逐渐逼近 $f(\boldsymbol{x})$ 的极小值点。

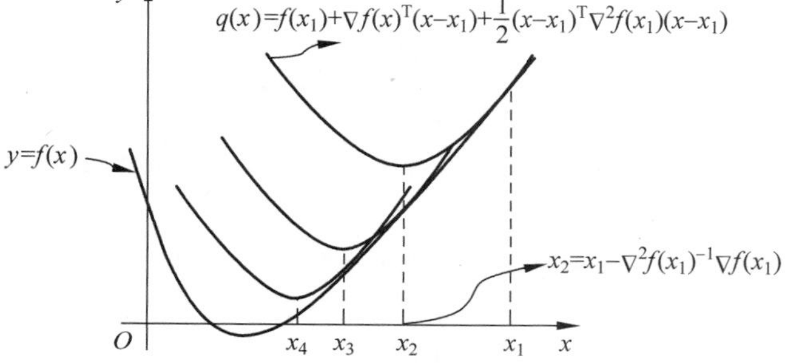

图 3-4　牛顿法示意图

3.3.2 牛顿法的算法步骤和流程

牛顿法的算法步骤如下。

算法 3-2 牛顿法

第 1 步：输入，初始点 $\boldsymbol{x}_0$，容忍误差 $\varepsilon>0$。

第 2 步：初始化，置 $\boldsymbol{x}_1=\boldsymbol{x}_0$，$k=1$。

第 3 步：计算梯度，$\nabla f(\boldsymbol{x}_k)$。

第 4 步：终止准则，若 $\|\nabla f(\boldsymbol{x}_k)\|\leqslant\varepsilon$，则停止迭代，输出 $\boldsymbol{x}^*=\boldsymbol{x}_k$，$f^*=f(\boldsymbol{x}_k)$，否则继续第 5 步。

第 5 步：计算海森矩阵 $\nabla^2 f(\boldsymbol{x}_k)$ 及其逆矩阵 $\nabla^2 f(\boldsymbol{x}_k)^{-1}$，计算牛顿方向

$$\boldsymbol{d}_k^N=-\nabla^2 f(\boldsymbol{x}_k)^{-1}\nabla f(\boldsymbol{x}_k)$$

第 6 步：牛顿迭代，

$$\boldsymbol{x}_{k+1}=\boldsymbol{x}_k+\boldsymbol{d}_k^N, k:=k+1$$

转到第 3 步。

牛顿法的算法流程如图 3-5 所示。

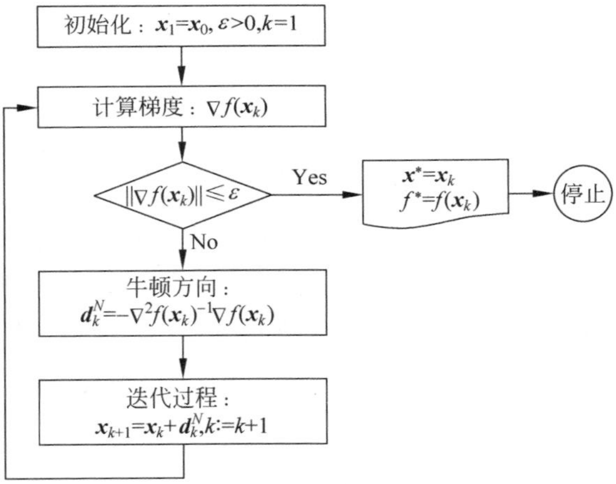

图 3-5 牛顿法的算法流程

对比牛顿法和最速下降法的流程图可以看出，它们的流程基本一致，不同在于搜索方向和搜索步长的选择。牛顿法因为要计算二阶梯度，即海森矩阵，所以也称为二阶算法。

牛顿法是收敛速度很快的算法。实际上，当牛顿法收敛时，前后两个迭代点满足关系

$$\|\boldsymbol{x}_{k+1}-\boldsymbol{x}^*\|\leqslant c\|\boldsymbol{x}_k-\boldsymbol{x}^*\|^2 \tag{3-18}$$

其中，c 是某常数，也就是说，牛顿法至少二阶收敛。

特别地，对于二次凸函数，用牛顿法求解，经过 1 次迭代即可达到极小值点。

设有二次凸函数

$$f(\boldsymbol{x})=\frac{1}{2}\boldsymbol{x}^{\mathrm{T}}\boldsymbol{A}\boldsymbol{x}+\boldsymbol{b}^{\mathrm{T}}\boldsymbol{x}+c \tag{3-19}$$

其中，$\boldsymbol{A}$ 是对称正定矩阵。

先用一阶必要条件求解极小值点。令

$$\nabla f(\boldsymbol{x})=\boldsymbol{A}\boldsymbol{x}+\boldsymbol{b}=\boldsymbol{0} \tag{3-20}$$

求解方程(3-20)得极小值点

$$\boldsymbol{x}^{*}=-\boldsymbol{A}^{-1}\boldsymbol{b} \tag{3-21}$$

再用牛顿法迭代求解。任取初始点 $\boldsymbol{x}_1$，根据牛顿法迭代公式(3-16)得

$$\boldsymbol{x}_2=\boldsymbol{x}_1-\nabla^2 f(\boldsymbol{x}_1)^{-1}\nabla f(\boldsymbol{x}_1)=\boldsymbol{x}_1-\boldsymbol{A}^{-1}(\boldsymbol{A}\boldsymbol{x}_1+\boldsymbol{b})=-\boldsymbol{A}^{-1}\boldsymbol{b} \tag{3-22}$$

显然，$\boldsymbol{x}^{*}=\boldsymbol{x}_2$，即经过 1 次迭代已经达到极小值点。

图 3-6 给出了最速下降法和牛顿法的迭代示意图。从图中可以看出，对于二次凸函数，每点的牛顿方向都是直接指向极小值点的，这就解释了为什么对于二次函数，牛顿法只需一次迭代便可到达极小值点。

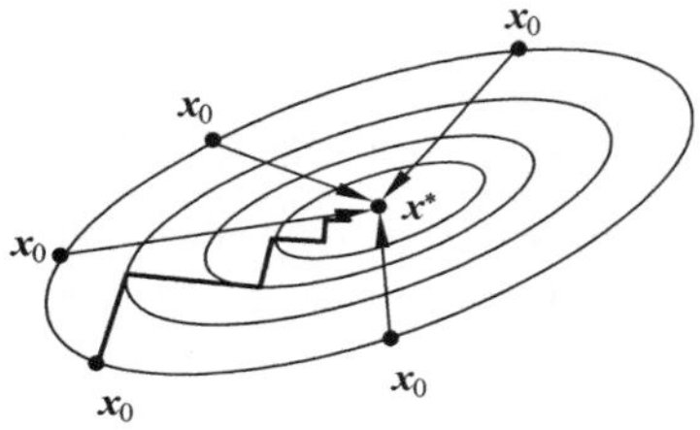

图 3-6　牛顿法和最速下降法比较示意图

以后还会遇到一些算法，当把它们用于二次凸函数时，类似于牛顿法，经有限次迭代必达到极小点，这种性质称为二次终止性。

牛顿法是局部算法。这意味着，当初始点远离极小值点时，牛顿方向可能并不是一个下降方向，因此牛顿法也就不收敛，即使牛顿方向是一个下降方向，使用牛顿迭代得到的点也不一定是一个沿牛顿方向的最好的点，这是因为牛顿法迭代的步长始终为 1，未进行任何优化。针对牛顿法局部收敛性和步长未进行优化的缺点，人们对牛顿法进行了各种改进，这些改进算法将在 3.3.3 节介绍。

3.3.3　牛顿法的改进

针对牛顿法局部收敛性和步长为 1 的缺点，人们提出了各种修正的牛顿法。本节介绍 3 种典型的修正牛顿法。

1. 阻尼牛顿法

阻尼牛顿法是指在牛顿法的基础上增加一维搜索，其迭代公式为

$$\boldsymbol{x}_{k+1}=\boldsymbol{x}_k+\lambda_k\boldsymbol{d}_k \tag{3-23}$$

其中，$\boldsymbol{d}_k=-\nabla^2 f(\boldsymbol{x}_k)^{-1}\nabla f(\boldsymbol{x}_k)$ 为牛顿方向，λ_k 是由精确一维搜索得到的步长，即

$$\lambda_k=\underset{\lambda>0}{\operatorname{argmin}} f(\boldsymbol{x}_k+\lambda\boldsymbol{d}_k) \tag{3-24}$$

阻尼牛顿法的算法步骤如下。

算法 3-3 阻尼牛顿法

第 1 步：输入，初始点 $\boldsymbol{x}_0$，容忍误差 $\varepsilon>0$。

第 2 步：初始化，置 $\boldsymbol{x}_1=\boldsymbol{x}_0$，$k=1$。

第 3 步：计算梯度，$\nabla f(\boldsymbol{x}_k)$。

第 4 步：终止准则，若 $\|\nabla f(\boldsymbol{x}_k)\|\leqslant\varepsilon$，则停止迭代，输出 $\boldsymbol{x}^*=\boldsymbol{x}_k$，$f^*=f(\boldsymbol{x}_k)$，否则继续第 5 步。

第 5 步：计算海森矩阵 $\nabla^2 f(\boldsymbol{x}_k)$ 及其逆矩阵 $\nabla^2 f(\boldsymbol{x}_k)^{-1}$，计算牛顿方向

$$\boldsymbol{d}_k^N=-\nabla^2 f(\boldsymbol{x}_k)^{-1}\nabla f(\boldsymbol{x}_k)$$

第 6 步：一维搜索

$$\lambda_k=\underset{\lambda>0}{\operatorname{argmin}} f(\boldsymbol{x}_k+\lambda\boldsymbol{d}_k^N)$$

第 7 步：迭代过程

$$\boldsymbol{x}_{k+1}=\boldsymbol{x}_k+\lambda_k\boldsymbol{d}_k^N,\quad k:=k+1$$

转到第 3 步。

由于阻尼牛顿法含有一维搜索，因此在牛顿方向是下降方向的前提下，每次迭代都可以使目标函数值有所下降，而且可以证明，阻尼牛顿法在适当的条件下具有全局收敛性，并且具有二阶收敛速度，但是，当迭代点远离极小值点时，牛顿方向不一定是下降方向，此时一维搜索得不到有效步长，阻尼牛顿法就失效了。

【例 3-4】 用阻尼牛顿法求解下列问题

$$\min\ f(\boldsymbol{x})=x_1^4+x_1x_2+(1+x_2)^2$$

该目标函数的梯度函数和海森矩阵分别为

$$\nabla f(\boldsymbol{x})=\begin{bmatrix}4x_1^3+x_2\\ x_1+2(1+x_2)\end{bmatrix},\quad \nabla^2 f(\boldsymbol{x})=\begin{bmatrix}12x_1^2 & 1\\ 1 & 2\end{bmatrix}$$

取初始点 $\boldsymbol{x}_1=(0,0)^{\mathrm{T}}$，在点 $\boldsymbol{x}_1$ 处，函数的梯度和海森矩阵分别为

$$\nabla f(\boldsymbol{x}_1)=\begin{bmatrix}0\\2\end{bmatrix},\quad \nabla^2 f(\boldsymbol{x}_1)=\begin{bmatrix}0 & 1\\ 1 & 2\end{bmatrix}$$

牛顿方向为

$$\boldsymbol{d}_1^N=-\nabla^2 f(\boldsymbol{x}_1)^{-1}\nabla f(\boldsymbol{x}_1)=-\begin{bmatrix}0 & 1\\ 1 & 2\end{bmatrix}^{-1}\begin{bmatrix}0\\2\end{bmatrix}$$

从 $\boldsymbol{x}_1$ 出发，沿 $\boldsymbol{d}_1^N$ 作一维搜索，令

$$\varphi(\lambda)=f(\boldsymbol{x}_1+\lambda\boldsymbol{d}_1^N)=16\lambda^4+1$$

求 $\varphi'(\lambda)$，并令其等于 0，得

$$\varphi'(\lambda)=64\lambda^3=0$$

则 $\lambda_1=0$。

显然，此时得不到有效步长，用阻尼牛顿法不能产生新的迭代点，但点 $\boldsymbol{x}_1=(0,0)^{\mathrm{T}}$ 尚不是问题的极小值点。产生这一困境的原因是海森矩阵 $\nabla^2 f(\boldsymbol{x}_1)$ 非正定，牛顿方向不是下降方向。Goldstein-Price 给出了一个解决这一困境的方案。

2. Goldstein-Price 修正牛顿法

Glodstein-Price 修正牛顿法的主要思想是将牛顿法和最速下降法结合起来使用。当牛顿方向不是下降方向或不是很好的下降方向时，使用最速下降方向进行过渡；当牛顿方向是下降方向时，使用牛顿方向进行一维搜索。

Goldstein-Price 修正牛顿法的搜索方向定义为

$$\boldsymbol{d}_k=\begin{cases}\boldsymbol{d}_k^N & \text{如果 } \cos(\boldsymbol{d}_k^N,-\nabla f(\boldsymbol{x}_k))\geqslant\eta \\ -\nabla f(\boldsymbol{x}_k) & \text{其他}\end{cases} \tag{3-25}$$

其中，$\eta\in(0,1)$，在式(3-25)中，如果 $\cos(\boldsymbol{d}_k^N,-\nabla f(\boldsymbol{x}_k))\geqslant\eta$，则认为牛顿方向是一个满足要求的下降方向，此时使用牛顿方向进行搜索，否则使用最速下降方向进行搜索。

Goldstein-Price 修正牛顿法的算法步骤如下。

算法 3-4 Goldstein-Price 修正牛顿法

第 1 步：输入，初始点 $\boldsymbol{x}_0$，容忍误差 $\varepsilon>0$，参数 $\eta\in(0,1)$。

第 2 步：初始化，置 $\boldsymbol{x}_1=\boldsymbol{x}_0$，$k=1$。

第 3 步：计算梯度，$\nabla f(\boldsymbol{x}_k)$。

第 4 步：终止准则，若 $\|\nabla f(\boldsymbol{x}_k)\|\leqslant\varepsilon$，则停止迭代，输出 $\boldsymbol{x}^*=\boldsymbol{x}_k$，$f^*=f(\boldsymbol{x}_k)$，否则继续第 5 步。

第 5 步：计算海森矩阵 $\nabla^2 f(\boldsymbol{x}_k)$ 及其逆矩阵 $\nabla^2 f(\boldsymbol{x}_k)^{-1}$，计算牛顿方向

$$\boldsymbol{d}_k^N=-\nabla^2 f(\boldsymbol{x}_k)^{-1}\nabla f(\boldsymbol{x}_k)$$

如果 $\cos(\boldsymbol{d}_k^N,-\nabla f(\boldsymbol{x}_k))\geqslant\eta$，则 $\boldsymbol{d}_k=\boldsymbol{d}_k^N$，否则 $\boldsymbol{d}_k=-\nabla f(\boldsymbol{x}_k)$。

第 6 步：一维搜索

$$\lambda_k=\underset{\lambda>0}{\operatorname{argmin}} f(\boldsymbol{x}_k+\lambda\boldsymbol{d}_k)$$

第 7 步：迭代过程

$$\boldsymbol{x}_{k+1}=\boldsymbol{x}_k+\lambda_k\boldsymbol{d}_k,\quad k:=k+1$$

转到第 3 步。

Goldstein-Price 解决了阻尼牛顿法中牛顿方向不下降的问题，保证了算法的收敛性。

3. Goldfeld 修正牛顿法

Goldfeld 修正牛顿法由 Goldfeld 等于 1966 年提出，其基本思想是在海森矩阵非正定时(此时牛顿方向不一定是下降方向)，对海森矩阵进行修正，使其成为正定矩阵，从而得到一个下降方向。

具体地，令

$$\bar{\boldsymbol{G}}_k=\begin{cases}\nabla^2 f(\boldsymbol{x}_k) & \text{如果 } \nabla^2 f(\boldsymbol{x}_k) \text{ 正定} \\ \nabla^2 f(\boldsymbol{x}_k)+v_k\boldsymbol{E} & \text{如果 } \nabla^2 f(\boldsymbol{x}_k) \text{ 不正定}\end{cases} \tag{3-26}$$

其中，v_k 是将 $\nabla^2 f(\boldsymbol{x}_k)$ 修正为正定矩阵的较小正常数，$\boldsymbol{E}$ 是单位矩阵，则搜索方向

$$\boldsymbol{d}_k=-\bar{\boldsymbol{G}}_k^{-1}\nabla f(\boldsymbol{x}_k) \tag{3-27}$$

成为点 $\boldsymbol{x}_k$ 处的一个下降方向。

式(3-26)的关键是 v_k 的取值。首先使 $\bar{G}_k$ 正定的 v_k 肯定是存在的，这是因为 $\nabla^2 f(\boldsymbol{x}_k)+v_k\boldsymbol{E}$ 的特征值就等于 $\nabla^2 f(\boldsymbol{x}_k)$ 的特征值与 v_k 之和，所以只要 v_k 足够大，总能使 $\nabla^2 f(\boldsymbol{x}_k)+v_k\boldsymbol{E}$ 的特征值为正，即使 $\nabla^2 f(\boldsymbol{x}_k)+v_k\boldsymbol{E}$ 正定，但 v_k 也不能太大，否则就覆盖了 $\nabla^2 f(\boldsymbol{x}_k)$ 原有的信息，所以 v_k 应取将 $\nabla^2 f(\boldsymbol{x}_k)$ 修正为正定矩阵的较小的常数，具体可取为稍大于 $\nabla^2 f(\boldsymbol{x}_k)$ 的最负特征值。

Goldfeld-Price 修正牛顿法的具体实现策略很多，也都比较复杂，超出了本书的范围，此处不再详细讨论。感兴趣的读者可以参考文献[1]。

3.3.4 牛顿法案例

以下通过一些具体案例给出牛顿法及修正牛顿法的 Python 代码。

【例 3-5】 用牛顿法求解优化问题

$$\min\ x_1^2+(x_2-1)^4$$

显然，函数的唯一极小值点是 $\boldsymbol{x}^*=(0,1)^{\mathrm{T}}$，其梯度函数为

$$\nabla f(\boldsymbol{x})=\begin{bmatrix}2x_1\\4(x_2-1)^3\end{bmatrix}$$

海森矩阵函数为

$$\nabla^2 f(\boldsymbol{x})=\begin{bmatrix}2 & 0\\0 & 12(x_2-1)^2\end{bmatrix}$$

以下为用牛顿法求解例 3-5 的 Python 代码。

```
"""
#代码 3-2 牛顿法
"""

import numpy as np

#原问题目标函数
def objfun(x):
    y = x[0]**2+(x[1]-1.)**4
    return y

#原问题目标函数的梯度函数
def gradfun(x):
    y =np.array([2*x[0],4.*(x[1]-1)**3])
    return y

#原问题目标函数的海森矩阵函数
def hessianfun(x):
    y = np.array([[2.,0.],[0.,12*(x[1]-1.)**2]])
    return y
```

```
#牛顿法
def Newton(x0,epsilon):
    xk = x0.copy()
    k = 0
    while True:
        k += 1
        gk = gradfun(xk)
        if np.linalg.norm(gk) <= epsilon:
            xstar = xk
            fstar = objfun(xk)
            return xstar,fstar,k
        else:
            Gk = hessianfun(xk)
            Gk_inv = np.linalg.inv(Gk)
            dk = -np.dot(Gk_inv,gk);
            xk += dk

#主程序
if __name__ == '__main__':
    epsilon = 0.001

    #第 1 组
    x0 = np.array([1.,2.])
    xstar,fstar,k = Newton(x0,epsilon)
    print("第 1 组:")
    print("Input:x0 = {}".format(x0))
    print("Output: (xstar,fstar,k) = {}".format((xstar,fstar,k)))

    #第 2 组
    x0 = np.array([-2.,3.])
    xstar,fstar,k = Newton(x0,epsilon)
    print("第 2 组:")
    print("Input:x0 = {}".format(x0))
    print("Output: (xstar,fstar,k) = {}".format((xstar,fstar,k)))

    #第 3 组
    x0 = np.array([10.,-10.])
    xstar,fstar,k = Newton(x0,epsilon)
    print("第 3 组:")
    print("Input:x0 = {}".format(x0))
    print("Output: (xstar,fstar,k) = {}".format((xstar,fstar,k)))
```

运行结果如下：

```
第 1 组:
Input:x0 = [1. 2.]
Output: (xstar,fstar,k) = (array([0.        , 1.05852766]), 1.1733963864404772e-05, 8)
第 2 组:
Input:x0 = [-2. 3.]
```

```
Output: (xstar,fstar,k) = (array([0.      , 1.05202459]), 7.325455873891444e-06, 10)
第 3 组:
Input:x0 = [ 10. -10.]
Output: (xstar,fstar,k) = (array([0.      , 0.94347946]), 1.0205288104191327e-05, 14)
```

从运行结果可以看出,从不同的初始点出发均成功求解了原问题,但循环次数不同,当初始点离极小值点较远时,循环次数更多一些。

【例 3-6】 用 Goldstein-Price 修正牛顿法求解例 3-4,以下为其 Python 代码。

```
"""
#代码 3-3 Goldstein-Price 修正牛顿法
"""

import numpy as np

#原问题目标函数
def objfun(x):
    y = x[0]**4+x[0]*x[1]+(1+x[1])**2
    return y

#原问题目标函数的梯度函数
def gradfun(x):
    y =np.array([4.*x[0]**3+x[1],x[0]+2.*(1.+x[1])])
    return y

#原问题目标函数的海森矩阵函数
def hessianfun(x):
    y = np.array([[12.*x[0]**2,1.],[1.,2.]])
    return y

#一维搜索子问题目标函数
def lineobjfun(xk,dk,alpha):
    y = objfun(xk+alpha*dk)
    return y

#黄金分割法
def Golden(xk,dk,ak,bk,epsilon):
    lambdak = ak+0.382*(bk-ak)
    muk = ak+0.618*(bk-ak)
    flambdak = lineobjfun(xk,dk,lambdak)
    fmuk = lineobjfun(xk,dk,muk)
    while True:
        if bk-ak <= epsilon:
            xstar = (ak+bk)/2
            return xstar
        else:
            if flambdak > fmuk:
                ak = lambdak
```

```
                lambdak = muk
                flambdak = fmuk
                muk = ak+0.618*(bk-ak)
                fmuk = lineobjfun(xk,dk,muk)
            else:
                bk = muk
                muk = lambdak
                fmuk = flambdak
                lambdak = ak+0.382*(bk-ak)
                flambdak = lineobjfun(xk,dk,lambdak)

#Goldstein-Price 修正牛顿法
def Goldstein_Price_Newton(x0,epsilon):
    eta = 0.3
    xk = x0.copy()
    k = 0
    while True:
        k += 1
        gk = gradfun(xk)
        if np.linalg.norm(gk) <= epsilon:
            xstar = xk
            fstar = objfun(xk)
            return xstar,fstar,k
        else:
            Gk = hessianfun(xk)                          #海森矩阵
            Gk_inv = np.linalg.inv(Gk)                   #海森矩阵的逆
            dkN = -np.dot(Gk_inv,gk)                     #牛顿方向

            coss = np.dot(dkN,-gk)/(np.linalg.norm(dkN)*np.linalg.norm(-gk))
            if coss >= eta:
                dk = dkN                                 #使用牛顿方向搜索
            else:
                dk = -gk                                 #使用最速下降方向搜索

            lambdak = Golden(xk,dk,0.,3.,0.001)         #精确一维搜索
            xk += lambdak*dk

#主程序
if __name__ == '__main__':
    epsilon = 0.001

    #第 1 组
    x0 = np.array([0.,0.])
    xstar,fstar,k = Goldstein_Price_Newton(x0,epsilon)
    print("第 1 组:")
    print("Input:x0 = {}".format(x0))
    print("Output: (xstar,fstar,k) = {}".format((xstar,fstar,k)))

    #第 2 组
```

```
    x0 = np.array([-2.,3.])
    xstar,fstar,k = Goldstein_Price_Newton(x0,epsilon)
    print("第 2 组:")
    print("Input:x0 = {}".format(x0))
    print("Output: (xstar,fstar,k) = {}".format((xstar,fstar,k)))

    #第 3 组
    x0 = np.array([10.,-10.])
    xstar,fstar,k = Goldstein_Price_Newton(x0,epsilon)
    print("第 3 组:")
    print("Input:x0 = {}".format(x0))
    print("Output: (xstar,fstar,k) = {}".format((xstar,fstar,k)))
```

运行结果如下：

```
第 1 组:
Input:x0 = [0. 0.]
Output: (xstar,fstar,k) = (array([ 0.69589498, -1.34798772]),
-0.5824451725273642, 5)
第 2 组:
Input:x0 = [-2. 3.]
Output: (xstar,fstar,k) = (array([ 0.69588586, -1.34794462]),
-0.5824451744350345, 7)
第 3 组:
Input:x0 = [ 10. -10.]
Output: (xstar,fstar,k) = (array([ 0.69588436, -1.3479421 ]),
-0.5824451744436266, 6)
```

可以看出，Goldstein-Price 修正牛顿法避免了阻尼牛顿法失效的困境，当取不同初始点时，均得到了极小值点。

3.4 共轭梯度法

80min

最速下降法和牛顿法在确定搜索方向时都只考虑了目标函数在当前迭代点的信息，并未考虑历史搜索方向，而历史搜索方向是可能给当前搜索方向的确定提供有用信息的。本节将介绍共轭梯度法，它是一种基于共轭方向的算法，在确定当前搜索方向时，引入了上一次搜索方向信息。以下首先介绍共轭方向的概念。

3.4.1 共轭方向

定义 3-1 设 $\boldsymbol{A}\in\mathbf{R}^{n\times n}$ 是对称正定方阵，若两个方向 $\boldsymbol{d}_1,\boldsymbol{d}_2\in\mathbf{R}^n$ 满足

$$\boldsymbol{d}_1^{\mathrm{T}}\boldsymbol{A}\boldsymbol{d}_2=0 \tag{3-28}$$

则称这两个方向关于 $\boldsymbol{A}$ 共轭，或称它们关于 $\boldsymbol{A}$ 正交。

进一步地，若 $\boldsymbol{d}_1,\boldsymbol{d}_2,\cdots,\boldsymbol{d}_k\in\mathbf{R}^n$ 是 k 个方向，它们两两关于 $\boldsymbol{A}$ 共轭，即满足

$$d_i^{\mathrm{T}}\boldsymbol{A}d_j=0,\quad i\neq j,i,j=1,2,\cdots,k \tag{3-29}$$

则称这组方向是 $\boldsymbol{A}$ 共轭的，或称它们为 $\boldsymbol{A}$ 的 k 个共轭方向。

在定义 3-1 中，如果 $\boldsymbol{A}$ 退化为单位矩阵，则两个方向关于 $\boldsymbol{A}$ 共轭退化为两个方向正交，因此可以认为共轭是正交的推广。

实际上，如果 $\boldsymbol{A}$ 是一般对称正定矩阵，$\boldsymbol{d}_i$ 和 $\boldsymbol{d}_j$ 关于 $\boldsymbol{A}$ 共轭，即 $(\boldsymbol{d}_i)^{\mathrm{T}}(\boldsymbol{A}\boldsymbol{d}_j)=0$，也就是说方向 $\boldsymbol{d}_i$ 与方向 $\boldsymbol{A}\boldsymbol{d}_j$ 正交。同时有

$$(\boldsymbol{d}_i)^{\mathrm{T}}\boldsymbol{A}\boldsymbol{d}_j=[(\boldsymbol{d}_i)^{\mathrm{T}}\boldsymbol{A}\boldsymbol{d}_j]^{\mathrm{T}}=(\boldsymbol{d}_j)^{\mathrm{T}}\boldsymbol{A}^{\mathrm{T}}\boldsymbol{d}_i=(\boldsymbol{d}_j)^{\mathrm{T}}(\boldsymbol{A}\boldsymbol{d}_i)=0 \tag{3-30}$$

也就是说，方向 $\boldsymbol{d}_j$ 与方向 $\boldsymbol{A}\boldsymbol{d}_i$ 也正交。

进一步还可以证明，若 $\boldsymbol{A}$ 为对称正定矩阵，$\boldsymbol{d}_1,\boldsymbol{d}_2,\cdots,\boldsymbol{d}_k$ 为 k 个 $\boldsymbol{A}$ 共轭的非零向量，则它们线性无关。

共轭方向具有明确的几何意义。

设二次函数

$$f(\boldsymbol{x})=\frac{1}{2}(\boldsymbol{x}-\bar{\boldsymbol{x}})^{\mathrm{T}}\boldsymbol{A}(\boldsymbol{x}-\bar{\boldsymbol{x}}) \tag{3-31}$$

其中，$\boldsymbol{A}\in\mathbf{R}^{n\times n}$ 为对称正定矩阵，$\bar{\boldsymbol{x}}$ 是一个定点。

求 $f(\boldsymbol{x})$ 的一阶梯度，并令其等于 0，即

$$\nabla f(\boldsymbol{x})=\boldsymbol{A}(\boldsymbol{x}-\bar{\boldsymbol{x}})=0 \tag{3-32}$$

得到稳定点 $\boldsymbol{x}=\bar{\boldsymbol{x}}$，又由于点 $\bar{\boldsymbol{x}}$ 处的海森矩阵

$$\nabla^2 f(\boldsymbol{x})=\boldsymbol{A} \tag{3-33}$$

对称正定，所以由二阶充分条件可知，$\bar{\boldsymbol{x}}$ 为函数 $f(\boldsymbol{x})$ 的极小值点。

函数 $f(\boldsymbol{x})$ 的等值面

$$C=\left\{\boldsymbol{x}\in\mathbf{R}^n \mid \frac{1}{2}(\boldsymbol{x}-\bar{\boldsymbol{x}})^{\mathrm{T}}\boldsymbol{A}(\boldsymbol{x}-\bar{\boldsymbol{x}})=c\right\} \tag{3-34}$$

是以 $\bar{\boldsymbol{x}}$ 为中心的椭球面，如图 3-7 所示。设 $\boldsymbol{x}_1$ 是在该等值面上的一点，则该等值面在点 $\boldsymbol{x}_1$ 处的法向量为

$$\nabla f(\boldsymbol{x})=\boldsymbol{A}(\boldsymbol{x}_1-\bar{\boldsymbol{x}}) \tag{3-35}$$

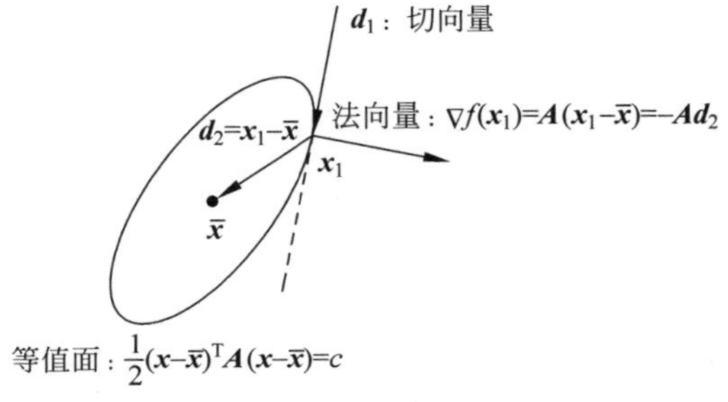

图 3-7　共轭方向示意图

又设 $\boldsymbol{d}_1$ 为点 $\boldsymbol{x}_1$ 处的切向量，则有 $\boldsymbol{d}_1$ 和 $\nabla f(\boldsymbol{x})$ 正交，即

$$0=\boldsymbol{d}_1^{\mathrm{T}}\nabla f(\boldsymbol{x}_1)=\boldsymbol{d}_1^{\mathrm{T}}\boldsymbol{A}(\boldsymbol{x}_1-\bar{\boldsymbol{x}}) \tag{3-36}$$

令 $\boldsymbol{d}_2=\boldsymbol{x}_1-\bar{\boldsymbol{x}}$，即 $\boldsymbol{d}_2$ 是从 $\boldsymbol{x}_1$ 出发指向 $\bar{\boldsymbol{x}}$ 的方向，则式(3-36)成为

$$\boldsymbol{d}_1^{\mathrm{T}}\boldsymbol{A}\boldsymbol{d}_2=0 \tag{3-37}$$

即 $\boldsymbol{d}_1$ 和 $\boldsymbol{d}_2$ 关于 $\boldsymbol{A}$ 共轭。

式(3-37)表明等值面上一点的切向量与从这一点指向极小值点的向量关于 $\boldsymbol{A}$ 共轭。由此可知，在极小化二次函数(3-31)时，若沿 $\boldsymbol{d}_1$ 和 $\boldsymbol{d}_2$ 这两个关于 $\boldsymbol{A}$ 共轭的方向进行搜索，则只需经过两次迭代就能达到极小值点 $\bar{\boldsymbol{x}}$。事实上，对于二次函数，若沿一组共轭方向(非零向量)搜索，经有限步迭代必达到极小值点。这是一种极好的性质，它保证了根据共轭方向构造的算法(例如共轭梯度法)具有二次终止性。

3.4.2 二次函数的共轭梯度法

共轭梯度法是一种特殊的共轭方向法，其基本思想是把共轭性与最速下降法相结合，在每次迭代中，基于迭代点处的梯度方向构造一个和前续搜索方向共轭的方向，并沿这个方向进行精确一维搜索。根据共轭方向的基本性质，这种方法具有二次终止性。

首先讨论对于二次凸函数的共轭梯度法，然后把这种方法推广到极小化一般函数的情形。

考虑问题

$$\min f(\boldsymbol{x})\triangleq\frac{1}{2}\boldsymbol{x}^{\mathrm{T}}\boldsymbol{A}\boldsymbol{x}+\boldsymbol{b}^{\mathrm{T}}\boldsymbol{x}+c \tag{3-38}$$

其中，$\boldsymbol{x}\in\mathbf{R}^n$，$\boldsymbol{A}$ 是对称正定矩阵，$\boldsymbol{b}\in\mathbf{R}^n$ 是任意 n 维向量，c 是常数。$\boldsymbol{A}$ 的对称正定性保证了 $f(\boldsymbol{x})$是二次凸函数。

图 3-8 给出了一个共轭梯度法极小化二次凸函数的示意图，设第 k 次迭代的迭代点为 $\boldsymbol{x}_k$，搜索方向为 $\boldsymbol{d}_k$，经精确线搜索后得到下一迭代点 $\boldsymbol{x}_{k+1}$，即

$$\boldsymbol{x}_{k+1}=\boldsymbol{x}_k+\lambda_k\boldsymbol{d}_k \tag{3-39}$$

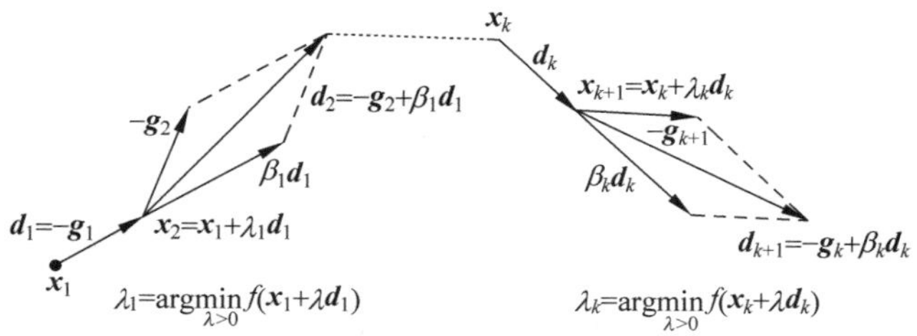

图 3-8 共轭梯度法示意图

其中

$$\lambda_k=\arg\min_{\lambda>0} f(\boldsymbol{x}_k+\lambda\boldsymbol{d}_k) \tag{3-40}$$

下一迭代点 $\boldsymbol{x}_{k+1}$ 处的搜索方向 $\boldsymbol{d}_{k+1}$ 由 $\boldsymbol{x}_{k+1}$ 点处的负梯度方向 $-\boldsymbol{g}_{k+1}=-\nabla f(\boldsymbol{x}_{k+1})$和上一次搜索方向 $\boldsymbol{d}_k$ 经线性组合

$$\boldsymbol{d}_{k+1}=-\boldsymbol{g}_{k+1}+\beta_k\boldsymbol{d}_k \tag{3-41}$$

得到，其中 β_k 是待定参数，接着进入下一轮迭代。

在上述过程中，有两个参数需要计算，一是 $\boldsymbol{x}_k$ 在 $\boldsymbol{d}_k$ 方向的精确步长 λ_k，二是计算下一个搜索方向 $\boldsymbol{d}_{k+1}$ 的待定参数 β_k，以下分别讨论。

1．求 λ_k

为了求解一维搜索问题

$$\min_{\lambda>0}\varphi(\lambda)\triangleq f(\boldsymbol{x}_k+\lambda\boldsymbol{d}_k) \tag{3-42}$$

只需求 $\varphi'(\lambda)$，并令其等于 0，得

$$\varphi'(\lambda)=\nabla f(\boldsymbol{x}_k+\lambda\boldsymbol{d}_k)^{\mathrm{T}}\boldsymbol{d}_k=0 \tag{3-43}$$

由于$\nabla f(\boldsymbol{x})=\boldsymbol{A}\boldsymbol{x}+\boldsymbol{b}$，故式(3-43)为

$$\begin{aligned}[\boldsymbol{A}(\boldsymbol{x}_k+\lambda\boldsymbol{d}_k)+\boldsymbol{b}]^{\mathrm{T}}\boldsymbol{d}_k&=[\boldsymbol{A}\boldsymbol{x}_k+\boldsymbol{b}+\lambda\boldsymbol{A}\boldsymbol{d}_k)]^{\mathrm{T}}\boldsymbol{d}_k\\&=[\boldsymbol{g}_k+\lambda\boldsymbol{A}\boldsymbol{d}_k]^{\mathrm{T}}\boldsymbol{d}_k=0\end{aligned} \tag{3-44}$$

故

$$\lambda_k=-\frac{\boldsymbol{g}_k^{\mathrm{T}}\boldsymbol{d}_k}{\boldsymbol{d}_k^{\mathrm{T}}\boldsymbol{A}\boldsymbol{d}_k} \tag{3-45}$$

2．求 β_k

按照共轭梯度法的基本思想，$\boldsymbol{d}_{k+1}$ 和 $\boldsymbol{d}_k$ 应为 $\boldsymbol{A}$ 共轭的，即

$$\boldsymbol{d}_k^{\mathrm{T}}\boldsymbol{A}\boldsymbol{d}_{k+1}=0 \tag{3-46}$$

将式(3-41)代入公式(3-46)的

$$\boldsymbol{d}_k^{\mathrm{T}}\boldsymbol{A}(-\boldsymbol{g}_{k+1}+\beta_k\boldsymbol{d}_k)=-\boldsymbol{d}_k^{\mathrm{T}}\boldsymbol{A}\boldsymbol{g}_{k+1}+\beta_k\boldsymbol{d}_k^{\mathrm{T}}\boldsymbol{A}\boldsymbol{d}_k=0 \tag{3-47}$$

故

$$\beta_k=\frac{\boldsymbol{d}_k^{\mathrm{T}}\boldsymbol{A}\boldsymbol{g}_{k+1}}{\boldsymbol{d}_k^{\mathrm{T}}\boldsymbol{A}\boldsymbol{d}_k} \tag{3-48}$$

式(3-48)是由 Fletcher 和 Reeves 首先提出的，所以该共轭方向法称为 Fletcher-Reeves 共轭梯度法，简称 FR 法，公式(3-48)称为 FR 公式。

事实上，对于正定二次函数，不仅 $\boldsymbol{d}_k$ 和 $\boldsymbol{d}_{k+1}$ 是 $\boldsymbol{A}$ 共轭的，根据 FR 法产生的搜索方向 $\boldsymbol{d}_1,\boldsymbol{d}_2,\cdots,\boldsymbol{d}_m$ 是两两 $\boldsymbol{A}$ 共轭的。我们有以下定理。

定理 3-7　对于正定二次函数(3-38)，具有精确一维线搜索的 FR 法在 $m\leqslant n$ 次一维搜索后即终止，并且对所有 $i(1\leqslant i\leqslant m)$，下列关系成立

(1) $\boldsymbol{d}_i^{\mathrm{T}}\boldsymbol{A}\boldsymbol{d}_j=0,i\neq j,i,j=1,2,\cdots,m$；

(2) $\boldsymbol{g}_i^{\mathrm{T}}\boldsymbol{g}_j=0,(j=1,2,\cdots,i-1)$；

(3) $\boldsymbol{g}_i^{\mathrm{T}}\boldsymbol{d}_i=-\boldsymbol{g}_i^{\mathrm{T}}\boldsymbol{g}_i$(蕴含 $\boldsymbol{d}_i\neq 0$)。

我们略去定理 3-1 的证明，感兴趣的读者可以参考文献[4]。

对于正定二次函数，可以推导出一个 FR 公式的等价公式，使不做矩阵运算就能求出系数 β_k。考虑到 $\boldsymbol{x}_{k+1}=\boldsymbol{x}_k+\lambda_k\boldsymbol{d}_k$，则

$$\begin{aligned}\beta_k &= \frac{\boldsymbol{d}_k^{\mathrm{T}}\boldsymbol{A}\boldsymbol{g}_{k+1}}{\boldsymbol{d}_k^{\mathrm{T}}\boldsymbol{A}\boldsymbol{d}_k} = \frac{\boldsymbol{g}_{k+1}^{\mathrm{T}}\boldsymbol{A}(\boldsymbol{x}_{k+1}-\boldsymbol{x}_k)/\lambda_k}{\boldsymbol{d}_k^{\mathrm{T}}\boldsymbol{A}(\boldsymbol{x}_{k+1}-\boldsymbol{x}_k)/\lambda_k} \\ &= \frac{\boldsymbol{g}_{k+1}^{\mathrm{T}}(\boldsymbol{g}_{k+1}-\boldsymbol{g}_k)}{\boldsymbol{d}_k^{\mathrm{T}}(\boldsymbol{g}_{k+1}-\boldsymbol{g}_k)} = \frac{\boldsymbol{g}_{k+1}^{\mathrm{T}}\boldsymbol{g}_{k+1}-\boldsymbol{g}_{k+1}^{\mathrm{T}}\boldsymbol{g}_k}{\boldsymbol{d}_k^{\mathrm{T}}\boldsymbol{g}_{k+1}-\boldsymbol{d}_k^{\mathrm{T}}\boldsymbol{g}_k}\end{aligned} \tag{3-49}$$

根据定理 3-1 可知 $\boldsymbol{g}_{k+1}^{\mathrm{T}}\boldsymbol{g}_k=0$,$\boldsymbol{d}_k^{\mathrm{T}}\boldsymbol{g}_k=-\boldsymbol{g}_k^{\mathrm{T}}\boldsymbol{g}_k$,并且由精确线搜索得 $\boldsymbol{d}_k^{\mathrm{T}}\boldsymbol{g}_{k+1}=0$,则式(3-49)得到

$$\beta_k = \frac{\|\boldsymbol{g}_{k+1}\|^2}{\|\boldsymbol{g}_k\|^2} \tag{3-50}$$

需要着重指出的是,初始搜索方向选择最速下降方向($\boldsymbol{d}_1=-\nabla f(\boldsymbol{x}_1)$)十分重要,如果选择别的方向作为初始方向,其余方向均按公式(3-41)构造,则构造出的一组搜索方向不一定是 $\boldsymbol{A}$ 共轭的。

针对二次凸目标函数的最速下降法、牛顿法、共轭梯度法搜索方向比较如图 3-9 所示。从图中可以看出,牛顿方向直接指向最优解,所以牛顿法只需一次迭代就可以达到最优解。共轭梯度方向经过一次过渡后指向最优解,所以共轭梯度法经过两次迭代就可以达到最优解,具有二次终止性。最速下降方向呈 Z 字形收敛到最优解,在要到达到最优解时出现了严重的锯齿现象,收敛速度变慢。

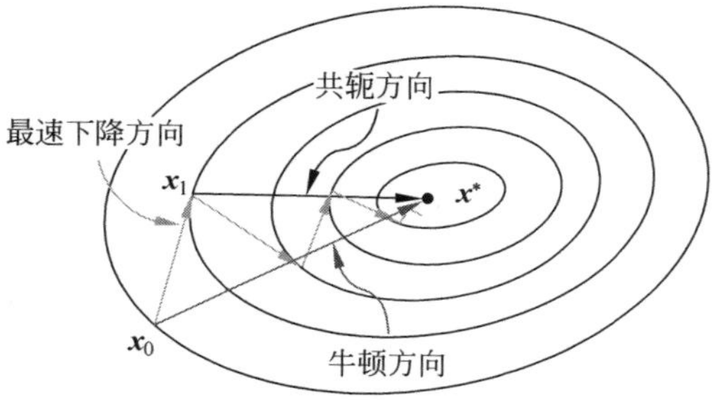

图 3-9 最速下降法、牛顿法、共轭梯度法搜索方向比较示意图

针对二次凸函数(3-38)的共轭梯度法的算法步骤如下。

算法 3-5 共轭梯度法

第 1 步: 输入,目标函数信息 $\boldsymbol{A}$,$\boldsymbol{b}$,c,n(n 为问题的维度),初始点 $\boldsymbol{x}_0$,容忍误差 $\varepsilon>0$。

第 2 步: 初始化,置 $\boldsymbol{x}_1=\boldsymbol{x}_0$,$k=0$。

第 3 步: 第 1 次迭代

$$\boldsymbol{g}_k=\boldsymbol{A}\boldsymbol{x}_k+\boldsymbol{b},\boldsymbol{d}_k=-\boldsymbol{g}_k$$

$$\lambda_k=-\frac{\boldsymbol{g}_k^{\mathrm{T}}\boldsymbol{d}_k}{\boldsymbol{d}_k^{\mathrm{T}}\boldsymbol{A}\boldsymbol{d}_k}$$

$$\boldsymbol{x}_{k+1}=\boldsymbol{x}_k+\lambda_k\boldsymbol{d}_k,k:=k+1$$

第 4 步: 终止准则,若 $\|\boldsymbol{g}_k\|\leqslant\varepsilon$ 或 $k\geqslant n$,则停止迭代,输出 $\boldsymbol{x}^*=\boldsymbol{x}_k$,$f^*=f(\boldsymbol{x}_k)$,否则继续第 5 步。

续表

第 5 步：计算共轭方向： $$\boldsymbol{d}_k = -\boldsymbol{g}_k + \beta_{k-1}\boldsymbol{d}_{k-1}$$ 其中， $$\beta_{k-1} = \frac{\boldsymbol{d}_{k-1}^{\mathrm{T}}\boldsymbol{A}\boldsymbol{g}_k}{\boldsymbol{d}_{k-1}^{\mathrm{T}}\boldsymbol{A}\boldsymbol{d}_{k-1}}$$
第 6 步：迭代过程： $$\boldsymbol{x}_{k+1} = \boldsymbol{x}_k + \lambda_k\boldsymbol{d}_k$$ 其中， $$\lambda_k = -\frac{\boldsymbol{g}_k^{\mathrm{T}}\boldsymbol{d}_k}{\boldsymbol{d}_k^{\mathrm{T}}\boldsymbol{A}\boldsymbol{d}_k}$$ 令 $k:=k+1$，返回第 4 步。

针对二次凸函数(3-38)的共轭梯度法的算法流程如图 3-10 所示。

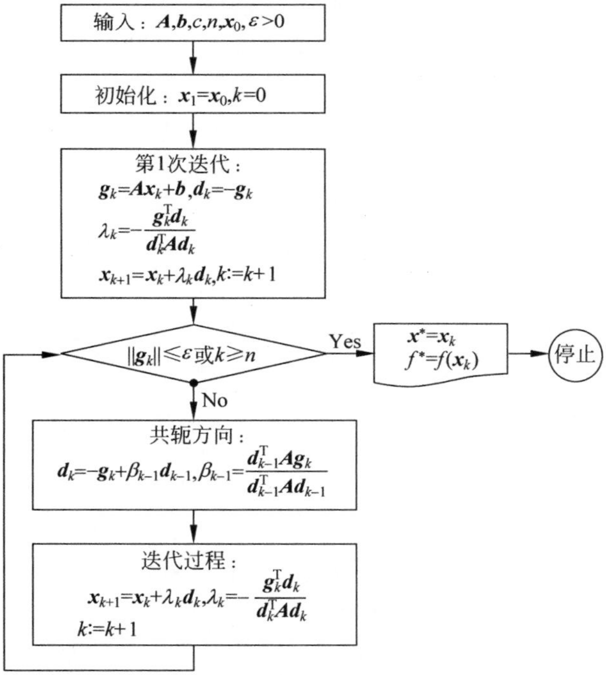

图 3-10 二次函数共轭梯度法的算法流程

这里还应该指出，在共轭梯度法中，可以采用不同的公式计算因子 β_k，除了式(3-50)之外，还有以下几种常见的形式：

$$\beta_k = \frac{\boldsymbol{g}_{k+1}^{\mathrm{T}}(\boldsymbol{g}_{k+1} - \boldsymbol{g}_k)}{\boldsymbol{g}_k^{\mathrm{T}}\boldsymbol{g}_k} \tag{3-51}$$

$$\beta_k=\frac{\boldsymbol{g}_{k+1}^{\mathrm{T}}(\boldsymbol{g}_{k+1}-\boldsymbol{g}_k)}{\boldsymbol{d}_k^{\mathrm{T}}(\boldsymbol{g}_{k+1}-\boldsymbol{g}_k)} \tag{3-52}$$

$$\beta_k=\frac{\boldsymbol{g}_{k+1}^{\mathrm{T}}\boldsymbol{g}_{k+1}}{\boldsymbol{d}_k^{\mathrm{T}}\boldsymbol{g}_k} \tag{3-53}$$

其中,式(3-51)是由 Polak、Ribiere 和 Polyak 提出,使用这个公式的共轭梯度法称为 PRP 共轭梯度法;式(3-52)是由 Crowder 和 Wolfe 提出的;式(3-53)是由 Dixon 提出的。当目标函数是二次凸函数且初始方向取负梯度方向时,从式(3-50)到式(3-53)4 个公式是等价的,但用于一般函数时,得到的搜索方向一般是不同的,这一点将在 3.4.3 节讨论。

3.4.3 一般函数的共轭梯度法

3.4.2 节介绍的共轭梯度法是基于目标函数为二次凸函数这一基本假设的,本节放开这一假设,讨论目标函数为一般函数 $f(\boldsymbol{x})$的共轭梯度法。

相较于目标函数为二次凸函数的共轭梯度法,目标函数为一般函数的共轭梯度法主要有以下几点不同:

(1) 步长 λ_k 不能再用式(3-45)计算,因为式(3-45)的推导正是基于目标函数为二次凸函数这一事实的。可以用通常的一维搜索方法来确定步长。

(2) 对于一般函数 $f(\boldsymbol{x})$,类似于二次凸函数中的对称正定方阵 $\boldsymbol{A}$ 是不存在的,必须用迭代点处的海森矩阵$\nabla^2 f(\boldsymbol{x}_k)$进行代替,但这会带来新的问题,因为对于一般函数 $f(\boldsymbol{x})$,$\nabla^2 f(\boldsymbol{x}_k)$并不一定正定,所以共轭方向并不一定保证下降,从而导致共轭梯度法成为非下降算法。

(3) 一般来讲,对于一般函数 $f(\boldsymbol{x})$,共轭梯度法不具有二次终止性,即不能在 n 步达到最优。

针对一般函数共轭梯度法不具有二次终止性的缺陷,一般可以有以下两种解决方案:

(1) 直接延续共轭梯度迭代,即总是使用式(3-41)构造搜索方向。

(2) 重新开始共轭梯度迭代,即以 n 次迭代作为一轮,每 n 次迭代后就重新取一次梯度方向,重新开始共轭梯度法。

其实,解决方案(1)和(2)都仅仅是根据求共轭方向的公式来构造搜索方向而已,并不能保证构造出的方向是共轭的,因为此时并不存在一个固定的对称正定矩阵 $\boldsymbol{A}$。

针对一般目标函数使用重启机制的共轭梯度法的算法步骤如下。

算法 3-6 共轭梯度法(针对一般目标函数,使用重启机制)

第 1 步:输入,初始点 $\boldsymbol{x}_0$,容忍误差 $\varepsilon>0$。

第 2 步:初始化,置 $\boldsymbol{y}_1=\boldsymbol{x}_1=\boldsymbol{x}_0$,$k=j=1$。

第 3 步:计算梯度,$\boldsymbol{d}_1=-\nabla f(\boldsymbol{y}_1)$。

第 4 步:终止准则,若 $\|\nabla f(\boldsymbol{y}_j)\|\leqslant\varepsilon$,则停止迭代,输出 $\boldsymbol{x}^*=\boldsymbol{y}_j$,$f^*=f(\boldsymbol{x}^*)$,否则继续第 5 步。

第 5 步:步长和迭代

续表

$$\lambda_j = \underset{\lambda>0}{\arg\min} f(\boldsymbol{y}_j + \lambda \boldsymbol{d}_j)$$

$$\boldsymbol{y}_{j+1} = \boldsymbol{y}_j + \lambda_j \boldsymbol{d}_j$$

第 6 步：重启判断，若 $j<n$，则转到第 7 步，否则转到第 8 步。

第 7 步：计算共轭方向：计算

$$\boldsymbol{d}_{j+1} = -\nabla f(\boldsymbol{y}_{j+1}) + \beta_j \boldsymbol{d}_j$$

其中，

$$\beta_j = \frac{\| \nabla f(\boldsymbol{y}_{j+1}) \|^2}{\| \nabla f(\boldsymbol{y}_j) \|^2}$$

令 $j:=j+1$，返回第 4 步。

第 8 步：重启共轭方向，令 $\boldsymbol{x}_{k+1}=\boldsymbol{y}_{n+1}$，$\boldsymbol{y}_1=\boldsymbol{x}_{k+1}$，$j=1$，$k:=k+1$，计算

$$\boldsymbol{d}_1 = -\nabla f(\boldsymbol{y}_1)$$

转到第 4 步。

针对一般目标函数使用重启机制的共轭梯度法的算法流程如图 3-11 所示。

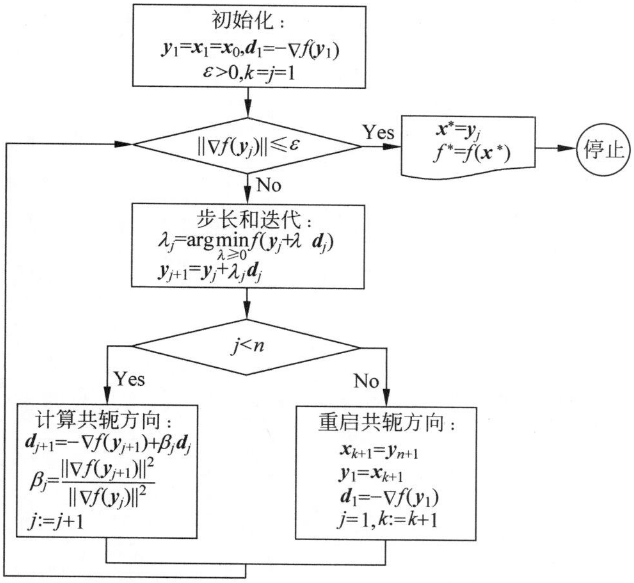

图 3-11　一般函数共轭梯度法(带重启机制)的算法流程

3.4.4　共轭梯度法案例

本节通过两个具体的案例分别给出针对二次凸目标函数和一般目标函数的共轭梯度法。

【例 3-7】 用 FR 法求二次凸优化问题

$$\min\ (x_1-2)^2+2(x_2-1)^2$$

显然，该问题的目标函数为二次凸函数，其唯一极小值点为 $\boldsymbol{x}^*=(2,1)^{\mathrm{T}}$，可以将目标

函数等价地写成矩阵形式

$$f(\boldsymbol{x})=\frac{1}{2}\begin{bmatrix}x_1 & x_2\end{bmatrix}\begin{bmatrix}2 & 0\\0 & 4\end{bmatrix}\begin{bmatrix}x_1\\x_2\end{bmatrix}+\begin{bmatrix}-4 & -4\end{bmatrix}\begin{bmatrix}x_1\\x_2\end{bmatrix}+6$$

故该问题的输入为

$$\boldsymbol{A}=\begin{bmatrix}2 & 0\\0 & 4\end{bmatrix},\quad \boldsymbol{b}=\begin{bmatrix}-4\\-4\end{bmatrix},\quad c=6,\quad n=2$$

以下为用共轭梯度法求解例 3-7 的 Python 代码。

```
"""
#代码 3-4 共轭梯度法
"""

import numpy as np

#原问题目标函数
def objfun(A,b,c,x):
    y = np.dot(x,np.dot(A,x))+np.dot(b,x)+c
    return y

#原问题目标函数的梯度函数
def gradfun(A,b,c,x):
    y =np.dot(A,x)+b
    return y

#原问题目标函数的海森矩阵函数
def hessianfun(A,b,c,x):
    return A

#共轭梯度法
def Conjugate_Gradient_Method(A,b,c,x0,epsilon):
    xk = x0.copy()
    k = 0
    dim = len(b)

    #第 1 次迭代
    gk = gradfun(A,b,c,xk)                  #计算梯度
    A = hessianfun(A,b,c,xk)                #计算海森矩阵
    dk = -gk                                #第 1 次使用负梯度方向
                                            #搜索步长
    lambdak = -np.dot(gk,dk)/np.dot(dk,np.dot(A,dk))
    xk += lambdak * dk                      #迭代
    dk_old = dk
    k += 1

    #后续迭代
    while True:
```

```
        gk = gradfun(A,b,c,xk)              #计算梯度
        A = hessianfun(A,b,c,xk)            #计算海森矩阵
        if k >= dim or np.linalg.norm(gk) <= epsilon:
            xstar = xk
            fstar = objfun(A,b,c,xk)
            return xstar,fstar,k
        else:
                                            #计算系数 beta
            betak = np.dot(dk_old,np.dot(A,gk))/np.dot(dk,np.dot(A,dk_old))
            dk = -gk+betak *dk_old          #搜索方向
            lambdak = -np.dot(gk,dk)/np.dot(dk,np.dot(A,dk))
            xk += lambdak *dk               #迭代
            dk_old = dk
            k += 1

#主程序
if __name__ == '__main__':
    #输入目标函数参数
    A = np.array([[2.,0.],[0.,4.]])
    b = np.array([-4.,-4.])
    c = 6

    epsilon = 0.001

    #第 1 组
    x0 = np.array([0.,0.])
    xstar,fstar,k = Conjugate_Gradient_Method(A,b,c,x0,epsilon)
    print("第 1 组:")
    print("Input:x0 = {}".format(x0))
    print("Output: (xstar,fstar,k) = {}".format((xstar,fstar,k)))

    #第 2 组
    x0 = np.array([-2.,3.])
    xstar,fstar,k = Conjugate_Gradient_Method(A,b,c,x0,epsilon)
    print("第 2 组:")
    print("Input:x0 = {}".format(x0))
    print("Output: (xstar,fstar,k) = {}".format((xstar,fstar,k)))

    #第 3 组
    x0 = np.array([10.,-10.])
    xstar,fstar,k = Conjugate_Gradient_Method(A,b,c,x0,epsilon)
    print("第 3 组:")
    print("Input:x0 = {}".format(x0))
    print("Output: (xstar,fstar,k) = {}".format((xstar,fstar,k)))
```

运行结果如下：

```
第 1 组:
Input:x0 = [0. 0.]
```

```
Output: (xstar,fstar,k) = (array([2., 1.]), 6.0, 2)
第 2 组:
Input:x0 = [-2. 3.]
Output: (xstar,fstar,k) = (array([2., 1.]), 5.999999999999998, 2)
第 3 组:
Input:x0 = [ 10. -10.]
Output: (xstar,fstar,k) = (array([2., 1.]), 6.000000000000005, 2)
```

从运行结果可以看出,使用不同的初始点,共轭梯度法均在 2 步达到问题的极小值点,符合二次终止性特点。

【例 3-8】 用求一般函数的共轭梯度法求解问题

$$\min((x_1-3)(x_1+4))^2+((x_2-3)(x_2+4))^2$$

显然,该目标函数是一个非凸函数,其所有局部极小点为

$$\boldsymbol{x}^*=(3,-4)^{\mathrm{T}},(3,3)^{\mathrm{T}},(-4,3)^{\mathrm{T}},(-4,-4)^{\mathrm{T}}$$

其梯度函数为

$$\nabla f(\boldsymbol{x})=\begin{bmatrix}2(x_1^2+x_1-12)(2x_1+1)\\2(x_2^2+x_2-12)(2x_2+1)\end{bmatrix}$$

海森矩阵函数为

$$\nabla^2 f(\boldsymbol{x})=\begin{bmatrix}4(x_1^2+x_1-12)+2(2x_1+1)^2 & 0\\0 & 4(x_2^2+x_2-12)+2(2x_2+1)^2\end{bmatrix}$$

以下为用带重启机制的求一般函数的共轭梯度法求解例 3-8 的代码。

```
"""
#代码 3-5 一般函数共轭梯度法(带重启机制)
"""

import numpy as np

#原问题目标函数
def objfun(x):
    y = ((x[0]-3.)*(x[0]+4.))**2+((x[1]-3.)*(x[1]+4.))**2
    return y

#原问题目标函数的梯度函数
def gradfun(x):
    y = np.array([2.*(x[0]**2+x[0]-12.)*(2.*x[0]+1.),
                  2.*(x[1]**2+x[1]-12.)*(2.*x[1]+1.)])
    return y

#原问题目标函数的海森矩阵函数
def hessianfun(x):
    y = np.array([[4.*(x[0]**2+x[0]-12.)+2.*(2.*x[0]+1.)**2,0.],
                  [0.,4.*(x[1]**2+x[1]-12.)+2.*(2.*x[1]+1.)**2]])
```

```
    return y

#共轭梯度法(对一般函数带重启机制)
def Conjugate_Gradient_Method(x0,epsilon):
    xk = x0.copy()
    dim = len(xk)
    k = 0

    while True:
        gk = gradfun(xk)                                #计算梯度
        A = hessianfun(xk)                              #计算海森矩阵
                                                        #终止条件判断
        if np.linalg.norm(gk) <= epsilon:
                xstar = xk
                fstar = objfun(xk)
                return xstar,fstar,k

        #第 1 次迭代
        dk = -gk                                        #第 1 次使用负梯度方向
                                                        #搜索步长
        lambdak = -np.dot(gk,dk)/np.dot(dk,np.dot(A,dk))
        xk += lambdak *dk                               #迭代
        dk_old = dk
        k += 1

        #后续迭代
        while True:
            gk = gradfun(xk)                            #计算梯度
            A = hessianfun(xk)                          #计算海森矩阵
            if np.linalg.norm(gk) <= epsilon:
                xstar = xk
                fstar = objfun(xk)
                return xstar,fstar,k
            else:
                                                        #计算系数 beta
                betak = np.dot(dk_old,np.dot(A,gk))/np.dot(dk,np.dot(A,dk_old))
                                                        #搜索方向
                dk = -gk+betak *dk_old
                lambdak = -np.dot(gk,dk)/np.dot(dk,np.dot(A,dk))
                xk += lambdak *dk                       #迭代
                dk_old = dk
                k += 1

                if np.mod(k,dim)==0:                    #重启共轭梯度法
                    break

#主程序
if __name__ == '__main__':
    epsilon = 0.001
```

```
#第 1 组
x0 = np.array([2.,4.])
xstar,fstar,k = Conjugate_Gradient_Method(x0,epsilon)
print("第 1 组:")
print("Input:x0 = {}".format(x0))
print("Output: (xstar,fstar,k) = {}".format((xstar,fstar,k)))

#第 2 组
x0 = np.array([-3.,5.])
xstar,fstar,k = Conjugate_Gradient_Method(x0,epsilon)
print("第 2 组:")
print("Input:x0 = {}".format(x0))
print("Output: (xstar,fstar,k) = {}".format((xstar,fstar,k)))

#第 3 组
x0 = np.array([10.,-10.])
xstar,fstar,k = Conjugate_Gradient_Method(x0,epsilon)
print("第 3 组:")
print("Input:x0 = {}".format(x0))
print("Output: (xstar,fstar,k) = {}".format((xstar,fstar,k)))

#第 4 组
x0 = np.array([1.,-1.])
xstar,fstar,k = Conjugate_Gradient_Method(x0,epsilon)
print("第 4 组:")
print("Input:x0 = {}".format(x0))
print("Output: (xstar,fstar,k) = {}".format((xstar,fstar,k)))
```

运行结果如下：

```
第 1 组:
Input:x0 = [2. 4.]
Output: (xstar,fstar,k) = (array([3.00000004, 3.00000004]),
1.5063572340024025e-13, 7)
第 2 组:
Input:x0 = [-3. 5.]
Output: (xstar,fstar,k) = (array([-4., 3.]), 8.67308323667337e-18, 9)
第 3 组:
Input:x0 = [ 10. -10.]
Output: (xstar,fstar,k) = (array([ 3.00000706, -4.00000682]),
4.721974485918222e-09, 11)
第 4 组:
Input:x0 = [ 1. -1.]
Output: (xstar,fstar,k) = (array([-0.5, -0.5]), 300.125, 7)
```

从结果可以看出，带重启机制的共轭梯度法的确可以解出非凸优化问题的局部极小值点，但是最优解的得出也和初始点的选择有关，例如第 4 组就没有求得极小值点，而是得到了一个鞍点。

3.5 拟牛顿法

74min

3.3 节介绍了牛顿法，其特点是收敛速度快，但海森矩阵及其逆矩阵的计算量大。牛顿法收敛速度快的本质原因是在搜索方向中使用了目标函数的二阶梯度信息，但也正是二阶梯度的计算大大增加了牛顿法的计算量。能否设计一种方法，只计算一阶梯度，但又能通过一阶梯度来近似二阶梯度或直接近似二阶梯度的逆，这样既降低了计算量，又保持了收敛速度。拟牛顿法正是基于这一想法而设计的。

3.5.1 对称秩 1(SR1)校正法

下面先分析在牛顿法中，海森矩阵的逆矩阵应该满足的条件，然后根据这一条件来构造一个矩阵，使该矩阵只需一阶梯度信息便可计算，但又满足该条件。

设在经过 k 次迭代后，得到迭代点 $\boldsymbol{x}_{k+1}$，将目标函数 $f(\boldsymbol{x})$在 $\boldsymbol{x}_{k+1}$ 处进行泰勒展开，并取二阶近似，得到

$$f(\boldsymbol{x}_k) \approx f(\boldsymbol{x}_{k+1}) + \nabla f(\boldsymbol{x}_{k+1})^{\mathrm{T}}(\boldsymbol{x} - \boldsymbol{x}_{k+1}) + \frac{1}{2}(\boldsymbol{x} - \boldsymbol{x}_{k+1})^{\mathrm{T}} \nabla^2 f(\boldsymbol{x}_{k+1})(\boldsymbol{x} - \boldsymbol{x}_{k+1}) \tag{3-54}$$

对式(3-54)两边求梯度得到

$$\nabla f(\boldsymbol{x}) \approx \nabla f(\boldsymbol{x}_{k+1}) + \nabla^2 f(\boldsymbol{x}_{k+1})(\boldsymbol{x} - \boldsymbol{x}_{k+1}) \tag{3-55}$$

将$\nabla f(\boldsymbol{x}_{k+1})$移到左边，并令 $\boldsymbol{x}=\boldsymbol{x}_k$，$\nabla f(\boldsymbol{x}_k)=\boldsymbol{g}_k$，$\nabla f(\boldsymbol{x}_{k+1})=\boldsymbol{g}_{k+1}$，则

$$\boldsymbol{g}_k - \boldsymbol{g}_{k+1} \approx \nabla^2 f(\boldsymbol{x}_{k+1})(\boldsymbol{x}_k - \boldsymbol{x}_{k+1}) \tag{3-56}$$

又令 $\boldsymbol{q}_k=\boldsymbol{g}_k-\boldsymbol{g}_{k+1}$ 为梯度差(或速度差)，$\boldsymbol{p}_k=\boldsymbol{x}_k-\boldsymbol{x}_{k+1}$ 为位移，则式(3-56)为

$$\boldsymbol{q}_k \approx \nabla^2 f(\boldsymbol{x}_{k+1})\boldsymbol{p}_k \tag{3-57}$$

又设海森矩阵$\nabla^2 f(\boldsymbol{x}_{k+1})$可逆，则

$$\boldsymbol{p}_k \approx \nabla^2 f(\boldsymbol{x}_{k+1})^{-1}\boldsymbol{q}_k \tag{3-58}$$

式(3-58)给出了一个迭代点 $\boldsymbol{x}_{k+1}$ 处的海森矩阵的逆矩阵应该大致满足的条件。为了不计算 $\nabla f(\boldsymbol{x}_{k+1})^{-1}$ 本身，可以用一个不包含二阶梯度的矩阵 $\boldsymbol{H}_{k+1}$ 来替换 $\nabla^2 f(\boldsymbol{x}_{k+1})^{-1}$，即

$$\boldsymbol{p}_k = \boldsymbol{H}_{k+1}\boldsymbol{q}_k \tag{3-59}$$

称式(3-59)为拟牛顿条件，其中 $\boldsymbol{H}_{k+1}$ 可以通过 $\boldsymbol{p}_k$ 和 $\boldsymbol{q}_k$ 来计算，以下讨论两种常见的计算 $\boldsymbol{H}_{k+1}$ 的方法。

求 $\boldsymbol{H}_{k+1}$ 的基本思路是在 $\boldsymbol{H}_k$ 的基础上，通过加上一个校正矩阵 $\Delta\boldsymbol{H}_k$ 得到 $\boldsymbol{H}_{k+1}$，即

$$\boldsymbol{H}_{k+1}=\boldsymbol{H}_k+\Delta\boldsymbol{H}_k \tag{3-60}$$

初始的 $\boldsymbol{H}_1$ 可以取任意一个 n 阶对称正定矩阵，通常取单位矩阵 $\boldsymbol{E}$ 即可。

在 $\boldsymbol{H}_k$ 满足对称性的前提下，要使 $\boldsymbol{H}_{k+1}$ 也满足对称性，就必须保证 $\Delta\boldsymbol{H}_k$ 具有对称性，因此，可设

$$\Delta\boldsymbol{H}_k=\boldsymbol{v}_k\boldsymbol{v}_k^{\mathrm{T}} \tag{3-61}$$

这里$\boldsymbol{v}_k\neq 0$ 是一个由 $\boldsymbol{H}_k$、$\boldsymbol{p}_k$ 和 $\boldsymbol{q}_k$ 表示的向量。显然，$\Delta\boldsymbol{H}_k$ 是对称的，因为

$$(\Delta\boldsymbol{H}_k)^{\mathrm{T}}=(\boldsymbol{v}_k\boldsymbol{v}_k^{\mathrm{T}})^{\mathrm{T}}=\boldsymbol{v}_k\boldsymbol{v}_k^{\mathrm{T}}=\Delta\boldsymbol{H}_k$$

而且，$\Delta\boldsymbol{H}_k$ 的秩为 1，因为

$$1\leqslant R(\Delta\boldsymbol{H}_k)\leqslant\min\{R(\boldsymbol{v}_k),R(\boldsymbol{v}_k^{\mathrm{T}})\}=1$$

所以称这种校正方法为对称秩 1(Symmetric Rank 1,SR1)校正。

以下讨论如何用 $\boldsymbol{H}_k$、$\boldsymbol{p}_k$ 和 $\boldsymbol{q}_k$ 表示$\boldsymbol{v}_k$。

由拟牛顿条件式(3-59)，校正式(3-60)和式(3-61)得

$$(\boldsymbol{H}_k+\boldsymbol{v}_k\boldsymbol{v}_k^{\mathrm{T}})\boldsymbol{q}_k=\boldsymbol{p}_k$$

即

$$\boldsymbol{H}_k\boldsymbol{q}_k+\boldsymbol{v}_k\boldsymbol{v}_k^{\mathrm{T}}\boldsymbol{q}_k=\boldsymbol{p}_k$$

假设$\boldsymbol{v}_k^{\mathrm{T}}\boldsymbol{q}_k\neq 0$，则

$$\boldsymbol{v}_k=\frac{1}{\boldsymbol{v}_k^{\mathrm{T}}\boldsymbol{q}_k}(\boldsymbol{p}_k-\boldsymbol{H}_k\boldsymbol{q}_k) \tag{3-62}$$

两边同时和 $\boldsymbol{q}_k$ 作内积得

$$\boldsymbol{v}_k^{\mathrm{T}}\boldsymbol{q}_k=\frac{1}{\boldsymbol{v}_k^{\mathrm{T}}\boldsymbol{q}_k}(\boldsymbol{p}_k-\boldsymbol{H}_k\boldsymbol{q}_k)^{\mathrm{T}}\boldsymbol{q}_k$$

进一步可得

$$(\boldsymbol{v}_k^{\mathrm{T}}\boldsymbol{q}_k)^2=(\boldsymbol{p}_k-\boldsymbol{H}_k\boldsymbol{q}_k)^{\mathrm{T}}\boldsymbol{q}_k \tag{3-63}$$

另外，再由式(3-62)得

$$\boldsymbol{v}_k\boldsymbol{v}_k^{\mathrm{T}}=\frac{1}{(\boldsymbol{v}_k^{\mathrm{T}}\boldsymbol{q}_k)^2}(\boldsymbol{p}_k-\boldsymbol{H}_k\boldsymbol{q}_k)(\boldsymbol{p}_k-\boldsymbol{H}_k\boldsymbol{q}_k)^{\mathrm{T}} \tag{3-64}$$

结合式(3-63)、(3-64)可得

$$\Delta\boldsymbol{H}_k=\boldsymbol{v}_k\boldsymbol{v}_k^{\mathrm{T}}=\frac{(\boldsymbol{p}_k-\boldsymbol{H}_k\boldsymbol{q}_k)(\boldsymbol{p}_k-\boldsymbol{H}_k\boldsymbol{q}_k)^{\mathrm{T}}}{(\boldsymbol{p}_k-\boldsymbol{H}_k\boldsymbol{q}_k)^{\mathrm{T}}\boldsymbol{q}_k} \tag{3-65}$$

由此，推出了用 $\boldsymbol{H}_k$、$\boldsymbol{p}_k$ 和 $\boldsymbol{q}_k$ 表示校正矩阵 $\Delta\boldsymbol{H}_k$ 的公式。由式(3-60)，对称秩 1 校正公式为

$$\boldsymbol{H}_{k+1}=\boldsymbol{H}_k+\frac{(\boldsymbol{p}_k-\boldsymbol{H}_k\boldsymbol{q}_k)(\boldsymbol{p}_k-\boldsymbol{H}_k\boldsymbol{q}_k)^{\mathrm{T}}}{(\boldsymbol{p}_k-\boldsymbol{H}_k\boldsymbol{q}_k)^{\mathrm{T}}\boldsymbol{q}_k} \tag{3-66}$$

基于对称秩 1 校正的拟牛顿法算法步骤如下。

算法 3-7 拟牛顿法(基于 SR1 校正)

第 1 步：输入，初始点 $\boldsymbol{x}_0$，容忍误差 $\varepsilon>0$，初始拟牛顿矩阵 $\boldsymbol{H}_0=\boldsymbol{E}$

第 2 步：初始化，置 $\boldsymbol{x}_1=\boldsymbol{x}_0$，$\boldsymbol{H}_1=\boldsymbol{H}_0$，$k=1$

第 3 步：终止准则，若 $\|\nabla f(\boldsymbol{x}_k)\|\leqslant\varepsilon$，则停止迭代，输出 $\boldsymbol{x}^*=\boldsymbol{x}_k$，$f^*=f(\boldsymbol{x}_k)$，否则继续第 4 步。

第 4 步：计算拟牛顿方向

$$\boldsymbol{d}_k=-\boldsymbol{H}_k\nabla f(\boldsymbol{x}_k)$$

第 5 步：一维搜索和迭代

$$\lambda_k=\underset{\lambda\geqslant 0}{\operatorname{argmin}} f(\boldsymbol{x}_k+\lambda\boldsymbol{d}_k)$$

$$\boldsymbol{x}_{k+1}=\boldsymbol{x}_k+\lambda_k\boldsymbol{d}_k$$

第 6 步：对称秩 1 校正：

$$\boldsymbol{p}_k=\boldsymbol{x}_k-\boldsymbol{x}_{k+1},\boldsymbol{q}_k=\nabla f(\boldsymbol{x}_k)-\nabla f(\boldsymbol{x}_{k+1})$$

$$\boldsymbol{H}_{k+1}=\boldsymbol{H}_k+\frac{(\boldsymbol{p}_k-\boldsymbol{H}_k\boldsymbol{q}_k)(\boldsymbol{p}_k-\boldsymbol{H}_k\boldsymbol{q}_k)^{\mathrm{T}}}{(\boldsymbol{p}_k-\boldsymbol{H}_k\boldsymbol{q}_k)^{\mathrm{T}}\boldsymbol{q}_k}$$

置 $k:=k+1$，转到第 3 步。

基于对称秩 1 校正的拟牛顿法的算法流程如图 3-12 所示。

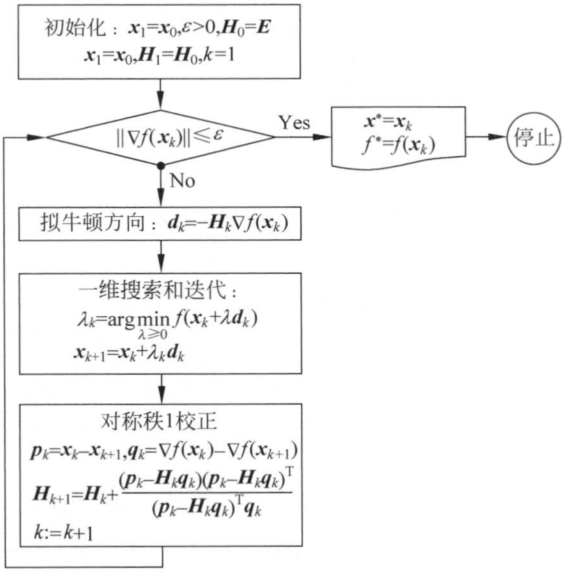

图 3-12 基于对称秩 1 校正的拟牛顿法的算法流程

可以证明，对称秩 1 校正在一定条件下是收敛的，并且具有二次终止性，具体证明此处不再阐述，有兴趣的读者可以参考文献[1]。

对称秩 1 校正也存在缺陷，首先，在 $\boldsymbol{H}_k$ 为正定的情况下，由式(3-66)可知，仅当

$$(\boldsymbol{p}_k-\boldsymbol{H}_k\boldsymbol{q}_k)^{\mathrm{T}}\boldsymbol{q}_k>0 \tag{3-67}$$

时，才能确保 $\boldsymbol{H}_{k+1}$ 也正定，但式(3-67)是无法保证的，即使式(3-67)成立，也可能因为其值太小而导致 $\Delta\boldsymbol{H}_k$ 太大或无界，从而产生数值计算上的困难。

3.5.2 DFP 校正法

从对称秩 1 校正的校正公式(3-66)来看，校正矩阵 $\Delta\boldsymbol{H}_k$ 与 $\boldsymbol{p}_k$ 和 $\boldsymbol{H}_k\boldsymbol{q}_k$ 相关，所以可以考虑用 $\boldsymbol{p}_k$ 和 $\boldsymbol{H}_k\boldsymbol{q}_k$ 的某种组合来构造 $\Delta\boldsymbol{H}_k$，又考虑到对称秩 1 校正的构造方式，可设

$$\Delta\boldsymbol{H}_k = a\boldsymbol{p}_k\boldsymbol{p}_k^{\mathrm{T}} + b(\boldsymbol{H}_k\boldsymbol{p}_k)(\boldsymbol{H}_k\boldsymbol{p}_k)^{\mathrm{T}}$$

即

$$\boldsymbol{H}_{k+1} = \boldsymbol{H}_k + a\boldsymbol{p}_k\boldsymbol{p}_k^{\mathrm{T}} + b\boldsymbol{H}_k\boldsymbol{p}_k\boldsymbol{p}_k^{\mathrm{T}}\boldsymbol{H}_k \tag{3-68}$$

将式(3-68)代入拟牛顿条件式(3-59)得

$$\boldsymbol{H}_k\boldsymbol{q}_k + a\boldsymbol{p}_k\boldsymbol{p}_k^{\mathrm{T}}\boldsymbol{q}_k + b\boldsymbol{H}_k\boldsymbol{q}_k\boldsymbol{q}_k^{\mathrm{T}}\boldsymbol{H}_k\boldsymbol{q}_k = \boldsymbol{p}_k$$

经整理得

$$(1 + b(\boldsymbol{q}_k^{\mathrm{T}}\boldsymbol{H}_k\boldsymbol{q}_k))\boldsymbol{H}_k\boldsymbol{q}_k + (a(\boldsymbol{p}_k^{\mathrm{T}}\boldsymbol{q}_k) - 1)\boldsymbol{p}_k = 0$$

假设 $\boldsymbol{p}_k$ 和 $\boldsymbol{H}_k\boldsymbol{q}_k$ 线性无关，则上式系数为 0，即

$$\begin{cases} 1 + b(\boldsymbol{q}_k^{\mathrm{T}}\boldsymbol{H}_k\boldsymbol{q}_k) = 0 \\ a(\boldsymbol{p}_k^{\mathrm{T}}\boldsymbol{q}_k) - 1 = 0 \end{cases}$$

解得

$$\begin{cases} a = \dfrac{1}{\boldsymbol{p}_k^{\mathrm{T}}\boldsymbol{q}_k} \\ b = -\dfrac{1}{\boldsymbol{q}_k^{\mathrm{T}}\boldsymbol{H}_k\boldsymbol{q}_k} \end{cases} \tag{3-69}$$

于是得到校正公式

$$\boldsymbol{H}_{k+1} = \boldsymbol{H}_k + \frac{\boldsymbol{p}_k\boldsymbol{p}_k^{\mathrm{T}}}{\boldsymbol{p}_k^{\mathrm{T}}\boldsymbol{q}_k} - \frac{\boldsymbol{H}_k\boldsymbol{q}_k\boldsymbol{q}_k^{\mathrm{T}}\boldsymbol{H}_k}{\boldsymbol{q}_k^{\mathrm{T}}\boldsymbol{H}_k\boldsymbol{q}_k} \tag{3-70}$$

校正公式(3-70)由 Davidon 首先提出，后来又被 Flecher 和 Powell 改进，所以称为 DFP 矫正法，又称变尺度法。

与对称秩 1 校正相比，DFP 校正的优势在于，在迭代尚未到达稳定点，即 $\nabla f(\boldsymbol{x}_k) \neq \boldsymbol{0}$ 时，DFP 校正构造的矩阵序列 $\boldsymbol{H}_i\ (i = 1, 2, \cdots, k)$ 均为正定矩阵，因此，基于 DFP 校正的拟牛顿法的每个搜索方向

$$\boldsymbol{d}_i = -\boldsymbol{H}_i\nabla f(\boldsymbol{x}_i), \quad i = 1, 2, \cdots, k$$

均为下降方向，所以基于 DFP 校正的拟牛顿法为下降算法。

还可以证明，若目标函数为正定二次函数

$$f(\boldsymbol{x}) = \frac{1}{2}\boldsymbol{x}^{\mathrm{T}}\boldsymbol{A}\boldsymbol{x} + \boldsymbol{b}^{\mathrm{T}}\boldsymbol{x} + c$$

其中，$\boldsymbol{A}$ 为 n 阶对称正定矩阵，则用基于 DFP 校正的拟牛顿法优化该函数，经有限步迭代必

达到极小值点，即具有二次终止性。

关于矩阵序列 $\boldsymbol{H}_i(i=1,2,\cdots,k)$ 的正定性和基于 DFP 校正的拟牛顿法的二次终止性的证明，本书不作阐述，感兴趣的读者可以参考文献[4]。

针对二次凸优化问题，基于 DFP 矫正法的拟牛顿法的算法步骤和流程与基于对称秩 1 矫正法的拟牛顿法基本一样，只需用式(3-70)代替式(3-66)，此处不再赘述。

针对一般目标函数优化问题，与 3.4.3 节用共轭梯度法求一般目标函数的优化问题一样，可以使用重启机制来设计算法。

算法 3-8　拟牛顿法（针对一般目标函数，使用重启机制）

第 1 步：输入，初始点 $\boldsymbol{x}_0$，容忍误差 $\varepsilon>0$，初始拟牛顿矩阵 $\boldsymbol{H}_0=\boldsymbol{E}$。

第 2 步：初始化，置 $\boldsymbol{x}_1=\boldsymbol{x}_0$，$\boldsymbol{H}_1=\boldsymbol{H}_0$，$\boldsymbol{g}_1=\nabla f(\boldsymbol{x}_1)$，$k=1$。

第 3 步：计算拟牛顿方向

$$\boldsymbol{d}_k=-\boldsymbol{H}_k\boldsymbol{g}_k$$

第 4 步：一维搜索和迭代

$$\lambda_k=\underset{\lambda\geqslant 0}{\operatorname{argmin}} f(\boldsymbol{x}_k+\lambda\boldsymbol{d}_k)$$

$$\boldsymbol{x}_{k+1}=\boldsymbol{x}_k+\lambda_k\boldsymbol{d}_k$$

第 5 步：终止准则，若 $\|\nabla f(\boldsymbol{x}_{k+1})\|\leqslant\varepsilon$，则停止迭代，输出 $\boldsymbol{x}^*=\boldsymbol{x}_{k+1}$，$f^*=f(\boldsymbol{x}^*)$，否则继续第 6 步。

第 6 步：重启判断，若 $k<n$，则转到第 7 步，否则转到第 8 步。

第 7 步：DFP 校正：计算

$$\boldsymbol{g}_{k+1}=\nabla f(\boldsymbol{x}_{k+1})$$

$$\boldsymbol{p}_k=\boldsymbol{x}_k-\boldsymbol{x}_{k+1},\boldsymbol{q}_k=\boldsymbol{g}_k-\boldsymbol{g}_{k+1}$$

$$\boldsymbol{H}_{k+1}=\boldsymbol{H}_k+\frac{\boldsymbol{p}_k\boldsymbol{p}_k^{\mathrm{T}}}{\boldsymbol{p}_k^{\mathrm{T}}\boldsymbol{q}_k}-\frac{\boldsymbol{H}_k\boldsymbol{q}_k\boldsymbol{q}_k^{\mathrm{T}}\boldsymbol{H}_k}{\boldsymbol{q}_k^{\mathrm{T}}\boldsymbol{H}_k\boldsymbol{q}_k}$$

$$k:=k+1$$

返回第 3 步。

第 8 步：重启 DFP 校正，置 $\boldsymbol{x}_0=\boldsymbol{x}_{k+1}$，转到第 2 步。

针对一般目标函数的优化问题，基于 DFP 校正，并使用重启机制的拟牛顿法的算法流程如图 3-13 所示。

3.5.3　BFGS 校正法

3.5.2 节中推导 DFP 校正公式时使用的是拟牛顿条件式(3-59)，其中 $\boldsymbol{H}_{k+1}$ 起到的是 $\nabla^2 f(\boldsymbol{x}_{k+1})^{-1}$ 的作用，若不考虑海森矩阵的逆，而仅仅用一个矩阵 $\boldsymbol{B}_{k+1}$ 来取代海森矩阵 $\nabla^2 f(\boldsymbol{x}_{k+1})$，可以得到另一种形式的拟牛顿条件

$$\boldsymbol{q}_k=\boldsymbol{B}_{k+1}\boldsymbol{p}_k \tag{3-71}$$

拟牛顿条件式(3-59)和式(3-71)从形式上来看是一样的，只是把 $\boldsymbol{p}_k$ 和 $\boldsymbol{q}_k$ 交换了位置，将 $\boldsymbol{H}_{k+1}$ 换成了 $\boldsymbol{B}_{k+1}$（注意：$\boldsymbol{H}_{k+1}$ 起到的是 $\nabla^2 f(\boldsymbol{x}_{k+1})^{-1}$ 的作用，而 $\boldsymbol{B}_{k+1}$ 起到的是 $\nabla^2 f(\boldsymbol{x}_{k+1})$ 的作用），所以使用和 DFP 校正公式完全一样的推导过程，将 $\boldsymbol{p}_k$ 和 $\boldsymbol{q}_k$ 互换，将 $\boldsymbol{H}_k$ 换成 $\boldsymbol{B}_k$ 即可得到 $\boldsymbol{B}_{k+1}$ 的校正公式

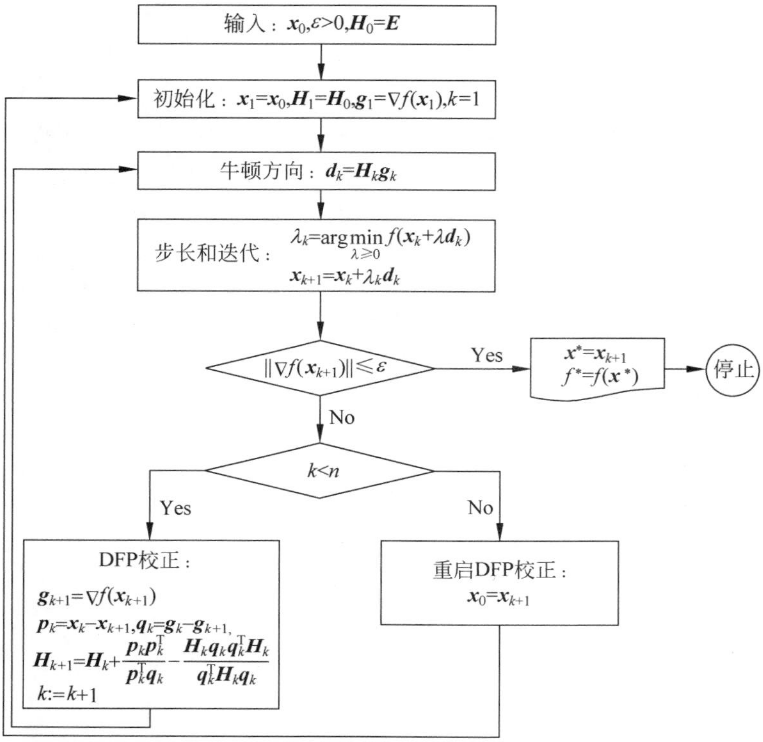

图 3-13　基于 DFP 校正的一般函数拟牛顿法(带重启机制)算法流程

$$B_{k+1}=B_k+\frac{q_kq_k^T}{q_k^Tp_k}-\frac{B_kp_kp_k^TB_k}{p_k^TB_kp_k} \tag{3-72}$$

式(3-72)称为关于矩阵 B_k 的 BFGS 校正，有时也称为 DFP 的对偶公式。

设 B_{k+1} 可逆，则由式(3-71)可得，$p_k=B_{k+1}^{-1}q_k$，这表明 B_{k+1}^{-1} 也满足拟牛顿条件(3-59)，因此，只要能求出 B_{k+1}^{-1} 即可得到一个 H_{k+1} 的校正公式。根据式(3-72)求 B_{k+1}^{-1} 要用到求广义逆矩阵的 Sherman-Morrison 公式，这已经超出了本书的讨论范围，因此此处略去详细过程，感兴趣的读者可以参考文献[5]。求解后得

$$H_{k+1}^{\mathrm{BFGS}}=H_k+\left(1+\frac{q_k^TH_kq_k}{p_k^Tq_k}\right)\frac{p_kp_k^T}{p_k^Tq_k}-\frac{p_kq_k^TH_k+H_kq_kp_k^T}{p_k^Tq_k} \tag{3-73}$$

这个重要的公式是由 Broyden、Fletcher、Goldfard 和 Shanno 于 1970 年提出的，它可以像 DFP 校正公式(3-70)一样使用，而且数值经验表明，它比 DFP 公式还好，因此目前得到广泛应用。

和式(3-72)的构造方法完全一样，式(3-73)也有与之对应的关于 B_{k+1} 的对偶校正公式

$$B_{k+1}^{\mathrm{DFP}}=B_k+\left(1+\frac{p_k^TB_kp_k}{q_k^Tp_k}\right)\frac{q_kq_k^T}{q_k^Tp_k}-\frac{q_kp_k^TB_k+B_kp_kq_k^T}{q_k^Tp_k} \tag{3-74}$$

而式(3-74)正好和式(3-70)互逆。

综合式(3-70)、式(3-72)、式(3-73)、式(3-74)，可以总结出它们的关系如图 3-14 所示。

$$\text{DFP} \qquad\qquad \text{BFGS}$$

$$H_{k+1} \qquad H_{k+1}=H_k+\frac{p_kp_k^{\mathrm{T}}}{p_k^{\mathrm{T}}q_k}-\frac{H_kq_kq_k^{\mathrm{T}}H_k}{q_k^{\mathrm{T}}H_kq_k} \qquad H_{k+1}^{\text{BFGS}}=H_k+\left(1+\frac{q_k^{\mathrm{T}}H_kq_k}{p_k^{\mathrm{T}}q_k}\right)\frac{p_kp_k^{\mathrm{T}}}{p_k^{\mathrm{T}}q_k}-\frac{p_kq_k^{\mathrm{T}}H_k+H_kq_kp_k^{\mathrm{T}}}{p_k^{\mathrm{T}}q_k}$$

$$\text{互逆} \qquad \text{互为对偶} \qquad \text{互逆}$$

$$B_{k+1} \qquad B_{k+1}^{\text{DFP}}=B_k+\left(1+\frac{p_k^{\mathrm{T}}B_kp_k}{q_k^{\mathrm{T}}p_k}\right)\frac{q_kq_k^{\mathrm{T}}}{q_k^{\mathrm{T}}p_k}-\frac{q_kp_k^{\mathrm{T}}B_k+B_kp_kq_k^{\mathrm{T}}}{q_k^{\mathrm{T}}p_k} \qquad B_{k+1}=B_k+\frac{q_kq_k^{\mathrm{T}}}{q_k^{\mathrm{T}}p_k}-\frac{B_kp_kp_k^{\mathrm{T}}B_k}{p_k^{\mathrm{T}}B_kp_k}$$

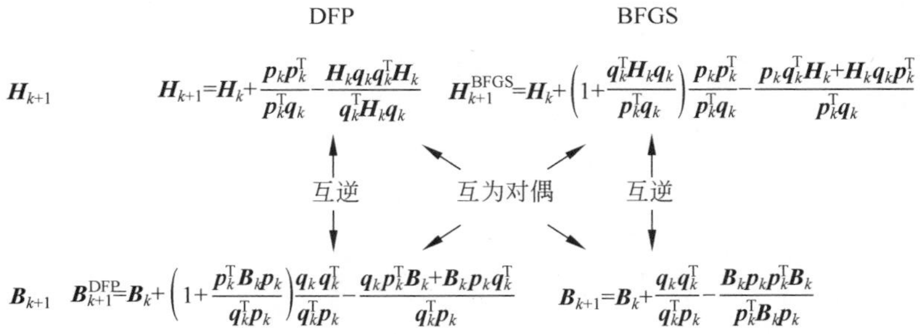

图 3-14　拟牛顿校正公式关系示意图

这里对偶指的是互换 p_k 和 q_k，用 B_k 取代 H_k 或用 H_k 取代 B_k。

基于 BFGS 校正公式的拟牛顿算法步骤和流程与算法 3.7 和 3.8 基本一致，此处不再赘述。

3.5.4　拟牛顿法案例

本节给出一个用拟牛顿法求解优化问题的具体案例，并比较不同方法的数值结果。

【例 3-9】　用拟牛顿法求优化问题

$$\min 4(1-x_1)^2+5(x_2-x_1^2)^2$$

显然，该问题有全局极小点 $x^*=(1,1)^{\mathrm{T}}$，其梯度函数为

$$\nabla f(x)=\begin{bmatrix}-8(1-x_1)-20x_1(x_2-x_1)^2\\10(x_2-x_1^2)\end{bmatrix}$$

用基于 DFP 校正公式和 BFGS 校正公式的拟牛顿法求解例 3-9 的 Python 代码如下：

```python
"""
#代码 3-6 拟牛顿法
"""

import numpy as np

#原问题目标函数
def objfun(x):
    y = 4.*(1-x[0])**2+5.*(x[1]-x[0]**2)**2
    return y

#原问题目标函数的梯度函数
def gradfun(x):
    y =np.array([-8.*(1-x[0])-20.*x[0]*(x[1]-x[0]**2),
                10.*(x[1]-x[0]**2)])
    return y
```

```
#一维搜索子问题目标函数
def lineobjfun(xk,dk,alpha):
    y = objfun(xk+alpha *dk)
    return y

#黄金分割法
def Golden(xk,dk,ak,bk,epsilon):
    lambdak = ak+0.382*(bk-ak)
    muk = ak+0.618*(bk-ak)
    flambdak = lineobjfun(xk,dk,lambdak)
    fmuk = lineobjfun(xk,dk,muk)
    while True:
        if bk-ak <= epsilon:
            xstar = (ak+bk)/2
            return xstar
        else:
            if flambdak > fmuk:
                ak = lambdak
                lambdak = muk
                flambdak = fmuk
                muk = ak+0.618*(bk-ak)
                fmuk = lineobjfun(xk,dk,muk)
            else:
                bk = muk
                muk = lambdak
                fmuk = flambdak
                lambdak = ak+0.382*(bk-ak)
                flambdak = lineobjfun(xk,dk,lambdak)

#拟牛顿法
def Quasi_Newton_Method(x0,epsilon):
    xk = x0.copy()
    Hk = np.eye(len(xk))
    k = 0

    #循环迭代
    gk = gradfun(xk)                                        #计算梯度
    while True:
        if np.linalg.norm(gk) <= epsilon:
            xstar = xk
            fstar = objfun(xk)
            return xstar,fstar,k
        else:
            xk_old = xk.copy()                              #上一迭代点
            dk = -np.dot(Hk,gk)                             #拟牛顿方向
            lambdak = Golden(xk,dk,0.,3.,0.001)             #一维搜索
            xk += lambdak *dk                               #迭代

            gk_old = gk.copy()                              #上一梯度
```

```
            gk = gradfun(xk)                              #计算梯度

            pk = xk_old - xk                              #位移
            qk = gk_old - gk                              #梯度差
            pk = np.expand_dims(pk,axis=0)
            qk = np.expand_dims(qk,axis=0)

            #Hk_DFP
            Hk += (pk.T@pk)/(pk@qk.T)-(Hk@qk.T@qk@Hk)/(qk@Hk@qk.T)
            #Hk_BFGS
#Hk += ((1.+qk@Hk@qk.T)/(pk@qk.T))*((pk.T@pk)/(pk@qk.T))-(
#    (pk.T@qk@Hk+Hk@qk.T@pk)/(pk@qk.T))

            k += 1

#主程序
if __name__ == '__main__':

    epsilon = 0.001

    #第 1 组
    x0 = np.array([2.,1.])
    xstar,fstar,k = Quasi_Newton_Method(x0,epsilon)
    print("第 1 组:")
    print("Input:x0 = {}".format(x0))
    print("Output: (xstar,fstar,k) = {}".format((xstar,fstar,k)))

    #第 2 组
    x0 = np.array([-2.,3.])
    xstar,fstar,k = Quasi_Newton_Method(x0,epsilon)
    print("第 2 组:")
    print("Input:x0 = {}".format(x0))
    print("Output: (xstar,fstar,k) = {}".format((xstar,fstar,k)))

    #第 3 组
    x0 = np.array([-3.,2.])
    xstar,fstar,k = Quasi_Newton_Method(x0,epsilon)
    print("第 3 组:")
    print("Input:x0 = {}".format(x0))
    print("Output: (xstar,fstar,k) = {}".format((xstar,fstar,k)))
```

代码 3-6 中分别使用了关于 $\boldsymbol{H}_k$ 的 DFP 校正公式和 BFGS 校正公式，其中 DFP 校正公式的运行结果如下：

```
第 1 组:
Input:x0 = [2. 1.]
Output: (xstar,fstar,k) = (array([1.00000087, 1.00000127]),
4.0727633986697135e-12, 5)
```

```
第 2 组：
Input:x0 = [-2. 3.]
Output: (xstar,fstar,k) = (array([1.00000509, 1.00002714]),
1.5412319736337878e-09, 8)
第 3 组：
Input:x0 = [-3. 2.]
Output: (xstar,fstar,k) = (array([1.00013199, 1.0003324 ]),
9.30781665498777e-08, 7)
```

BFGS 校正公式的运行结果如下：

```
第 1 组：
Input:x0 = [2. 1.]
Output: (xstar,fstar,k) = (array([1.00001475, 1.00006451]),
6.9997057519901e-09, 18)
第 2 组：
Input:x0 = [-2. 3.]
Output: (xstar,fstar,k) = (array([1.00002711, 1.00005245]),
2.9560477071388793e-09, 11)
第 3 组：
Input:x0 = [-3. 2.]
Output: (xstar,fstar,k) = (array([1.00003705, 1.00005663]),
7.016546377154817e-09, 42)
```

可见，两个校正公式均找到了全局极小值点，DFP 校正公式的搜索次数低于 BFGS 校正公式。

第 4 章

无约束优化的直接方法

第 3 章介绍的算法均需要目标函数的梯度信息，称为梯度方法，然而，有的无约束优化问题目标函数的梯度很难计算，甚至根本无法计算，例如目标函数是一个仿真过程，没有具体表达式，因此要使用不需计算导数，而只需计算函数值的方法，称为直接方法。本章介绍几种常见的直接方法。

4.1 探测搜索

33min

在直接法中，由于无法计算梯度的假设，所以对于一个给定的搜索方向，无法判断其为上升还是下降方向，因此，一维搜索过程必须在给定搜索方向的正向和反向同时进行，称这种特殊的一维搜索方法为探测搜索。

4.1.1 探测搜索算法

探测搜索解决的一维搜索问题为

$$\begin{cases} \min & f(\boldsymbol{x}_k + \lambda \boldsymbol{d}_k) \\ \text{s.t.} & \lambda \in \mathbf{R} \end{cases} \tag{4-1}$$

其中，$f: \mathbf{R}^n \to \mathbf{R}$ 为原问题目标函数，$\boldsymbol{d}_k$ 为搜索方向，但不一定是下降方向。设问题的最优解为 λ^*，则当 $\lambda^* > 0$ 时，$\boldsymbol{d}_k$ 方向可以使目标函数下降；反之，当 $\lambda^* < 0$ 时，$-\boldsymbol{d}_k$ 方向可以使目标函数下降；若 $\lambda^* = 0$，则说明 x_k 已经是 $\boldsymbol{d}_k$ 方向上的极小值点。

探测搜索的基本思想是先以基本步长 λ_0 作为探测步长在 $\boldsymbol{d}_k$ 和 $-\boldsymbol{d}_k$ 两个方向上分别探测，若函数值在某个方向上有下降，则增加探测步长，继续在该方向上探测，直到函数值不再下降为止，以最终的探测步长作为结果。若函数值在两个方向的探测中均无下降，则减小探测步长，重复两方向的探测过程。若探测步长减小到一个容许值还未使函数值有任何下降，则保持当前探测点不变，即最终探测步长为 0。

由于探测搜索的每步都是试探性的，所以对搜索步长的自适应调整是探测搜索的核心。探测搜索的算法步骤如下。

算法 4-1　探测搜索

第 1 步：输入，当前迭代点 $\boldsymbol{x}_k$，搜索方向 $\boldsymbol{d}_k$，初始步长 $\lambda_0=1$，步长伸长系数 $\alpha\in(1,2)$，步长缩短系数 $\beta\in(0,1)$，步长最小阈值 $\lambda_{\min}=0.001$。

第 2 步：初始化，置 $\lambda=\lambda_0$。

第 3 步：试探正方向，如果 $f(\boldsymbol{x}_k+\lambda_k\boldsymbol{d}_k)<f(\boldsymbol{x}_k)$，则转到第 4 步，否则转到第 6 步。

第 4 步：试探伸长步长，置 $\lambda'=\alpha\lambda$，如果 $f(\boldsymbol{x}_k+\lambda'\boldsymbol{d}_k)<f(\boldsymbol{x}_k+\lambda\boldsymbol{d}_k)$，则转到第 5 步，否则转到第 10 步。

第 5 步：增加步长，置 $\lambda=\lambda'$，转到第 4 步。

第 6 步：试探负方向，如果 $f(\boldsymbol{x}_k-\lambda\boldsymbol{d}_k)<f(\boldsymbol{x}_k)$，则转到第 7 步，否则转到第 9 步。

第 7 步：试探伸长步长，置 $\lambda'=\alpha\lambda$，如果 $f(\boldsymbol{x}_k-\lambda'\boldsymbol{d}_k)<f(\boldsymbol{x}_k-\lambda\boldsymbol{d}_k)$，则转到第 8 步，否则转到第 10 步。

第 8 步：增加步长，置 $\lambda=\lambda'$，转到第 7 步。

第 9 步：缩短步长，$\lambda=\beta\lambda$，如果 $\lambda<\lambda_{\min}$，则转到第 11 步，否则转到第 3 步。

第 10 步：输出 $\lambda^*=\lambda$，程序停止。

第 11 步：输出 $\lambda^*=0$，程序停止。

算法 4-1 由内外两层循环构成，其对步长调整的核心思想就是试探。外层循环试探正反两个方向，以确定下降方向；内层循环自适应调整搜索步长，以期得到尽量大的下降量。算法 4-1 的计算流程如图 4-1 所示。

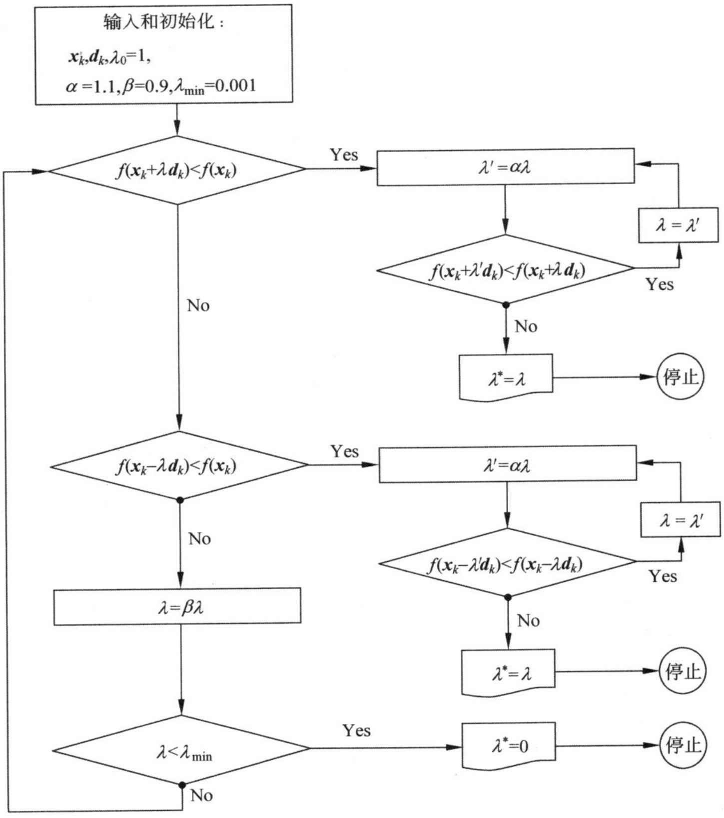

图 4-1　探索搜索的算法流程

4.1.2 探测搜索案例

本节通过一个具体的案例给出探测搜索的 Python 代码。

【例 4-1】 考虑无约束优化问题

$$\begin{cases}\min & f(\boldsymbol{x})=(x_1-3)^2+2(x_2+2)^2 \\ \text{s.t.} & \boldsymbol{x}\in\mathbf{R}^2\end{cases}$$

设当前迭代点为 $\boldsymbol{x}_k=(1,0)^{\mathrm{T}}$，分别取搜索方向 $\boldsymbol{d}_k$ 为 $(0,1)^{\mathrm{T}}$、$(3,1)^{\mathrm{T}}$ 和 $(2,1)^{\mathrm{T}}$，则探测搜索的代码如下：

```
"""
#代码 4-1 探测搜索
"""

import numpy as np

#原问题目标函数
def objfun(x):
    y = (x[0]-3.)**2+2.*(x[1]+2)**2
    return y

#一维搜索子问题目标函数
def lineobjfun(xk,dk,alpha):
    y = objfun(xk+alpha*dk)
    return y

#探测搜索
def Detection_Method(xk,dk,lambda0):
    lambdak = lambda0                                  #初始步长
    alpha = 1.1                                        #伸长系数
    beta = 0.9                                         #缩短系数
    lambda_min = 0.001                                 #最小步长

    #主循环
    while True:
        #dk 为下降方向
        if lineobjfun(xk,dk,lambdak) < lineobjfun(xk,dk,0):
            print("Descent direction: dk={}".format(dk))
            print("Initial step size: lambdak={}".format(lambdak))
            while True:
                lambda_prime = alpha*lambdak           #伸长步长
                if lineobjfun(xk,dk,lambda_prime)<lineobjfun(xk,dk,lambdak):
                    lambdak = lambda_prime             #确认新步长
                    print("Increase step size: lambdak={}".format(lambdak))
                else:
                    lambda_star = lambdak              #最优步长
                    print("Optimal step size: lambda_star={}".format(lambda_star))
```

```
            return lambda_star
    #-dk 为下降方向
    elif lineobjfun(xk,-dk,lambdak) < lineobjfun(xk,dk,0):
        print("Descent direction: -dk={}".format(-dk))
        print("Initial step size: lambdak={}".format(lambdak))
        while True:
            lambda_prime = alpha * lambdak              #缩短步长
            if lineobjfun(xk,-dk,lambda_prime)<lineobjfun(xk,-dk,lambdak):
                lambdak = lambda_prime                  #确认新步长
                print("Increase step size: lambdak={}".format(lambdak))
            else:
                lambda_star = lambdak                   #最优步长
                print("Optimal step size: lambda_star={}".format(lambda_star))
                return -lambda_star
    #缩短初始试探步长
    else:
        lambdak = beta * lambdak                        #缩短步长
        print("Decrease step size: lambdak={}".format(lambdak))
        if lambdak < lambda_min:
            lambda_star = 0.                            #超过阈值,无有效步长
            print("Nondescent direction: lambda_star={}".format(lambda_star))
            return lambda_star
        else:
            continue

#主程序
if __name__ == '__main__':
    lambda0 = 1.                                        #初始步长

    #第 1 组
    print("第 1 组:")
    xk = np.array([1.,0.])                              #当前迭代点
    dk = np.array([0.,1.])                              #搜索方向

    print("Input:xk={}, dk={}, lambda0={}".format(xk,dk,lambda0))
    lambda_star = Detection_Method(xk,dk,lambda0)

    #第 2 组
    print("第 2 组:")
    xk = np.array([1.,0.])                              #当前迭代点
    dk = np.array([3.,1.])                              #搜索方向
    print("Input:xk={}, dk={}, lambda0={}".format(xk,dk,lambda0))
    lambda_star = Detection_Method(xk,dk,lambda0)

    #第 3 组
    print("第 3 组:")
    xk = np.array([1.,0.])                              #当前迭代点
```

```
dk = np.array([2.,1.])                    #搜索方向
print("Input:xk={}, dk={}, lambda0={}".format(xk,dk,lambda0))
lambda_star = Detection_Method(xk,dk,lambda0)
```

其实，原目标函数 $f(\boldsymbol{x})$ 的梯度函数为

$$\nabla f(\boldsymbol{x})=\begin{bmatrix}2(x_1-3)\\4(x_2+2)\end{bmatrix}$$

所以，$\nabla f(\boldsymbol{x}_k)=(-4,8)^{\mathrm{T}}$。

当 $\boldsymbol{d}_k=(0,1)^{\mathrm{T}}$ 时，$\nabla f(\boldsymbol{x}_k)^{\mathrm{T}}\boldsymbol{d}_k=8>0$，故 $\boldsymbol{d}_k=(0,1)^{\mathrm{T}}$ 是迭代点 $\boldsymbol{x}_k$ 处的一个上升方向，也就是说 $-\boldsymbol{d}_k$ 是一个下降方向，如下的第 1 组输入运行结果与上述分析吻合，最优步长为 $\lambda^*=1.9487$。

```
第 1 组：
Input:xk=[1. 0.], dk=[0. 1.], lambda0=1.0
Descent direction: -dk=[-0. -1.]
Initial step size: lambdak=1.0
Increase step size: lambdak=1.1
Increase step size: lambdak=1.2100000000000002
Increase step size: lambdak=1.3310000000000004
Increase step size: lambdak=1.4641000000000006
Increase step size: lambdak=1.6105100000000008
Increase step size: lambdak=1.771561000000001
Increase step size: lambdak=1.9487171000000014
Optimal step size: lambda_star=1.9487171000000014
```

当 $\boldsymbol{d}_k=(3,1)^{\mathrm{T}}$ 时，$\nabla f(\boldsymbol{x}_k)^{\mathrm{T}}\boldsymbol{d}_k=-4<0$，故 $\boldsymbol{d}_k=(3,1)^{\mathrm{T}}$ 是迭代点 $\boldsymbol{x}_k$ 处的一个下降方向。如下的第 2 组运行结果表明初始步长设置过大，经过一系列缩短步长的步骤后，得到了最优步长为 $\lambda^*=0.3486$。

```
第 2 组：
Input:xk=[1. 0.], dk=[3. 1.], lambda0=1.0
Decrease step size: lambdak=0.9
Decrease step size: lambdak=0.81
Decrease step size: lambdak=0.7290000000000001
Decrease step size: lambdak=0.6561000000000001
Decrease step size: lambdak=0.5904900000000002
Decrease step size: lambdak=0.5314410000000002
Decrease step size: lambdak=0.47829690000000014
Decrease step size: lambdak=0.43046721000000016
Decrease step size: lambdak=0.38742048900000015
Decrease step size: lambdak=0.34867844010000015
Descent direction: dk=[3. 1.]
Initial step size: lambdak=0.34867844010000015
Optimal step size: lambda_star=0.34867844010000015
```

当 $\boldsymbol{d}_k=(2,1)^{\mathrm{T}}$ 时，$\nabla f(\boldsymbol{x}_k)^{\mathrm{T}}\boldsymbol{d}_k=0$，此时搜索方向 $\boldsymbol{d}_k$ 和梯度方向 $\nabla f(\boldsymbol{x}_k)$ 垂直，$\boldsymbol{d}_k$ 既不是上升方向也不是下降方向。从如下的第 3 组运行结果可以看出，经过一系列缩短步长的步骤后，步长最终小于最小步长阈值 $\lambda_{\min}$，故输出 $\lambda^*=0$。

```
第 3 组：
Input:xk=[1. 0.], dk=[2. 1.], lambda0=1.0
Decrease step size: lambdak=0.9
Decrease step size: lambdak=0.81
Decrease step size: lambdak=0.7290000000000001
Decrease step size: lambdak=0.6561000000000001
Decrease step size: lambdak=0.5904900000000002
Decrease step size: lambdak=0.5314410000000002
Decrease step size: lambdak=0.47829690000000014
……
Decrease step size: lambdak=0.0011790184577738598
Decrease step size: lambdak=0.0010611166119964739
Decrease step size: lambdak=0.0009550049507968265
Nondescent direction: lambda_star=0.0
```

17min

4.2 交替方向法

交替方向法是最简单也是最直观的直接法，是其他直接法的基础。

4.2.1 交替方向法原理

最早的也是最简单的直接方法是交替方向法(Alternating Direction Method, ADM)。它的基本思想是交替地利用 n 个坐标轴方向作为搜索方向进行一维搜索，其搜索过程如图 4-2 所示。

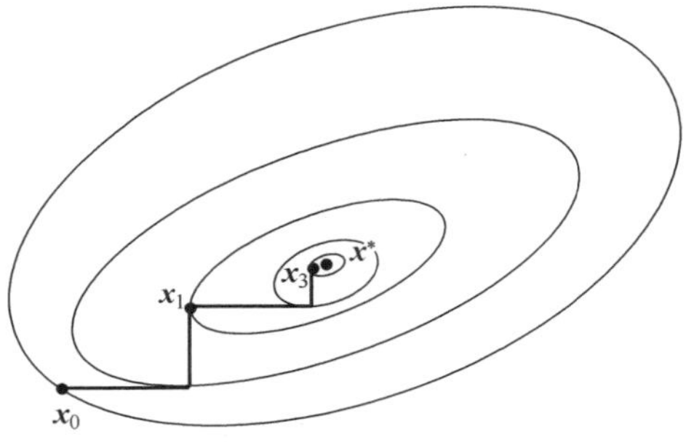

图 4-2 交替方向法示意图

值得注意的是，交替方向法和最速下降法一样，可能出现"锯齿"现象。由于交替方向法得到的迭代点列是单调递减且有界的(原函数有下界)，所以是收敛的，但是并不能从理论上保证迭代点列收敛到极小值点。

交替方向法的算法步骤如下。

算法 4-2　交替方向法

第 1 步：输入，初始点 $\boldsymbol{x}_0$，容忍误差 $\varepsilon>0$，初始步长 λ_0，坐标轴方向 $\boldsymbol{e}_1,\boldsymbol{e}_2,\cdots,\boldsymbol{e}_n$，$k=0$。

第 2 步：内循环初始化，置 $\boldsymbol{z}_i=\boldsymbol{x}_k$，$i=1$。

第 3 步：探测搜索，在坐标轴方向 $\boldsymbol{e}_i$ 上进行探测搜索，即用算法 4-1 求解一维搜索问题。

$$\lambda^* = \underset{\lambda\in\mathbf{R}}{\operatorname{argmin}} f(\boldsymbol{z}_i+\lambda\boldsymbol{e}_i)$$

第 4 步：迭代，置

$$\boldsymbol{z}_{i+1}=\boldsymbol{z}_i+\lambda^*\boldsymbol{e}_i$$

第 5 步：内循环结束判断，如果 $i<n$，则置 $i:=i+1$，转到第 3 步，否则置 $\boldsymbol{x}_{k+1}=\boldsymbol{z}_{n+1}$，转到第 6 步。

第 6 步：终止条件，如果 $\|\boldsymbol{x}_k-\boldsymbol{x}_{k+1}\|\leqslant\varepsilon$ 或 $f(\boldsymbol{x}_k)-f(\boldsymbol{x}_{k+1})\leqslant\varepsilon$，则停止迭代，输出 $\boldsymbol{x}^*=\boldsymbol{x}_{k+1}$，$f^*=f(\boldsymbol{x}^*)$，否则置 $k:=k+1$，转到第 2 步。

以下对算法 4-2 做两点说明：

(1) 算法 4-2 包括两层循环，外层循环更新迭代点 $\boldsymbol{x}_k$，内层循环在坐标方向上进行交替探测搜索，以当前迭代点 $\boldsymbol{x}_k$ 作为首次探测搜索的初始点，最后一次探测搜索得到的点为下一个迭代点，即

$$\boldsymbol{x}_k=\boldsymbol{z}_1\xrightarrow[\lambda_1^*]{\boldsymbol{e}_1}\boldsymbol{z}_2\xrightarrow[\lambda_2^*]{\boldsymbol{e}_2}\cdots\xrightarrow[\lambda_n^*]{\boldsymbol{e}_n}\boldsymbol{z}_{n+1}=\boldsymbol{x}_{k+1}$$

(2) 由于不能计算目标函数的梯度，所以算法 4-2 未使用基于一阶必要条件的终止判断准则，而是使用了连续两次迭代的位移差 $\|\boldsymbol{x}_k-\boldsymbol{x}_{k+1}\|$，或函数值差 $f(\boldsymbol{x}_k)-f(\boldsymbol{x}_{k+1})$ 作为迭代终止的依据。

根据算法 4-2，交替方向法的算法流程如图 4-3 所示。

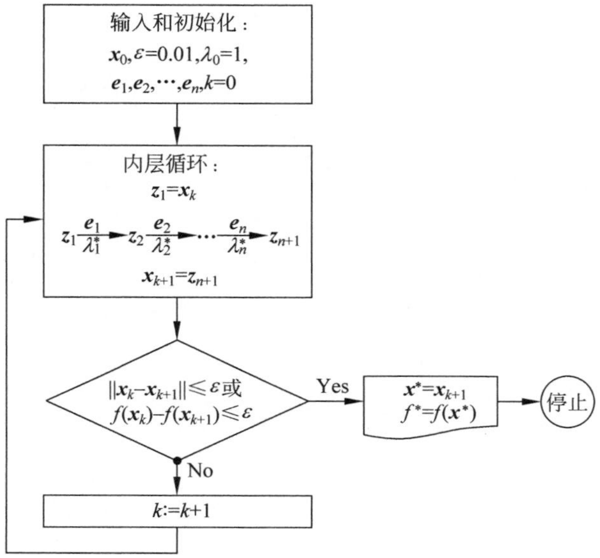

图 4-3　交替方向法的算法流程

4.2.2 交替方向法案例

本节通过一个具体的案例给出交替方向法的 Python 代码。

【例 4-2】 考虑无约束优化问题

$$\begin{cases} \min & f(\boldsymbol{x}) = (x_1 - 3)^2 + 2(x_2 + 2)^2 \\ \text{s.t.} & \boldsymbol{x} \in \mathbf{R}^2 \end{cases}$$

显然,该无约束优化问题的极小值点为 $\boldsymbol{x}^* = (3, -2)^{\mathrm{T}}$,分别取初始点 $\boldsymbol{x}_0$ 为 $(1,0)^{\mathrm{T}}$、$(-2,3)^{\mathrm{T}}$ 和 $(-5,5)^{\mathrm{T}}$,则交替方向法的代码如下:

```
"""
#代码 4-2 交替方向法
"""

import numpy as np

#原问题目标函数
def objfun(x):
    y = (x[0]-3.)**2+2.*(x[1]+2)**2
    return y

#一维搜索子问题目标函数
def lineobjfun(xk,dk,alpha):
    y = objfun(xk+alpha*dk)
    return y

#探测搜索
def Detection_Method(xk,dk,lambda0=1.):
    lambdak = lambda0                                  #初始步长
    alpha = 1.1                                        #伸长系数
    beta = 0.9                                         #缩短系数
    lambda_min = 0.001                                 #最小步长

    #主循环
    while True:
        #dk 为下降方向
        if lineobjfun(xk,dk,lambdak) < lineobjfun(xk,dk,0):
            while True:
                lambda_prime = alpha*lambdak           #伸长步长
                if lineobjfun(xk,dk,lambda_prime)<lineobjfun(xk,dk,lambdak):
                    lambdak = lambda_prime             #确认新步长
                else:
                    lambda_star = lambdak              #最优步长
                    return lambda_star
        #-dk 为下降方向
        elif lineobjfun(xk,-dk,lambdak) < lineobjfun(xk,dk,0):
            while True:
```

```
                lambda_prime = alpha * lambdak          #缩短步长
                if lineobjfun(xk,-dk,lambda_prime)<lineobjfun(xk,-dk,lambdak):
                    lambdak = lambda_prime              #确认新步长
                else:
                    lambda_star = lambdak               #最优步长
                    return -lambda_star
        #缩短初始试探步长
        else:
            lambdak = beta * lambdak                    #缩短步长
            if lambdak < lambda_min:
                lambda_star = 0.                        #超过阈值,无有效步长
                return lambda_star
            else:
                continue

#交替方向法
def Alternating_Direction_Method(x0,epsilon=0.001):
    dim = len(x0)                                       #问题的维度
    xk = x0                                             #初始点
    k = 0

    #外层循环
    while True:
        print("Iteration k={}:xk={},f(xk)={}".format(k,xk,objfun(xk)))

        #内层循环
        zi = xk.copy()
        for i in range(1,dim+1):
            ei = np.eye(dim)[i-1]
            lambdai = Detection_Method(zi,ei,lambda0=1.)
            zi += lambdai * ei
        xk_new = zi.copy()

        k += 1                                          #循环计数器

        #终止条件
        if np.linalg.norm(xk-xk_new)<=epsilon or objfun(xk)-objfun(xk_new)<=
epsilon:
            xstar = xk_new
            fstar = objfun(xstar)
            print("Iteration k={}:xstar={},fstar={}".format(k,xstar,fstar))
            return xstar,fstar
        else:
            xk = xk_new.copy()
            continue
```

```
#主程序
if __name__ == '__main__':

    #第 1 组
    print("第 1 组:")
    x0 = np.array([1.,0.])
    print("Input:x0={}".format(x0))
    xstar,fstar = Alternating_Direction_Method(x0)
    print("Output:xstar={}, fstar={}".format(xstar,fstar))

    #第 2 组
    print("第 2 组:")
    x0 = np.array([-2.,3.])
    print("Input:x0={}".format(x0))
    xstar,fstar = Alternating_Direction_Method(x0,epsilon=0.0001)
    print("Output:xstar={}, fstar={}".format(xstar,fstar))

    #第 3 组
    print("第 3 组:")
    x0 = np.array([-5.,5.])
    print("Input:x0={}".format(x0))
    xstar,fstar = Alternating_Direction_Method(x0,epsilon=0.00001)
    print("Output:xstar={}, fstar={}".format(xstar,fstar))
```

运行结果如下：

```
第 1 组:
Input:x0=[1. 0.]
Iteration k=0:xk=[1. 0.],f(xk)=12.0
Iteration k=1:xk=[ 2.9487171 -1.9487171],f(xk)=0.007889807497229562
Iteration k=2:xk=[ 3.04719419 -2.04719419],f(xk)=0.0066818747711009695
Iteration k=3:xk=[ 2.95856481 -1.95856481],f(xk)=0.005150625154190398
Iteration k=4:xstar=[ 3.03833125 -2.03833125],fstar=0.0044078546623646355
Output:xstar=[ 3.03833125 -2.03833125], fstar=0.0044078546623646355

第 2 组:
Input:x0=[-2. 3.]
Iteration k=0:xk=[-2. 3.],f(xk)=75.0
Iteration k=1:xk=[ 3.05447028 -2.05447028],f(xk)=0.00890103584163767
Iteration k=2:xk=[ 2.95599319 -1.95599319],f(xk)=0.005809796718443367
......
Iteration k=8:xk=[ 2.98761642 -1.98761642],f(xk)=0.0004600589197212971
Iteration k=9:xk=[ 3.01014482 -2.01014482],f(xk)=0.0003087522883338943
```

```
Iteration k=10:xstar=[ 2.98986926 -1.98986926],fstar=0.0003078954843473
Output:xstar=[ 2.98986926 -1.98986926], fstar=0.00030789548434732655

第 3 组：
Input:x0=[-5. 5.]
Iteration k=0:xk=[-5. 5.],f(xk)=162.0
Iteration k=1:xk=[ 3.14027494 -1.72749995],f(xk)=0.1681896136578871
Iteration k=2:xk=[ 2.88608836 -2.25894095],f(xk)=0.14707669314800445
......
Iteration k=23:xk=[ 3.0025798 -1.98871039],f(xk)=0.00026156586905318543
Iteration k=24:xstar=[ 2.99742602 2.01123879],fstar=0.00025924621574447
Output:xstar=[ 2.99742602 -2.01123879], fstar=0.00025924621574447494
```

从运行结果可以看出，取不同的初始点都能够得到问题的极小值点。当初始点离极小值点较远时，需要的迭代步数一般更多一些。当然，迭代步数也与容忍系数 ε 的取值有关，上例中第 1、第 2、第 3 组的容忍系数分别为 0.001、0.0001、0.00001，其需要的迭代次数依次递增，但结果的精度并没有明显地增加。

4.3 Hooke-Jeeves 方法

Hooke-Jeeves 方法也称为模式搜索法，是由 Hooke 和 Jeeves 于 1961 年提出的，本节对其进行介绍。

4.3.1 Hooke-Jeeves 方法简介

Hooke-Jeeves 方法的基本思想，从几何上讲，是寻找目标函数的一个“山谷”，并使搜索尽量沿着“山谷”向下逼近极小值点。具体地，Hooke-Jeeves 方法是在交替方向法（称为探测移动）的基础上增加了模式搜索（称为模式移动）。探测移动依次沿 n 个坐标轴进行，用以确定新的迭代点和可能的“山谷”方向。模式移动沿相邻两个迭代点的连线方向进行，试图顺着“山谷”使函数值更快地减小。Hooke-Jeeves 方法的搜索过程如图 4-4 所示。

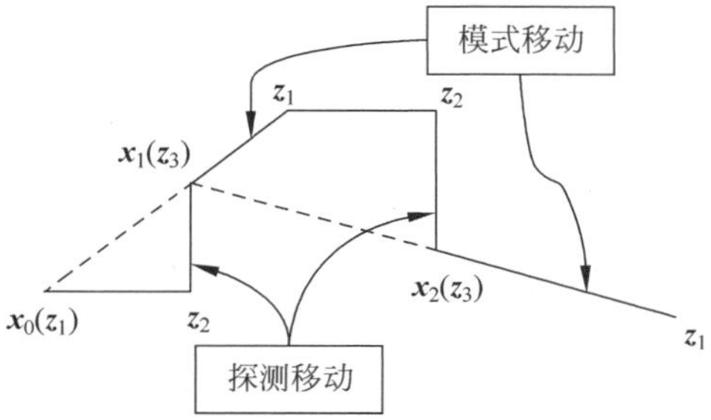

图 4-4　Hooke-Jeeves 方法示意图

Hooke-Jeeves 方法的算法步骤如下。

算法 4-3　Hooke-Jeeves 方法

第 1 步：输入，初始点 $\boldsymbol{x}_0$，容忍误差 $\varepsilon>0$，初始步长 λ_0，坐标轴方向 $\boldsymbol{e}_1,\boldsymbol{e}_2,\cdots,\boldsymbol{e}_n$，$k=0$。

第 2 步：初次探测移动初始点设置，$\boldsymbol{y}=\boldsymbol{x}_0$。

第 3 步：探测移动初始化，置 $\boldsymbol{z}_i=\boldsymbol{y}$，$i=1$。

第 4 步：探测搜索，在坐标轴方向 $\boldsymbol{e}_i$ 上进行探测搜索，即用算法 4-1 求解一维搜索问题。

$$\lambda^* = \underset{\lambda\in\mathbf{R}}{\operatorname{argmin}} f(\boldsymbol{z}_i+\lambda\boldsymbol{e}_i)$$

第 5 步：迭代，置

$$\boldsymbol{z}_{i+1} = \boldsymbol{z}_i+\lambda^*\boldsymbol{e}_i$$

第 6 步：探测移动结束判断，如果 $i<n$，则置 $i:=i+1$，转到第 4 步，否则置 $\boldsymbol{x}_{k+1}=\boldsymbol{z}_{n+1}$，转到第 7 步。

第 7 步：终止条件：如果 $\|\boldsymbol{x}_k-\boldsymbol{x}_{k+1}\|\leqslant\varepsilon$ 或 $f(\boldsymbol{x}_k)-f(\boldsymbol{x}_{k+1})\leqslant\varepsilon$，则停止迭代，输出 $\boldsymbol{x}^*=\boldsymbol{x}_{k+1}$，$f^*=f(\boldsymbol{x}^*)$，否则转到第 8 步。

第 8 步：模式移动，置 $\boldsymbol{d}_p=\boldsymbol{x}_{k+1}-\boldsymbol{x}_k$，在 $\boldsymbol{d}_p$ 方向上进行一维搜索，即求解一维搜索问题。

$$\lambda^* = \underset{\lambda>0}{\operatorname{argmin}} f(\boldsymbol{x}_{k+1}+\lambda\boldsymbol{d}_p)$$

第 9 步：模式迭代，置

$$\boldsymbol{y} = \boldsymbol{x}_{k+1}+\lambda^*\boldsymbol{d}_p,\ k:=k+1$$

转到第 3 步。

算法 4-3 第 8 步中的一维搜索和第 4 步中的一维搜索是不同的，第 4 步中的一维搜索会探测 $\boldsymbol{e}_i$ 的正反两个方向，应使用 4.1 节介绍的探测搜索方法，第 8 步中的一维搜索只在 $\boldsymbol{d}_p$ 方向上搜索，可以使用第 2 章中介绍的一般一维搜索算法，也可以使用探测搜索。

Hooke-Jeeves 方法的算法流程如图 4-5 所示。

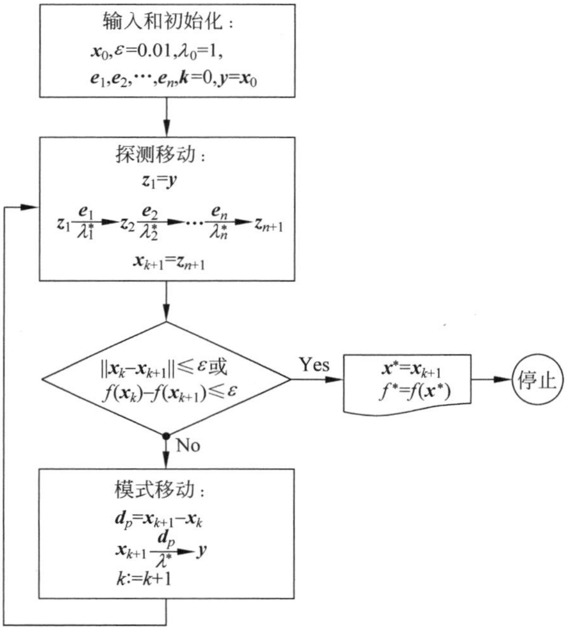

图 4-5　Hooke-Jeeves 方法的算法流程

4.3.2　Hooke-Jeeves 方法的案例

本节通过一个具体的案例给出 Hooke-Jeeves 方法的 Python 代码。

【例 4-3】　考虑无约束优化问题

$$\begin{cases}\min & f(\boldsymbol{x})=(x_1-1)^2+5(x_2-x_1^2)^2\\ \text{s.t.} & \boldsymbol{x}\in\mathbf{R}^2\end{cases}$$

显然，该无约束优化问题的极小值点为 $\boldsymbol{x}^*=(1,1)^{\mathrm{T}}$，其等高线和函数图像如图 4-6 所示。从图 4-6(a)可以看出，极小值点处在一个比较狭长的谷地，这种目标函数是比较难以优化的，是最容易出现“锯齿”现象的目标函数。

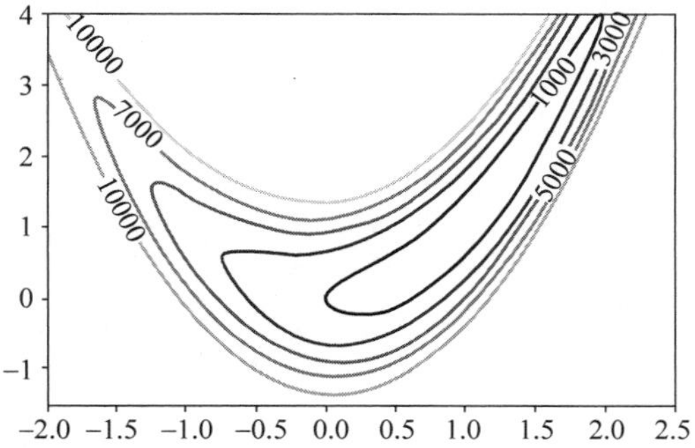

(a) 等高线

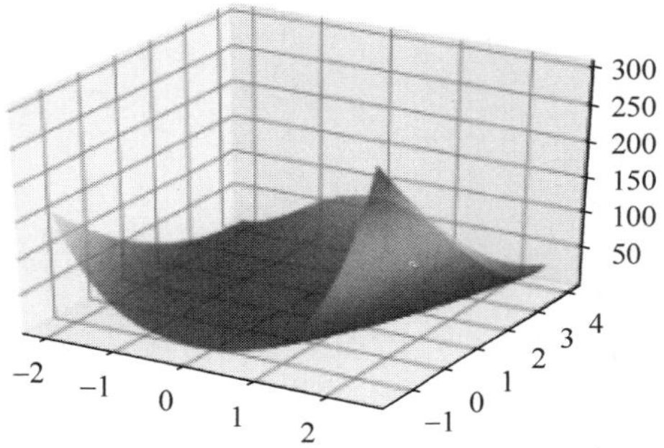

(b) 函数图像

图 4-6　例 4-3 目标函数的等高线和函数图像

本例中，分别取初始点 $\boldsymbol{x}_0$ 为$(1,0)^{\mathrm{T}}$、$(-2,3)^{\mathrm{T}}$ 和$(-5,5)^{\mathrm{T}}$，并且选取不同精度的容忍系数 ε，Hooke-Jeeves 方法的代码如下：

```
"""
#代码 4-3 Hooke-Jeeves 方法
"""

import numpy as np

#原问题目标函数
def objfun(x):
    y = (x[0]-1.)**2+5.*(x[1]-x[0]**2)**2
    return y

#一维搜索子问题目标函数
def lineobjfun(xk,dk,alpha):
    y = objfun(xk+alpha*dk)
    return y

#探测搜索
def Detection_Method(xk,dk,lambda0=1.):
```

```
    lambdak = lambda0                                               #初始步长
    alpha = 1.1                                                     #伸长系数
    beta = 0.9                                                      #缩短系数
    lambda_min = 0.001                                              #最小步长

    #主循环
    while True:
        #dk为下降方向
        if lineobjfun(xk,dk,lambdak) < lineobjfun(xk,dk,0):
            while True:
                lambda_prime = alpha * lambdak                      #伸长步长
                if lineobjfun(xk,dk,lambda_prime)<lineobjfun(xk,dk,lambdak):
                    lambdak = lambda_prime                          #确认新步长
                else:
                    lambda_star = lambdak                           #最优步长
                    return lambda_star
        #-dk为下降方向
        elif lineobjfun(xk,-dk,lambdak) < lineobjfun(xk,dk,0):
            while True:
                lambda_prime = alpha * lambdak                      #缩短步长
                if lineobjfun(xk,-dk,lambda_prime)<lineobjfun(xk,-dk,lambdak):
                    lambdak = lambda_prime                          #确认新步长
                else:
                    lambda_star = lambdak                           #最优步长
                    return -lambda_star
        #缩短初始试探步长
        else:
            lambdak = beta * lambdak                                #缩短步长
            if lambdak < lambda_min:
                lambda_star = 0.                                    #超过阈值,无有效步长
                return lambda_star
            else:
                continue

#Hooke-Jeeves方法
def Hooke_Jeeves_Method(x0,epsilon=0.001):
    dim = len(x0)                                                   #问题的维度
    xk = x0

    #外层循环
    y = xk.copy()                                                   #首次探测移动初始化
    k = 0
    while True:
        print("Iteration k={}:xk={},f(xk)={}".format(k,xk,objfun(xk)))

        #探测移动
        zi = y.copy()
        for i in range(1,dim+1):
            ei = np.eye(dim)[i-1]
```

```
            lambdai = Detection_Method(zi,ei,lambda0=1.)
            zi += lambdai *ei
        xk_new = zi.copy()

        #终止条件
        if np.linalg.norm(xk-xk_new)<=epsilon or objfun(xk)-objfun(xk_new)<=
epsilon:
            xstar = xk_new
            fstar = objfun(xstar)
            print("Iteration k={}:xstar={},fstar={}".format(k,xstar,fstar))
            return xstar,fstar

        #模式移动
        dp=xk_new-xk
        lambda_star = Detection_Method(xk_new,dp,lambda0=1.)
        y = xk_new+lambda_star *dp

        #新的迭代点
        xk = xk_new.copy()
        k += 1                                        #循环计数器

#主程序
if __name__ == '__main__':

    #第 1 组
    print("第 1 组:")
    x0 = np.array([1.,0.])
    print("Input:x0={}".format(x0))
    xstar,fstar = Hooke_Jeeves_Method(x0)
    print("Output:xstar={}, fstar={}".format(xstar,fstar))

    #第 2 组
    print("第 2 组:")
    x0 = np.array([-2.,3.])
    print("Input:x0={}".format(x0))
    xstar,fstar = Hooke_Jeeves_Method(x0,epsilon=0.0001)
    print("Output:xstar={}, fstar={}".format(xstar,fstar))

    #第 3 组
    print("第 3 组:")
    x0 = np.array([-5.,5.])
    print("Input:x0={}".format(x0))
    xstar,fstar = Hooke_Jeeves_Method(x0,epsilon=0.00001)
    print("Output:xstar={}, fstar={}".format(xstar,fstar))
```

运行结果如下：

```
第 1 组:
Input:x0=[1. 0.]
```

```
Iteration k=0:xk=[1. 0.],f(xk)=5.0
Iteration k=1:xk=[0. 0.],f(xk)=1.0
Iteration k=2:xk=[0.16002279 0.04710129],f(xk)=0.707871672135177
Iteration k=3:xk=[0.47919842 0.29324883],f(xk)=0.29147034500184754
Iteration k=4:xk=[0.71860761 0.49700521],f(xk)=0.08106186423714623
Iteration k=5:xk=[0.7444869 0.51469482],f(xk)=0.07311425698036475
Iteration k=6:xk=[0.73602935 0.55063243],f(xk)=0.07007594855089616
Iteration k=6:xstar=[0.75189264 0.60420035],fstar=0.06910690636525388
Output:xstar=[0.75189264 0.60420035], fstar=0.06910690636525388

第 2 组：
Input:x0=[-2. 3.]
Iteration k=0:xk=[-2. 3.],f(xk)=14.0
Iteration k=1:xk=[-1.3439 1.79 ],f(xk)=5.495157986185919
Iteration k=2:xk=[0.61275561 0.8412829 ],f(xk)=1.234869119931771
……
Iteration k=18:xk=[1.01932184 1.0316305 ],f(xk)=0.0006461354793660409
Iteration k=19:xk=[1.01850398 1.03379075],f(xk)=0.00040575169941998106
Iteration k=19:xstar=[1.01760435 1.03498801],fstar=0.00031132075505955407
Output:xstar=[1.01760435 1.03498801], fstar=0.00031132075505955407

第 3 组：
Input:x0=[-5. 5.]
Iteration k=0:xk=[-5. 5.],f(xk)=2036.0
Iteration k=1:xk=[-2.14688329 4.271 ],f(xk)=10.47445914978562
Iteration k=2:xk=[-2.12278125 4.79687918],f(xk)=10.174233981079297
……
Iteration k=23:xk=[1.01026031 1.0222658 ],f(xk)=0.00011872033116373679
Iteration k=24:xk=[1.00239183 1.00320889],f(xk)=1.821078799626505e-05
Iteration k=24:xstar=[1.00203844 1.00278684],fstar=1.2529907043556317e-05
Output:xstar=[1.00203844 1.00278684], fstar=1.2529907043556317e-05
```

从运行结果可以看出，用不同的初始值都可以达到极小值点，当需要的精度较高时，需要的迭代次数也较多，算法基本呈线性收敛速度。

4.4 Rosenbrock 方法

28min

Rosenbrock 方法又称为转轴法，这种方法与 Hooke-Jeeves 方法有类似之处，也是设法顺着“山谷”求函数的极小值点，差别主要体现在探测搜索阶段，本节对其进行介绍。

4.4.1 Rosenbrock 方法简介

Rosenbrock 方法的迭代过程包括探测搜索和构造搜索方向两部分，这两部分交替进行。探测搜索与交替方向法或 Hooke-Jeeves 方法中的探测搜索一致，唯一不同的是搜索方向不再是 n 个坐标轴方向，而是按照某种规则得到的 n 个单位正交的方向，构造搜索方向部分正是用来构造这 n 个单位正交方向的。

Rosenbrock 方法的迭代过程如图 4-7 所示。

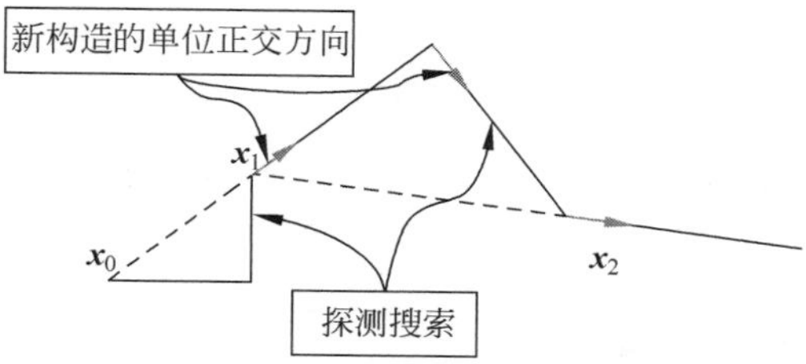

图 4-7　Rosenbrock 方法迭代过程示意图

以下具体介绍新的 n 个单位正交方向的构造过程。主要分为两步：首先利用上一轮探测搜索过程的方向和步长构造 n 个线性无关的方向，再利用熟知的 Gram-Schmidt 正交化方法将它们单位正交化，从而得到 n 个单位正交的新探测方向。

假设上一轮探测搜索的初始迭代点为 $\boldsymbol{x}_k$，搜索方向分别为 $\boldsymbol{d}_1,\boldsymbol{d}_2,\cdots,\boldsymbol{d}_n$，得到的步长分别为 $\lambda_1^*,\lambda_2^*,\cdots,\lambda_n^*$，即以下过程

$$\boldsymbol{z}_1(\boldsymbol{x}_k)\xrightarrow[\lambda_1^*]{\boldsymbol{d}_1}\boldsymbol{z}_2\xrightarrow[\lambda_2^*]{\boldsymbol{d}_2}\cdots\xrightarrow[\lambda_n^*]{\boldsymbol{d}_n}\boldsymbol{z}_{n+1}(\boldsymbol{x}_{k+1})$$

用公式表示探测搜索的中间节点为

$$\boldsymbol{z}_{i+1}=\boldsymbol{x}_k+\sum_{j=1}^{i}\lambda_j^*\boldsymbol{d}_j,\quad i=1,2,\cdots,n \tag{4-2}$$

其中，$\boldsymbol{z}_1=\boldsymbol{x}_k$，$\boldsymbol{x}_{k+1}=\boldsymbol{z}_{n+1}$。

类似于 Hooke-Jeeves 方法中模式搜索的思想，我们自然会认为，从探测搜索的各中间节点 $\boldsymbol{z}_i$ 到最终节点 $\boldsymbol{x}_{k+1}$ 的方向可能会是比较好的下降方向，于是可以按照以下方式来构造新的方向：

当 $\lambda_i^*=0$ 时，$\boldsymbol{p}_i=\boldsymbol{d}_i$；当 $\lambda_i^*\neq 0$ 时，

$$\boldsymbol{p}_i=\boldsymbol{x}_{k+1}-\boldsymbol{z}_i=\sum_{j=1}^{n}\lambda_j^*\boldsymbol{d}_j-\sum_{j=1}^{i}\lambda_j^*\boldsymbol{d}_j=\sum_{j=i}^{n}\lambda_j^*\boldsymbol{d}_j \tag{4-3}$$

综合两种情况得

$$\boldsymbol{p}_i=\begin{cases}\boldsymbol{d}_i & \lambda_i^*=0\\ \displaystyle\sum_{j=i}^{n}\lambda_j^*\boldsymbol{d}_j & \lambda_i^*\neq 0\end{cases} \tag{4-4}$$

以上构造方向的过程可以由如图 4-8 所示的示意图表示。

接下来就是利用熟知的 Gram-Schmidt 正交化方法对 $\boldsymbol{p}_1,\boldsymbol{p}_2,\cdots,\boldsymbol{p}_n$ 进行先正交化，即

$$\boldsymbol{q}_i=\begin{cases}\boldsymbol{p}_i & i=1\\ \boldsymbol{p}_i-\displaystyle\sum_{j=1}^{i-1}\frac{\boldsymbol{q}_j^{\mathrm{T}}\boldsymbol{p}_i}{\boldsymbol{q}_j^{\mathrm{T}}\boldsymbol{q}_j}\boldsymbol{q}_j & i\geqslant 2\end{cases} \tag{4-5}$$

再单位化，即

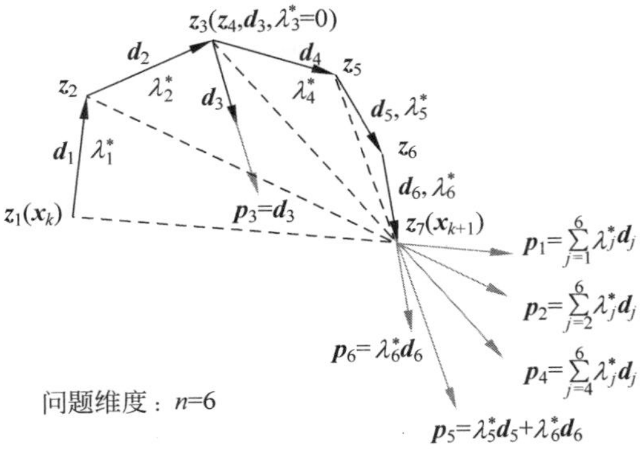

图 4-8 构造新的搜索方向过程示意图

$$d_i' = \frac{q_i}{\| q_i \|}, \quad i = 1, 2, \cdots, n \tag{4-6}$$

得到单位正交方向 d_i' 以后，即可进入下一轮探测搜索。

取初始的探测搜索方向为坐标轴方向，Rosenbrock 方法的算法步骤如下。

算法 4-4 Rosenbrock 方法

第 1 步：输入，初始点 x_0，容忍误差 $\varepsilon>0$，初始步长 λ_0，坐标轴方向 $e_1, e_2, \cdots, e_n$，$x_k = x_0$，$k=0$。

第 2 步：初始探测搜索方向，$d_i = e_i (i=1,2,\cdots,n)$。

第 3 步：探测搜索初始化，$z_1 = x_k$，$i=1$。

第 4 步：探测搜索，在方向 d_i 上进行探测搜索，即用算法 4-1 求解一维搜索问题。

$$\lambda^* = \underset{\lambda \in \mathbf{R}}{\operatorname{argmin}} f(z_i + \lambda d_i)$$

第 5 步：迭代，置

$$z_{i+1} = z_i + \lambda^* d_i$$

第 6 步：探测移动结束判断，如果 $i<n$，则置 $i:=i+1$，转到第 4 步，否则置 $x_{k+1} = z_{n+1}$，转到第 7 步。

第 7 步：终止条件，如果 $\| x_k - x_{k+1} \| \leqslant \varepsilon$ 或 $f(x_k) - f(x_{k+1}) \leqslant \varepsilon$，则停止迭代，输出 $x^* = x_{k+1}$，$f^* = f(x^*)$，否则转到第 8 步。

第 8 步：构造搜索方向，先构造线性无关的 n 个方向

$$p_i = \begin{cases} d_i & \lambda_i^* = 0 \\ \sum\limits_{j=i}^{n} \lambda_j^* d_j & \lambda_i^* \neq 0 \end{cases}$$

再正交化

$$q_i = \begin{cases} p_i & i = 1 \\ p_i - \sum\limits_{j=i}^{i-1} \dfrac{q_j^{\mathrm{T}} p_i}{q_j^{\mathrm{T}} q_j} q_j & j \geqslant 2 \end{cases}$$

最后单位化

$$d_i = \frac{q_i}{\| q_i \|}, \quad i = 1, 2, \cdots, n$$

第 9 步：外层迭代，置 $k:=k+1$，转到第 3 步。

Rosenbrock 方法的算法流程如图 4-9 所示。

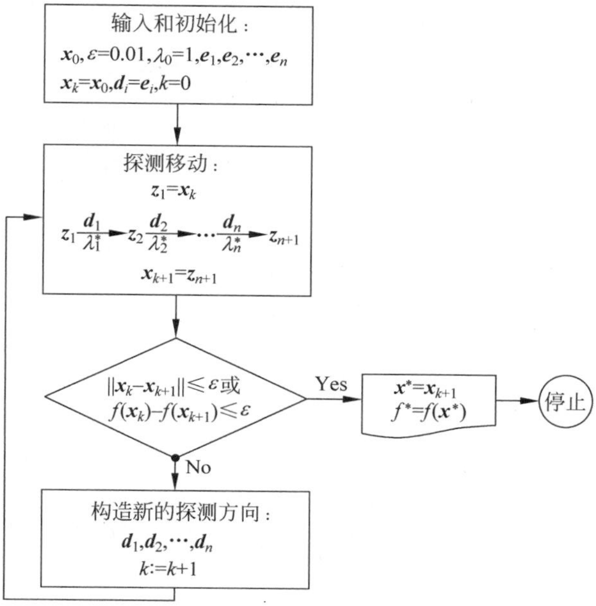

图 4-9　Rosenbrock 方法的算法流程

4.4.2　Rosenbrock 方法的案例

本节通过一个具体的案例给出 Rosenbrock 方法的 Python 代码。

【例 4-4】　考虑无约束优化问题

$$\begin{cases}\min & f(\boldsymbol{x})=(x_1-1)^2+(x_2-x_1^2)^2 \\ \text{s. t.} & \boldsymbol{x}\in\mathbf{R}^2\end{cases}$$

显然，该无约束优化问题的极小值点为 $\boldsymbol{x}^*=(1,1)^{\mathrm{T}}$，其等高线和函数图像如图 4-10 所示。从图 4-10(a)可以看出，极小值点处在一个比较狭长的谷地，这种目标函数是比较难以优化的，是最容易出现“锯齿”现象的目标函数。

本例中，分别取初始点 $\boldsymbol{x}_0$ 为 $(1,0)^{\mathrm{T}}$、$(-2,3)^{\mathrm{T}}$ 和 $(-5,5)^{\mathrm{T}}$，并且选取不同精度的容易系数 ε，Rosenbrock 方法的代码如下：

```
"""
#代码 4-4 Rosenbrock 方法
"""

import numpy as np

#原问题目标函数
def objfun(x):
```

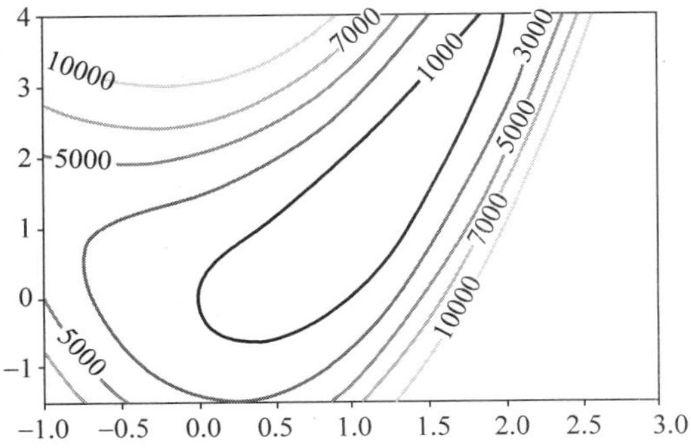

(a) 等高线

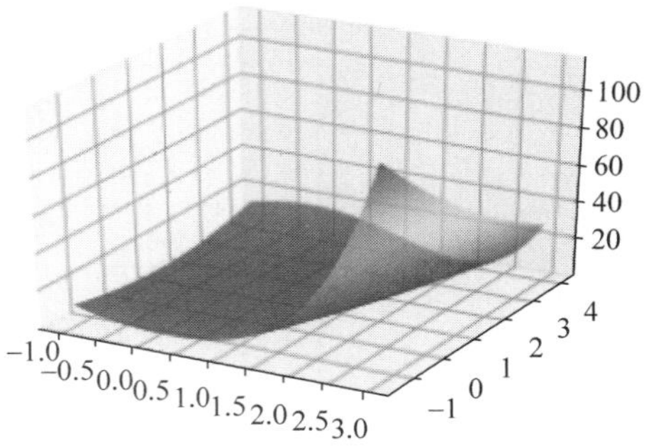

(b) 函数图像

图 4-10　例 4-4 目标函数的等高线和函数图像

```
    y = 5.*(x[0]-1.)**2+(x[1]-x[0]**2)**2
    return y

#一维搜索子问题目标函数
def lineobjfun(xk,dk,alpha):
    y = objfun(xk+alpha*dk)
    return y

#Gram-Schmidt 正交化
def Gram_Schmidt(M,orthonormal=False):
    dim = len(M)
    M1 = np.zeros_like(M)
    M1[0] = M[0]
    for i in range(1,dim):
        M1[i] = M[i]
        for j in range(i):
            M1[i] -= (np.dot(M1[j],M[i])/np.dot(M1[j],M1[j]))*M1[j]

    if orthonormal == True:
        for i in range(dim):
            M1[i] = M1[i]/np.sqrt(np.dot(M1[i],M1[i]))

    return M1

#探测搜索
def Detection_Method(xk,dk,lambda0=1.):
    lambdak = lambda0                                  #初始步长
    alpha = 1.1                                        #伸长系数
    beta = 0.9                                         #缩短系数
    lambda_min = 0.001                                 #最小步长

    #主循环
    while True:
        #dk 为下降方向
```

```
        if lineobjfun(xk,dk,lambdak) < lineobjfun(xk,dk,0):
            while True:
                lambda_prime = alpha * lambdak          #伸长步长
                if lineobjfun(xk,dk,lambda_prime)<lineobjfun(xk,dk,lambdak):
                    lambdak = lambda_prime              #确认新步长
                else:
                    lambda_star = lambdak               #最优步长
                    return lambda_star
        #-dk 为下降方向
        elif lineobjfun(xk,-dk,lambdak) < lineobjfun(xk,dk,0):
            while True:
                lambda_prime = alpha * lambdak          #缩短步长
                if lineobjfun(xk,-dk,lambda_prime)<lineobjfun(xk,-dk,lambdak):
                    lambdak = lambda_prime              #确认新步长
                else:
                    lambda_star = lambdak               #最优步长
                    return -lambda_star
        #缩短初始试探步长
        else:
            lambdak = beta * lambdak                    #缩短步长
            if lambdak < lambda_min:
                lambda_star = 0.                        #超过阈值,无有效步长
                return lambda_star
            else:
                continue

#Rosenbrock 方法
def Rosenbrock_Method(x0,epsilon=0.001):
    dim = len(x0)                                       #问题的维度
    xk = x0
    Zi = np.zeros((dim+1,dim))
    Lambdai = np.zeros(dim)

    #外层循环
    D = np.eye(dim)                                     #初始探测搜索方向
    k = 0
    while True:
        print("Iteration k={}:xk={},f(xk)={}".format(k,xk,objfun(xk)))

        #探测搜索
        zi = xk.copy()
        Zi[0] = zi
        for i in range(1,dim+1):
            di = D[i-1]
            lambdai = Detection_Method(zi,di,lambda0=1.)
            zi += lambdai *di

            Lambdai[i-1] = lambdai
            Zi[i] = zi
```

```
        xk_new = zi.copy()

        #终止条件
        if np.linalg.norm(xk-xk_new)<=epsilon or objfun(xk)-objfun(xk_new)<=
epsilon:
            xstar = xk_new
            fstar = objfun(xstar)
            print("Iteration k={}:xstar={},fstar={}".format(k,xstar,fstar))
            return xstar,fstar

        #构造新的搜索方向
        D_new = np.zeros_like(D)
        for i in range(1,dim+1):
            if Lambdai[i-1] == 0:
                D_new[i-1] = D[i-1]
            else:
                D_new[i-1] = Zi[-1]- Zi[i-1]
        D = Gram_Schmidt(D_new,orthonormal=True)

        #新的迭代点
        xk = xk_new.copy()
        k += 1                              #循环计数器

#主程序
if __name__ == '__main__':

    #第 1 组
    print("第 1 组:")
    x0 = np.array([1.,0.])
    print("Input:x0={}".format(x0))
    xstar,fstar = Rosenbrock_Method(x0)
    print("Output:xstar={}, fstar={}".format(xstar,fstar))

    #第 2 组
    print("第 2 组:")
    x0 = np.array([-2.,3.])
    print("Input:x0={}".format(x0))
    xstar,fstar = Rosenbrock_Method(x0,epsilon=0.0001)
    print("Output:xstar={}, fstar={}".format(xstar,fstar))

    #第 3 组
    print("第 3 组:")
    x0 = np.array([-5.,5.])
    print("Input:x0={}".format(x0))
    xstar,fstar = Rosenbrock_Method(x0,epsilon=0.00001)
    print("Output:xstar={}, fstar={}".format(xstar,fstar))
```

运行结果如下：

```
第1组：
Input:x0=[1. 0.]
Iteration k=0:xk=[1. 0.],f(xk)=1.0
Iteration k=1:xk=[0.61257951 0.729 ],f(xk)=0.8756096514607452
Iteration k=2:xk=[ 0.73023116 -0.03402681],f(xk)=0.685664987218674
...
Iteration k=20:xk=[0.96450474 1.03653086],f(xk)=0.01759106390597262
Iteration k=20:xstar=[1.05199352 1.04933622],fstar=0.01680612943524891
Output:xstar=[1.05199352 1.04933622], fstar=0.01680612943524891

第2组：
Input:x0=[-2. 3.]
Iteration k=0:xk=[-2. 3.],f(xk)=46.0
Iteration k=1:xk=[1.45227121 2. ],f(xk)=1.0346472515220682
Iteration k=2:xk=[0.80192082 1.14727554],f(xk)=0.4503929763013652
...
Iteration k=20:xk=[0.96558807 0.89325623],f(xk)=0.007450034326781858
Iteration k=21:xk=[0.96995446 0.98553896],f(xk)=0.006514202867222149
Iteration k=21:xstar=[0.99118808 0.9046786 ],fstar=0.006437233941260144
Output:xstar=[0.99118808 0.9046786 ], fstar=0.006437233941260144

第3组：
Input:x0=[-5. 5.]
Iteration k=0:xk=[-5. 5.],f(xk)=580.0
Iteration k=1:xk=[1.72749995 3.0512829 ],f(xk)=2.6507734766241327
Iteration k=2:xk=[0.71762515 1.11210063],f(xk)=0.7552238354273817
...
Iteration k=36:xk=[0.99546378 0.98633683],f(xk)=0.00012415071172678112
Iteration k=36:xstar=[1.00310446 0.99795324],fstar=0.00011650382304074694
Output:xstar=[1.00310446 0.99795324], fstar=0.00011650382304074694
```

从运行结果可以看出，用不同的初始值都可以达到极小值点，当需要的精度较高时，需要的迭代次数也较多，算法基本呈线性收敛速度。

4.5 Powell 方法

20min

Powell 方法由 Powell 于 1964 年提出，是一种有效的直接搜索法，其本质上是共轭方向法。

4.5.1 Powell 方法简介

Powell 方法的过程和 Hooke-Jeeves 方法类似，每轮也分为两个阶段：第一阶段沿 n 个线性无关方向进行探测搜索；第二阶段沿前 n 个探测搜索的起点到终点方向进行一维搜索，并且由该方向替换上一轮迭代中的第 1 个探测方向，保留其他探测方向，组成下一轮迭

代的 n 个探测方向。

Powell 方法的过程示意如图 4-11 所示。

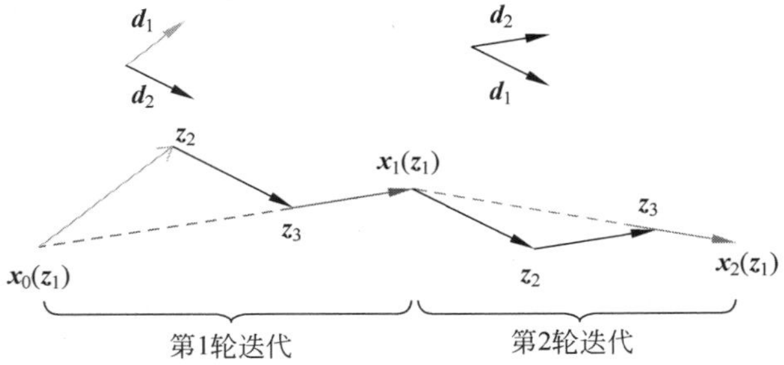

图 4-11 Powell 方法搜索方向示意图

构造新一轮迭代的搜索方向是 Powell 方法不同于 Hooke-Jeeves 方法和 Rosenbrock 方法的一个关键步骤，以下阐述其过程。

设第 k 轮迭代的初始点为 $\boldsymbol{z}_1=\boldsymbol{x}_k$，探测搜索的 n 个方向为 $\boldsymbol{d}_1^{(k)},\boldsymbol{d}_2^{(k)},\cdots,\boldsymbol{d}_n^{(k)}$，经过 n 次探测搜索后得到点 $\boldsymbol{z}_{n+1}$，过程表示如下：

$$\boldsymbol{z}_1(\boldsymbol{x}_k)\xrightarrow[\lambda_1^*]{\boldsymbol{d}_1^{(k)}}\boldsymbol{z}_2\xrightarrow[\lambda_2^*]{\boldsymbol{d}_2^{(k)}}\cdots\xrightarrow[\lambda_n^*]{\boldsymbol{d}_n^{(k)}}\boldsymbol{z}_{n+1}$$

至此，第 1 阶段结束。再令

$$\boldsymbol{d}_{n+1}^{(k)}=\boldsymbol{z}_{n+1}-\boldsymbol{z}_1$$

为从探测起点到探测终点的方向，沿该方向作一维搜索，得到下一迭代点 $\boldsymbol{x}_{k+1}$，即

$$\boldsymbol{z}_{n+1}\xrightarrow[\lambda_{n+1}^*]{\boldsymbol{d}_{n+1}^{(k)}}\boldsymbol{x}_{k+1}$$

进而，第 $k+1$ 轮探测搜索的方向为

$$\boldsymbol{d}_i^{(k+1)}=\boldsymbol{d}_{i+1}^{(k)},\quad i=1,2,\cdots,n \tag{4-7}$$

探索搜索的起点为当前迭代点，即 $\boldsymbol{z}_1=\boldsymbol{x}_{k+1}$。

综上所述，Powell 方法的算法步骤如下。

算法 4-5 Powell 方法

第 1 步：输入，初始点 $\boldsymbol{x}_0$，容忍误差 $\varepsilon>0$，初始步长 λ_0，坐标轴方向 $\boldsymbol{e}_1,\boldsymbol{e}_2,\cdots,\boldsymbol{e}_n$，$\boldsymbol{x}_k=\boldsymbol{x}_0$，$k=0$。

第 2 步：初始化第 1 阶段搜索方向，$\boldsymbol{d}_i=\boldsymbol{e}_i(i=1,2,\cdots,n)$。

第 3 步：第 1 阶段搜索初始化，$\boldsymbol{z}_1=\boldsymbol{x}_k$，$i=1$。

第 4 步：第 1 阶段搜索，在方向 $\boldsymbol{d}_i$ 上进行探测搜索，即用算法 4-1 求解一维搜索问题

$$\lambda^*=\underset{\lambda\in\mathbf{R}}{\operatorname{argmin}}f(\boldsymbol{z}_i+\lambda\boldsymbol{d}_i)$$

第 5 步：迭代，置

$$\boldsymbol{z}_{i+1}=\boldsymbol{z}_i+\lambda^*\boldsymbol{d}_i$$

第 6 步：第 1 阶段搜索结束判断，如果 $i<n$，则置 $i:=i+1$，转到第 4 步，否则转到第 7 步。

第 7 步：第 2 阶段搜索，置 $\boldsymbol{d}_{n+1}=\boldsymbol{z}_{n+1}-\boldsymbol{z}_1$，在 $\boldsymbol{d}_{n+1}$ 方向上进行一维搜索

续表

$$\lambda^* = \arg\min_{\lambda \in \mathbf{R}^+} f(\boldsymbol{z}_{n+1} + \lambda \boldsymbol{d}_{n+1})$$

置

$$\boldsymbol{x}_{k+1} = \boldsymbol{z}_{n+1} + \lambda^* \boldsymbol{d}_{n+1}$$

第 8 步：终止条件，如果 $\|\boldsymbol{x}_k - \boldsymbol{x}_{k+1}\| \leqslant \varepsilon$ 或 $f(\boldsymbol{x}_k) - f(\boldsymbol{x}_{k+1}) \leqslant \varepsilon$，则停止迭代，输出 $\boldsymbol{x}^* = \boldsymbol{x}_{k+1}$，$f^* = f(\boldsymbol{x}^*)$，否则转到第 9 步。

第 9 步：构造搜索方向

$$\boldsymbol{d}_i = \boldsymbol{d}_{i+1}, \quad i = 1, 2, \cdots, n$$

第 10 步：外层迭代，置 $k := k+1$，转到第 3 步。

在算法 4-5 中，初始的第 1 阶段搜索方向取坐标轴方向。在具体执行中，也可以取其他任何 n 个线性无关的方向。

Powell 方法的算法流程如图 4-12 所示。

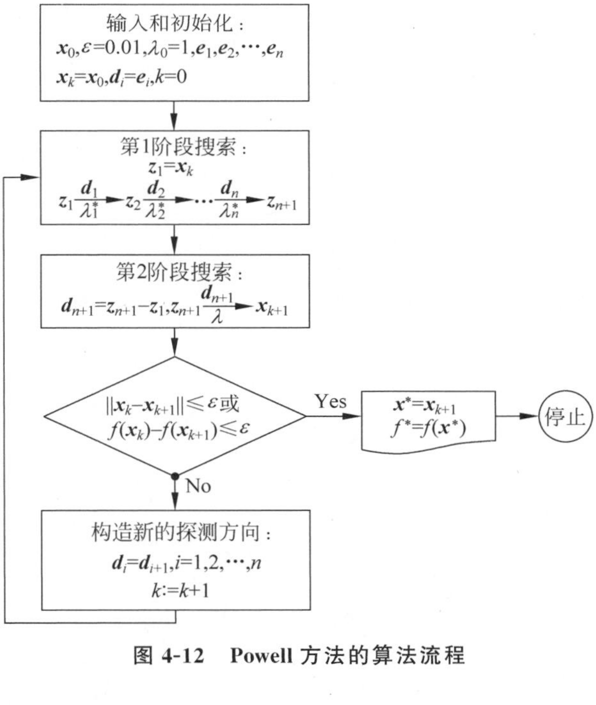

图 4-12　Powell 方法的算法流程

4.5.2　Powell 方法的案例

本节通过一个具体的案例给出 Powell 方法的 Python 代码。

【例 4-5】　考虑无约束优化问题

$$\begin{cases} \min & f(\boldsymbol{x}) = (x_1 + x_2)^2 + (x_1 - 1)^2 \\ \text{s.t.} & \boldsymbol{x} \in \mathbf{R}^2 \end{cases}$$

显然，该无约束优化问题的极小值点为 $\boldsymbol{x}^*=(1,-1)^{\mathrm{T}}$，其等高线和函数图像如图 4-13 所示。

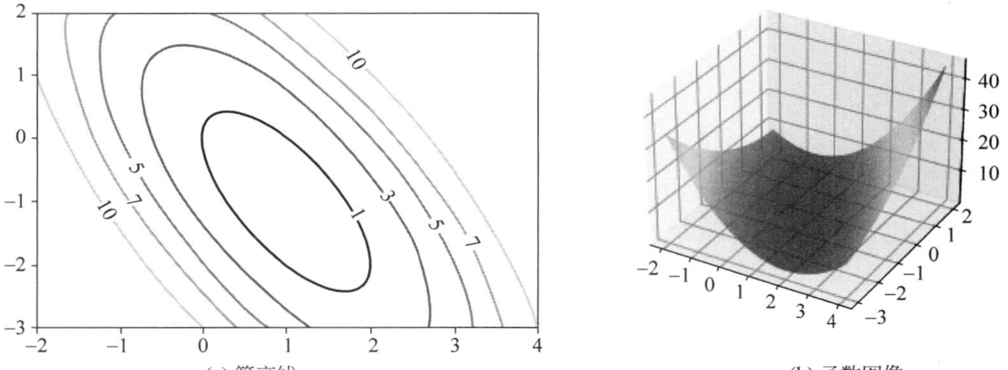

(a) 等高线　　(b) 函数图像

图 4-13　例 4-5 目标函数的等高线和函数图像

本例中，分别取初始点 $\boldsymbol{x}_0$ 为$(1,0)^{\mathrm{T}}$、$(-2,3)^{\mathrm{T}}$ 和$(-5,5)^{\mathrm{T}}$，并且选取不同精度的容忍系数 ε，Powell 方法的代码如下：

```
"""
#代码 4-5 Powell 方法
"""

import numpy as np

#原问题目标函数
def objfun(x):
    y = (x[0]+x[1])**2+(x[0]-1.)**2
    return y

#一维搜索子问题目标函数
def lineobjfun(xk,dk,alpha):
    y = objfun(xk+alpha*dk)
    return y

#探测搜索
def Detection_Method(xk,dk,lambda0=1.):
    lambdak = lambda0                                   #初始步长
    alpha = 1.1                                         #伸长系数
    beta = 0.9                                          #缩短系数
    lambda_min = 0.001                                  #最小步长

    #主循环
    while True:
        #dk 为下降方向
        if lineobjfun(xk,dk,lambdak) < lineobjfun(xk,dk,0):
```

```
            while True:
                lambda_prime = alpha * lambdak              #伸长步长
                if lineobjfun(xk,dk,lambda_prime)<lineobjfun(xk,dk,lambdak):
                    lambdak = lambda_prime                  #确认新步长
                else:
                    lambda_star = lambdak                   #最优步长
                    return lambda_star
        #-dk 为下降方向
        elif lineobjfun(xk,-dk,lambdak) < lineobjfun(xk,dk,0):
            while True:
                lambda_prime = alpha * lambdak              #缩短步长
                if lineobjfun(xk,-dk,lambda_prime)<lineobjfun(xk,-dk,lambdak):
                    lambdak = lambda_prime                  #确认新步长
                else:
                    lambda_star = lambdak                   #最优步长
                    return -lambda_star
        #缩短初始试探步长
        else:
            lambdak = beta * lambdak                        #缩短步长
            if lambdak < lambda_min:
                lambda_star = 0.                            #超过阈值,无有效步长
                return lambda_star
            else:
                continue

#Powell 方法
def Powell_Method(x0,epsilon=0.001):
    dim = len(x0)                                           #问题的维度
    xk = x0

    #外层循环
    D = np.eye(dim)                                         #初始探测搜索方向
    k = 0
    while True:
        print("Iteration k={}:xk={},f(xk)={}".format(k,xk,objfun(xk)))

        #第 1 阶段搜索
        zi = xk.copy()
        for i in range(1,dim+1):
            di = D[i-1]
            lambdai = Detection_Method(zi,di,lambda0=1.)
            zi += lambdai * di

        #第 2 阶段搜索
        d = zi-xk
        lambdai = Detection_Method(zi,d,lambda0=1.)
        xk_new = zi+lambdai * d

        #终止条件
```

```
        if np.linalg.norm(xk-xk_new)<=epsilon or objfun(xk)-objfun(xk_new)<=
epsilon:
            xstar = xk_new
            fstar = objfun(xstar)
            print("Iteration k={}:xstar={},fstar={}".format(k,xstar,fstar))
            return xstar,fstar

        #构造新的搜索方向
        for i in range(dim-1):
            D[i]=D[i+1]
        D[-1] = d

        #新的迭代点
        xk = xk_new.copy()
        k += 1                          #循环计数器

#主程序
if __name__ == '__main__':

    #第1组
    print("第1组:")
    x0 = np.array([1.,0.])
    print("Input:x0={}".format(x0))
    xstar,fstar = Powell_Method(x0)
    print("Output:xstar={}, fstar={}".format(xstar,fstar))

    #第2组
    print("第2组:")
    x0 = np.array([-2.,3.])
    print("Input:x0={}".format(x0))
    xstar,fstar = Powell_Method(x0,epsilon=0.0001)
    print("Output:xstar={}, fstar={}".format(xstar,fstar))

    #第3组
    print("第3组:")
    x0 = np.array([-5.,5.])
    print("Input:x0={}".format(x0))
    xstar,fstar = Powell_Method(x0,epsilon=0.00001)
    print("Output:xstar={}, fstar={}".format(xstar,fstar))
```

运行结果如下：

```
第1组:
Input:x0=[1. 0.]
Iteration k=0:xk=[1. 0.],f(xk)=1.0
Iteration k=1:xk=[ 0.91     -0.0185302],f(xk)=0.8028184009449258
Iteration k=2:xk=[ 1.10458466 -1.14523876],f(xk)=0.012590706742912693
Iteration k=3:xk=[ 1.08928145 -1.10492365],f(xk)=0.008215855504352117
Iteration k=3:xstar=[ 1.08808345 -1.09756938],fstar=0.007848676354232685
```

```
Output:xstar=[ 1.08808345 -1.09756938], fstar=0.007848676354232685

第 2 组:
Input:x0=[-2. 3.]
Iteration k=0:xk=[-2. 3.],f(xk)=10.0
Iteration k=1:xk=[ 0.1      -1.09230591],f(xk)=1.7946710190209338
Iteration k=2:xk=[ 1.25418658 -2.0590595 ],f(xk)=0.7124312382427381
......
Iteration k=16:xk=[ 1.01133666 -1.02542869],f(xk)=0.00032710509108368124
Iteration k=17:xk=[ 1.00904748 -1.02057809],f(xk)=0.00021481184740413257
Iteration k=17:xstar=[ 1.00227119 -1.01482358],fstar=0.00016272099872133
Output:xstar=[ 1.00227119 -1.01482358], fstar=0.00016272099872133083

第 3 组:
Input:x0=[-5. 5.]
Iteration k=0:xk=[-5. 5.],f(xk)=36.0
Iteration k=1:xk=[ 1.27685675 -1.27685675],f(xk)=0.07664966192644826
Iteration k=2:xk=[ 1.22451661 -1.22451661],f(xk)=0.05040770958126326
Iteration k=3:xk=[ 1.00502452 -1.00502452],f(xk)=2.5245779066861956e-05
Iteration k=4:xk=[ 1.00004671 -1.00004671],f(xk)=2.181966255587597e-09
Iteration k=4:xstar=[ 1.00000132 -1.00000132],fstar=1.729493972893216e-12
Output:xstar=[ 1.00000132 -1.00000132], fstar=1.729493972893216e-12
```

从运行结果可以看出，当初始点离极小值点远，并且精度要求较高时，Powell 方法并未像 Hooke-Jeeves 方法和 Rosenbrock 方法一样需要更多的迭代步骤，这说明了 Powell 方法具有共轭方向法的特点。

4.6 单纯形法

43min

首先，需要明确的是，本节介绍的单纯形法是一种求解无约束优化问题的直接方法，而不是求解线性规划问题的单纯形法，两者是完全不一样的，没有任何联系，其次，与之前介绍的以一维搜索为基础的直接法都不同，单纯形法的搜索是以单纯形为单位的。

4.6.1 单纯形

所谓单纯形是指 n 维空间 $\mathbf{R}^n$ 中具有 $n+1$ 个顶点的凸多面体。例如，一维空间中的线段，二维空间中的三角形，三维空间中的四面体等，它们均为相应空间中的单纯形，如图 4-14 所示。

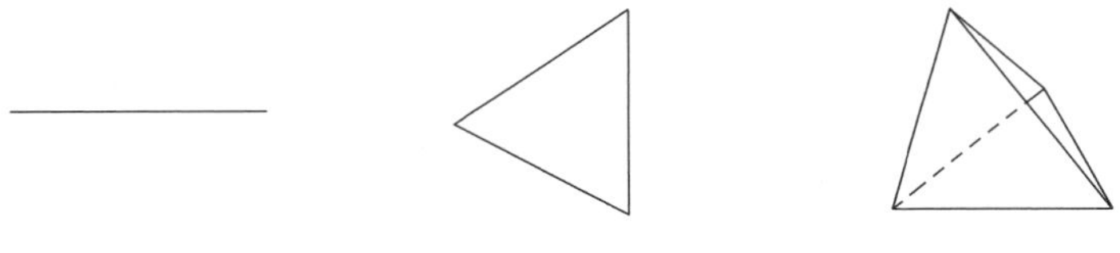

(a) 一维空间单纯形　　(b) 二维空间单纯形　　(c) 三维空间单纯形

图 4-14 单纯形案例

4.6.2 单纯形迭代

单纯形法的基本思想是以 n 维空间中的单纯形为基本搜索单位，从一个单纯形迭代到另一个更好的单纯形，从而让单纯形序列逼近优化问题的最优解。具体地，当前单纯形的每个顶点都对应着一个可行解和目标函数值，在此基础上，通过反射、扩展、压缩等方法求出一个更好的点，以取代原单纯形中的最高点，构成新的单纯形，如此往复迭代，直到单纯形逐渐变小并逼近最优解。

以下以 $n=2$ 为例介绍单纯形法的具体迭代过程。为了阐述方便，以 $S(\boldsymbol{x}_s,\boldsymbol{x}_m,\boldsymbol{x}_l)$来表示以 $\boldsymbol{x}_s,\boldsymbol{x}_m,\boldsymbol{x}_l$ 为顶点的单纯形，其中 $f(\boldsymbol{x}_s)\leqslant f(\boldsymbol{x}_m)\leqslant f(\boldsymbol{x}_l)$。一次单纯形迭代实际上指找到一个新的点 $\boldsymbol{x}'$来取代原单纯形的其中一个顶点，从而得到一个新单纯形，该新单纯形可能会比原单纯形更逼近极小值点。

设当前单纯形为 $S(\boldsymbol{x}_s,\boldsymbol{x}_m,\boldsymbol{x}_l)$，如图 4-15 所示，$\boldsymbol{x}_{m'}$ 为 $\boldsymbol{x}_m$ 和 $\boldsymbol{x}_s$ 的中点，即

$$\boldsymbol{x}_{m'}=\frac{\boldsymbol{x}_s+\boldsymbol{x}_m}{2} \tag{4-8}$$

以 $\boldsymbol{x}_{m'}$ 为反射点，将 $\boldsymbol{x}_l$ 反射到点 $\boldsymbol{x}_1$，即

$$\boldsymbol{x}_1=\boldsymbol{x}_l+\alpha(\boldsymbol{x}_{m'}-\boldsymbol{x}_l) \tag{4-9}$$

其中，α 为反射系数，一般取 $\alpha=2$。再将 $\boldsymbol{x}_1$ 扩展到 $\boldsymbol{x}_2$，即

$$\boldsymbol{x}_2=\boldsymbol{x}_l+\gamma(\boldsymbol{x}_{m'}-\boldsymbol{x}_l) \tag{4-10}$$

其中，$\gamma>\alpha$ 为扩展系数，一般取 $\gamma=2.5$。最后将 $\boldsymbol{x}_1$ 压缩到 $\boldsymbol{x}_3$，即

$$\boldsymbol{x}_3=\boldsymbol{x}_l+\beta(\boldsymbol{x}_{m'}-\boldsymbol{x}_l) \tag{4-11}$$

其中，$\beta\in(0,2)$为压缩系数，若取 $\beta\in(0,1)$，则 $\boldsymbol{x}_3$ 位于单纯形内部；若取 $\beta\in(1,2)$，则 $\boldsymbol{x}_3$ 位于单纯形外部。

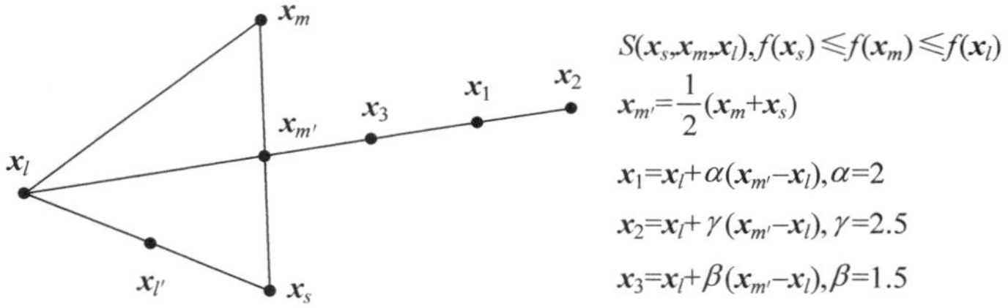

图 4-15 单纯形迭代

目标函数值 $f(\boldsymbol{x}_s),f(\boldsymbol{x}_m),f(\boldsymbol{x}_l)$将数轴分为 R_1,R_2,R_3,R_4 四部分，分别为

$$\begin{aligned}&R_1=(-\infty,f(\boldsymbol{x}_s)),\quad R_2=[f(\boldsymbol{x}_s),f(\boldsymbol{x}_m))\\&R_3=[f(\boldsymbol{x}_m),f(\boldsymbol{x}_l)),\quad R_4=[f(\boldsymbol{x}_l),+\infty)\end{aligned} \tag{4-12}$$

如图 4-16 所示。以下分情况讨论如何取定一个新的顶点，进而迭代单纯形。

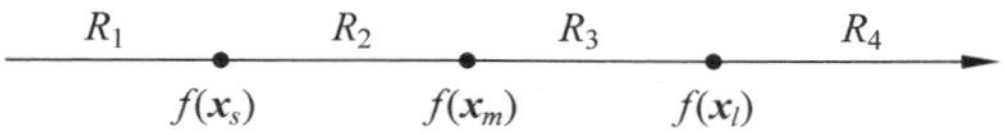

图 4-16 函数值所处的不同区间

(1) 当 $f(\boldsymbol{x}_1)\in R_1$ 时，反射点 $\boldsymbol{x}_1$ 使目标函数下降，考虑进一步扩展反射点：

① 若 $f(\boldsymbol{x}_1)\leqslant f(\boldsymbol{x}_2)$，则表示扩展失败，用 $\boldsymbol{x}_1$ 取代 $\boldsymbol{x}_s$，即

$$\boldsymbol{x}_l=\boldsymbol{x}_m,\quad \boldsymbol{x}_m=\boldsymbol{x}_s,\quad \boldsymbol{x}_s=\boldsymbol{x}_1 \tag{4-13}$$

② 若 $f(\boldsymbol{x}_1)>f(\boldsymbol{x}_2)$，则表示扩展成功，用 $\boldsymbol{x}_2$ 取代 $\boldsymbol{x}_s$，即

$$\boldsymbol{x}_l=\boldsymbol{x}_m,\quad \boldsymbol{x}_m=\boldsymbol{x}_s,\quad \boldsymbol{x}_s=\boldsymbol{x}_2 \tag{4-14}$$

(2) 当 $f(\boldsymbol{x}_1)\in R_2$ 时，直接用反射点 $\boldsymbol{x}_1$ 取代 $\boldsymbol{x}_m$，即

$$\boldsymbol{x}_l=\boldsymbol{x}_m,\quad \boldsymbol{x}_m=\boldsymbol{x}_1,\quad \boldsymbol{x}_s=\boldsymbol{x}_s \tag{4-15}$$

(3) 当 $f(\boldsymbol{x}_1)\in R_3$ 时，直接用反射点 $\boldsymbol{x}_1$ 取代 $\boldsymbol{x}_l$，即

$$\boldsymbol{x}_l=\boldsymbol{x}_1,\quad \boldsymbol{x}_m=\boldsymbol{x}_m,\quad \boldsymbol{x}_s=\boldsymbol{x}_s \tag{4-16}$$

(4) 当 $f(\boldsymbol{x}_1)\in R_4$ 时，反射点 $\boldsymbol{x}_1$ 使目标函数不降反升，考虑压缩反射点 $\boldsymbol{x}_3$：

① 若 $f(\boldsymbol{x}_3)\in R_1$，则用 $\boldsymbol{x}_3$ 取代 $\boldsymbol{x}_s$，即

$$\boldsymbol{x}_l=\boldsymbol{x}_m,\quad \boldsymbol{x}_m=\boldsymbol{x}_s,\quad \boldsymbol{x}_s=\boldsymbol{x}_3 \tag{4-17}$$

② 若 $f(\boldsymbol{x}_3)\in R_2$，则用 $\boldsymbol{x}_3$ 取代 $\boldsymbol{x}_m$，即

$$\boldsymbol{x}_l=\boldsymbol{x}_m,\quad \boldsymbol{x}_m=\boldsymbol{x}_3,\quad \boldsymbol{x}_s=\boldsymbol{x}_s \tag{4-18}$$

③ 若 $f(\boldsymbol{x}_3)\in R_3$，则用 $\boldsymbol{x}_3$ 取代 $\boldsymbol{x}_l$，即

$$\boldsymbol{x}_l=\boldsymbol{x}_3,\quad \boldsymbol{x}_m=\boldsymbol{x}_m,\quad \boldsymbol{x}_s=\boldsymbol{x}_s \tag{4-19}$$

④ 若 $f(\boldsymbol{x}_3)\in R_4$，则直接将单纯形向 $\boldsymbol{x}_s$ 方向压缩，以 $\boldsymbol{x}_{l'}$，$\boldsymbol{x}_{m'}$，$\boldsymbol{x}_s$ 为顶点构成新的单纯形，其中

$$\boldsymbol{x}_{l'}=\frac{\boldsymbol{x}_l+\boldsymbol{x}_s}{2} \tag{4-20}$$

4.6.3 单纯形法停止准则

因为单纯形法的迭代是以单纯形为单位的，所以它的停止准则也与以点为单位的迭代不同。一般以单纯形达到足够小为停止准则，可以从顶点和顶点的函数值两个角度来描述单纯形的大小。

仍然以 $n=2$ 为例，设当前单纯形为 $S(\boldsymbol{x}_s,\boldsymbol{x}_m,\boldsymbol{x}_l)$，若

$$\frac{d(\boldsymbol{x}_m,\boldsymbol{x}_s)+d(\boldsymbol{x}_l,\boldsymbol{x}_s)}{2}\leqslant\varepsilon \tag{4-21}$$

或

$$\sqrt{\frac{(f(\boldsymbol{x}_m)-f(\boldsymbol{x}_s))^2+(f(\boldsymbol{x}_l)-f(\boldsymbol{x}_s))^2}{2}}\leqslant\varepsilon \tag{4-22}$$

则认为单纯形已经足够小，达到了停止准则，其中 $d(\boldsymbol{x}_i,\boldsymbol{x}_j)$表示顶点 $\boldsymbol{x}_i$ 和 $\boldsymbol{x}_j$ 的距离，$\varepsilon>0$ 为容忍系数。

4.6.4 单纯形法的算法步骤和流程

以上的介绍是以 $n=2$ 为例进行的，$n>2$ 的情形可以退化成 $n=2$ 的情形来处理。具体

地,对于由顶点 $\boldsymbol{x}_i \in \mathbf{R}^n, i=1,2,\cdots,n+1$ 组成的单纯形,仅考虑最高点、次高点和最低点,这样,$n>2$ 时的单纯形法退化为 $n=2$ 时的单纯形法。

综合以上阐述,可以总结出单纯形法的算法如下。

算法 4-6　单纯形法

第 1 步:输入,初始单纯形 $\boldsymbol{x}_i \in \mathbf{R}^n, i=1,2,\cdots,n+1$,反射系数 $\alpha=2$,扩展系数 $\gamma=2.5$,压缩系数 $\beta=0.5$,容忍误差 $\varepsilon>0$。

第 2 步:单纯形初始化,确定最高点 $\boldsymbol{x}_l$,次高点 $\boldsymbol{x}_m$,最低点 $\boldsymbol{x}_s$,$(l,m,s\in\{1,2,\cdots,n+1\})$,使

$$f(\boldsymbol{x}_l) = \max_{1\leqslant i\leqslant n+1}\{f(\boldsymbol{x}_i)\}$$

$$f(\boldsymbol{x}_m) = \max_{1\leqslant i\leqslant n+1, \boldsymbol{x}_i\neq \boldsymbol{x}_l}\{f(\boldsymbol{x}_i)\}$$

$$f(\boldsymbol{x}_s) = \min_{1\leqslant i\leqslant n+1}\{f(\boldsymbol{x}_i)\}$$

计算除 $\boldsymbol{x}_l$ 以外的 n 个点的形心 $\boldsymbol{x}_{m'}$,即

$$\boldsymbol{x}_{m'} = \frac{1}{n}\left(\sum_{i=1}^{n+1}\boldsymbol{x}_i - \boldsymbol{x}_l\right)$$

第 3 步:终止条件,若

$$\sqrt{\frac{1}{n+1}\sum_{i=1}^{n+1}\left[f(\boldsymbol{x}_i) - f(\boldsymbol{x}_{m'})\right]^2} < \varepsilon$$

则停止计算,输出

$$\boldsymbol{x}^* = \arg\min_{1\leqslant i\leqslant n+1}\{f(\boldsymbol{x}_i)\}$$

$$f^* = \min_{1\leqslant i\leqslant n+1}\{f(\boldsymbol{x}_i)\}$$

第 4 步:反射操作,令

$$\boldsymbol{x}_1 = \boldsymbol{x}_l + \alpha(\boldsymbol{x}_{m'} - \boldsymbol{x}_l)$$

第 5 步:分情况选择

① 若 $f(\boldsymbol{x}_1)<f(\boldsymbol{x}_s)$,则进行扩展操作,令

$$\boldsymbol{x}_2 = \boldsymbol{x}_l + \gamma(\boldsymbol{x}_{m'} - \boldsymbol{x}_l)$$

转到第 6 步;

② 若 $f(\boldsymbol{x}_s)\leqslant f(\boldsymbol{x}_1)<f(\boldsymbol{x}_m)$,则直接用反射点取代 $\boldsymbol{x}_m$,即 $\boldsymbol{x}_m=\boldsymbol{x}_1$,转到第 2 步;

③ 若 $f(\boldsymbol{x}_m)\leqslant f(\boldsymbol{x}_1)<f(\boldsymbol{x}_l)$,则直接用反射点取代 $\boldsymbol{x}_l$,即 $\boldsymbol{x}_l=\boldsymbol{x}_1$,转到第 2 步;

④ 若 $f(\boldsymbol{x}_l)\leqslant f(\boldsymbol{x}_1)$,则进行压缩操作,令

$$\boldsymbol{x}_3 = \boldsymbol{x}_l + \beta(\boldsymbol{x}_{m'} - \boldsymbol{x}_l)$$

转到第 7 步。

第 6 步:扩展操作,若 $f(\boldsymbol{x}_1)\leqslant f(\boldsymbol{x}_2)$,则扩展失败,用 $\boldsymbol{x}_1$ 取代 $\boldsymbol{x}_s$,即 $\boldsymbol{x}_s=\boldsymbol{x}_1$,否则扩展成功,用 $\boldsymbol{x}_2$ 取代 $\boldsymbol{x}_s$,即 $\boldsymbol{x}_s=\boldsymbol{x}_2$,转到第 2 步。

第 7 步:压缩操作

① 若 $f(\boldsymbol{x}_3)<f(\boldsymbol{x}_s)$,则 $\boldsymbol{x}_s=\boldsymbol{x}_3$;

② 若 $f(\boldsymbol{x}_s)\leqslant f(\boldsymbol{x}_3)<f(\boldsymbol{x}_m)$,则 $\boldsymbol{x}_m=\boldsymbol{x}_3$;

③ 若 $f(\boldsymbol{x}_m)\leqslant f(\boldsymbol{x}_3)<f(\boldsymbol{x}_l)$,则 $\boldsymbol{x}_l=\boldsymbol{x}_3$;

④ 若 $f(\boldsymbol{x}_3)\geqslant f(\boldsymbol{x}_l)$,则单纯形整体向 $\boldsymbol{x}_s$ 收缩,即

$$\boldsymbol{x}_i = \boldsymbol{x}_i + \frac{1}{2}(\boldsymbol{x}_s - \boldsymbol{x}_i),\quad i=1,2,\cdots,n+1$$

转到第 2 步。

根据算法 4-7，单纯形法的算法流程如图 4-17 所示。

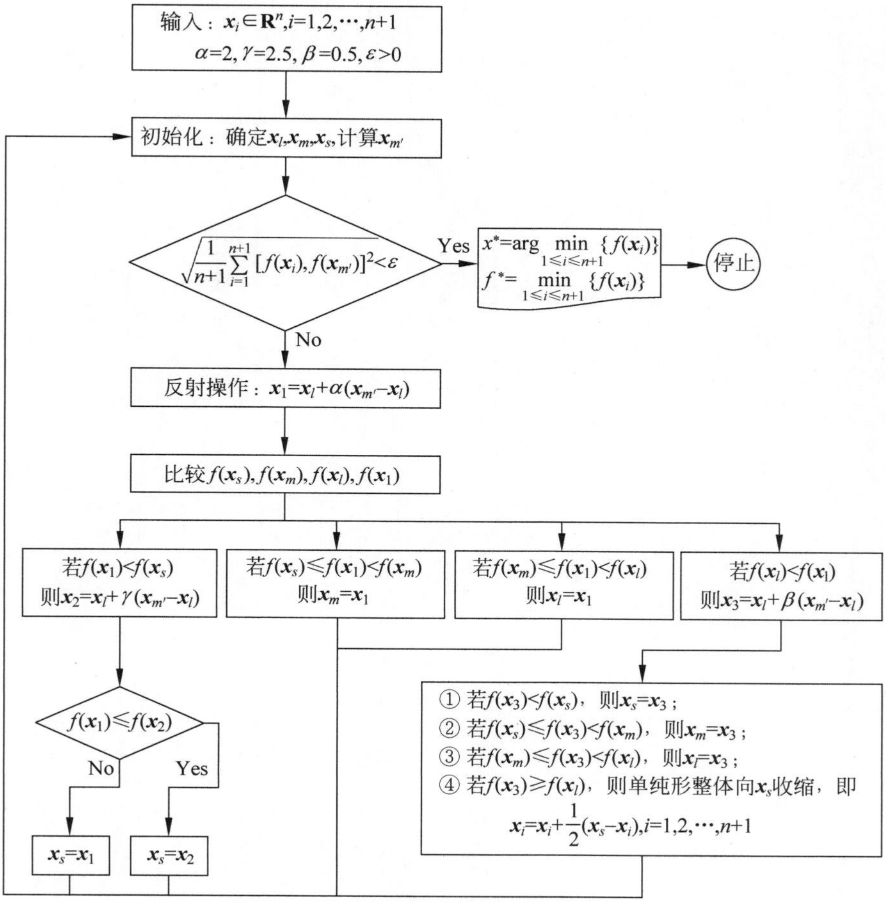

图 4-17　单纯形法的算法流程

4.6.5　单纯形法的案例

本节通过一个具体的案例给出单纯形方法的 Python 代码。

【例 4-6】　考虑无约束优化问题

$$\begin{cases}\min & f(\boldsymbol{x})=(x_1-x_2)^2+(x_1-1)^2\\ \text{s.t.} & \boldsymbol{x}\in\mathbf{R}^2\end{cases}$$

显然，该无约束优化问题的极小值点为 $\boldsymbol{x}^*=(1,1)^{\mathrm{T}}$，本例中，分别取不同大小和不同位置的 3 个单纯形，并且选取相同的容忍系数 ε，单纯形方法的代码如下：

```
"""
#代码 4-6 单纯形法
"""
```

```
import numpy as np

#原问题目标函数
def objfun(x):
    y = (x[0]-x[1])**2+(x[0]-1.)**2
    return y

#单纯形法
def Simplex_Method(sp,epsilon=0.001):
    alpha = 2                                                   #反射系数
    gamma = 2.5                                                 #扩展系数
    beta = 0.5                                                  #压缩系数
    sp_size,dim = sp.shape                                      #单纯形定点数和维度

    #初始化
    f = np.zeros(sp_size)                                       #单存形顶点函数值
    fl = -np.inf
    fs = np.inf
    fm = -np.inf
    id_l = 0                                                    #最大顶点编号
    id_s = 0                                                    #最小顶点编号
    id_m = 0                                                    #次大顶点编号
    for i in range(sp_size):
        f[i] = objfun(sp[i])

    #循环
    while True:
        #构建单纯形
        for i in range(sp_size):
            if fl < f[i]:
                id_l = i                                        #最大顶点编号
                fl = f[i]                                       #最大顶点函数值
            if fs > f[i]:
                id_s = i                                        #最小顶点编号
                fs = f[i]                                       #最小顶点函数值
        for i in range(sp_size):
            if fm < f[i] and i != id_l:
                id_m = i                                        #次大顶点编号
                fm = f[i]                                       #次大顶点函数值
        xmp = (np.sum(sp,axis=0)-sp[id_l])/dim                  #反射中心
        fmp = objfun(xmp)                                       #反射中心函数值

        #停止准则
        err = np.sqrt(np.sum((f-fmp)**2)/(dim+1))
        if err <= epsilon:
            xstar = sp[id_s]
            fstar = f[id_s]
            return xstar,fstar

        #反射操作
        x1 = sp[id_l]+alpha*(xmp-sp[id_l])                      #反射点
        f1 = objfun(x1)                                         #反射点函数值
```

```
        #分情况讨论
        if f1<f[id_s]:                                    #情况 1
            x2 = sp[id_l]+gamma * (xmp-sp[id_l])          #扩展点
            f2 = objfun(x2)                               #扩展点函数值
            if f1<=f2:                                    #扩展失败
                sp[id_s] = x1                             #用反射点代替最小点
                f[id_s] = objfun(sp[id_s])
            else:                                         #扩展成功
                sp[id_s] = x2                             #用扩展点代替最小点
                f[id_s] = objfun(sp[id_s])
        elif f[id_s]<=f1 and f1<f[id_m]:                  #情况 2
            sp[id_m] = x1                                 #用反射点代替次大点
            f[id_m] = objfun(sp[id_m])
        elif f[id_m]<=f1 and f1<f[id_l]:                  #情况 3
            sp[id_l] = x1                                 #用反射点代替最大点
            f[id_l] = objfun(sp[id_l])
        else: #情况 4
            x3 = sp[id_l]+beta * (xmp-sp[id_l])           #压缩点
            f3 = objfun(x3)
            if f3<f[id_s]:
                sp[id_s] = x3                             #用压缩点代替最小点
                f[id_s] = f3
            elif f[id_s]<=f3 and f3<f[id_m]:
                sp[id_m] = x3                             #用压缩点代替次小点
                f[id_m] = f3
            elif f[id_m]<=f3 and f3<f[id_l]:
                sp[id_l] = x3                             #用压缩点代替最大点
                f[id_l] = f3
            else:                                         #单纯形整体向最小点收缩
                for i in range(sp_size):
                    sp[i] = sp[i]+0.5*(sp[id_s]-sp[i])
                    f[i] = objfun(sp[i])

#主程序
if __name__ == '__main__':

    #第 1 组
    print("第 1 组:")
    sp = np.array([[5.,5.],[5.,-5.],[-5.,5.]])
    print("Initial Simplex:sp={}".format(sp))
    xstar,fstar = Simplex_Method(sp,0.0001)
    print("Output:xstar={}, fstar={}".format(xstar,fstar))

    #第 2 组
    print("第 2 组:")
    sp = np.array([[-5.,0.],[5.,0.],[0.,5.]])
    print("Initial Simplex:sp={}".format(sp))
    xstar,fstar = Simplex_Method(sp,0.0001)
```

```
    print("Output:xstar={}, fstar={}".format(xstar,fstar))

    #第 3 组
    print("第 3 组:")
    sp = np.array([[-2.,2.],[-2.,-2],[2.,2.]])
    print("Initial Simplex:sp={}".format(sp))
    xstar,fstar = Simplex_Method(sp,0.0001)
    print("Output:xstar={}, fstar={}".format(xstar,fstar))
```

运行结果如下：

```
第 1 组:
Initial Simplex:sp =    [[ 5.  5.]
                         [ 5. -5.]
                         [-5.  5.]]
Output:xstar=[0.99796265 1.00123984], fstar=1.4890726626644706e-05

第 2 组:
Initial Simplex:sp =    [[-5.  0.]
                         [ 5.  0.]
                         [ 0.  5.]]
Output:xstar=[4.95300558e-01 1.14064549e-15], fstar=0.5000441695125095

第 3 组:
Initial Simplex:sp =    [[-2.  2.]
                         [-2. -2.]
                         [ 2.  2.]]
Output:xstar=[1.19660441 1.224823 ], fstar=0.03944958301468038
```

可以看出，第 1 组取得了比较好的结果，而第 2 组和第 3 组的结果却不甚理想。这说明单纯形法的运行结果和初始单纯形的选择是密切相关的，如何选择较好的初始单纯形使单纯形法的收敛性更好是一个值得研究的问题。

第5章 约束优化问题的最优性条件

本章介绍约束优化问题的最优性条件，首先简单介绍约束优化问题最优性条件的基本思想，再介绍仅含不等式约束问题的最优性条件，最后介绍含有一般约束问题的最优性条件。约束优化问题的最优性条件是讨论其算法的基础，本章只讨论一阶条件，不涉及更高阶的最优性条件。

5.1 约束优化问题最优性条件的基本思想

29min

本章考虑的约束优化问题的标准模型为

$$\begin{cases} \min & f(\boldsymbol{x}) \\ \text{s.t.} & g_i(\boldsymbol{x}) \leqslant 0 \quad i=1,2,\cdots,m \\ & h_j(\boldsymbol{x})=0 \quad j=1,2,\cdots,l \end{cases} \tag{5-1}$$

其中，$g_i(\boldsymbol{x}) \leqslant 0, i=1,2,\cdots,m$ 称为不等式约束，$h_j(\boldsymbol{x})=0, j=1,2,\cdots,l$ 称为等式约束。有的约束优化问题中还含有箱子集(上下界)约束，这可以归结到不等式约束中。记

$$F=\{\boldsymbol{x} \subseteq \mathbf{R}^n \mid g_i(\boldsymbol{x}) \leqslant 0, i=1,2,\cdots,m; h_j(\boldsymbol{x})=0, j=1,2,\cdots,l\} \tag{5-2}$$

称 F 为问题(5-1)的可行集。

一般来讲，约束优化问题的可行域中不含有对应的无约束优化问题的解，也就是说，目标函数在无约束情况下的稳定点一般不在可行域内，所以无约束优化问题的最优性条件在约束优化问题中已不再适用，需另行研究一套约束优化问题最优性条件的理论。

为了更加直观地描述约束优化问题的最优性条件，先从几何上进行分析。为此，引入下降方向与可行方向的概念。

5.1.1 下降方向

定义 5-1 设 $f(\boldsymbol{x})$ 是定义在 $\mathbf{R}^n$ 上的实函数，$\bar{\boldsymbol{x}} \in \mathbf{R}^n$，$\boldsymbol{d}$ 是非零向量，若存在 $\delta>0$，使对每个 $\lambda \in (0,\delta)$ 都有

$$f(\bar{\boldsymbol{x}}+\lambda \boldsymbol{d})<f(\bar{\boldsymbol{x}}) \tag{5-3}$$

则称 $\boldsymbol{d}$ 为函数 $f(\boldsymbol{x})$ 在 $\bar{\boldsymbol{x}}$ 处的下降方向。将 $\bar{\boldsymbol{x}}$ 处的所有下降方向组成的集合记作

$$D=\{\boldsymbol{d}\in\mathbf{R}^n \mid \exists\delta>0,\lambda\in(0,\delta),f(\bar{\boldsymbol{x}}+\lambda\boldsymbol{d})<f(\bar{\boldsymbol{x}})\} \tag{5-4}$$

称为下降方向集。

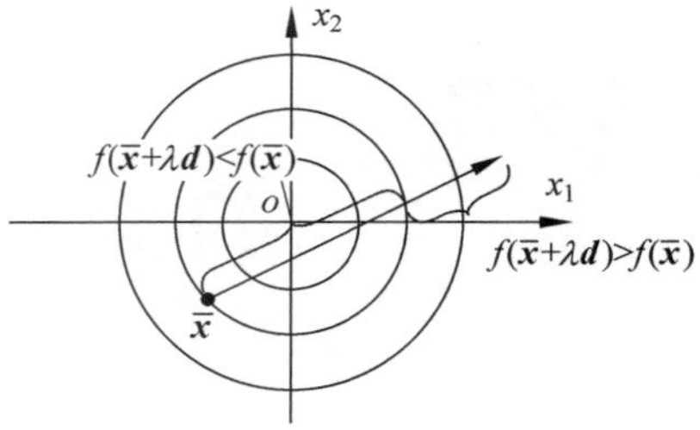

图 5-1 下降方向

在定义 5-1 中,参数 $\delta>0$ 只需满足存在性,一般不是唯一的,而且将步长限制在 $\lambda\in(0,\delta)$ 的范围是必要的。以函数 $f(\boldsymbol{x})=x_1^2+x_2^2$ 为例,如图 5-1 所示,当 $\lambda\in(0,\delta)$ 时,满足 $f(\bar{\boldsymbol{x}}+\lambda\boldsymbol{d})<f(\bar{\boldsymbol{x}})$,此时 $\boldsymbol{d}$ 是下降方向,但若 λ 过大(此例中若 $\lambda>\delta$)有 $f(\bar{\boldsymbol{x}}+\lambda\boldsymbol{d})>f(\bar{\boldsymbol{x}})$,此时,$\boldsymbol{d}$ 并未使函数值下降。

如果 $f(\boldsymbol{x})$是可微函数,并且$\nabla f(\bar{\boldsymbol{x}})^{\mathrm{T}}\boldsymbol{d}<0$,则根据定理 3-1,$\boldsymbol{d}$ 为 $f(\boldsymbol{x})$在点 $\bar{\boldsymbol{x}}$ 处的下降方向。将在 $\bar{\boldsymbol{x}}$ 点处满足这一条件的下降方向的全体记作

$$D_0=\{\boldsymbol{d}\in\mathbf{R}^n \mid \nabla f(\bar{\boldsymbol{x}})^{\mathrm{T}}\boldsymbol{d}<0\} \tag{5-5}$$

显然,D_0 是下降方向集 D 的一个子集,即

$$D_0\subset D \tag{5-6}$$

5.1.2 可行方向

定义 5-2 对可行集 F,若 $\bar{\boldsymbol{x}}\in \mathrm{cl}F$,$\boldsymbol{d}$ 是非零向量,若存在数 $\delta>0$ 使对每个 $\lambda\in(0,\delta)$都有

$$\bar{\boldsymbol{x}}+\lambda\boldsymbol{d}\in F \tag{5-7}$$

则称 $\boldsymbol{d}$ 为可行集 F 在 $\bar{\boldsymbol{x}}$ 的可行方向,其中 cl 表示闭包。集合 F 在 $\bar{\boldsymbol{x}}$ 处的所有可行方向组成的集合记为

$$F_0=\{\boldsymbol{d}\in\mathbf{R}^n \mid \boldsymbol{d}\neq\boldsymbol{0},\bar{\boldsymbol{x}}\in\mathrm{cl}F,\exists\delta>0,\text{使得 }\forall\lambda\in(0,\delta),\text{有}\bar{\boldsymbol{x}}+\lambda\boldsymbol{d}\in F\} \tag{5-8}$$

集合 F_0 是一个锥,称为在 $\bar{\boldsymbol{x}}$ 处的可行方向锥。

5.1.3 几何描述

我们从几何的角度来描述约束优化问题的最优性条件。由下降方向和可行方向的定义可知,如果 $\boldsymbol{x}^*$ 是 $f(\boldsymbol{x})$在可行集上的局部极小点,则在 $\boldsymbol{x}^*$ 处的可行方向一定不是下降方向。

定理 5-1 考虑约束优化问题(5-1),设 F 是 $\mathbf{R}^n$ 中的非空集合,$\boldsymbol{x}^*\in F$,$f(\boldsymbol{x})$在 $\boldsymbol{x}^*$ 处可微,如果 $\boldsymbol{x}^*$ 是局部最优解,则 $F_0\cap D=\varnothing$。

证明 用反证法,设存在 $\boldsymbol{d}\neq 0$ 满足

$$\boldsymbol{d}\in D\cap F_0 \tag{5-9}$$

则 $\boldsymbol{d}\in D$,由定义 5-1 存在 $\delta_1>0$,对任意 $\lambda\in(0,\delta_1)$,有

$$f(\boldsymbol{x}^*+\lambda\boldsymbol{d})<f(\boldsymbol{x}^*) \tag{5-10}$$

又有 $\boldsymbol{d}\in F_0$,由定义 5-2 存在 $\delta_2>0$,对任意 $\lambda\in(0,\delta_2)$,有

$$\boldsymbol{x}^* + \lambda \boldsymbol{d} \in F_0 \tag{5-11}$$

令 $\delta = \min\{\delta_1, \delta_2\}$，则对任意 $\lambda \in (0, \delta)$，有式(5-10)和式(5-11)同时成立，这和 $\boldsymbol{x}^*$ 是局部极小点矛盾。定理得证。

由于 $D_0 \subseteq D$，可以得到如下推论。

推论 5-1　考虑约束优化问题(5-1)，设 F 是 $\mathbf{R}^n$ 中的非空集合，$\boldsymbol{x}^* \in F$，$f(\boldsymbol{x})$ 在 $\boldsymbol{x}^*$ 处可微，如果 $\boldsymbol{x}^*$ 是局部最优解，则 $F_0 \cap D_0 = \varnothing$。

从几何上来考虑，定理 5-1 的结论是显而易见的，以如下问题为例，

$$\begin{cases} \min & f(\boldsymbol{x}) = x_1^2 + x_2^2 \\ \text{s.t.} & x_1 \geqslant 1, x_2 \geqslant 1 \end{cases}$$

显然，该问题的局部最优解是 $\boldsymbol{x}^* = (1,1)^{\mathrm{T}}$，如图 5-2 所示。从 $\boldsymbol{x}^*$ 点出发，任何可行方向(例如 $\boldsymbol{d}_1$)都使函数值增加；反之，任何能使函数值下降的方向(例如 $\boldsymbol{d}_2$)都不是 $\boldsymbol{x}^*$ 处的可行方向，也就是说在 $\boldsymbol{x}^*$ 处 $F_0 \cap D = \varnothing$。

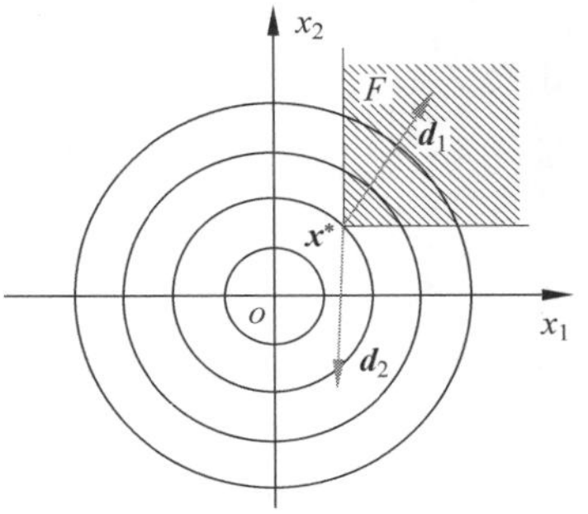

图 5-2　约束最优性条件的几何解释

5.2　不等式约束优化问题的一阶最优性条件

100min

5.2.1　用积极约束表达的几何最优性条件

本节讨论只含不等式约束的优化问题的一阶必要条件，考虑约束优化问题

$$\begin{cases} \min & f(\boldsymbol{x}) \\ \text{s.t.} & g_i(\boldsymbol{x}) \leqslant 0 \quad i = 1, 2, \cdots, m \end{cases} \tag{5-12}$$

其可行域为

$$F = \{\boldsymbol{x} \subseteq \mathbf{R}^n \mid g_i(\boldsymbol{x}) \leqslant 0, i = 1, 2, \cdots, m\} \tag{5-13}$$

为把推论 5-1 中描述的几何条件用代数表示出来，引入以下积极约束的概念。

定义 5-3　对于可行解 $\bar{\boldsymbol{x}} \in F$，称满足条件 $g_i(\bar{\boldsymbol{x}}) = 0$ 的那些约束为积极约束，其指标集记作

$$A(\bar{\boldsymbol{x}}) = \{i \mid g_i(\bar{\boldsymbol{x}}) = 0, i = 1, 2, \cdots, m\} \tag{5-14}$$

反之，称满足条件 $g_i(\bar{\boldsymbol{x}}) < 0$ 的约束为在 $\bar{\boldsymbol{x}}$ 处的非积极约束，其指标集记作

$$\bar{A}(\bar{\boldsymbol{x}}) = \{i \mid g_i(\bar{\boldsymbol{x}}) < 0, i = 1, 2, \cdots, m\} \tag{5-15}$$

从几何上看，积极约束其实是指 $\bar{\boldsymbol{x}}$ 位于某些不等式约束所确定的区域的边界上，而非积极约束是指 $\bar{\boldsymbol{x}}$ 位于某些约束所确定的区域的内部，如图 5-3 所示。对于可行

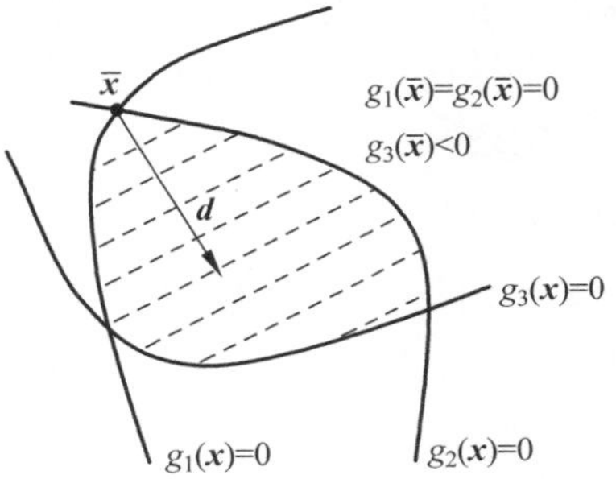

图 5-3　积极约束和非积极约束

解 $\bar{x}$，$g_1(\bar{x})$和 $g_2(\bar{x})$是积极约束，即 $A(\bar{x})=\{1,2\}$，而 $g_3(\bar{x})$是非积极约束，即 $\bar{A}(\bar{x})=\{3\}$。

定义积极约束后，定义 5-2 中的可行方向可以缩小范围，并用积极约束的梯度来表示，即

$$F_1=\{\boldsymbol{d}\in\mathbf{R}^n \mid \nabla g_i(\bar{\boldsymbol{x}})^{\mathrm{T}}\boldsymbol{d}<0,\quad i\in A(\bar{\boldsymbol{x}})\} \tag{5-16}$$

图 5-3 中的 $\boldsymbol{d}$ 就是这样一个方向。

定理 5-2 对可行解 $\bar{\boldsymbol{x}}$，有 $F_1\subseteq F_0$。

证明 设方向 $\boldsymbol{d}\in F_1$，则对 $i\in A(\bar{\boldsymbol{x}})$有$\nabla g_i(\bar{\boldsymbol{x}})^{\mathrm{T}}\boldsymbol{d}<0$，也就是说 $\boldsymbol{d}$ 是 $g_i(\boldsymbol{x})(i\in A(\bar{\boldsymbol{x}}))$在 $\bar{\boldsymbol{x}}$ 处的下降方向，由定义 5-1，存在 $\delta_1>0$，对任意 $\lambda\in(0,\delta_1)$，有

$$g_i(\bar{\boldsymbol{x}}+\lambda\boldsymbol{d})<g_i(\bar{\boldsymbol{x}})=0,\quad i\in A(\bar{\boldsymbol{x}}) \tag{5-17}$$

又当 $i\in\bar{A}(\bar{\boldsymbol{x}})$时，$g_i(\bar{\boldsymbol{x}})<0$，由于 $g_i(\boldsymbol{x})(i\in\bar{A}(\bar{\boldsymbol{x}}))$在 $\bar{\boldsymbol{x}}$ 处连续，故存在 $\delta_2>0$，当$\lambda\in(0,\delta_2)$时，

$$g_i(\bar{\boldsymbol{x}}+\lambda\boldsymbol{d})<0,\quad i\in\bar{A}(\bar{\boldsymbol{x}}) \tag{5-18}$$

令 $\delta=\min\{\delta_1,\delta_2\}$，则对任意 $\lambda\in(0,\delta)$有

$$g_i(\bar{\boldsymbol{x}}+\lambda\boldsymbol{d})<0,\quad i=1,2,\cdots,m \tag{5-19}$$

即 $\boldsymbol{d}$ 是一个可行方向，故 $\boldsymbol{d}\in F_0$。定理得证。

根据推论 5-1 和定理 5-2，可以得到约束最优性条件的另一个几何表示。

推论 5-2 设 $\boldsymbol{x}^*\in F$，$f(\boldsymbol{x})$和 $g_i(\boldsymbol{x})(i\in A(\boldsymbol{x}^*))$在 $\boldsymbol{x}^*$ 处可微，$g_i(\boldsymbol{x})(i\in\bar{A}(\boldsymbol{x}^*))$在 $\boldsymbol{x}^*$ 连续，如果 $\boldsymbol{x}^*$ 是问题(5-12)的局部最优解，则 $F_1\cap D_0=\varnothing$。

5.2.2 Fritz John 条件

先给出如下一个关于不等式的 Gordan 引理。

引理 5-1 (Gordan 引理)设 $\boldsymbol{A}$ 为 $m\times n$ 矩阵，那么，$\boldsymbol{Ax}<0$ 有解的充要条件是不存在非零向量 $\boldsymbol{y}\geqslant 0$，使 $\boldsymbol{A}^{\mathrm{T}}\boldsymbol{y}=0$。

Gordan 引理的证明要用到凸集分离定理，比较烦琐，已超出本书范围，故在此不加赘述，感兴趣的读者可以参考文献[4]。

Gordan 引理中的条件是充分必要的，故也可以阐述成：$\boldsymbol{Ax}<0$ 无解的充要条件是存在非零向量 $\boldsymbol{y}\geqslant 0$，使 $\boldsymbol{A}^{\mathrm{T}}\boldsymbol{y}=0$。下述的 Fritz John 条件的证明便是用的这一阐述。

将推论 5-2 的几何最优性条件用代数式表示，就可以得到下述 Fritz John 条件。

定理 5-3 (Fritz John 条件)设 $\boldsymbol{x}^*\in F$，$A(\boldsymbol{x}^*)=\{i\mid g_i(\boldsymbol{x}^*)=0,i=1,2,\cdots,m\}$和 $\bar{A}(\boldsymbol{x}^*)=\{i\mid g_i(\boldsymbol{x}^*)<0,i=1,2,\cdots,m\}$分别为 $\boldsymbol{x}^*$ 处的积极约束和非积极约束集，f，$g_i(i\in A(\boldsymbol{x}^*))$在 $\boldsymbol{x}^*$ 处可微，$g_i(i\in\bar{A}(\boldsymbol{x}^*))$在 $\boldsymbol{x}^*$ 处连续，如果 $\boldsymbol{x}^*$ 是问题(5-12)的局部最优解，则存在不全为 0 的非负数 ω_0，$\omega_i(i\in A(\boldsymbol{x}^*))$使

$$\omega_0\nabla f(\boldsymbol{x}^*)+\sum_{i\in A(\boldsymbol{x}^*)}\omega_i\nabla g_i(\boldsymbol{x}^*)=\boldsymbol{0} \tag{5-20}$$

证明 根据推论 5-2，在点 $\boldsymbol{x}^*$ 有 $F_1\cap D_0=\varnothing$，即不等式组

$$\begin{cases}\nabla g_i(\boldsymbol{x}^*)^{\mathrm{T}}\boldsymbol{d}<0 & i\in A(\boldsymbol{x}^*)\\ \nabla f(\boldsymbol{x}^*)^{\mathrm{T}}\boldsymbol{d}<0\end{cases} \tag{5-21}$$

无解，又根据 Gordan 引理，必存在不全为 0 的非负数 $\omega_0,\omega_i(i\in A(\boldsymbol{x}^*))$，使

$$\omega_0\nabla f(\boldsymbol{x}^*)+\sum_{i\in A(\boldsymbol{x}^*)}\omega_i\nabla g_i(\boldsymbol{x}^*)=\boldsymbol{0}$$

定理得证。

以下给出两个 Fritz John 条件的案例。

【例 5-1】 考虑约束优化问题

$$\begin{cases}\min & f(\boldsymbol{x})=(x_1-6)^2+(x_2-2)^2\\ \text{s. t.} & g_1(\boldsymbol{x})=x_1^2+x_2^2-16\leqslant 0\\ & g_2(\boldsymbol{x})=x_1+4x_2-4\leqslant 0\\ & g_3(\boldsymbol{x})=x_1\geqslant 1\\ & g_4(\boldsymbol{x})=x_2\geqslant -1\end{cases}$$

显然，$\boldsymbol{x}^*=(4,0)^{\mathrm{T}}$ 是该问题的一个局部最优解（如图 5-4 所示），可以验证其满足 Fritz John 条件。

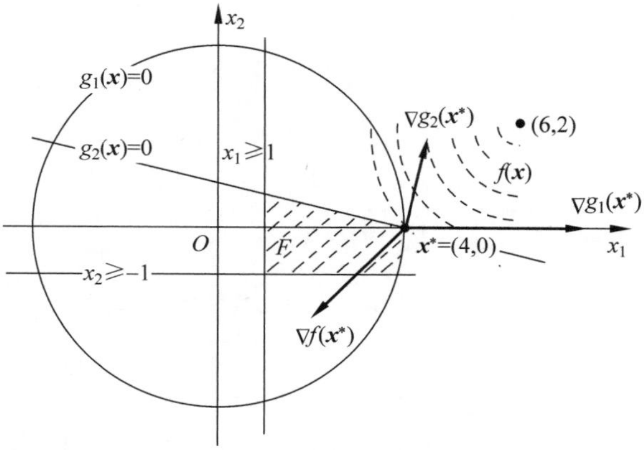

图 5-4 例 5-1 示意图

解 首先，由于 $g_1(\boldsymbol{x}^*)=\boldsymbol{0}$，$g_2(\boldsymbol{x}^*)=\boldsymbol{0}$，故 $A(\boldsymbol{x}^*)=\{1,2\}$，即在 $\boldsymbol{x}^*$ 处，g_1 和 g_2 是积极约束。又由

$$\nabla f(\boldsymbol{x})=\begin{bmatrix}2(x_1-6)\\2(x_2-2)\end{bmatrix},\quad \nabla g_1(\boldsymbol{x})=\begin{bmatrix}2x_1\\2x_2\end{bmatrix},\quad \nabla g_2(\boldsymbol{x})=\begin{bmatrix}1\\4\end{bmatrix}$$

得

$$\nabla f(\boldsymbol{x}^*)=\begin{bmatrix}-4\\-4\end{bmatrix},\quad \nabla g_1(\boldsymbol{x}^*)=\begin{bmatrix}8\\0\end{bmatrix},\nabla g_2(\boldsymbol{x}^*)=\begin{bmatrix}1\\4\end{bmatrix}$$

显然，存在 $\omega_0,\omega_i(i\in A(\boldsymbol{x}^*))$ 使式(5-20)成立。例如 $\omega_0=8,\omega_1=3,\omega_2=8$，即

$$8\nabla f(\boldsymbol{x}^*)+3\nabla g_1(\boldsymbol{x}^*)+8g_2(\boldsymbol{x}^*)=\boldsymbol{0}$$

如图 5-4 所示,因此,$\boldsymbol{x}^*=(4,0)^{\mathrm{T}}$ 满足 Fritz John 条件。

【例 5-2】 考虑约束优化问题

$$\begin{cases}\min & f(\boldsymbol{x})=-x_2\\ \text{s. t.} & g_1(\boldsymbol{x})=2x_1-(2-x_2)^3\leqslant 0\\ & g_2(\boldsymbol{x})=-x_1\leqslant 0\end{cases}$$

已知 $\boldsymbol{x}^*=(0,2)^{\mathrm{T}}$ 是该问题的最优点,试验证点 $\boldsymbol{x}^*$ 满足 Fritz John 条件。

解 首先,由于 $g_1(\boldsymbol{x}^*)=0,g_2(\boldsymbol{x}^*)=0$,故 $A(\boldsymbol{x}^*)=\{1,2\}$,即在 $\boldsymbol{x}^*$ 处,g_1 和 g_2 是积极约束。又由

$$\nabla f(\boldsymbol{x})=\begin{bmatrix}0\\-1\end{bmatrix},\quad \nabla g_1(\boldsymbol{x})=\begin{bmatrix}2\\3(2-x_2)^2\end{bmatrix},\quad \nabla g_2(\boldsymbol{x})=\begin{bmatrix}-1\\0\end{bmatrix}$$

得

$$\nabla f(\boldsymbol{x}^*)=\begin{bmatrix}0\\-1\end{bmatrix},\quad \nabla g_1(\boldsymbol{x}^*)=\begin{bmatrix}2\\0\end{bmatrix},\quad \nabla g_2(\boldsymbol{x}^*)=\begin{bmatrix}-1\\0\end{bmatrix}$$

显然,存在 $\omega_0,\omega_i(i\in A(\boldsymbol{x}^*))$使式(5-20)成立,例如 $w_0=0,\omega_1=1,\omega_2=2$,即

$$0\,\nabla f(\boldsymbol{x}^*)+\nabla g_1(\boldsymbol{x}^*)+2g_2(\boldsymbol{x}^*)=\boldsymbol{0}$$

如图 5-5 所示,因此 $\boldsymbol{x}^*=(0,2)^{\mathrm{T}}$ 满足 Firtz John 条件。

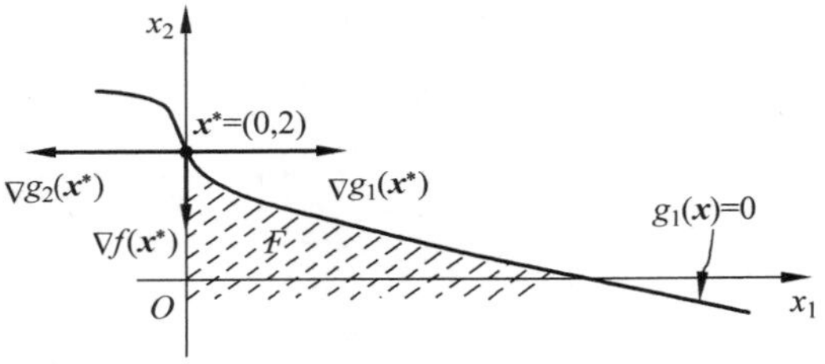

图 5-5 例 5-2 示意图

例 5-2 表明,运用 Fritz John 条件时,可能会出现 $\omega_0=0$ 的情形,这时,Fritz John 条件实际上不包含目标函数的任何数据,只是把积极约束的梯度组合成零向量。这样的条件,对于问题的描述是没有多少价值的。我们感兴趣的是 $\omega_0\neq 0$ 的情形。为了保证 $\omega_0\neq 0$,还需要对约束施加某种限制,这种限制条件通常称为约束规格(Constraint Qualification)。在定理 5-3 中,如果增加积极约束的梯度线性无关的约束规格,则给出不等式约束问题的著名的 KKT 条件。

5.2.3 Karush-Kuhn-Tucker(KKT)条件

定理 5-4 (KKT 条件)设 $\boldsymbol{x}^*\in F$,$\overline{A}(\boldsymbol{x}^*)=\{i\,|\,g_i(\boldsymbol{x}^*)=0,i=1,2,\cdots,m\}$和 $\overline{A}(\boldsymbol{x}^*)=\{i\,|\,g_i(\boldsymbol{x}^*)<0,i=1,2,\cdots,m\}$ 分别为 $\boldsymbol{x}^*$ 处的积极约束和非积极约束集,$f,g_i(i\in$

$A(\boldsymbol{x}^*)$)在 $\boldsymbol{x}^*$ 处可微，g_i($i\in\bar{A}(\boldsymbol{x}^*)$)在 $\boldsymbol{x}^*$ 处连续，并且$\{\nabla g_i(\boldsymbol{x}^*), i\in A(\boldsymbol{x}^*)\}$线性无关，如果 $\boldsymbol{x}^*$ 是问题(5-12)的局部最优解，则存在非负数 ω_i($i\in A(\boldsymbol{x}^*)$)使

$$\nabla f(\boldsymbol{x}^*)+\sum_{i\in A(\boldsymbol{x}^*)}\omega_i\nabla g_i(\boldsymbol{x}^*)=\boldsymbol{0} \tag{5-22}$$

证明　根据定理 5-3，存在不全为 0 的非负数 ω_0，$\bar{\omega}_i$($i\in A(\boldsymbol{x}^*)$)，使

$$\omega_0\nabla f(\boldsymbol{x}^*)+\sum_{i\in A(\boldsymbol{x}^*)}\bar{\omega}_i\nabla g_i(\boldsymbol{x}^*)=\boldsymbol{0}$$

显然，$\omega_0\neq 0$，否则由于 $\bar{\omega}_i$($i\in A(\boldsymbol{x}^*)$)不全为 0，必然导致$\{\nabla g_i(\boldsymbol{x}^*), i\in A(\boldsymbol{x}^*)\}$线性相关，于是可令

$$\omega_i=\frac{\bar{\omega}_i}{\omega_0},\quad (i\in A(\boldsymbol{x}^*))$$

从而得到

$$\nabla f(\boldsymbol{x}^*)+\sum_{i\in A(\boldsymbol{x}^*)}\omega_i\nabla g_i(\boldsymbol{x}^*)=\boldsymbol{0}$$

$$\omega_i\geqslant 0,\quad i\in A(\boldsymbol{x}^*)$$

定理得证。

在定理 5-4 中，若 $g_i(\boldsymbol{x})$，($i\in\bar{A}(\boldsymbol{x}^*)$)在 $\boldsymbol{x}^*$ 处可微，当 $i\in\bar{A}(\boldsymbol{x}^*)$，令 $\omega_i=0$，又注意到 $i\in A(\boldsymbol{x}^*)$时，$g_i(\boldsymbol{x}^*)=0$，则 KKT 条件可以等价地写成

$$\nabla f(\boldsymbol{x}^*)+\sum_{i=1}^{m}\omega_i\nabla g_i(\boldsymbol{x}^*)=\boldsymbol{0} \tag{5-23}$$

$$\omega_i g_i(\boldsymbol{x}^*)=0,\quad i=1,2,\cdots,m \tag{5-24}$$

$$\omega_i\geqslant 0,\quad i=1,2,\cdots,m \tag{5-25}$$

其中，式(5-24)称为互补松弛条件。

对于约束优化问题(5-12)，式(5-23)和式(5-24)中的 $\boldsymbol{x}^*$ 和 ω_i，$i=1,2,\cdots,m$ 均为未知的，所以式(5-23)和式(5-24)组成了一个含有 $m+n$ 个未知数，$m+n$ 个方程的方程组，通过求解该方程组得到的解 $\boldsymbol{x}^*$ 称为 KKT 点，KKT 点可能是最优解，也可能不是，但最优解一定是 KKT 点，所以要验证最优解 $\boldsymbol{x}^*$ 满足 KKT 条件，只需验证存在非负数 ω_i($i\in A(\boldsymbol{x}^*)$)使式(5-22)成立。

以下给出 KKT 条件的两个应用案例。

【例 5-3】　考虑约束优化问题

$$\begin{cases}\min & f(\boldsymbol{x})=(x_1-3)^2+(x_2-1)^2\\ \text{s. t.} & g_1(\boldsymbol{x})=-x_1+x_2\leqslant 0\\ & g_2(\boldsymbol{x})=x_1^2-x_2\leqslant 0\end{cases}$$

试验证 $\boldsymbol{x}_1=(1,1)^{\mathrm{T}}$ 和 $\boldsymbol{x}_2=(0,0)^{\mathrm{T}}$ 是否为 KKT 点。

解 目标函数和约束函数的梯度函数为

$$\nabla f(\boldsymbol{x})=\begin{bmatrix}2(x_1-3)\\2(x_2-1)\end{bmatrix},\quad \nabla g_1(\boldsymbol{x})=\begin{bmatrix}-1\\1\end{bmatrix},\quad \nabla g_2(\boldsymbol{x})=\begin{bmatrix}2x_1\\-1\end{bmatrix}$$

先验证 $\boldsymbol{x}_1=(1,1)^{\mathrm{T}}$,在 $\boldsymbol{x}_1$ 处,由于 $g_1(\boldsymbol{x}_1)=0,g_2(\boldsymbol{x}_1)=0$,所以 g_1 和 g_2 均为点 $\boldsymbol{x}_1$ 处的积极约束,即 $A(\boldsymbol{x}_1)=\{1,2\}$,目标函数和积极约束在点 $\boldsymbol{x}_1$ 处的梯度为

$$\nabla f(\boldsymbol{x}_1)=\begin{bmatrix}-4\\0\end{bmatrix},\quad \nabla g_1(\boldsymbol{x}_1)=\begin{bmatrix}-1\\1\end{bmatrix},\quad \nabla g_2(\boldsymbol{x}_1)=\begin{bmatrix}2\\-1\end{bmatrix}$$

设$\nabla f(\boldsymbol{x}_1)+\omega_1\nabla g_1(\boldsymbol{x}_1)+\omega_2\nabla g_2(\boldsymbol{x}_1)=\boldsymbol{0}$,即

$$\begin{cases}-4-\omega_1+2\omega_2=0\\ \omega_1-\omega_2=0\end{cases}$$

解此方程组,得到

$$\omega_1=4,\quad \omega_2=4$$

所以 $\boldsymbol{x}_1=(1,1)^{\mathrm{T}}$ 是 KKT 点。

再验证 $\boldsymbol{x}_2=(0,0)^{\mathrm{T}}$,在 $\boldsymbol{x}_2$ 处,由于 $g_1(\boldsymbol{x}_2)=0,g_2(\boldsymbol{x}_2)=0$,所以 g_1 和 g_2 均为点 $\boldsymbol{x}_2$ 处的积极约束,即 $A(\boldsymbol{x}_2)=\{1,2\}$,目标函数和积极约束在点 $\boldsymbol{x}_2$ 处的梯度为

$$\nabla f(\boldsymbol{x}_2)=\begin{bmatrix}-6\\-2\end{bmatrix},\quad \nabla g_1(\boldsymbol{x}_2)=\begin{bmatrix}-1\\1\end{bmatrix},\quad \nabla g_2(\boldsymbol{x}_2)=\begin{bmatrix}0\\-1\end{bmatrix}$$

设$\nabla f(\boldsymbol{x}_2)+\omega_1\nabla g_1(x_1)+\omega_2\nabla g_2(\boldsymbol{x}_2)=0$,即

$$\begin{cases}-6-\omega_1=0\\ -2+\omega_1-\omega_2=0\end{cases}$$

解此方程组,得到

$$\omega_1=-6,\quad \omega_2=-8$$

由于 $\omega_1<0,\omega_2<0$,故 $\boldsymbol{x}_2=(0,0)^{\mathrm{T}}$ 不是 KKT 点。

例 5-3 的示意图如图 5-6 所示,可以看到 $\boldsymbol{x}_1=(1,1)^{\mathrm{T}}$ 其实是问题的最优解,故其必定为 KKT 点。

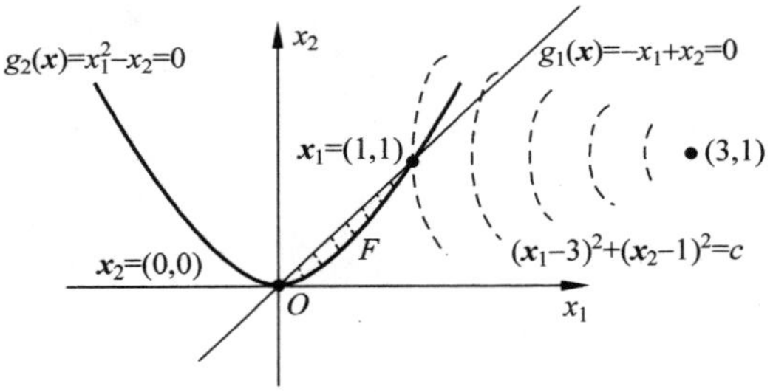

图 5-6 例 5-3 的示意图

【例 5-4】 考虑约束优化问题

$$\begin{cases}\min & f(\boldsymbol{x})=(x_1-2)^2+(x_2-3)^2 \\ \text{s.t.} & g_1(\boldsymbol{x})=-x_1+x_2-1\leqslant 0 \\ & g_2(\boldsymbol{x})=x_1-1\leqslant 0 \\ & g_3(\boldsymbol{x})=-x_2\leqslant 0\end{cases}$$

求满足 KKT 条件的点。

解　为求 KKT 点，需求解由式(5-23)和式(5-24)组成的方程组，目标函数和约束函数的梯度分别为

$$\nabla f(\boldsymbol{x})=\begin{bmatrix}2(x_1-2)\\2(x_2-3)\end{bmatrix},\quad \nabla g_1(\boldsymbol{x})=\begin{bmatrix}-1\\1\end{bmatrix},\quad \nabla g_2(\boldsymbol{x})=\begin{bmatrix}1\\0\end{bmatrix},\quad \nabla g_3(\boldsymbol{x})=\begin{bmatrix}0\\-1\end{bmatrix}$$

则 KKT 条件为

$$\begin{cases}\nabla f(\boldsymbol{x})+\omega_1\nabla g_1(\boldsymbol{x})+\omega_2\nabla g_2(\boldsymbol{x})+\omega_3\nabla g_3(\boldsymbol{x})=\boldsymbol{0}\\ \omega_i g_i(\boldsymbol{x})=0,\quad i=1,2,3\\ \omega_i\geqslant 0,\quad i=1,2,3\end{cases}$$

即

$$\begin{cases}2x_1-4-\omega_1+\omega_2=0\\2x_2-6+\omega_1-\omega_3=0\\ \omega_1(-x_1+x_2-1)=0\\ \omega_2(x_1-1)=0\\ -\omega_3x_3=0\end{cases}\tag{5-26}$$

式(5-26)是以 $x_1,x_2,\omega_1,\omega_2,\omega_3$ 为未知数的非线性方程组，问题归结为求这个方程组满足条件 $\omega_1\geqslant 0,\omega_2\geqslant 0,\omega_3\geqslant 0$ 的解。一般来讲，求解非线性方程组是比较困难的，但上述方程组可以结合问题的图像来求解。

从图 5-7 可以看出 $\boldsymbol{x}^*=(1,2)^{\mathrm{T}}$ 是最优解，所以不妨设 $x_1=1,x_2=2$，将其代入式(5-26)中，可以得到

$$\omega_1=2,\quad \omega_2=4,\quad \omega_3=0$$

满足 $\omega_i\geqslant 0,i=1,2,3$，说明 $\boldsymbol{x}=(1,2)^{\mathrm{T}}$ 是一个 KKT 点。

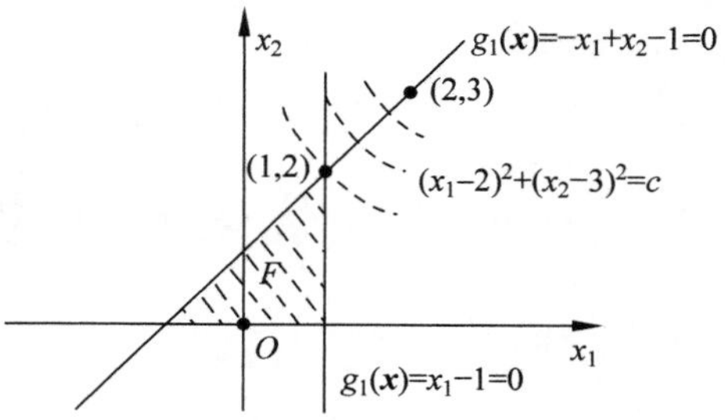

图 5-7　例 5-4 示意图

对 $\boldsymbol{x}=(1,2)^{\mathrm{T}}$，有 $g_1(\boldsymbol{x})=0,g_2(\boldsymbol{x})=0,g_3(\boldsymbol{x})=-2$，所以 g_1 和 g_2 是点 $\boldsymbol{x}$ 处的积极约束，而且满足互补松弛条件

$$\omega_i g_i(\boldsymbol{x})=0,\quad i=1,2,3$$

对于一般不等式约束优化问题，KKT 条件只是必要而非充分的，但对凸规划问题，KKT 条件是充分必要的。

定理 5-5 在问题(5-12)中，若 $f, g_i(i=1,2,\cdots,m)$ 是凸函数，设 $\boldsymbol{x}^* \in F$，$A(\boldsymbol{x}^*)=\{i \mid g_i(\boldsymbol{x}^*)=0, i=1,2,\cdots,m\}$ 和 $\bar{A}(\boldsymbol{x}^*)=\{i \mid g_i(\boldsymbol{x})<0, i=1,2,\cdots,m\}$ 分别是 $\boldsymbol{x}^*$ 处的积极约束和非积极约束，f 和 $g_i(i \in A(\boldsymbol{x}^*))$ 在点 $\boldsymbol{x}^*$ 处可微，$g_i(i \in \bar{A}(\boldsymbol{x}^*))$ 在点 $\boldsymbol{x}^*$ 处连续，并且 $\nabla g_i(\boldsymbol{x}^*)(i \in A(\boldsymbol{x}^*))$ 线性无关，则 $\boldsymbol{x}^*$ 是问题(5-12)的全局最优解的充分必要条件是在 $\boldsymbol{x}^*$ 处 KKT 条件成立。

证明 必要性在定理 5-4 中已证明，以下证明充分条件。

根据定理假设，显然 F 是凸集，f 是凸函数，故问题(5-12)为凸规划问题，由于 f 是凸函数，并且在点 $\boldsymbol{x}^*$ 处可微，根据定理 1-7，对任意的 $\boldsymbol{x} \in F$，有

$$f(\boldsymbol{x}) \geqslant f(\boldsymbol{x}^*) + \nabla f(\boldsymbol{x}^*)^{\mathrm{T}}(\boldsymbol{x}-\boldsymbol{x}^*) \tag{5-27}$$

又知在点 $\boldsymbol{x}^*$ 处 KKT 条件成立，即存在非负的 KKT 乘子 $\omega_i \geqslant 0(i \in \boldsymbol{x}^*)$，使

$$\nabla f(\boldsymbol{x}^*) = -\sum_{i \in A(\boldsymbol{x}^*)} \omega_i \nabla g_i(\boldsymbol{x}^*) \tag{5-28}$$

将式(5-28)代入式(5-27)，得到

$$f(\boldsymbol{x}) \geqslant f(\boldsymbol{x}^*) - \sum_{i \in A(\boldsymbol{x}^*)} \omega_i \nabla g_i(\boldsymbol{x}^*)^{\mathrm{T}}(\boldsymbol{x}-\boldsymbol{x}^*) \tag{5-29}$$

由于 $g_i,(i \in A(\boldsymbol{x}^*))$ 是凸函数，并且在 $\boldsymbol{x}^*$ 处可微，则

$$g_i(\boldsymbol{x}) \geqslant g_i(\boldsymbol{x}^*) + \nabla g_i(\boldsymbol{x}^*)^{\mathrm{T}}(\boldsymbol{x}-\boldsymbol{x}^*), \quad i \in A(\boldsymbol{x}^*) \tag{5-30}$$

故

$$-\nabla g_i(\boldsymbol{x}^*)^{\mathrm{T}}(\boldsymbol{x}-\boldsymbol{x}^*) \geqslant g_i(\boldsymbol{x}^*) - g_i(\boldsymbol{x}), \quad i \in A(\boldsymbol{x}^*) \tag{5-31}$$

由于当 $i \in A(\boldsymbol{x}^*)$ 时，$g_i(\boldsymbol{x}) \leqslant 0$，$g_i(\boldsymbol{x}^*)=0$，因此有

$$-\nabla g_i(\boldsymbol{x}^*)^{\mathrm{T}}(\boldsymbol{x}-\boldsymbol{x}^*) \geqslant 0, \quad i \in A(\boldsymbol{x}^*) \tag{5-32}$$

根据式(5-29)和式(5-32)，显然成立

$$f(\boldsymbol{x}) \geqslant f(\boldsymbol{x}^*) \tag{5-33}$$

即 $\boldsymbol{x}^*$ 是问题(5-12)的全局最优解。

根据定理 5-5，对于凸规划问题，可以用 KKT 条件求得全局最优解，例如例 5-4 中的 $\boldsymbol{x}^*=(1,2)^{\mathrm{T}}$ 就是该问题的全局最优解。

5.3 一般约束优化问题的一阶最优性条件

100min

本节考虑同时带有不等式约束和等式约束的优化问题。

5.3.1 几何最优性条件

考虑一般约束优化问题

$$\begin{cases} \min & f(\boldsymbol{x}) \\ \text{s.t.} & g_i(\boldsymbol{x}) \leqslant 0, \quad i=1,2,\cdots,m \\ & h_j(\boldsymbol{x})=0, \quad j=1,2,\cdots,l \end{cases} \tag{5-34}$$

先重申一些基本概念。

1. 可行集

$$F=\{\boldsymbol{x}\in\mathbf{R}^n \mid g_i(\boldsymbol{x})\leqslant 0, i=1,2,\cdots,m;\ h_j(\boldsymbol{x})=0, j=1,2,\cdots,l\} \tag{5-35}$$

2. $x\in F$ 点处的积极约束指标集

$$A(\boldsymbol{x})=\{i \mid g_i(\boldsymbol{x})=0, i=1,2,\cdots,m\} \tag{5-36}$$

3. $x\in F$ 点处的非积极约束指标集

$$\overline{A}(\boldsymbol{x})=\{i \mid g_i(\boldsymbol{x})<0, i=1,2,\cdots,m\} \tag{5-37}$$

4. 正则点

定义 5-4 设 $\boldsymbol{x}\in F$，如果向量组$\{\nabla g_i(\boldsymbol{x}),\nabla h_j(\boldsymbol{x}) \mid i\in A(\boldsymbol{x}), j=1,2,\cdots,l\}$线性无关，就称 $\boldsymbol{x}$ 为约束 $g_i(\boldsymbol{x})\leqslant 0, i=1,2,\cdots,m$ 和 $h_j(\boldsymbol{x})=0, j=1,2,\cdots,l$ 的正则点。

下面将在正则点的前提下，介绍最优解的必要条件。与 5.2 节思路一样，我们仍然先给出从几何上表达的最优性条件，再将其转换为代数形式。几何上的描述通俗地讲就是满足可行方向集和下降方向集的交集为空的原则。对问题(5-34)，下降方向仍为式(5-5)定义的 D_0，难点在于对可行方向的描述，当 $h_j(\boldsymbol{x}), j=1,2,\cdots,l$ 为非线性函数时，在任何可行点均不存在可行方向，沿任何方向取微小步长都将破坏其可行性，因此，就等式约束 $\boldsymbol{h}(\boldsymbol{x})=\boldsymbol{0}$(这里 $\boldsymbol{h}(\boldsymbol{x})=(h_1(\boldsymbol{x}),h_2(\boldsymbol{x}),\cdots,h_l(\boldsymbol{x}))^{\mathrm{T}}$，下同)而言，为描述可行移动，需要考虑超曲面 $S=\{\boldsymbol{x} \mid \boldsymbol{h}(\boldsymbol{x})=\boldsymbol{0}\}$上的可行曲线。

定义 5-5 点集$\{\boldsymbol{x}=\boldsymbol{x}(t) \mid t_0\leqslant t\leqslant t_1\}$称为曲面 $S=\{\boldsymbol{x} \mid \boldsymbol{h}(\boldsymbol{x})=\boldsymbol{0}\}$上的一条曲线，如果对所有 $t\in[t_0,t_1]$，则均有 $\boldsymbol{h}(\boldsymbol{x})=\boldsymbol{0}$。

显然，曲线上的点是参数 t 的函数，如果导数 $\boldsymbol{x}'(t)=\mathrm{d}\boldsymbol{x}(t)/\mathrm{d}t$ 存在，则称曲线是可微的。曲线 $\boldsymbol{x}(t)$的一阶导函数 $\boldsymbol{x}'(t)$是曲线在点 $\boldsymbol{x}=\boldsymbol{x}(t)$处的切向量，曲面 S 上经过点 $\boldsymbol{x}$ 的所有可微曲线在 $\boldsymbol{x}$ 处的切向量组成的集合，称为曲面 S 在点 $\boldsymbol{x}$ 的切平面，记作 $T(\boldsymbol{x})$。

切平面 $T(\boldsymbol{x})$并没有显式的表达式，为了便于表达，定义子空间

$$H(\boldsymbol{x})=\{\boldsymbol{d} \mid \nabla \boldsymbol{h}(\boldsymbol{x})^{\mathrm{T}}\boldsymbol{d}=0\} \tag{5-38}$$

一般情况下，切平面 $T(\boldsymbol{x})$是子空间 $H(\boldsymbol{x})$的子集，即 $T(\boldsymbol{x})\subseteq H(\boldsymbol{x})$，但若 $\boldsymbol{x}$ 是约束 $h_j(\boldsymbol{x})=0$，$j=1,2,\cdots,l$ 的正则点，则反之也成立。

定理 5-6 设 $\boldsymbol{x}$ 是曲面 $S=\{\boldsymbol{x} \mid \boldsymbol{h}(\boldsymbol{x})=\boldsymbol{0}\}$上的一个正则点，则在点 x 处的切平面 $T(\boldsymbol{x})$等于子空间 $H(\boldsymbol{x})$，即 $T(\boldsymbol{x})=H(\boldsymbol{x})$。

定理 5-6 的证明需要用到隐函数定理，比较烦琐，超出了本书的范围，我们在此先承认它，在此基础上进行后续的讨论。

定理 5-6 的意义在于给出了切平面的一个几何表示，即

$$T(\boldsymbol{x})=\{\boldsymbol{d} \mid \nabla h_j(\boldsymbol{x})^{\mathrm{T}}\boldsymbol{d}=0, j=1,2,\cdots,l\} \tag{5-39}$$

根据这一表示，我们给出以下集合最优性条件。

定理 5-7 设在约束优化问题(5-34)中，$\boldsymbol{x}^*\in F$，f 和 $g_i(i\in A(\boldsymbol{x}^*))$在点 $\boldsymbol{x}^*$ 可微，$g_i(i\in\overline{A}(\boldsymbol{x}^*))$在点 $\boldsymbol{x}^*$ 连续，$h_j(j=1,2,\cdots,l)$在点 $\boldsymbol{x}^*$ 连续可微，并且$\nabla h_1(\boldsymbol{x}^*),\nabla h_2(\boldsymbol{x}^*),\cdots$，

$\nabla h_l(\boldsymbol{x}^*)$线性无关，如果 $\boldsymbol{x}^*$ 是局部最优解，则在 $\boldsymbol{x}^*$ 处有

$$F_1 \cap D_0 \cap H = \varnothing \tag{5-40}$$

其中，F_1 由式(5-16)确定，D_0 由式(5-5)确定，H 由式(5-38)确定。

证明 用反证法，设 $F_1 \cap D_0 \cap H \neq \varnothing$，即存在向量 $\boldsymbol{y} \in F_1 \cap D_0 \cap H$，也就是 $\boldsymbol{y}$ 使

$$\nabla f(\boldsymbol{x}^*)^{\mathrm{T}} \boldsymbol{y} < 0 \tag{5-41}$$

$$\nabla g_i(\boldsymbol{x}^*)^{\mathrm{T}} \boldsymbol{y} < 0, \quad i \in A(\boldsymbol{x}^*) \tag{5-42}$$

$$\nabla h_j(\boldsymbol{x}^*)^{\mathrm{T}} \boldsymbol{y} = 0, \quad j = 1, 2, \cdots, l \tag{5-43}$$

同时成立，根据定理 5-6，$\boldsymbol{y} \in T(\boldsymbol{x}^*)$，即在曲面 $S = \{\boldsymbol{x} \mid \boldsymbol{h}(\boldsymbol{x}) = \boldsymbol{0}\}$ 上存在经过点 $\boldsymbol{x}^* = \boldsymbol{x}(0)$ 的可微曲线 $\boldsymbol{x}(t)$，其在点 $\boldsymbol{x}^*$ 处的切向量为 $\boldsymbol{y} = \mathrm{d}\boldsymbol{x}(0)/\mathrm{d}t$。下面证明当 $t > 0$ 充分小时，$\boldsymbol{x}(t)$ 为可行点，并且 $f(\boldsymbol{x}(t)) < f(\boldsymbol{x}^*)$。

当 $i \in A(\boldsymbol{x}^*)$ 时，

$$\left.\frac{\mathrm{d}g_i(\boldsymbol{x}(t))}{\mathrm{d}t}\right|_{t=0} = \nabla g_i(\boldsymbol{x}^*)^{\mathrm{T}} \left.\frac{\mathrm{d}\boldsymbol{x}(t)}{\mathrm{d}t}\right|_{t=0} = \nabla g_i(\boldsymbol{x}^*)^{\mathrm{T}} \boldsymbol{y} < 0$$

因此，存在 $\delta_1 > 0$，当 $t \in [0, \delta_1)$ 时

$$g_i(\boldsymbol{x}(t)) \leqslant 0, \quad \forall i \in A(\boldsymbol{x}^*) \tag{5-44}$$

当 $i \in \bar{A}(\boldsymbol{x}^*)$ 时，由于 $g_i(\boldsymbol{x}^*) < 0$，并且 g_i 在 $\boldsymbol{x}^*$ 连续，因此，存在 $\delta_2 > 0$，当 $t \in [0, \delta_2)$ 时，有

$$g_i(\boldsymbol{x}(t)) \leqslant 0, \quad \forall i \in \bar{A}(\boldsymbol{x}^*) \tag{5-45}$$

另一方面，由于

$$\left.\frac{\mathrm{d}f(\boldsymbol{x}(t))}{\mathrm{d}t}\right|_{t=0} = \nabla f(\boldsymbol{x}^*)^{\mathrm{T}} \left.\frac{\mathrm{d}\boldsymbol{x}(t)}{\mathrm{d}t}\right|_{t=0} = \nabla f(\boldsymbol{x}^*)^{\mathrm{T}} \boldsymbol{y} < 0$$

因此存在 $\delta_3 > 0$，当 $t \in [0, \delta_3)$ 时，有

$$f(\boldsymbol{x}(t)) < f(\boldsymbol{x}^*) \tag{5-46}$$

令 $\delta = \min\{\delta_1, \delta_2, \delta_3\}$，则 $t \in [0, \delta)$ 时，式(5-44)～式(5-46)同时成立，并且 $h_j(\boldsymbol{x}(t)) = 0$，$j = 1, 2, \cdots, l$，因此，当 $t \in [0, \delta)$ 时，$\boldsymbol{x}(t)$ 为可行点，并且 $f(\boldsymbol{x}(t)) < f(\boldsymbol{x}^*)$，这个结果与 $\boldsymbol{x}^*$ 是局部最优解矛盾，因此有

$$F_1 \cap D_0 \cap H = \varnothing$$

5.3.2 Fritz John 必要条件

下面给出一阶必要条件的代数表达。

定理 5-8 (Fritz John 条件)在问题(5-34)中，设 $\boldsymbol{x}^* \in F$，$A(\boldsymbol{x}^*)$ 和 $\bar{A}(\boldsymbol{x}^*)$ 分别为积极约束集和非积极约束集，f 和 $g_i (i \in A(\boldsymbol{x}^*))$ 在点 $\boldsymbol{x}^*$ 可微，$g_i (i \in \bar{A}(\boldsymbol{x}^*))$ 在点 $\boldsymbol{x}^*$ 连续，$h_j (j = 1, 2, \cdots, l)$ 在点 $\boldsymbol{x}^*$ 连续可微，如果 $\boldsymbol{x}^*$ 是局部最优解，则存在不全为 0 的数 ω_0，$\omega_i (i \in A(\boldsymbol{x}^*))$ 和 $\nu_j (j = 1, 2, \cdots, l)$ 使

$$\omega_0 \nabla f(\boldsymbol{x}^*) + \sum_{i \in A(\boldsymbol{x}^*)} \omega_i \nabla g_i(\boldsymbol{x}^*) + \sum_{j=1}^{l} \nu_j \nabla h_j(\boldsymbol{x}^*) = \boldsymbol{0} \tag{5-47}$$

证明　如果$\nabla h_1(\boldsymbol{x}^*), \nabla h_2(\boldsymbol{x}^*), \cdots, \nabla h_l(\boldsymbol{x}^*)$线性相关，则存在不全为0的数$\nu_j(j=1,2,\cdots,l)$使

$$\sum_{j=1}^{l} \nu_j \nabla h_j(\boldsymbol{x}^*) = \boldsymbol{0}$$

这时，可令$\omega_0=0, \omega_i=0(i \in A(\boldsymbol{x}^*))$，则得出定理的结论。

如果$\nabla h_1(\boldsymbol{x}^*), \nabla h_2(\boldsymbol{x}^*), \cdots, \nabla h_l(\boldsymbol{x}^*)$线性无关，则满足定理5-7的条件，必有

$$F_1 \cap D_0 \cap H = \varnothing$$

即不等式

$$\begin{cases} \nabla f(\boldsymbol{x}^*)^{\mathrm{T}} \boldsymbol{d} < 0 \\ \nabla g_i(\boldsymbol{x}^*)^{\mathrm{T}} \boldsymbol{d} < 0 & i \in A(\boldsymbol{x}^*) \\ \nabla \boldsymbol{h}_j(\boldsymbol{x}^*)^{\mathrm{T}} \boldsymbol{d} = 0 & j = 1,2,\cdots,l \end{cases} \tag{5-48}$$

无解。

令$\boldsymbol{A}$是以$\nabla f(\boldsymbol{x}^*)^{\mathrm{T}}$和$\nabla g_i(\boldsymbol{x}^*)^{\mathrm{T}}(i \in A(\boldsymbol{x}^*))$为行组成的矩阵，$\boldsymbol{B}$是以$\nabla h_j(\boldsymbol{x}^*)^{\mathrm{T}}(j=1,2,\cdots,l)$为行组成的矩阵，这样系统(5-48)无解，也就是系统

$$\begin{cases} \boldsymbol{Ad} < \boldsymbol{0} \\ \boldsymbol{Bd} = \boldsymbol{0} \end{cases}$$

无解。

现在定义两个集合

$$S_1 = \left\{ \begin{bmatrix} \boldsymbol{y}_1 \\ \boldsymbol{y}_2 \end{bmatrix} \middle| \boldsymbol{y}_1 = \boldsymbol{Ad}, \boldsymbol{y}_2 = \boldsymbol{Bd}, \boldsymbol{d} \in \mathbf{R}^n \right\}$$

和

$$S_2 = \left\{ \begin{bmatrix} \boldsymbol{y}_1 \\ \boldsymbol{y}_2 \end{bmatrix} \middle| \boldsymbol{y}_1 < \boldsymbol{0}, \boldsymbol{y}_2 = \boldsymbol{0} \right\}$$

显然，S_1和S_2均为非空凸集，并且

$$S_1 \cap S_2 = \varnothing$$

根据定理1-4，存在非零向量

$$\boldsymbol{p} = \begin{bmatrix} \boldsymbol{p}_1 \\ \boldsymbol{p}_2 \end{bmatrix}$$

使对每个$\boldsymbol{d} \in \mathbf{R}^n$及每点

$$\begin{bmatrix} \boldsymbol{y}_1 \\ \boldsymbol{y}_2 \end{bmatrix} \in \mathrm{cl} S_2$$

成立

$$\boldsymbol{p}_1^{\mathrm{T}}\boldsymbol{A}\boldsymbol{d}+\boldsymbol{p}_2^{\mathrm{T}}\boldsymbol{B}\boldsymbol{d}\geqslant \boldsymbol{p}_1^{\mathrm{T}}\boldsymbol{y}_1+\boldsymbol{p}_2^{\mathrm{T}}\boldsymbol{y}_2 \tag{5-49}$$

令 $\boldsymbol{y}_2=\boldsymbol{0}$，由于 $\boldsymbol{y}_1$ 的每个分量均可为任意负数，因此式(5-49)成立蕴含着

$$\boldsymbol{p}_1\geqslant 0 \tag{5-50}$$

再令

$$\begin{bmatrix}\boldsymbol{y}_1\\ \boldsymbol{y}_2\end{bmatrix}=\begin{bmatrix}\boldsymbol{0}\\ \boldsymbol{0}\end{bmatrix}\in \mathrm{cl}S_2$$

则由式(5-49)的成立又蕴含着

$$\boldsymbol{p}_1^{\mathrm{T}}\boldsymbol{A}\boldsymbol{d}+\boldsymbol{p}_2^{\mathrm{T}}\boldsymbol{B}\boldsymbol{d}\geqslant 0 \tag{5-51}$$

由于 $\boldsymbol{d}\in\mathbf{R}^n$，可取任何向量，我们令

$$\boldsymbol{d}=-(\boldsymbol{A}^{\mathrm{T}}\boldsymbol{p}_1+\boldsymbol{B}^{\mathrm{T}}\boldsymbol{p}_2) \tag{5-52}$$

代入式(5-51)得到

$$-\|\boldsymbol{A}^{\mathrm{T}}\boldsymbol{p}_1+\boldsymbol{B}^{\mathrm{T}}\boldsymbol{p}_2\|^2\geqslant 0$$

由此可知

$$\boldsymbol{A}^{\mathrm{T}}\boldsymbol{p}_1+\boldsymbol{B}^{\mathrm{T}}\boldsymbol{p}_2=\boldsymbol{0} \tag{5-53}$$

把 $\boldsymbol{p}_1$ 的分量记作 ω_0 和 $\omega_i(i\in A(x^*))$，把 $\boldsymbol{p}_2$ 的分量记作 $\nu_j(j=1,2,\cdots,l)$，则式(5-50)和式(5-53)即为

$$\omega_0\nabla f(\boldsymbol{x}^*)+\sum_{i\in A(\boldsymbol{x}^*)}\omega_i\nabla g_i(\boldsymbol{x}^*)+\sum_{j=1}^{l}\nu_j\nabla h_j(\boldsymbol{x}^*)=\boldsymbol{0}$$

$$\omega_0,\omega_i\geqslant 0,\quad i\in A(\boldsymbol{x}^*)$$

由于 $\boldsymbol{p}$ 是非零向量，因此数 $\omega_0,\omega_i(i\in A(\boldsymbol{x}^*))$ 及 $\nu_j(j=1,2,\cdots,l)$ 不全为 0。

以下给出一个 Fritz John 必要条件的例子。

【例 5-5】 考虑非线性约束优化问题

$$\begin{cases}\min & f(\boldsymbol{x})=x_1^2+(x_2-3)^2\\ \text{s. t.} & g_1(\boldsymbol{x})=(x_1+1)^2+(x_2-1)^2-1\leqslant 0\\ & g_2(\boldsymbol{x})=(x_1-1)^2+(x_2-1)^2-1=0\end{cases}$$

这个问题的唯一可行点是 $\boldsymbol{x}^*=(0,1)^{\mathrm{T}}$，验证在点 $\boldsymbol{x}^*$ 处满足 Fritz John 条件。

解 由于 $g_1(\boldsymbol{x}^*)=0$，故积极约束集为 $A(\boldsymbol{x}^*)=\{1\}$，目标函数和约束函数的梯度分别为

$$\nabla f(\boldsymbol{x})=\begin{bmatrix}2x_1\\ 2(x_2-3)\end{bmatrix},\quad \nabla g_1(\boldsymbol{x})=\begin{bmatrix}2(x_1+1)\\ 2(x_2-1)\end{bmatrix},\quad \nabla g_2(\boldsymbol{x})=\begin{bmatrix}2(x_1-1)\\ 2(x_2-1)\end{bmatrix}$$

故在点 $\boldsymbol{x}^*$ 处

$$\nabla f(\boldsymbol{x}^*)=\begin{bmatrix}0\\ -4\end{bmatrix},\quad \nabla g_1(\boldsymbol{x}^*)=\begin{bmatrix}2\\ 0\end{bmatrix},\quad \nabla g_2(\boldsymbol{x}^*)=\begin{bmatrix}-2\\ 0\end{bmatrix}$$

设

$$\omega_0\nabla f(\boldsymbol{x}^*)+\omega_1\nabla g_1(\boldsymbol{x}^*)+\nu_1\nabla g_2(\boldsymbol{x}^*)=\boldsymbol{0}$$

则

$$\begin{cases}2\omega_1-2\nu_1=0\\-4\omega_0=0\end{cases}$$

得到 $\omega_0=0,\omega_1=\nu_1=k$，其中 k 可取任何数，因此在点 $\boldsymbol{x}^*$ 处 Fritz John 条件成立，如图 5-8 所示。

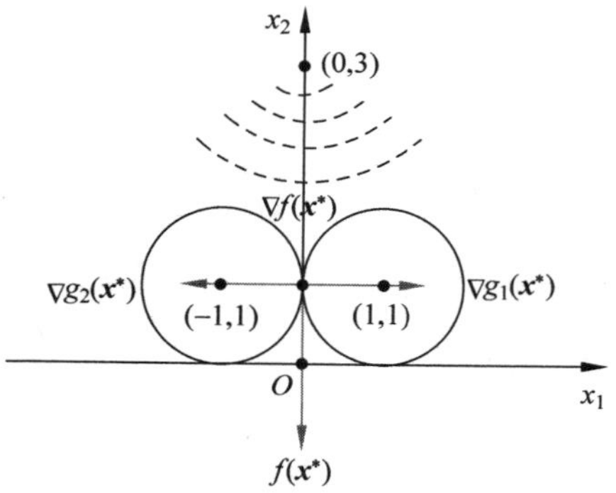

图 5-8 例 5-5 示意图

例 5-5 表明，在 Fritz John 条件中，不排除目标函数梯度的系数 ω_0 等于 0 的情形，为了保证 ω_0 不等于 0，需给约束条件施加某种限制（称为约束规格），从而给出一般约束问题的 KKT 必要条件。

5.3.3 KKT 必要条件

定理 5-9 （KKT 必要条件）设在问题(5-34)中，$\boldsymbol{x}^*\in F$，$A(\boldsymbol{x}^*)$ 和 $\overline{A}(\boldsymbol{x}^*)$ 分别为 $\boldsymbol{x}^*$ 处的积极约束和非积极约束。f 和 $g_i(i\in A(\boldsymbol{x}^*))$ 在点 $\boldsymbol{x}^*$ 处可微，$g_i(i\in\overline{A}(\boldsymbol{x}^*))$ 在点 $\boldsymbol{x}^*$ 处连续，$h_j(j=1,2,\cdots,l)$ 在点 $\boldsymbol{x}^*$ 处连续可微，向量集合

$$\{\nabla g_i(\boldsymbol{x}^*),\nabla h_j(\boldsymbol{x}^*)\mid i\in A(\boldsymbol{x}^*),j=1,2,\cdots,l\}\tag{5-54}$$

线性无关，如果 $\boldsymbol{x}^*$ 是局部最优解，则存在数 $\omega_i(i\in A(\boldsymbol{x}^*))$ 和 $\nu_j(j=1,2,\cdots,l)$ 使

$$\begin{aligned}&\nabla f(\boldsymbol{x}^*)+\sum_{i\in A(\boldsymbol{x}^*)}\omega_i\nabla g_i(\boldsymbol{x}^*)+\sum_{j=1}^{l}\nu_j h_j(\boldsymbol{x}^*)=\boldsymbol{0}\\&\omega_i\geqslant 0,\quad i\in A(\boldsymbol{x}^*)\end{aligned}\tag{5-55}$$

证明 根据定理 5-8，存在不全为 0 的数 $\omega_0,\bar{\omega}_i(i\in A(\boldsymbol{x}^*))$ 和 $\bar{\nu}_j(j=1,2,\cdots,l)$，使

$$\begin{aligned}&\omega_0\nabla f(\boldsymbol{x}^*)+\sum_{i\in A(\boldsymbol{x}^*)}\bar{\omega}_i\nabla g_i(\boldsymbol{x}^*)+\sum_{j=1}^{l}\bar{\nu}_j h_j(\boldsymbol{x}^*)=\boldsymbol{0}\\&\omega_0,\bar{\omega}_i\geqslant 0\quad(i\in A(\boldsymbol{x}^*))\end{aligned}\tag{5-56}$$

若 $\omega_0=0$，由于向量组

$$\{\nabla g_i(\boldsymbol{x}^*),\nabla h_j(\boldsymbol{x}^*)\mid i\in A(\boldsymbol{x}^*),j=1,2,\cdots,l\}$$

线性无关，则由式(5-56)必然有

$$\bar{\omega}_i=0,\bar{\nu}_j=0,i\in A(\boldsymbol{x}^*),j=1,2,\cdots,l$$

这与定理 5-8 矛盾，故一定有 $\omega_0\neq 0$，令

$$\omega_i=\frac{\bar{\omega}_i}{\omega_0},\quad i\in A(\boldsymbol{x}^*)$$

$$\nu_j=\frac{\bar{\nu}_j}{\omega_0},\quad j=1,2,\cdots,l$$

于是得到

$$\nabla f(\boldsymbol{x}^*)+\sum_{i\in A(\boldsymbol{x}^*)}\omega_i\nabla g_i(\boldsymbol{x}^*)+\sum_{j=1}^{l}\nu_j h_j(\boldsymbol{x}^*)=\boldsymbol{0}$$

$$\omega_i\geqslant 0,\quad i\in A(\boldsymbol{x}^*)$$

定理得证。

与只有不等式约束的情形相似,当 $g_i(i\in\overline{A}(\boldsymbol{x}^*))$在点 $\boldsymbol{x}^*$ 也可微时,令其相应的乘子 $\omega_i(i\in\overline{A}(\boldsymbol{x}^*))$等于 0,于是可以将式(5-55)写成

$$\begin{aligned}&\nabla f(\boldsymbol{x}^*)+\sum_{i=1}^{m}\omega_i\nabla g_i(\boldsymbol{x}^*)+\sum_{j=1}^{l}\nu_j h_j(\boldsymbol{x}^*)=\boldsymbol{0}\\&\omega_i g_i(\boldsymbol{x}^*)=0,\quad i=1,2,\cdots,m\\&\omega_i\geqslant 0,\quad i=1,2,\cdots,m\end{aligned}\tag{5-57}$$

其中 $\omega_i g_i(\boldsymbol{x}^*)=0(i=1,2,\cdots,m)$仍称为互补松弛条件。

针对问题 5-34,定义广义的拉格朗日函数

$$L(\boldsymbol{x},\boldsymbol{\omega},\boldsymbol{\nu})=f(\boldsymbol{x})+\sum_{i=1}^{m}\omega_i g_i(\boldsymbol{x})+\sum_{j=1}^{l}\nu_j h_j(\boldsymbol{x}^*)\tag{5-58}$$

于是,在定理 5-9 的条件下,若 $\boldsymbol{x}^*$ 为问题(5-34)的局部最优解,则存在乘子向量$\boldsymbol{\omega}^*\geqslant 0$ 和 $\boldsymbol{\nu}^*$,使

$$\nabla_x L(\boldsymbol{x}^*,\boldsymbol{\omega}^*,\boldsymbol{\nu}^*)=\boldsymbol{0}\tag{5-59}$$

这样,KKT 乘子$\boldsymbol{\omega}^*$ 和$\boldsymbol{\nu}^*$ 也称为拉格朗日乘子。此时,一般情形的一阶必要条件可以表示为

$$\begin{cases}\nabla_x L(\boldsymbol{x}^*,\boldsymbol{\omega}^*,\boldsymbol{\nu}^*)=0\\ g_i(\boldsymbol{x}^*)\leqslant 0 & i=1,2,\cdots,m\\ h_j(\boldsymbol{x}^*)=0 & j=1,2,\cdots,l\\ \omega_i^* g_i(\boldsymbol{x}^*)=0 & i=1,2,\cdots,m\\ \omega_i^*\geqslant 0 & i=1,2,\cdots,m\end{cases}\tag{5-60}$$

定理 5-9 是最优解的必要条件,但是在凸规划的假设下,定理 5-9 的条件也是充分的。

定理 5-10 设在问题(5-34)中,$f,g_i(i=1,2,\cdots,m)$是凸函数,$h_j(j=1,2,\cdots,m)$是线性函数,$\boldsymbol{x}^*\in F$,$A(\boldsymbol{x}^*)$和 $A(\boldsymbol{x}^*)$分别为积极约束集和非积极约束集,向量集

$$\{\nabla f_i(\boldsymbol{x}^*),\nabla h_j(\boldsymbol{x}^*)\mid i\in A(\boldsymbol{x}^*),j=1,2,\cdots,l\}$$

线性无关,则 $\boldsymbol{x}^*$ 是问题(5-34)的全局最优解的充分必要条件为在 $\boldsymbol{x}^*$ 处 KKT 条件成立,即存在 $\omega_i\geqslant 0(i\in A(\boldsymbol{x}^*))$及 $\nu_j(j=1,2,\cdots,l)$使

$$\nabla f(\boldsymbol{x}^*)+\sum_{i\in A(\boldsymbol{x}^*)}\omega_i\nabla g_i(\boldsymbol{x}^*)+\sum_{i=1}^{j}\nu_j\nabla h_j(\boldsymbol{x}^*)=\boldsymbol{0}\tag{5-61}$$

证明 必要条件由凸函数的可微性和线性函数的连续性即定理 5-9 可以得到。下面证明充分性。

由定理的假设易知,可行域 F 是凸集,又由目标函数是凸函数,因此问题(5-34)是凸规

划问题。

由于 f 是凸函数，并且在 $\boldsymbol{x}^* \in F$ 可微，根据定理 1-7，对任意的 $\boldsymbol{x} \in F$ 有

$$f(\boldsymbol{x}) \geqslant f(\boldsymbol{x}^*) + \nabla f(\boldsymbol{x}^*)^{\mathrm{T}}(\boldsymbol{x} - \boldsymbol{x}^*) \tag{5-62}$$

又由于 $g_i(i \in A(\boldsymbol{x}^*))$ 是凸函数，并且在 $\boldsymbol{x}^* \in F$ 可微，则

$$g_i(\boldsymbol{x}) \geqslant g_i(\boldsymbol{x}^*) + \nabla g_i(\boldsymbol{x}^*)^{\mathrm{T}}(\boldsymbol{x} - \boldsymbol{x}^*), \quad i \in A(\boldsymbol{x}^*)$$

由于 $\boldsymbol{x} \in F$，故 $g_i(\boldsymbol{x}) \geqslant 0$，$h_j(\boldsymbol{x}) = 0$，因此

$$\nabla g_i(\boldsymbol{x}^*)^{\mathrm{T}}(\boldsymbol{x} - \boldsymbol{x}^*) \leqslant 0, \quad i \in A(\boldsymbol{x}^*) \tag{5-63}$$

由于 $h_j(j = 1, 2, \cdots, l)$ 是线性函数，必有

$$h_j(\boldsymbol{x}) = h_j(\boldsymbol{x}^*) + \nabla h_j(\boldsymbol{x}^*)^{\mathrm{T}}(\boldsymbol{x} - \boldsymbol{x}^*)$$

又因为 $\boldsymbol{x}$ 和 $\boldsymbol{x}^*$ 是可行点，满足

$$h_j(\boldsymbol{x}) = h_j(\boldsymbol{x}^*) = 0, \quad j = 1, 2, \cdots, l$$

于是有

$$\nabla h_j(\boldsymbol{x}^*)^{\mathrm{T}}(\boldsymbol{x} - \boldsymbol{x}^*) = 0, \quad j = 1, 2, \cdots, l \tag{5-64}$$

将已知条件式(5-61)代入式(5-62)，并注意到式(5-63)和式(5-64)，以及 $\omega_i \geqslant 0 (i \in A(\boldsymbol{x}^*))$，得

$$f(\boldsymbol{x}) \geqslant f(\boldsymbol{x}^*)$$

故 $\boldsymbol{x}^*$ 为全局最优解。

【例 5-6】 求问题

$$\begin{cases} \min & f(\boldsymbol{x}) = (x_1 - 1)^2 + (x_2 - 3)^2 \\ \text{s. t.} & g_1(\boldsymbol{x}) = (x_1 - 1)^2 + x_2^2 - 1 \leqslant 0 \\ & g_2(\boldsymbol{x}) = x_1 + x_2 - 2 \leqslant 0 \end{cases}$$

的最优解。

解 由于 f 和 g_1 是凸函数，g_2 是线性函数，所以该问题是凸规划，定理 5-10 适用于该问题。

目标函数和约束函数的梯度分别为

$$\nabla f(\boldsymbol{x}) = \begin{bmatrix} 2(x_1 - 1) \\ 2(x_2 - 3) \end{bmatrix}, \quad \nabla g_1(\boldsymbol{x}) = \begin{bmatrix} 2(x_1 - 1) \\ 2x_2 \end{bmatrix}, \quad \nabla g_2(\boldsymbol{x}) = \begin{bmatrix} 1 \\ 1 \end{bmatrix}$$

根据 KKT 条件(5-60)，该问题最优解的充分必要条件为

$$\begin{cases} 2(x_1 - 1) + 2\omega_1(x_1 - 1) + \omega_2 = 0 \\ 2(x_2 - 3) + 2\omega_1 x_2 + \omega_2 = 0 \\ \omega_1((x_1 - 1)^2 + x_2^2 - 1) = 0 \\ \omega_2(x_1 + x_2 - 2) = 0 \\ (x_1 - 1)^2 + x_2^2 - 1 \leqslant 0 \\ x_1 + x_2 - 2 \leqslant 0 \\ \omega_1, \omega_2 \geqslant 0 \end{cases}$$

求解该方程得

$$x_1=1,\quad x_2=1,\quad \omega_1=2,\quad \omega_2=0$$

因此 $\boldsymbol{x}^*=(1,1)^{\mathrm{T}}$ 是该问题的全局最优解，如图 5-9 所示。

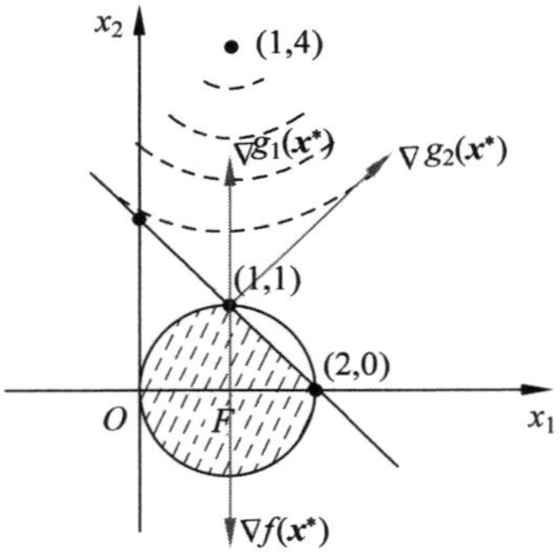

图 5-9 例 5-6 示意图

82min

5.4 对偶问题及鞍点最优性条件

对偶理论是优化理论的重要组成部分，考虑对偶问题可以更深刻地理解最优化原理，某些对偶问题也可以让原问题的求解变得简单。根据对偶函数的不同构造方法，一个问题可以有不同的对偶问题，本节通过著名的拉格朗日(Lagrange)对偶来进一步理解最优性条件。

本节首先介绍拉格朗日对偶问题的定义，然后不加证明地介绍对偶原理，最后介绍基于拉格朗日对偶的鞍点最优性条件及其与前述的 KKT 最优性条件的关系。

5.4.1 拉格朗日对偶问题

考虑一般约束优化问题

$$\begin{cases}\min & f(\boldsymbol{x})\\ \text{s. t.} & g_i(\boldsymbol{x})\leqslant 0, i=1,2,\cdots,m\\ & h_j(\boldsymbol{x})=0, j=1,2,\cdots,l\\ & \boldsymbol{x}\in B\end{cases}\tag{5-65}$$

其中，B 为箱子集，也可以将其整合到不等式约束中。将问题(5-65)视作原问题，定义它的对偶问题为

$$\begin{cases}\max & L(\boldsymbol{\omega},\boldsymbol{\nu})\\ \text{s. t.} & \boldsymbol{\omega}\geqslant 0\end{cases}\tag{5-66}$$

其中，目标为

$$L(\boldsymbol{\omega},\boldsymbol{\nu})=\inf_{\boldsymbol{x}}\left\{f(\boldsymbol{x})+\sum_{i=1}^{m}\omega_i g_i(\boldsymbol{x})+\sum_{j=1}^{l}\nu_j h_j(\boldsymbol{x})\,\middle|\,\boldsymbol{x}\in B\right\}\tag{5-67}$$

当函数 $L(\boldsymbol{\omega},\boldsymbol{\nu})$ 不存在有限下界时，假设

$$L(\boldsymbol{\omega},\boldsymbol{\nu})=-\infty \tag{5-68}$$

$L(\boldsymbol{\omega},\boldsymbol{\nu})$称为拉格朗日对偶函数。上述拉格朗日对偶问题和拉格朗日对偶函数的定义显得有些突然,但读者可不用先纠结于为什么做这样的定义,随着后续的介绍会慢慢清楚。以下给出一个拉格朗日对偶问题和拉格朗日函数的案例。

【例 5-7】 考虑非线性优化问题

$$\begin{cases}\min & x_1^2+x_2^2\\ \text{s. t.} & -x_1-x_2+4\leqslant 0\\ & x_1\geqslant 0,x_2\geqslant 0\end{cases}$$

很显然,该问题的最优解和最优值为 $\boldsymbol{x}^*=(2,2)^{\mathrm{T}}$ 和 $f^*=8$。

将约束 $x_1\geqslant 0,x_2\geqslant 0$ 视作箱子集约束,即

$$B=\{\boldsymbol{x}=(x_1,x_2)^{\mathrm{T}}\mid x_1\geqslant 0,x_2\geqslant 0\}$$

拉格朗日对偶函数为

$$\begin{aligned}L(\omega)&=\inf_{x}\{x_1^2+x_2^2+\omega(-x_1-x_2+4)\mid x_1\geqslant 0,x_2\geqslant 0\}\\&=\inf_{x_1}\{x_1^2-\omega x_1\mid x_1\geqslant 0\}+\inf_{x_2}\{x_2^2-\omega x_2\mid x_2\geqslant 0\}+4\omega\end{aligned}$$

当 $\omega\geqslant 0$ 时,有

$$L(\omega)=-\frac{1}{2}\omega^2+4\omega$$

当 $\omega<0$ 时,由于 $x_1\geqslant 0,x_2\geqslant 0$ 故

$$x_1^2-\omega x_1\geqslant 0$$
$$x_2^2-\omega x_2\geqslant 0$$

因此,当 $x_1=x_2=0$ 时,得到极小值

$$L(\omega)=4\omega$$

综上分析,得到拉格朗日函数

$$L(\omega)=\begin{cases}-\dfrac{1}{2}\omega^2+4\omega & \omega\geqslant 0\\ 4\omega & \omega<0\end{cases}$$

因此,问题(5-65)的拉格朗日对偶问题为

$$\begin{cases}\max & -\dfrac{1}{2}\omega^2+4\omega\\ \text{s. t.} & \omega\geqslant 0\end{cases}$$

不难求得对偶问题的最优解和最优值分别为 $\omega^*=4$ 和 $L^*=8$

从例 5-7 可以看出,原问题的最优值和对偶问题的最优值正好相等,这种现象在线性规划中是必然的,但对于非线性规划则并不普遍成立。以下介绍针对非线性规划的对偶定理。

5.4.2 对偶定理

对偶定理主要研究原问题和对偶问题之间的关系,具体表现为原问题的最优解和对偶问题的最优解之间的大小关系。

为了阐述方便,使用向量式记号

$$\begin{aligned}&\boldsymbol{g}(\boldsymbol{x})=(g_1(\boldsymbol{x}),g_2(\boldsymbol{x}),\cdots,g_m(\boldsymbol{x}))^{\mathrm{T}}\\&\boldsymbol{h}(\boldsymbol{x})=(h_1(\boldsymbol{x}),h_2(\boldsymbol{x}),\cdots,h_l(\boldsymbol{x}))^{\mathrm{T}}\\&\boldsymbol{\omega}=(\omega_1,\omega_2,\cdots,\omega_m)^{\mathrm{T}}\\&\boldsymbol{\nu}=(\nu_1,\nu_2,\cdots,\nu_l)^{\mathrm{T}}\end{aligned}\tag{5-69}$$

则原问题(5-65)可改写为

$$\begin{cases}\min & f(\boldsymbol{x})\\ \text{s.t.} & \boldsymbol{g}(\boldsymbol{x})\leqslant\boldsymbol{0}\\ & \boldsymbol{h}(\boldsymbol{x})=\boldsymbol{0}\\ & \boldsymbol{x}\in B\end{cases}\tag{5-70}$$

对偶问题(5-66)可改写为

$$\begin{cases}\max & L(\boldsymbol{\omega},\boldsymbol{\nu})\\ \text{s.t.} & \boldsymbol{\omega}\geqslant 0\end{cases}\tag{5-71}$$

其中,对偶函数为

$$L(\boldsymbol{\omega},\boldsymbol{\nu})=\inf_{\boldsymbol{x}}\{f(\boldsymbol{x})+\boldsymbol{\omega}^{\mathrm{T}}\boldsymbol{g}(\boldsymbol{x})+\boldsymbol{\nu}^{\mathrm{T}}\boldsymbol{h}(\boldsymbol{x})\mid\boldsymbol{x}\in B\}\tag{5-72}$$

定理 5-11 (弱对偶定理)设 $\boldsymbol{x}$ 和$(\boldsymbol{\omega},\boldsymbol{\nu})^{\mathrm{T}}$ 分别为原问题和对偶问题的可行解,则

$$f(\boldsymbol{x})\geqslant L(\boldsymbol{\omega},\boldsymbol{\nu})\tag{5-73}$$

证明 根据拉格朗日函数的定义,有

$$\begin{aligned}L(\boldsymbol{\omega},\boldsymbol{\nu})&=\inf_{\boldsymbol{x}}\{f(\boldsymbol{x})+\boldsymbol{\omega}^{\mathrm{T}}\boldsymbol{g}(\boldsymbol{x})+\boldsymbol{\nu}^{\mathrm{T}}\boldsymbol{h}(\boldsymbol{x})\mid\boldsymbol{x}\in B\}\\&\leqslant f(\boldsymbol{x})+\boldsymbol{\omega}^{\mathrm{T}}\boldsymbol{g}(\boldsymbol{x})+\boldsymbol{\nu}^{\mathrm{T}}\boldsymbol{h}(\boldsymbol{x})\end{aligned}\tag{5-74}$$

由于 $\boldsymbol{x}$ 和$(\boldsymbol{\omega},\boldsymbol{\nu})^{\mathrm{T}}$ 分别为原问题和对偶问题的可行解,即满足 $\boldsymbol{g}(\boldsymbol{x})\leqslant\boldsymbol{0}$,$\boldsymbol{h}(\boldsymbol{x})=\boldsymbol{0}$ 和$\boldsymbol{\omega}\geqslant\boldsymbol{0}$,故有

$$\boldsymbol{\omega}^{\mathrm{T}}\boldsymbol{g}(\boldsymbol{x})\leqslant 0,\quad \boldsymbol{\nu}^{\mathrm{T}}\boldsymbol{h}(\boldsymbol{x})=0\tag{5-75}$$

因此得到

$$L(\boldsymbol{\omega},\boldsymbol{\nu})\leqslant f(\boldsymbol{x})\tag{5-76}$$

由定理 5-11 可以得到以下几个推论。

推论 5-3 对原问题和对偶问题,必有

$$\inf_{\boldsymbol{x}}\{f(\boldsymbol{x})\mid\boldsymbol{g}(\boldsymbol{x})\leqslant\boldsymbol{0},\boldsymbol{h}(\boldsymbol{x})=\boldsymbol{0},\boldsymbol{x}\in B\}\geqslant\sup_{\boldsymbol{\omega},\boldsymbol{\nu}}\{L(\boldsymbol{\omega},\boldsymbol{\nu})\mid\boldsymbol{\omega}\geqslant\boldsymbol{0}\}\tag{5-77}$$

推论 5-4 如果 $f(\boldsymbol{x}^*)\leqslant L(\boldsymbol{\omega}^*,\boldsymbol{\nu}^*)$,其中

$$\begin{aligned}&\boldsymbol{x}^*\in\{\boldsymbol{x}\in B\mid\boldsymbol{g}(\boldsymbol{x})\leqslant 0,\boldsymbol{h}(\boldsymbol{x})=\boldsymbol{0}\}\\&\boldsymbol{\omega}^*\geqslant\boldsymbol{0}\end{aligned}\tag{5-78}$$

则 $\boldsymbol{x}^*$ 和 $(\boldsymbol{\omega}^*,\boldsymbol{\nu}^*)$ 分别是原问题和对偶问题的最优解。

推论 5-5　如果

$$\inf\{f(\boldsymbol{x}) \mid \boldsymbol{g}(\boldsymbol{x}) \leqslant \boldsymbol{0}, \boldsymbol{h}(\boldsymbol{x}) = \boldsymbol{0}, \boldsymbol{x} \in B\} = -\infty \tag{5-79}$$

则对每个 $\boldsymbol{\omega} \geqslant \boldsymbol{0}$，有

$$L(\boldsymbol{\omega},\boldsymbol{\nu}) = -\infty \tag{5-80}$$

推论 5-6　如果

$$\sup\{L(\boldsymbol{\omega},\boldsymbol{\nu}) \mid \boldsymbol{\omega} \geqslant 0\} = \infty \tag{5-81}$$

则原问题没有可行解。

根据推论 5-3，若原问题的最优值为 f^*，对偶问题的最优值为 L^*，则必有

$$f^* \geqslant L^* \tag{5-82}$$

如果严格不等式成立，即 $f^* > L^*$，则称存在“对偶间隙”。线性规划问题一般不会存在对偶间隙，但对非线性规划问题，要想不出现对偶间隙，必须对目标函数和约束函数施加一定的限制，这种限制称为“约束规格”。

定理 5-12　（强对偶定理）设 B 是 $\mathbf{R}^n$ 中的一个非空凸集，f 和 $g_i(i=1,2,\cdots,m)$ 均为凸函数，$h_j(j=1,2,\cdots,l)$ 是 $\mathbf{R}^n$ 上的线性函数，又设存在点 $\bar{\boldsymbol{x}} \in B$，使

$$\boldsymbol{g}(\bar{\boldsymbol{x}}) > \boldsymbol{0},\quad \boldsymbol{h}(\bar{\boldsymbol{x}}) = \boldsymbol{0},\quad \boldsymbol{0} \in \operatorname{int}H(B) \tag{5-83}$$

其中，$H(B)=\{\boldsymbol{h}(\boldsymbol{x}) \mid \boldsymbol{x} \in B\}$，则

$$\inf\{f(\boldsymbol{x}) \mid \boldsymbol{g}(\boldsymbol{x}) \leqslant \boldsymbol{0}, \boldsymbol{h}(\boldsymbol{x}) = \boldsymbol{0}, \boldsymbol{x} \in B\} = \sup\{L(\boldsymbol{\omega},\boldsymbol{\nu}) \mid \boldsymbol{\omega} \geqslant \boldsymbol{0}\} \tag{5-84}$$

定理 5-12 的证明比较烦琐，此处不再赘述，感兴趣的读者可以参考文献[4]。

例 5-7 已经给出了一个强对偶的案例，以下从几何角度直观地解释对偶定理。

为了简单起见，考虑只有一个不等式约束的优化问题

$$\begin{cases} \min & f(\boldsymbol{x}) \\ \text{s.t.} & \boldsymbol{g}(\boldsymbol{x}) \leqslant \boldsymbol{0} \\ & \boldsymbol{x} \in B \end{cases} \tag{5-85}$$

其最优值可以表示为

$$f^* = \inf_{\boldsymbol{x}}\{f(\boldsymbol{x}) \mid \boldsymbol{g}(\boldsymbol{x}) \leqslant \boldsymbol{0}\} \tag{5-86}$$

构造集合

$$G = \{(\boldsymbol{g}(\boldsymbol{x}), f(\boldsymbol{x})) \mid \boldsymbol{x} \in B\} \tag{5-87}$$

也就是说 G 是由约束函数和目标函数构成的决策变量空间 B 所对应的函数值空间，如图 5-10 所示。

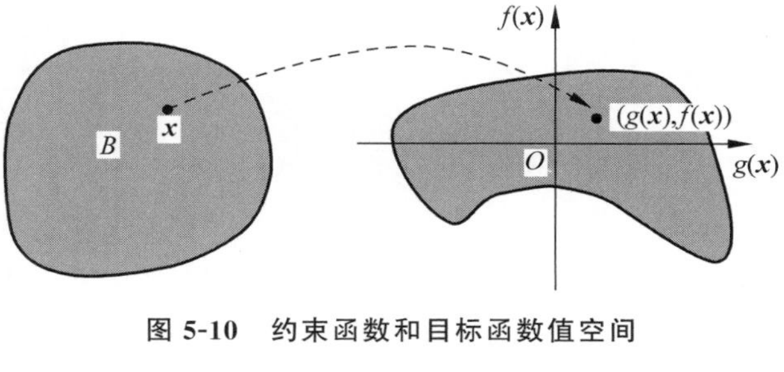

图 5-10　约束函数和目标函数值空间

利用集合 G,可以重写问题(5-85)为

$$f^{*}=\inf\{t \mid (u,t)\in G, u\leqslant 0\} \tag{5-88}$$

如图 5-11 所示,显然,f^{*} 为第三象限下方凸出部分顶点的纵坐标。

接下来考虑问题(5-85)的对偶问题,根据式(5-88)的符号,对偶函数为

$$L(\omega)=\inf\{t+\omega u \mid (u,t)\in G\} \tag{5-89}$$

对偶问题为

$$\begin{cases}\max & L(\omega)\\ \text{s.t.} & \omega\geqslant 0\end{cases} \tag{5-90}$$

从几何上来看,这是一个先从一簇直线中求"最小",然后从众多"最小"中挑出"最大"的过程。

首先固定 ω,求 $L(\omega)$ 的过程如图 5-12 所示。将 $\omega u+t-b=0$ 绘制在图 5-12 中,显然,当直线和 G 的下端凸出部分相切时,纵截距 b 即为 $b=\omega u+t$ 的最小值,即 $L(\omega)$,而随着斜率 ω 的变化,当最小纵截距 b 不同时,$L(\omega)$不同,而最大的 $L(\omega)$即为和两边下方凸出部分均相切时,此时 $f^{*}-L^{*}$ 即为对偶间隙,如图 5-13 所示。

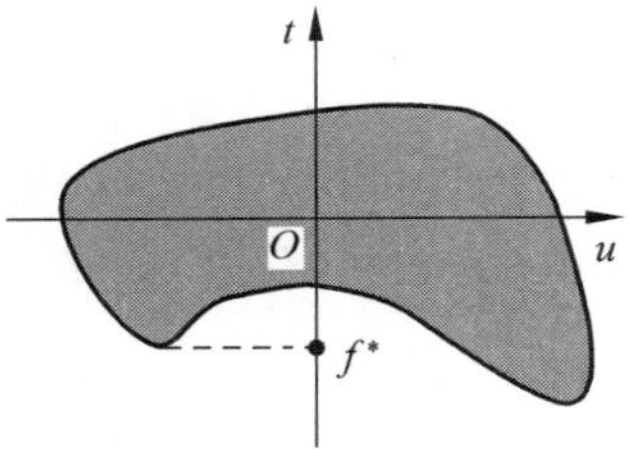

图 5-11 原问题最优值的几何解释

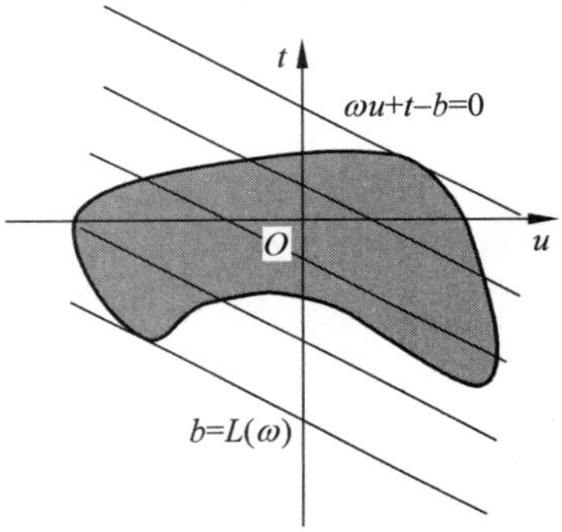

图 5-12 拉格朗日对偶函数的几何解释

从以上分析可以直观地看出,存在对偶间隙的原因是 G 的下方是非凸的,若 G 是一个凸集,显然对偶间隙就不存在了,如图 5-14 所示,例 5-7 也是这种情况。也就是说,G 为凸集是强对偶性的充分条件,但是否是必要条件呢? 答案是否定的。图 5-15 给出了一个很简单但能充分说明问题的反例,因此 G 是凸集是强对偶性的充分非必要条件,这就是著名的 Slater 条件。

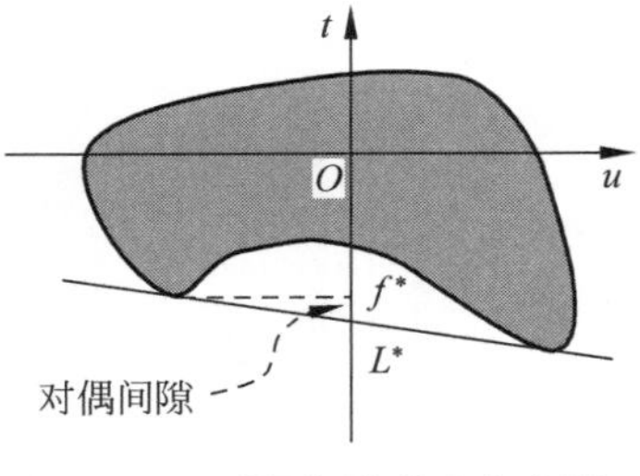

图 5-13 对偶间隙的几何解释

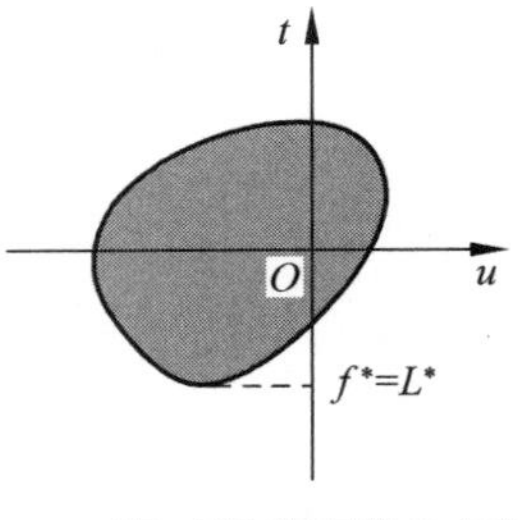

图 5-14 强对偶定理的几何解释

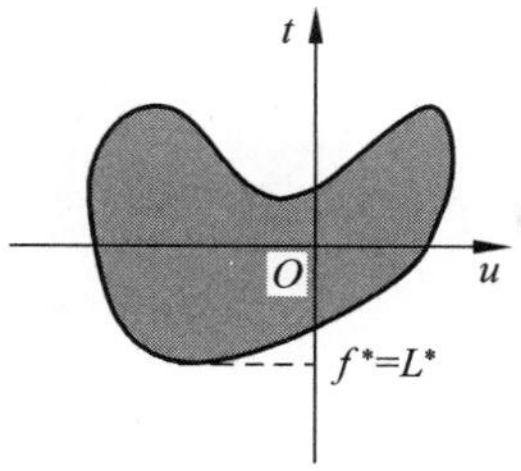

图 5-15 凸规划是强对偶性的充分条件

强对偶性有没有充分必要条件呢？答案是肯定的，5.4.3 节要介绍的 KKT 条件就是强对偶性的一个充分必要条件。

5.4.3 鞍点最优性条件

本节首先定义拉格朗日函数的鞍点，然后讨论拉格朗日函数的鞍点与原问题和对偶问题的最优解之间的关系，给出鞍点最优性条件，最后给出鞍点最优性条件与 KKT 条件之间的关系。

定义 5-6 设 $L(\boldsymbol{x},\boldsymbol{\omega},\boldsymbol{\nu})$为拉格朗日函数，$\boldsymbol{x}^* \in \mathbf{R}^n$，$\boldsymbol{\omega}^* \in \mathbf{R}^m$，$\boldsymbol{\omega}^* \geqslant \mathbf{0}$，$\boldsymbol{\nu}^* \in \mathbf{R}^l$，如果对每个 $\boldsymbol{x}\in \mathbf{R}^n$，$\boldsymbol{\omega} \in \mathbf{R}^m$，$\boldsymbol{\omega} \geqslant \mathbf{0}$ 及$\boldsymbol{\nu} \in \mathbf{R}^l$ 都有

$$L(\boldsymbol{x}^*,\boldsymbol{\omega},\boldsymbol{\nu}) \leqslant L(\boldsymbol{x}^*,\boldsymbol{\omega}^*,\boldsymbol{\nu}^*) \leqslant L(\boldsymbol{x},\boldsymbol{\omega}^*,\boldsymbol{\nu}^*) \tag{5-91}$$

则称$(\boldsymbol{x}^*,\boldsymbol{\omega}^*,\boldsymbol{\nu}^*)^{\mathrm{T}}$ 为 $L(\boldsymbol{x},\boldsymbol{\omega},\boldsymbol{\nu})$的鞍点。

由此定义可知，拉格朗日函数的鞍点必是拉格朗日函数关于 $\boldsymbol{x}$ 的极小点及关于$(\boldsymbol{\omega},\boldsymbol{\nu})^{\mathrm{T}}$的极大点，其中$\boldsymbol{\omega}$ 有非负限制，即$\boldsymbol{\omega} \geqslant \mathbf{0}$。

定理 5-13 （鞍点定理）设$(\boldsymbol{x}^*,\boldsymbol{\omega}^*,\boldsymbol{\nu}^*)$是原问题(5-60)的拉格朗日函数 $L(\boldsymbol{x},\boldsymbol{\omega},\boldsymbol{\nu})$的鞍点，则 $\boldsymbol{x}^*$ 和$(\boldsymbol{\omega}^*,\boldsymbol{\nu}^*)$分别是原问题(5-70)和对偶问题(5-71)的最优解。反之，假设 f,g_i $(i=1,2,\cdots,m)$是凸函数，$h_j(j=1,2,\cdots,l)$是线性函数，即 $\boldsymbol{h}(\boldsymbol{x})=\boldsymbol{A}\boldsymbol{x}+\boldsymbol{b}$，并且 $\boldsymbol{A}$ 满秩，又设存在 $\bar{\boldsymbol{x}}$，使 $\boldsymbol{g}(\bar{\boldsymbol{x}})<\mathbf{0}$，$\boldsymbol{h}(\bar{\boldsymbol{x}})=\mathbf{0}$，如果 $\boldsymbol{x}^*$ 是问题(5-70)的最优解，则存在$(\boldsymbol{\omega}^*,\boldsymbol{\nu}^*)^{\mathrm{T}}$，其中$\boldsymbol{\omega}^* \geqslant \mathbf{0}$，使$(\boldsymbol{x}^*,\boldsymbol{\omega}^*,\boldsymbol{\nu}^*)^{\mathrm{T}}$ 是拉格朗日函数 $L(\boldsymbol{x},\boldsymbol{\omega},\boldsymbol{\nu})$的鞍点。

鞍点定理的前半部分给出了最优解的一种充分条件。定理的后半部分在 Slater 约束规格下，对于凸规划，给出最优解的一种必要条件，但值得注意的是，在一般情形下，当原问题存在最优解时，相应的拉格朗日函数不一定存在鞍点，因此，一般来讲，不能认为鞍点的存在是最优解的必要条件，以下给出一个案例。

【例 5-8】 考虑下列非线性规划问题

$$\begin{cases}\min & f(x)=x^3\\ \text{s.t.} & x^2 \leqslant 0, x \in \mathbf{R}\end{cases}$$

显然，最优解 $x^*=0$，相应的拉格朗日函数为

$$L(x,\omega)=x^3+\omega x^2$$

现求 $\omega^* \geqslant 0$，使对所有 $x\in \mathbf{R}$，有

$$L(x^*,\omega) \leqslant L(x^*,\omega^*) \leqslant L(x,\omega^*)$$

即满足

$$(x^*)^3+\omega(x^*)^2 \leqslant (x^*)^3+\omega^*(x^*)^2 \leqslant x^3+\omega^* x^2$$

因为 $x^*=0$,所以上式等价地满足

$$x^3+\omega^* x^2 \geqslant 0$$

易知,ω^* 取任何非负数,上式都不能满足。若取 $\omega^*=0$,则当 $x=-1$ 时,上式不成立;若 $\omega^*>0$,则当 $x=-2\omega^*$,上式不成立,因此不存在 $\omega^*\geqslant 0$,使 (x^*,ω^*) 为函数 $L(x,\omega)$ 的鞍点。

关于鞍点条件与 KKT 条件之间的关系,有下列定理。

定理 5-14 设在问题(5-70)中,可行集为 F,$x^*\in F$ 满足 KKT 条件,即存在乘子

$$\boldsymbol{\omega}^*=(\omega_1^*,\omega_2^*,\cdots,\omega_n^*)^{\mathrm{T}} \geqslant 0 \tag{5-92}$$

和

$$\boldsymbol{\nu}^*=(\nu_1^*,\nu_2^*,\cdots,\nu_l^*)^{\mathrm{T}} \tag{5-93}$$

使

$$\begin{aligned}&\nabla f(\boldsymbol{x}^*)+\sum_{i=1}^{m}\omega_i^*\nabla g_i(\boldsymbol{x}^*)+\sum_{j=1}^{l}\nu_j^*\nabla h_j(\boldsymbol{x}^*)=\mathbf{0}\\&\omega_i^* g_i(\boldsymbol{x}^*)=0,\quad i=1,2,\cdots,m\end{aligned} \tag{5-94}$$

又设 f 和 $g_i(i=1,2,\cdots,m)$ 是凸函数,$A(\boldsymbol{x}^*)=\{i \mid g_i(\boldsymbol{x}^*)=0,i=1,2,\cdots,m\}$ 为积极约束指标集,当 $\nu_j^*\neq 0$ 时,h_j 是线性函数,则 $(\boldsymbol{x}^*,\boldsymbol{\omega}^*,\boldsymbol{\nu}^*)^{\mathrm{T}}$ 是拉格朗日函数 $L(\boldsymbol{x},\boldsymbol{\omega},\boldsymbol{\nu})$ 的鞍点。反之,若 $f,g_i(i=1,2,\cdots,m)$ 和 $h_j(j=1,2,\cdots,l)$ 可微,$(\boldsymbol{x}^*,\boldsymbol{\omega}^*,\boldsymbol{\nu}^*)^{\mathrm{T}}$,$(\boldsymbol{\omega}^*\geqslant\mathbf{0})$ 是拉格朗日函数的鞍点,则 $(\boldsymbol{x}^*,\boldsymbol{\omega}^*,\boldsymbol{\nu}^*)^{\mathrm{T}}$ 满足 KKT 条件(5-94)。

定理 5-14 表明,如果 $\boldsymbol{x}^*$ 是 KKT 点,则在一定的凸性假设下,KKT 条件中的拉格朗日乘子就是鞍点条件中的乘子;反之,鞍点条件中的乘子也是 KKT 条件中的拉格朗日乘子。

第 6 章 可行方向法

前面章节介绍了无约束优化问题的算法，从本章开始介绍约束优化问题的算法。约束优化问题的算法大致可以分为两类：一类是可行方向法，这类方法是无约束下降算法的自然推广，将在第 6 章进行介绍；另一类是惩罚函数法，是通过构造罚函数将约束优化问题转换成无约束优化问题求解的一种算法，将在第 7 章进行介绍；第 8 章将介绍一类特殊的约束优化问题——二次规划问题的解法。

6.1 Zoutendijk 可行方向法

▷ 116min

可行方向法是求解约束优化问题的一种重要方法，它是无约束下降算法的自然推广。从初始点出发，沿着可行下降方向进行搜索，求出使目标函数下降的可行点。相较于无约束下降算法，可行方向法的难点在于：①每次迭代的搜索方向必须是可行下降方向；②步长的选取必须保证下一个迭代点在可行域内。另外，可行方向法的初始点必须是可行点，于是如何选择初始点也是可行方向法的一个难点。

6.1.1 线性约束情形

考虑目标函数为非线性函数，带线性不等式约束和线性等式约束的非线性规划问题

$$\begin{cases}\min & f(\boldsymbol{x}) \\ \text{s. t.} & \boldsymbol{A}\boldsymbol{x} \leqslant \boldsymbol{b} \\ & \boldsymbol{E}\boldsymbol{x} = \boldsymbol{e}\end{cases} \tag{6-1}$$

其中，$\boldsymbol{x} \in \mathbf{R}^n$ 为决策变量，$f: \mathbf{R}^n \to \mathbf{R}$ 是可微函数，$\boldsymbol{A} \in \mathbf{R}^{m \times n}$，$\boldsymbol{E} \in \mathbf{R}^{m \times l}$ 为系数矩阵，$\boldsymbol{b} \in \mathbf{R}^n$，$\boldsymbol{e} \in \mathbf{R}^l$ 为常数向量。

1. 寻找可行方向

按照本节引言中的思路，首先解决如何选择可行下降方向的问题。关于可行方向，有以下定理。

定理 6-1 设 $\bar{\boldsymbol{x}}$ 是问题(6-1)的可行解，在点 $\bar{\boldsymbol{x}}$ 处有 $\boldsymbol{A}_1\bar{\boldsymbol{x}} = \boldsymbol{b}_1$，$\boldsymbol{A}_2\bar{\boldsymbol{x}} < \boldsymbol{b}_2$，其中

$$\boldsymbol{A} = \begin{bmatrix}\boldsymbol{A}_1 \\ \boldsymbol{A}_2\end{bmatrix}, \quad \boldsymbol{b} = \begin{bmatrix}\boldsymbol{b}_1 \\ \boldsymbol{b}_2\end{bmatrix} \tag{6-2}$$

则非零向量 $\boldsymbol{d}$ 为点 $\bar{\boldsymbol{x}}$ 处的可行方向的充要条件是$\boldsymbol{A}_1\boldsymbol{d}\leqslant\boldsymbol{0}$,$\boldsymbol{Ed}=\boldsymbol{0}$。

这里 $\boldsymbol{A}_1$ 对应着不等式约束在 $\bar{\boldsymbol{x}}$ 点的积极约束部分,$\boldsymbol{A}_2$ 对应着不等式约束在 $\bar{\boldsymbol{x}}$ 点的非积极约束部分。对定理 6-1 的证明感兴趣的读者可以参考文献[4],以下从几何角度来解释定理 6-1。先看条件 $\boldsymbol{A}_1\boldsymbol{d}\leqslant\boldsymbol{0}$。

不妨设

$$\boldsymbol{A}=\begin{bmatrix}\boldsymbol{\alpha}_1^{\mathrm{T}}\\\boldsymbol{\alpha}_2^{\mathrm{T}}\\\boldsymbol{\alpha}_3^{\mathrm{T}}\\\boldsymbol{\alpha}_4^{\mathrm{T}}\end{bmatrix},\quad \boldsymbol{b}=\begin{bmatrix}b_1\\b_2\\b_3\\b_4\end{bmatrix} \tag{6-3}$$

不等式约束 $\boldsymbol{Ax}\leqslant\boldsymbol{b}$ 如图 6-1 所示。

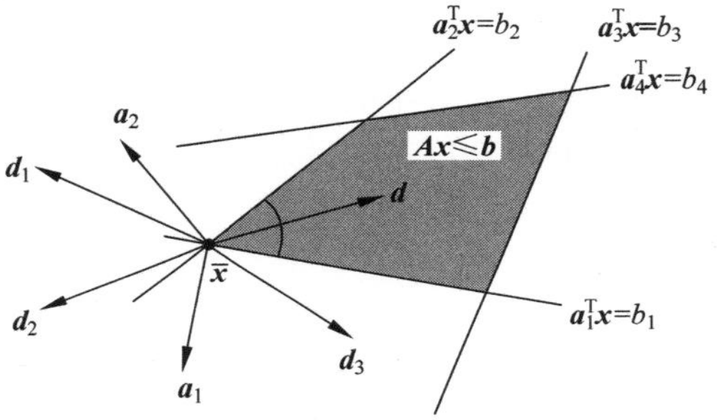

图 6-1　定理 6-1 的几何解释

从图 6-1 可以看出,在 $\bar{\boldsymbol{x}}$ 处的积极约束为$\boldsymbol{\alpha}_1^{\mathrm{T}}\bar{\boldsymbol{x}}=b_1$,$\boldsymbol{\alpha}_2^{\mathrm{T}}\bar{\boldsymbol{x}}=b_2$,非积极约束为$\boldsymbol{\alpha}_3^{\mathrm{T}}\bar{\boldsymbol{x}}<b_3$,$\boldsymbol{\alpha}_4^{\mathrm{T}}\bar{\boldsymbol{x}}<b_4$,也就是说

$$\boldsymbol{A}_1=\begin{bmatrix}\boldsymbol{\alpha}_1^{\mathrm{T}}\\\boldsymbol{\alpha}_2^{\mathrm{T}}\end{bmatrix},\quad \boldsymbol{A}_2=\begin{bmatrix}\boldsymbol{\alpha}_3^{\mathrm{T}}\\\boldsymbol{\alpha}_4^{\mathrm{T}}\end{bmatrix} \tag{6-4}$$

其实,根据线性函数的定义$\boldsymbol{\alpha}_1$ 和$\boldsymbol{\alpha}_2$ 分别为直线$\boldsymbol{\alpha}_1^{\mathrm{T}}\boldsymbol{x}=b_1$ 和$\boldsymbol{\alpha}_2^{\mathrm{T}}\boldsymbol{x}=b_2$ 的法向量,要想从 $\bar{\boldsymbol{x}}$ 出发的方向可行,则该方向必须同时和向量$-\boldsymbol{\alpha}_1$ 和$-\boldsymbol{\alpha}_2$ 的夹角小于或等于 π/2,即同时满足

$$-\boldsymbol{\alpha}_1^{\mathrm{T}}\boldsymbol{d}\geqslant 0,\quad -\boldsymbol{\alpha}_2^{\mathrm{T}}\boldsymbol{d}\geqslant 0 \tag{6-5}$$

也就是 $\boldsymbol{A}_1\boldsymbol{d}\leqslant 0$,其他非可行方向,例如 $\boldsymbol{d}_1$,$\boldsymbol{d}_2$,$\boldsymbol{d}_3$ 均不满足该要求。

再看条件 $\boldsymbol{Ed}=\boldsymbol{0}$。

在点 $\bar{\boldsymbol{x}}$ 处满足 $\boldsymbol{Ed}=\boldsymbol{0}$ 的方向 $\boldsymbol{d}$ 就一定是可行方向,这是因为

$$\boldsymbol{E}(\bar{\boldsymbol{x}}+\lambda\boldsymbol{d})=\boldsymbol{E}\bar{\boldsymbol{x}}+\lambda\boldsymbol{Ed}=\boldsymbol{E}\bar{\boldsymbol{x}}=\boldsymbol{e}$$

其实,从几何角度看,$\boldsymbol{E}$ 是超平面 $\boldsymbol{Ex}=\boldsymbol{e}$ 的法向量,而满足 $\boldsymbol{Ed}=\boldsymbol{0}$ 的方向 $\boldsymbol{d}$ 和法向量 $\boldsymbol{E}$ 垂直,自然就落在超平面上,即是可行方向。

2. 寻找下降方向

关于下降方向。根据式(5-5),$\bar{\boldsymbol{x}}$ 处的下降方向 $\boldsymbol{d}$ 需要满足

$$\nabla f(\bar{x})^{\mathrm{T}}\boldsymbol{d} < 0 \tag{6-6}$$

综合定理 6-1 和式(6-6)，如果非零向量 $\boldsymbol{d}$ 同时满足 $\nabla f(\bar{x})^{\mathrm{T}}\boldsymbol{d}<0,\boldsymbol{A}_1\boldsymbol{d}\leqslant\mathbf{0},\boldsymbol{E}\boldsymbol{d}=\mathbf{0}$，则 $\boldsymbol{d}$ 是在 $\bar{x}$ 处的可行下降方向。

因此，Zoutendijk 可行方向法把确定搜索方向归结为求解问题

$$\begin{cases}\min & \nabla f(\bar{x})^{\mathrm{T}}\boldsymbol{d}\\ \text{s.t.} & \boldsymbol{A}_1\boldsymbol{d}\leqslant 0\\ & \boldsymbol{E}\boldsymbol{d}=0\\ & \|\boldsymbol{d}\|\leqslant 1\end{cases} \tag{6-7}$$

其中，条件 $\|\boldsymbol{d}\|\leqslant 1$ 是为了获得一个有限解，此条件可以退化为上下界约束

$$-1\leqslant d_i\leqslant 1,\quad i=1,2,\cdots,n \tag{6-8}$$

这样优化问题(6-7)就可以退化成线性规划问题

$$\begin{cases}\min & \nabla f(\bar{x})^{\mathrm{T}}\boldsymbol{d}\\ \text{s.t.} & \boldsymbol{A}_1\boldsymbol{d}\leqslant\mathbf{0}\\ & \boldsymbol{E}\boldsymbol{d}=\mathbf{0}\\ & -1\leqslant d_i\leqslant 1,\quad i=1,2,\cdots,n\end{cases} \tag{6-9}$$

在计算过程中，完整求解问题(6-9)是没有必要的，因为需要的只是一个可行下降方向，而不是问题(6-9)的最优解。显然，$\boldsymbol{d}=\mathbf{0}$ 是问题(6-9)的一个可行解，因此目标函数的最优值必定小于或等于 0，如果在计算中获得了一个使目标函数小于零的方向 $\boldsymbol{d}$，则已经得到一个可行下降方向，计算即可停止。如果问题(6-9)的最优值就是零，则如定理 6-2 所述，$\bar{x}$ 是原问题(6-1)的 KKT 点。

定理 6-2 考虑问题(6-1)，设 $\boldsymbol{x}^*$ 为可行解，在点 $\boldsymbol{x}^*$ 处有 $\boldsymbol{A}_1\boldsymbol{x}^*=\boldsymbol{b}_1,\boldsymbol{A}_2\boldsymbol{x}^*<\boldsymbol{b}_2$，其中

$$\boldsymbol{A}=\begin{bmatrix}\boldsymbol{A}_1\\ \boldsymbol{A}_2\end{bmatrix},\quad \boldsymbol{b}=\begin{bmatrix}\boldsymbol{b}_1\\ \boldsymbol{b}_2\end{bmatrix} \tag{6-10}$$

则 $\boldsymbol{x}$ 是 KKT 点的充要条件是问题(6-9)的目标函数最优值为 0。

证明 根据定义，$\boldsymbol{x}^*$ 为 KKT 点的充要条件是，存在向量 $\boldsymbol{\omega}\geqslant 0$ 和 $\boldsymbol{\nu}$，使

$$\nabla f(\boldsymbol{x}^*)+\boldsymbol{A}_1^{\mathrm{T}}\boldsymbol{\omega}+\boldsymbol{E}^{\mathrm{T}}\boldsymbol{\nu}=\mathbf{0} \tag{6-11}$$

令 $\boldsymbol{\nu}=\boldsymbol{p}-\boldsymbol{q}$，$(\boldsymbol{p},\boldsymbol{q}\geqslant\mathbf{0})$，将式(6-10)改写成

$$(\boldsymbol{A}_1^{\mathrm{T}},\boldsymbol{E}^{\mathrm{T}},-\boldsymbol{E}^{\mathrm{T}})\begin{bmatrix}\boldsymbol{\omega}\\ \boldsymbol{p}\\ \boldsymbol{q}\end{bmatrix}=-\nabla f(\boldsymbol{x}^*),\ \begin{bmatrix}\boldsymbol{\omega}\\ \boldsymbol{p}\\ \boldsymbol{q}\end{bmatrix}\geqslant 0 \tag{6-12}$$

根据 Farkars 引理(参考文献[4]定理 1.4.6)，方程(6-12)有解的充要条件是

$$\begin{bmatrix}\boldsymbol{A}_1\\ \boldsymbol{E}\\ -\boldsymbol{E}\end{bmatrix}\boldsymbol{d}\leqslant\mathbf{0},\quad -\nabla f(\boldsymbol{x}^*)^{\mathrm{T}}\boldsymbol{d}>0 \tag{6-13}$$

无解，即

$$\nabla f(\boldsymbol{x}^*)^{\mathrm{T}}\boldsymbol{d} < 0, \quad \boldsymbol{A}_1\boldsymbol{d} \leqslant \boldsymbol{0}, \quad \boldsymbol{E}\boldsymbol{d} = \boldsymbol{0} \tag{6-14}$$

无解，所以最优点值只能为 0。也就是说，$\boldsymbol{x}^*$ 为 KKT 点的充要条件是问题(6-1)的目标函数最优值为 0。

综上所述，求解问题(6-9)的结果要么是得到原问题的一个在 $\bar{\boldsymbol{x}}$ 点处的下降方向，要么得到 $\bar{\boldsymbol{x}}$ 就是原问题的 KKT 点。

3. 确定搜索步长

接下来解决如何确定一维搜索步长的问题。

设 $\boldsymbol{x}_k$ 是第 k 次迭代的出发点，它当然是一个可行解，$\boldsymbol{d}_k$ 是根据问题(6-9)求出的一个在 $\boldsymbol{x}_k$ 处的可行下降方向，则根据迭代公式，下一迭代点为

$$\boldsymbol{x}_{k+1} = \boldsymbol{x}_k + \lambda_k \boldsymbol{d}_k \tag{6-15}$$

现在要解决的问题就是如何确定步长 λ_k。

显然，步长 λ_k 需要满足以下两个条件：

(1) 保持 $\boldsymbol{x}_{k+1}$ 的可行性，即 $\boldsymbol{x}_k + \lambda_k \boldsymbol{d}_k$ 是可行点；

(2) 要使目标函数值尽量下降，即 $f(\boldsymbol{x}_{k+1}) - f(\boldsymbol{x}_k)$尽量小。

根据以上两个条件，可以列出确定 λ_k 的子问题

$$\begin{cases} \min & f(\boldsymbol{x}_k + \lambda \boldsymbol{d}_k) \\ \text{s. t.} & \boldsymbol{A}(\boldsymbol{x}_k + \lambda \boldsymbol{d}_k) \leqslant \boldsymbol{b} \\ & \boldsymbol{E}(\boldsymbol{x}_k + \lambda \boldsymbol{d}_k) = \boldsymbol{e} \\ & \lambda \geqslant 0 \end{cases} \tag{6-16}$$

以下讨论如何将问题(6-16)进一步简化。

首先，可以判定问题(6-16)中的等式约束 $\boldsymbol{E}(\boldsymbol{x}_k + \lambda \boldsymbol{d}_k) = \boldsymbol{e}$ 对任何 λ 都成立，这是因为，注意到 $\boldsymbol{d}_k$ 是可行方向，满足 $\boldsymbol{E}\boldsymbol{d}_k = \boldsymbol{0}$，所以

$$\boldsymbol{E}(\boldsymbol{x}_k + \lambda \boldsymbol{d}_k) = \boldsymbol{E}\boldsymbol{x}_k + \lambda \boldsymbol{E}\boldsymbol{d}_k = \boldsymbol{E}\boldsymbol{x}_k = \boldsymbol{e} \tag{6-17}$$

也就是说，等式约束可以直接去掉。

其次，将不等式约束分解为积极约束和非积极约束来分别考虑。设 $\boldsymbol{A}_1$ 和 $\boldsymbol{A}_2$ 分别为在 $\boldsymbol{x}_k$ 处的积极约束和非积极约束所对应的矩阵，即

$$\boldsymbol{A}_1 \boldsymbol{x}_k = \boldsymbol{b}_1, \quad \boldsymbol{A}_2 \boldsymbol{x}_k < \boldsymbol{b}_2 \tag{6-18}$$

则不等式约束 $\boldsymbol{A}(\boldsymbol{x}_k + \lambda \boldsymbol{d}_k) \leqslant \boldsymbol{b}$ 可以分解成

$$\begin{aligned} \boldsymbol{A}_1 \boldsymbol{x}_k + \lambda \boldsymbol{A}_1 \boldsymbol{d}_k \leqslant \boldsymbol{b}_1 \\ \boldsymbol{A}_2 \boldsymbol{x}_k + \lambda \boldsymbol{A}_2 \boldsymbol{d}_k \leqslant \boldsymbol{b}_2 \end{aligned} \tag{6-19}$$

由于 $\boldsymbol{d}_k$ 为可行方向，$\boldsymbol{A}_1 \boldsymbol{d}_k \leqslant 0$，$\lambda \geqslant 0$，以及 $\boldsymbol{A}_1 \boldsymbol{x}_k = \boldsymbol{b}_1$，因此

$$\boldsymbol{A}_1 \boldsymbol{x}_k + \lambda \boldsymbol{A}_1 \boldsymbol{d}_k \leqslant \boldsymbol{b}_1 \tag{6-20}$$

自然成立。

故问题(6-16)可简化为

$$
\begin{cases}
\min & f(\boldsymbol{x}_k+\lambda \boldsymbol{d}_k) \\
\text{s. t.} & \boldsymbol{A}_2\boldsymbol{x}_k+\lambda \boldsymbol{A}_2\boldsymbol{d}_k \leqslant \boldsymbol{b}_2 \\
 & \lambda \geqslant 0
\end{cases}
\tag{6-21}
$$

进一步地，可以根据问题(6-21)中的不等式约束求出 λ 的一个上界。

将约束 $\boldsymbol{A}_2\boldsymbol{x}_k+\lambda\boldsymbol{A}_2\boldsymbol{d}_k\leqslant\boldsymbol{b}_2$ 改写成

$$
\lambda \boldsymbol{A}_2\boldsymbol{d}_k \leqslant \boldsymbol{b}_2-\boldsymbol{A}_2\boldsymbol{x}_k \tag{6-22}
$$

为书写简便，不妨设

$$
\boldsymbol{p}=\boldsymbol{A}_2\boldsymbol{d}_k,\quad \boldsymbol{q}=\boldsymbol{b}_2-\boldsymbol{A}_2\boldsymbol{x}_k \tag{6-23}
$$

以下分情况讨论：

(1) 若 $\boldsymbol{p}\leqslant\boldsymbol{0}$，由 $\boldsymbol{A}_2\boldsymbol{x}_k\leqslant\boldsymbol{b}_2$，故 $\boldsymbol{b}_2-\boldsymbol{A}_2\boldsymbol{x}_k\geqslant\boldsymbol{0}$，此时，无论 $\lambda\geqslant 0$ 取何正值都能使式(6-22)成立，故 λ 的上界为 $\lambda_{\max}^1=\infty$。

(2) 若 $\boldsymbol{p}\nleqslant\boldsymbol{0}$，又分两种情况考虑：

① 对于 $i\in\{1,2,\cdots,n\}$ 使 $p_i\leqslant 0$，根据(1)可知，此时 λ 的上界为 $\lambda_{\max}^2=\infty$；

② 对于 $i\in\{1,2,\cdots,n\}$ 使 $p_i>0$，λ 的上界应为使 $\lambda p_i\leqslant q_i$ 都能够成立的最小的 λ，即

$$
\lambda_{\max}^3=\min\left\{\frac{q_i}{p_i}\ \middle|\ p_i>0\right\} \tag{6-24}
$$

综上所述，问题(6-21)中，λ 的上界为

$$
\lambda_{\max}=\min\{\lambda_{\max}^1,\lambda_{\max}^2,\lambda_{\max}^3\}=\min\left\{\frac{q_i}{p_i}\ \middle|\ p_i>0\right\} \tag{6-25}
$$

于是，问题(6-21)可以进一步地简化为

$$
\begin{cases}
\min & f(\boldsymbol{x}_k+\lambda \boldsymbol{d}_k) \\
\text{s. t.} & 0\leqslant\lambda\leqslant\lambda_{\max}
\end{cases}
\tag{6-26}
$$

这样，确定步长 λ_k 就转换成了求解一个带区间约束的一维搜索问题，可以用第 2 章中的算法求解。

4. 确定初始可行点

最后的问题是如何确定初始可行点。实际上，因为问题(6-1)的约束是线性约束，所以确定其初始可行点实际上和线性规划中确定初始可行点的方法一样。

引入人工变量 $\boldsymbol{\xi}$ 和 $\boldsymbol{\eta}$，解辅助线性规划问题

$$
\begin{cases}
\min & \sum\limits_{i=1}^{m}\xi_i+\sum\limits_{i=1}^{l}\eta_i \\
\text{s. t.} & \boldsymbol{A}\boldsymbol{x}-\boldsymbol{\xi}\leqslant\boldsymbol{b} \\
 & \boldsymbol{E}\boldsymbol{x}+\boldsymbol{\eta}=\boldsymbol{e} \\
 & \boldsymbol{\xi}\geqslant 0,\boldsymbol{\eta}\geqslant 0
\end{cases}
\tag{6-27}
$$

如果问题(6-27)的最优解为

$$
(\boldsymbol{x}^*,\boldsymbol{\xi}^*,\boldsymbol{\eta}^*)=(\boldsymbol{x}^*,\boldsymbol{0},\boldsymbol{0}) \tag{6-28}
$$

则 x^* 就是问题(6-1)的一个可行解。

实际上,在实际计算中,可以使用试错法,即通过观察和试算来确定初始可行点,对于比较简单的线性约束,这样做更方便易行。

5. Zoutendijk 可行方向法的算法步骤

算法 6-1 Zoutendijk 可行方向法(线性约束情形)

第 1 步:初始化,按照本节第 4 部分介绍的方法,确定初始可行点 $\boldsymbol{x}_0$,置迭代计数器 $k=1$。

第 2 步:矩阵分解,在点 $\boldsymbol{x}_k$ 处把矩阵 $\boldsymbol{A}$ 和向量 $\boldsymbol{b}$ 分解成

$$\boldsymbol{A}=\begin{bmatrix}\boldsymbol{A}_1\\ \boldsymbol{A}_2\end{bmatrix},\quad \boldsymbol{b}=\begin{bmatrix}\boldsymbol{b}_1\\ \boldsymbol{b}_2\end{bmatrix}$$

使 $\boldsymbol{A}_1\boldsymbol{x}_1=\boldsymbol{b}_1$,$\boldsymbol{A}_2\boldsymbol{x}_2<\boldsymbol{b}_2$。

第 3 步:可行下降方向,求解线性规划问题

$$\begin{cases}\min & \nabla f(\boldsymbol{x}_k)^{\mathrm{T}}\boldsymbol{d}\\ \text{s.t.} & \boldsymbol{A}_1\boldsymbol{d}\leqslant \boldsymbol{0}\\ & \boldsymbol{E}\boldsymbol{d}=\boldsymbol{0}\\ & -1\leqslant d_i\leqslant 1,\quad i=1,2,\cdots,n\end{cases}$$

得到最优解 $\boldsymbol{d}_k$。

第 4 步:终止准则,若 $\nabla f(\boldsymbol{x}_k)^{\mathrm{T}}\boldsymbol{d}=0$,则停止迭代,$\boldsymbol{x}_k$ 为 KKT 点,输出 $\boldsymbol{x}^*=\boldsymbol{x}_k$,$f^*=f(\boldsymbol{x}_k)$,否则转到第 5 步。

第 5 步:搜索步长,根据式(6-25)计算 $\lambda_{\max}$,然后求解一维搜索问题

$$\begin{cases}\min & f(\boldsymbol{x}_k+\lambda\boldsymbol{d}_k)\\ \text{s.t.} & 0\leqslant\lambda\leqslant\lambda_{\max}\end{cases}$$

得到最优解 λ_k。

第 6 步:迭代,令

$$\boldsymbol{x}_{k+1}=\boldsymbol{x}_k+\lambda_k\boldsymbol{d}_k$$

置 $k:=k+1$,转到第 2 步。

Zoutendijk 可行方向法的算法流程如图 6-2 所示。

6. 案例

【例 6-1】 用 Zoutendijk 可行方向法求解下列问题

$$\begin{cases}\min & x_1^2+x_2^2-2x_1-4x_2+6\\ \text{s.t.} & 2x_1+x_2\leqslant 6\\ & 2x_1-x_2\leqslant 0\\ & x_1,x_2\geqslant 0\end{cases}$$

解 通过观察,不妨取初始点 $\boldsymbol{x}_0=(1,4)^{\mathrm{T}}$,则在 $\boldsymbol{x}_0$ 处积极约束和非积极约束的系数矩阵和右端项分别为

$$\boldsymbol{A}_1=[2\quad 1],\quad \boldsymbol{A}_2=\begin{bmatrix}2&-1\\-1&0\\0&-1\end{bmatrix},\quad b_1=6,\quad \boldsymbol{b}_2=\begin{bmatrix}0\\0\\0\end{bmatrix}$$

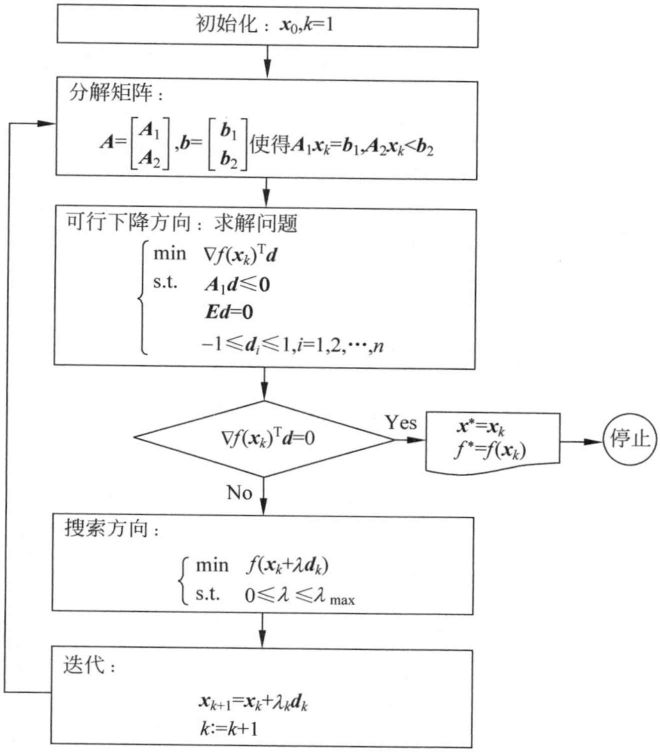

图 6-2　Zoutendijk 可行方向法的算法流程

先求在 $\boldsymbol{x}_0$ 处的下降方向，解线性规划问题

$$\begin{cases}\min & \nabla f(\boldsymbol{x}_0)^{\mathrm{T}}\boldsymbol{d} \\ \text{s. t.} & \boldsymbol{A}_1\boldsymbol{d}\leqslant 0 \\ & -1\leqslant d_1,d_2\leqslant 1\end{cases}$$

即

$$\begin{cases}\min & 4d_2 \\ \text{s. t.} & 2d_1+d_2\leqslant 0 \\ & -1\leqslant d_1,d_2\leqslant 1\end{cases}$$

由单纯形法求解得最优解

$$\boldsymbol{d}_0=\begin{bmatrix}-0.9933\\-1.0000\end{bmatrix}$$

再求步长

$$\boldsymbol{p}=\boldsymbol{A}_2\boldsymbol{d}_0=\begin{bmatrix}2 & -1\\-1 & 0\\0 & -1\end{bmatrix}\begin{bmatrix}-0.9933\\-1.0000\end{bmatrix}=\begin{bmatrix}-0.9865\\0.9933\\1.0000\end{bmatrix}$$

$$q = b_2 - A_2 x = \begin{bmatrix} 0 \\ 0 \\ 0 \end{bmatrix} - \begin{bmatrix} 2 & -1 \\ -1 & 0 \\ 0 & -1 \end{bmatrix} \begin{bmatrix} 1 \\ 4 \end{bmatrix} = \begin{bmatrix} 2 \\ 1 \\ 4 \end{bmatrix}$$

$$\lambda_{\max} = \min\left\{\frac{1}{0.9933}, \frac{4}{1}\right\} = 1.0068$$

解一维搜索问题

$$\begin{cases} \min & f(x_0 + \lambda d_0) \\ \text{s.t.} & 0 \leqslant \lambda \leqslant 1.0068 \end{cases}$$

解得 $\lambda_0 = 1.0067$。

迭代得到新的迭代点

$$x_1 = x_0 + \lambda_0 d_0 = \begin{bmatrix} 0 \\ 2.9933 \end{bmatrix}$$

如此循环,直到满足迭代终止条件。

用 Zoutendijk 可行方向法求解例 6-1 的 MATLAB 代码如下。

主程序调用脚本如下:

```
%-------------------------------------
% 代码 6-1 Zoutendijk 可行方向法(线性约束情形)
%-------------------------------------
f = @(x) objfun(x);                             % 目标函数
A = [2,1;2,-1;-1 0;0 -1];                       % 不等式约束系数矩阵
b = [6;0;0;0];                                  % 不等式约束右端项
E = [];                                         % 等式约束系数矩阵
e = [];                                         % 等式约束右端项

[xstar,ystar] = zoutendijk(f,A,b,E,e);          % Zoutendijk 可行方向法
```

目标函数和梯度函数的代码如下:

```
%-------------------------------------
% 目标函数和梯度函数
%-------------------------------------
function [y,g] = objfun(x)
y = x(1)^2+x(2)^2-2*x(1)-4*x(2)+6;
g = [2*x(1)-2;2*x(2)-4];
```

Zoutendijk 可行方向法代码如下:

```
%-------------------------------------
% Zoutendijk 可行方向法
%-------------------------------------
function [xstar,fstar] = zoutendijk(fun,A,b,E,e)
```

```
fid = fopen('res.txt','w');                          % 打开一个文件,写入结果
epsilon = 0.01;                                      % 容忍精度
x = inifeapoi(A,b,E,e);                              % 初始可行点
k = 0;                                               % 迭代计数器
fprintf(fid,'初始点:x = [%6.4f %6.4f]\n',x);

% 初始化
while 1
    k = k+1;
    fprintf(fid,'\n第%d次迭代:\n',k);

    % 求可行下降方向
    [d,grad] = feadesdir(fun,A,b,E,x);
    fprintf(fid,'可行下降方向:d = [%6.4f %6.4f]\n',d);
    fprintf(fid,'梯度方向:grad = [%6.4f %6.4f]\n',grad);

    % 判断是否是KKT点
    if abs(grad'*d) <= epsilon
        xstar = x;                                   % 输出最优解
        fstar = fun(xstar);                          % 输出最优值
        fprintf(fid,'\n迭代终止\n');
        fprintf(fid,'最优解:xstar = [%6.4f %6.4f]\n',xstar);
        fprintf(fid,'最优值:fstar = %6.4f\n',fstar);
        fclose(fid);
        return;
    end

    % 线搜索
    lambda = linesearch(fun,A,b,x,d);
    fprintf(fid,'一维步长:lambda = %6.4f\n',lambda);

    % 迭代
    x = x+lambda *d;
    fprintf(fid,'新迭代点:x = [%6.4f %6.4f]\n',x);
end

%-----------------------------------
% 试错法取初始可行点
%-----------------------------------
function x = inifeapoi(A,b,E,e)
f = @(x) 0.5*(norm(E *x-e))^2;
while 1
    [~,n] = size(A);
    x = -5+10*rand(n,1);
    if ~isempty(E)                                   % 若E非空,则执行
        x = fminsearch(f,x);                         % 求出满足等式约束的解
    end
    if all(A *x <= b)
        break                                        % 若该解也满足不等式约束,则为可行解
```

```
    end
end

%-----------------------------------
% 确定可行下降方向
%-----------------------------------
function [d,grad] = feadesdir(fun,A,b,E,x)
epsilon = 0.01;
[~,grad] = fun(x);                          % 计算梯度
t = A *x;
A1 = A(t>=b-epsilon,:);                     % 积极约束矩阵
f = grad';                                  % 子问题目标函数系数
Aineq = A1;                                 % 子问题不等式约束系数矩阵
                                            % 子问题不等式约束右端项
bineq = zeros(length(Aineq(:,1)),1);
Aeq = E;
if isempty(E)
    beq = [];
else
    beq = zeros(length(Aeq(:,1)),1);
end
lb = -1*ones(length(x),1);                  % 子问题下界约束
ub = ones(length(x),1);                     % 子问题上界约束
d = linprog(f,Aineq,bineq,Aeq,beq,lb,ub);

%-----------------------------------
% 线搜索确定搜索步长
%-----------------------------------
function lambda = linesearch(fun,A,b,x,d)
epsilon = 0.01;
t = A *x;
A1 = A(t>=b-epsilon,:);                     % 确定积极约束矩阵
A2 = A(t<b-epsilon,:);                      % 确定非积极约束矩阵
b1 = b(t>=b-epsilon);                       % 确定积极约束右端常数项
b2 = b(t<b-epsilon);                        % 确定非积极约束右端常数项
q = b2-A2*x;
p = A2*d;
if all(p<=0)                                % 求步长上界
    lambda_max = 10;
else
    lambda_max = min(q(p>0)./p(p>0));
end
% 一维搜索
lineobjfun = @(lambda) fun(x+lambda *d);
lambda = fminbnd(lineobjfun,0,lambda_max);
```

运行结果如下：

```
初始点:x = [0.4483 4.0112]

第 1 次迭代:
可行下降方向:d = [1.0000 -1.0000]
梯度方向:grad = [-1.1033 4.0225]
一维步长:lambda = 1.0382
新迭代点:x = [1.4865 2.9731]

第 2 次迭代:
可行下降方向:d = [-1.0000 -1.0000]
梯度方向:grad = [0.9730 1.9462]
一维步长:lambda = 0.7298
新迭代点:x = [0.7567 2.2433]

第 3 次迭代:
可行下降方向:d = [1.0000 -1.0000]
梯度方向:grad = [-0.4866 0.4866]
一维步长:lambda = 0.2433
新迭代点:x = [1.0000 2.0000]

第 4 次迭代:
可行下降方向:d = [-0.5000 -1.0000]
梯度方向:grad = [-0.0001 0.0001]

迭代终止
最优解:xstar = [1.0000 2.0000]
最优值:fstar = 1.0000
```

注意，代码中的初始点是随机生成的，而不是例题中提到的 $\boldsymbol{x}_0=(1,4)^{\mathrm{T}}$。经检验，取不同的初始点，均可以得到最优解。

6.1.2 非线性约束情形

考虑不等式约束问题

$$\begin{cases}\min & f(\boldsymbol{x}) \\ \text{s.t.} & g_i(\boldsymbol{x})\leqslant 0, \quad i=1,2,\cdots,m\end{cases} \tag{6-29}$$

其中，$\boldsymbol{x}\in\mathbf{R}^n$，$f(\boldsymbol{x})$，$g_i(\boldsymbol{x})$，$i=1,2,\cdots,m$ 均为可微函数，可能是非线性的。

按照 6.1.1 节的思路，首先讨论可行下降方向，再讨论线搜索步长，最后给出案例和求解代码。

1. 可行下降方向

定理 6-3 设 $\boldsymbol{x}$ 是问题(6-29)的可行解，$A(\boldsymbol{x})=\{i \mid g_i(\boldsymbol{x})=0, i=1,2,\cdots,m\}$ 和 $\bar{A}(\boldsymbol{x})=\{i \mid g_i(\boldsymbol{x})<0, i=1,2,\cdots,m\}$ 分别是在 $\boldsymbol{x}$ 点处的积极约束和非积极约束指标集，又设函数 $f(\boldsymbol{x}), g_i(\boldsymbol{x})(i\in A(\boldsymbol{x}))$ 在 $\boldsymbol{x}$ 处可微，函数 $g_i(\boldsymbol{x})(i\in\bar{A}(\boldsymbol{x}))$ 在 $\boldsymbol{x}$ 处连续，如果

$$\begin{aligned}&\nabla f(\boldsymbol{x})^{\mathrm{T}}\boldsymbol{d}<0\\&\nabla g_i(\boldsymbol{x})^{\mathrm{T}}\boldsymbol{d}<0,\quad i\in A(\boldsymbol{x})\end{aligned}\tag{6-30}$$

则 $\boldsymbol{d}$ 是可行下降方向。

证明 设方向 $\boldsymbol{d}$ 满足 $\nabla f(\boldsymbol{x})^{\mathrm{T}}\boldsymbol{d}<0$ 及 $\nabla g_i(\boldsymbol{x})^{\mathrm{T}}\boldsymbol{d}<0(i\in A(\boldsymbol{x}))$。

当 $i\in\bar{A}(\boldsymbol{x})$ 时，$g_i(\boldsymbol{x})<0$，由于 $g_i(\boldsymbol{x})$ 在 $\boldsymbol{x}$ 处连续，因此对足够小的 $\lambda>0$，必有

$$g_i(\boldsymbol{x}+\lambda\boldsymbol{d})\leqslant 0,\quad i\in\bar{A}(\boldsymbol{x})\tag{6-31}$$

当 $i\in A(\boldsymbol{x})$ 时，由于 $g_i(\boldsymbol{x})$ 在 $\boldsymbol{x}$ 处可微，必有

$$g_i(\boldsymbol{x}+\lambda\boldsymbol{d})=g_i(\boldsymbol{x})+\lambda\nabla g_i(\boldsymbol{x})^{\mathrm{T}}\boldsymbol{d}+o(\|\lambda\boldsymbol{d}\|)\tag{6-32}$$

则

$$\frac{g_i(\boldsymbol{x}+\lambda\boldsymbol{d})-g_i(\boldsymbol{x})}{\lambda}=\nabla g_i(\boldsymbol{x})^{\mathrm{T}}\boldsymbol{d}+\frac{o(\|\lambda\boldsymbol{d}\|)}{\lambda}\tag{6-33}$$

已知 $\nabla g_i(\boldsymbol{x})^{\mathrm{T}}\boldsymbol{d}<0$，因此当 λ 足够小时，式(6-33)右端小于 0，由此推得左端小于 0，由于 $g_i(\boldsymbol{x})=0$，所以 $g_i(\boldsymbol{x}+\lambda\boldsymbol{d})<0$。

综合以上两种情况，对足够小的 $\lambda>0$，必有

$$g_i(\boldsymbol{x}+\lambda\boldsymbol{d})\leqslant 0,\quad i=1,2,\cdots,m\tag{6-34}$$

因此，$\boldsymbol{d}$ 为 $\boldsymbol{x}$ 处的可行方向。又由于 $\nabla f(\boldsymbol{x})^{\mathrm{T}}\boldsymbol{d}<0$，根据式(5-5)知，$\boldsymbol{d}$ 为下降方向。

综上分析，满足条件(6-30)的方向 $\boldsymbol{d}$ 是 $\boldsymbol{x}$ 处的下降方向。

其实，定理 6-3 和定理 6-1 本质上是一样的，只是定理 6-3 的约束是非线性约束，而定理 6-1 的约束是线性的，只要把非线性的约束在 $\boldsymbol{x}$ 点处用线性进行近似，就会发现它们本质上是相同的，如图 6-3 所示为定理 6-3 的几何解释。在点 $\boldsymbol{x}$ 处，$g_1(\boldsymbol{x})$ 和 $g_2(\boldsymbol{x})$ 为积极约束，即 $A(\boldsymbol{x})=\{1,2\}$，此时任何一个可行方向必须同时和 $-\nabla g_1(\boldsymbol{x})$，$-\nabla g_2(\boldsymbol{x})$ 的夹角小于 $\pi/2$，也就是满足

$$\begin{aligned}&-\nabla g_1(\boldsymbol{x})^{\mathrm{T}}\boldsymbol{d}>0\\&-\nabla g_2(\boldsymbol{x})^{\mathrm{T}}\boldsymbol{d}>0\end{aligned}\tag{6-35}$$

即 $\nabla g_i(\boldsymbol{x})^{\mathrm{T}}\boldsymbol{d}<0, i\in A(\boldsymbol{x})$，任何一个非可行方向，如 $\boldsymbol{d}_1,\boldsymbol{d}_2,\boldsymbol{d}_3$ 均不满足这一条件。

根据定理 6-2，求可行下降方向就是求满足不等式组

$$\begin{aligned}&\nabla f(\boldsymbol{x})^{\mathrm{T}}\boldsymbol{d}<0\\&\nabla g_i(\boldsymbol{x})^{\mathrm{T}}\boldsymbol{d}<0,\quad i\in A(\boldsymbol{x})\end{aligned}\tag{6-36}$$

的解 $\boldsymbol{d}$，可将不等式组(6-36)转换为求解线性规划问题

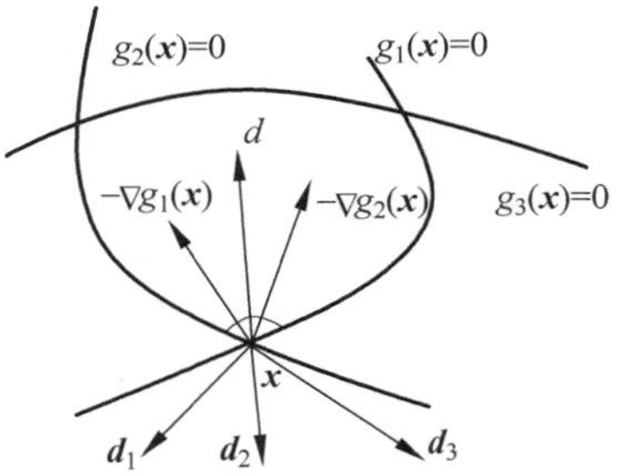

图 6-3　定理 6-2 的几何解释

$$\begin{cases}\min & z \\ \text{s.t.} & \nabla f(\boldsymbol{x})^{\mathrm{T}}\boldsymbol{d}-z\leqslant 0 \\ & \nabla g_i(\boldsymbol{x})^{\mathrm{T}}\boldsymbol{d}-z\leqslant 0 \quad i\in A(\boldsymbol{x}) \\ & -1\leqslant d_i\leqslant 1 \qquad i=1,2,\cdots,n\end{cases} \tag{6-37}$$

设线性规划问题(6-37)的解为$(z^*,\boldsymbol{d}^*)$，如果$z^*<0$，则肯定有

$$\begin{aligned}&\nabla f(\boldsymbol{x})^{\mathrm{T}}\boldsymbol{d}^*<0\\&\nabla g_i(\boldsymbol{x})^{\mathrm{T}}\boldsymbol{d}^*<0\quad i\in A(\boldsymbol{x})\end{aligned} \tag{6-38}$$

即$\boldsymbol{d}^*$是可行下降方向；如果$z^*=0$，则以下将证明，相应的$\boldsymbol{x}$必定为 Fritz John 点。

定理 6-4　设$\boldsymbol{x}$是问题(6-29)的可行解，$A(\boldsymbol{x})=\{i\mid g_i(\boldsymbol{x})=0,i=1,2,\cdots,m\}$，则$\boldsymbol{x}$是 Fritz John 点的充分必要条件是问题(6-37)的目标函数最优值等于 0。

证明　对于问题(6-37)，目标函数最优值等于 0 的充分必要条件是不等式组

$$\begin{cases}\nabla f(\boldsymbol{x})^{\mathrm{T}}\boldsymbol{d}<0\\\nabla g_i(\boldsymbol{x})^{\mathrm{T}}\boldsymbol{d}<0\quad i\in A(\boldsymbol{x})\end{cases} \tag{6-39}$$

无解，根据 Gordan 定理(参考文献[4]定理 1.4.7)，不等式组(6-39)无解的充要条件是存在不全为 0 的数$\omega_0\geqslant 0$和$\omega_i\geqslant 0(i\in A(\boldsymbol{x}))$，使

$$\omega_0\nabla f(\boldsymbol{x})+\sum_{i\in A(\boldsymbol{x})}\omega_i\nabla g_i(\boldsymbol{x})=\boldsymbol{0} \tag{6-40}$$

即$\boldsymbol{x}$是 Fritz John 点。

接下来确定一维搜索步长。

2. 确定一维搜索步长

先求一个一维搜索步长的上界，显然，一维搜索步长λ必须使$\boldsymbol{x}_k+\lambda\boldsymbol{d}_k$可行，即$g_i(\boldsymbol{x}_k+\lambda\boldsymbol{d}_k)\leqslant 0,i=1,2,\cdots,m$，取满足这一条件的最大$\lambda$作为一维搜索步长的上界，即

$$\lambda_{\max}=\max\{\lambda\mid g_i(\boldsymbol{x}_k+\lambda\boldsymbol{d}_k)\leqslant 0,i=1,2,\cdots,m\} \tag{6-41}$$

于是可以通过求解线搜索问题

$$\begin{cases}\min & f(\boldsymbol{x}_k+\lambda\boldsymbol{d}_k)\\\text{s.t.} & 0\leqslant\lambda\leqslant\lambda_{\max}\end{cases} \tag{6-42}$$

来确定一维搜索步长。

3. Zoutendijk 可行方向法的算法步骤

算法 6-2　Zoutendijk 可行方向法(非线性约束情形)

第 1 步：初始化，通过随机试探的方式确定初始可行点 $\boldsymbol{x}_0$，置迭代计数器 $k=1$。

第 2 步：可行下降方向，确定 $A(\boldsymbol{x}_k)$，求解线性规划问题

$$\begin{cases}\min & z \\ \text{s.t.} & \nabla f(\boldsymbol{x})^{\mathrm{T}}\boldsymbol{d}-z\leqslant 0 \\ & \nabla g_i(\boldsymbol{x})^{\mathrm{T}}\boldsymbol{d}-z\leqslant 0 \quad i\in A(\boldsymbol{x}) \\ & -1\leqslant d_i\leqslant 1 \quad i=1,2,\cdots,n\end{cases}$$

得到最优解$(z_k,\boldsymbol{d}_k)$。

第 3 步：终止准则，若 $z_k=0$，则停止迭代，$\boldsymbol{x}_k$ 为 Fritz John 点，输出 $\boldsymbol{x}^*=\boldsymbol{x}_k$，$f^*=f(\boldsymbol{x}_k)$，否则转到第 4 步。

第 4 步：搜索步长，根据式(6-41)计算 $\lambda_{\max}$，然后求解一维搜索问题

$$\begin{cases}\min & f(\boldsymbol{x}_k+\lambda\boldsymbol{d}_k) \\ \text{s.t.} & 0\leqslant\lambda\leqslant\lambda_{\max}\end{cases}$$

得到最优解 λ_k。

第 5 步：迭代，令

$$\boldsymbol{x}_{k+1}=\boldsymbol{x}_k+\lambda_k\boldsymbol{d}_k$$

置 $k:=k+1$，转到第 2 步。

4. 案例

【例 6-2】 用 Zoutendijk 可行方向法求解下列问题

$$\begin{cases}\min & (x_1+1)^2+(x_2-4)^2 \\ \text{s.t.} & x_1^2+x_2^2\leqslant 4 \\ & x_1^2-x_2-1\leqslant 0 \\ & -x_1+x_2-2\leqslant 0\end{cases}$$

解　该问题的约束函数如图 6-4 所示，其中阴影部分为可行集。

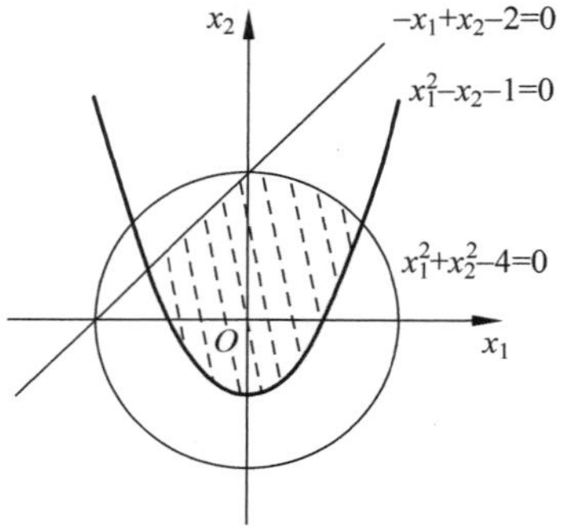

图 6-4　例 6-2 的可行集

不妨取初始点为 $\boldsymbol{x}_0=(0,0)^{\mathrm{T}}$,用 Zoutendijk 可行方向法求解该问题的 MATALB 代码如下。

主程序调用脚本如下:

```
%--------------------------------------
% 代码 6-2 Zoutendijk 可行方向法(非线性约束情形)
%--------------------------------------
obj = @(x) objfun(x);                          % 目标函数
con = @(x) confun(x);                          % 约束函数
x0 = [0,0]';                                   % 初始点

[xstar,ystar] = zoutendijk(obj,con,x0);        % Zoutendijk 可行方向法
```

目标函数和梯度函数的代码如下:

```
%--------------------------------------
% 目标函数和梯度函数
%--------------------------------------
function [f,g] = objfun(x)
f = (x(1)+1)^2+(x(2)-4)^2;
g = [2*(x(1)+1);2*(x(2)-4)];
```

约束函数和梯度函数的代码如下:

```
%--------------------------------------
% 约束函数和梯度函数
%--------------------------------------
function [f,g] = confun(x)
f = [x(1)^2+x(2)^2-4;x(1)^2-x(2)-1;-x(1)+x(2)-2];
g = [2*x(1) 2*x(2);2*x(1) -1;-1 1]';
```

Zoutendijk 可行方向法代码如下:

```
%--------------------------------------
% Zoutendijk 可行方向法
%--------------------------------------
function [xstar,fstar] = zoutendijk(obj,con,x0)

fid = fopen('res.txt','w');                        % 打开一个文件,写入结果
epsilon = 0.01;                                    % 容忍精度
x = inifeapoi(con,x0);                             % 初始可行点
k = 0;                                             % 迭代计数器
fprintf(fid,'初始点:x = [%6.4f %6.4f]\n',x);

% 初始化
while 1
    k = k+1;
    fprintf(fid,'\n 第%d 次迭代:\n',k);
```

```
    % 求可行下降方向
    [z,d] = feadesdir(obj,con,x);
    fprintf(fid,'迭代点:x = [%6.4f %6.4f],函数值:f = %4.6f\n',x,obj(x));
    fprintf(fid,'可行下降方向:d = [%6.4f %6.4f],z = %6.4f\n',d,z);

    % 判断是否是 Fritz John 点
    if abs(z) <= epsilon
        xstar = x;                              % 输出最优解
        fstar = obj(xstar);                     % 输出最优值
        fprintf(fid,'\n 迭代终止\n');
        fprintf(fid,'最优解:xstar = [%6.4f %6.4f]\n',xstar);
        fprintf(fid,'最优值:fstar = %6.4f\n',fstar);
        fclose(fid);
        return;
    end

    % 线搜索
    lambda = linesearch(obj,x,d);
    fprintf(fid,'一维步长:lambda = %6.4f\n',lambda);

    % 迭代
    x = x+lambda *d;
    fprintf(fid,'新迭代点:x = [%6.4f %6.4f]\n',x);
end

%------------------------------------------
% 试错法取初始可行点
%------------------------------------------
function x = inifeapoi(con,x0)
n = length(x0);
g = con(x0);
if all(g<=0)                                    % 如果初始点已经是一个可行点
    x = x0;
else                                            % 如果初始点不是一个可行点
    while 1
        x = -5+10*rand(n,1);
        g = con(x);
        if all(g<=0)
            break
        else
            continue
        end
    end
end

%------------------------------------------
% 确定可行下降方向
%------------------------------------------
```

```
function [z,d] = feadesdir(obj,con,x)
epsilon = 0.01;
[~,gradf] = obj(x);                          % 计算目标函数及其梯度
[g,gradg] = con(x);                          % 计算约束函数及其梯度
A1 = gradg(:,g>=-epsilon);                   % 计算积极约束梯度矩阵
[~,numact] = size(A1);                       % 积极约束的个数

f = [zeros(1,length(x)) 1];                  % 子问题目标函数系数向量
Aineq = [gradf' -1;
        A1' -ones(numact,1)];                % 子问题不等式约束系数矩阵
bineq = zeros(length(Aineq(:,1)),1);         % 子问题不等式约束右端项
Aeq = [];                                    % 子问题等式约束系数矩阵
beq = [];                                    % 子问题等式约束右端项
lb = [-1*ones(length(x),1); -inf];           % 子问题下界约束
ub = [ones(length(x),1); inf];               % 子问题上界约束
d_z = linprog(f,Aineq,bineq,Aeq,beq,lb,ub);
d = d_z(1:end-1);
z = d_z(end);


%--------------------------------------
% 线搜索确定搜索步长
%--------------------------------------
function lambda = linesearch(obj,x,d)
lambda_step = 0.1;                           % 步长试探量
lambda_max = 0.1;                            % 初始化最大步长
while 1
    tempx = x+lambda_max *d;
    tempf = obj(tempx);
    if all(tempf<=0)
        lambda_max = lambda_max+lambda_step;
    else
        break
    end
end

% 一维搜索
lineobjfun = @(lambda) obj(x+lambda *d);
lambda = fminbnd(lineobjfun,0,lambda_max);
```

运行结果如下：

```
初始点:x = [0.0000 0.0000]

第 1 次迭代:
迭代点:x = [0.0000 0.0000],函数值:f = 17.000000
可行下降方向:d = [-1.0000 1.0000],z = -10.0000
一维步长:lambda = 0.1000
新迭代点:x = [-0.1000 0.1000]
```

```
第 2 次迭代：
迭代点：x = [-0.1000 0.1000]，函数值：f = 16.020384
可行下降方向：d = [-1.0000 1.0000]，z = -9.6002
一维步长：lambda = 0.1000
新迭代点：x = [-0.1999 0.1999]

...

第 31 次迭代：
迭代点：x = [0.0000 1.9552]，函数值：f = 5.181306
可行下降方向：d = [-1.0000 1.0000]，z = -6.0896
一维步长：lambda = 0.1000
新迭代点：x = [-0.1000 2.0551]

第 32 次迭代：
迭代点：x = [-0.1000 2.0551]，函数值：f = 4.592569
可行下降方向：d = [0.0000 0.0000]，z = 0.0000

迭代终止
最优解：xstar = [-0.1000 2.0551]
最优值：fstar = 4.5926
```

注意，代码中的初始点 $\boldsymbol{x}_0=(0,0)^{\mathrm{T}}$ 已经是一个可行点，也可以取一个非可行点作为初始点，函数 inifeapoi 会根据试错法找到一个可行点作为初始点，经检验，取不同的初始点，均可以得到最优解。

63min

6.2 Rosen 梯度投影法

约束线性规划的一个关键问题是求可行下降方向。6.1 节介绍的 Zoutendijk 可行方向法是通过求解一个和积极约束有关的线性规划问题来求得可行下降方向，本节将要介绍的 Rosen 梯度投影法通过将负梯度方向投影到和积极约束相关的一个子空间来得到可行下降方向，因此，作为准备工作，本节首先介绍投影和投影矩阵的概念。

6.2.1 投影和投影矩阵

1. 向量的投影

设 $\boldsymbol{M}\in\mathbf{R}^{m\times n}$ 是 $m\times n$ 阶矩阵，其秩为 m，则由 $\boldsymbol{M}$ 的行向量组张成的子空间称为 $\boldsymbol{M}$ 的值空间，记作

$$\begin{aligned}F(\boldsymbol{M})&=\{\boldsymbol{x}\in\mathbf{R}^n\mid \boldsymbol{x}=\operatorname{span}(\boldsymbol{\alpha}_1^{\mathrm{T}},\boldsymbol{\alpha}_2^{\mathrm{T}},\cdots,\boldsymbol{\alpha}_m^{\mathrm{T}})\}\\&=\{\boldsymbol{x}\in\mathbf{R}^n\mid \boldsymbol{x}=k_1\boldsymbol{\alpha}_1^{\mathrm{T}}+k_2\boldsymbol{\alpha}_2^{\mathrm{T}}+\cdots+k_m\boldsymbol{\alpha}_m^{\mathrm{T}},k_i\in\mathbf{R},i=1,2,\cdots,m\}\end{aligned}\tag{6-43}$$

其中，$\boldsymbol{\alpha}_i\in\mathbf{R}^n,i=1,2,\cdots,m$ 为 $\boldsymbol{M}$ 的行向量；使 $\boldsymbol{Ax}=\mathbf{0}$ 的所有 $\boldsymbol{x}$ 组成的子空间称为 $\boldsymbol{M}$ 的核

空间或零空间，记作

$$N(\boldsymbol{M})=\{\boldsymbol{x}\in\mathbf{R}^n \mid \boldsymbol{M}\boldsymbol{x}=\boldsymbol{0}\} \tag{6-44}$$

由线性代数的知识可知，n 维欧氏空间 $\mathbf{R}^n$ 等于值空间 $F(\boldsymbol{M})$和零空间 $N(\boldsymbol{M})$的直和，即

$$\mathbf{R}^n=F(\boldsymbol{M})\oplus N(\boldsymbol{M}) \tag{6-45}$$

因此，对任一向量 $\boldsymbol{y}\in\mathbf{R}^n$ 可以写成

$$\boldsymbol{y}=\boldsymbol{y}_1+\boldsymbol{y}_2 \tag{6-46}$$

其中，$\boldsymbol{y}_1\in F(\boldsymbol{M})$，$\boldsymbol{y}_2\in N(\boldsymbol{M})$，$\boldsymbol{y}_1$ 和 $\boldsymbol{y}_2$ 分别称为向量 $\boldsymbol{y}$ 在 $F(\boldsymbol{M})$和 $N(\boldsymbol{M})$上的投影。

2. 投影矩阵

可以通过代数方式来计算向量 $\boldsymbol{y}$ 在 $F(\boldsymbol{M})$和 $N(\boldsymbol{M})$上的投影。

由于 $\boldsymbol{y}_1$ 可以表示成 $\boldsymbol{M}$ 的行向量组的线性组合，设组合系数为$\boldsymbol{\kappa}=(k_1,k_2,\cdots,k_m)$，即

$$\begin{aligned}\boldsymbol{y}_1&=k_1\boldsymbol{\alpha}_1^{\mathrm{T}}+k_2\boldsymbol{\alpha}_2^{\mathrm{T}}+\cdots+k_m\boldsymbol{\alpha}_m^{\mathrm{T}}\\&=(\boldsymbol{\alpha}_1^{\mathrm{T}},\boldsymbol{\alpha}_2^{\mathrm{T}},\cdots,\boldsymbol{\alpha}_m^{\mathrm{T}})\begin{pmatrix}k_1\\k_2\\\vdots\\k_m\end{pmatrix}\\&=\boldsymbol{M}^{\mathrm{T}}\boldsymbol{\kappa}\end{aligned} \tag{6-47}$$

将式(6-47)代入式(6-46)，然后两端左乘 $\boldsymbol{M}$，并注意到 $\boldsymbol{M}\boldsymbol{y}_2=\boldsymbol{0}$，则

$$\boldsymbol{M}\boldsymbol{y}=\boldsymbol{M}\boldsymbol{M}^{\mathrm{T}}\boldsymbol{\kappa} \tag{6-48}$$

由于 $\boldsymbol{M}$ 行满秩，根据式(6-48)有

$$\boldsymbol{\kappa}=(\boldsymbol{M}\boldsymbol{M}^{\mathrm{T}})^{-1}\boldsymbol{M}\boldsymbol{y} \tag{6-49}$$

将式(6-49)代入式(6-47)得

$$\boldsymbol{y}_1=\boldsymbol{M}^{\mathrm{T}}(\boldsymbol{M}\boldsymbol{M}^{\mathrm{T}})^{-1}\boldsymbol{M}\boldsymbol{y} \tag{6-50}$$

将式(6-50)代入式(6-46)得

$$\boldsymbol{y}_2=[\boldsymbol{I}-\boldsymbol{M}^{\mathrm{T}}(\boldsymbol{M}\boldsymbol{M}^{\mathrm{T}})^{-1}\boldsymbol{M}^{\mathrm{T}}]\boldsymbol{y} \tag{6-51}$$

令

$$\begin{aligned}\boldsymbol{P}&=\boldsymbol{M}^{\mathrm{T}}(\boldsymbol{M}\boldsymbol{M}^{\mathrm{T}})^{-1}\boldsymbol{M}\\\boldsymbol{Q}&=\boldsymbol{I}-\boldsymbol{M}^{\mathrm{T}}(\boldsymbol{M}\boldsymbol{M}^{\mathrm{T}})^{-1}\boldsymbol{M}\end{aligned} \tag{6-52}$$

则 $\boldsymbol{P}$ 和 $\boldsymbol{Q}$ 能够起到投影变换的作用，它们具有以下两个特性。

(1) 它们都是对称矩阵；

(2) 它们都是幂等矩阵，即 $\boldsymbol{P}^2=\boldsymbol{P}$，$\boldsymbol{Q}^2=\boldsymbol{Q}$。

通常将具有这种特性的矩阵称为投影矩阵。

定义 6-1 设 $\boldsymbol{P}$ 为 n 阶矩阵，若 $\boldsymbol{P}=\boldsymbol{P}^{\mathrm{T}}$，并且 $\boldsymbol{P}^2=\boldsymbol{P}$，则称 $\boldsymbol{P}$ 为投影矩阵。

投影矩阵具有下列性质。

(1) 投影矩阵 $\boldsymbol{P}$ 是半正定矩阵，因为对任意的 $\boldsymbol{x}\in\mathbf{R}^n$，有

$$\boldsymbol{x}^{\mathrm{T}}\boldsymbol{P}\boldsymbol{x}=\boldsymbol{x}^{\mathrm{T}}\boldsymbol{P}\boldsymbol{P}\boldsymbol{x}=(\boldsymbol{P}\boldsymbol{x})^{\mathrm{T}}(\boldsymbol{P}\boldsymbol{x})\geqslant 0$$

(2) 矩阵 $\boldsymbol{P}$ 为投影矩阵的充要条件是 $\boldsymbol{Q}=\boldsymbol{I}-\boldsymbol{P}$ 为投影矩阵,因为

$$\boldsymbol{Q}^{\mathrm{T}}=(\boldsymbol{I}-\boldsymbol{P})^{\mathrm{T}}=\boldsymbol{I}^{\mathrm{T}}-\boldsymbol{P}^{\mathrm{T}}=\boldsymbol{I}-\boldsymbol{P}=\boldsymbol{Q}$$

且

$$\boldsymbol{Q}^{2}=(\boldsymbol{I}-\boldsymbol{P})^{2}=\boldsymbol{I}^{2}-2\boldsymbol{IP}+\boldsymbol{P}^{2}=\boldsymbol{I}-\boldsymbol{P}=\boldsymbol{Q}$$

(3) 设 $\boldsymbol{P}$ 和 $\boldsymbol{Q}=\boldsymbol{I}-\boldsymbol{P}$ 是 n 阶投影矩阵,则

$$L=\{\boldsymbol{Px} \mid \boldsymbol{x}\in\mathbf{R}^{n}\}$$

和

$$L^{\perp}=\{\boldsymbol{Qx} \mid \boldsymbol{x}\in\mathbf{R}^{n}\}$$

是正交互补线性子空间,即任一 $\boldsymbol{x}\in\mathbf{R}^{n}$ 可以唯一分解成 $\boldsymbol{x}=\boldsymbol{x}_1+\boldsymbol{x}_2$,$\boldsymbol{x}_1\in L$,$\boldsymbol{x}_2\in L^{\perp}$。

以下用一个简单的案例来具体理解值空间、零空间、投影、投影矩阵等概念。

设

$$\boldsymbol{M}=\begin{bmatrix}1 & 0 & 0\\ 0 & 1 & 0\end{bmatrix}$$

则 $m=2$,$n=3$,秩$(\boldsymbol{M})=2$,$\boldsymbol{\alpha}_1=(1,0,0)$,$\boldsymbol{\alpha}_2=(0,1,0)$,如图 6-5 所示,值空间

$$F(\boldsymbol{M})=\{\boldsymbol{x}\in\mathbf{R}^{3} \mid \boldsymbol{x}=k_1\boldsymbol{\alpha}_1^{\mathrm{T}}+k_2\boldsymbol{\alpha}_2^{\mathrm{T}},k_1,k_2\in\mathbf{R}\}$$

其实是由向量$\boldsymbol{\alpha}_1=(1,0,0)$,$\boldsymbol{\alpha}_2=(0,1,0)$张成的平面,之所以称其为值空间,是因为满足 $\boldsymbol{y}=\boldsymbol{Mx}$,$\boldsymbol{x}\in\mathbf{R}^{3}$ 的所有向量 $\boldsymbol{y}$,即 $\boldsymbol{Mx}$ 的值,正好也是该平面。

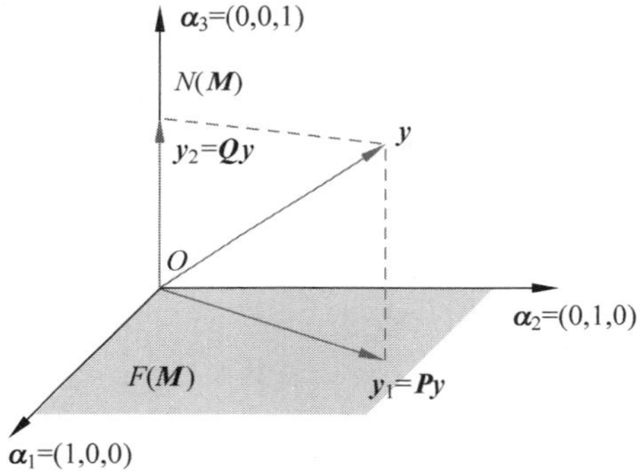

图 6-5 投影和投影梯度示意图

零空间

$$N(\boldsymbol{M})=\{\boldsymbol{x}\in\mathbf{R}^{3} \mid \boldsymbol{Mx}=\mathbf{0}\}$$

其实是向量$\boldsymbol{\alpha}_3=(0,0,1)$所在的纵轴,显然有

$$\mathbf{R}^{3}=F(\boldsymbol{M})\oplus N(\boldsymbol{M})$$

现考虑任一向量 $\boldsymbol{y}\in\mathbf{R}^{3}$,将 $\boldsymbol{y}$ 投影到 $F(\boldsymbol{M})$平面上的 $\boldsymbol{y}_1$ 即为

$$\boldsymbol{y}_1=\boldsymbol{Py}=\boldsymbol{M}^{\mathrm{T}}(\boldsymbol{MM}^{\mathrm{T}})^{-1}\boldsymbol{My}$$

将 $\boldsymbol{y}$ 投影到 $N(\boldsymbol{M})$直线上的 $\boldsymbol{y}_2$ 即为

$$\boldsymbol{y}_2=\boldsymbol{Qy}=(\boldsymbol{I}-\boldsymbol{M}^{\mathrm{T}}(\boldsymbol{MM}^{\mathrm{T}})^{-1}\boldsymbol{M})\boldsymbol{y}$$

读者可以取一个具体的向量 $\boldsymbol{y}$,然后分别用初等几何方法和上述两个公式来计算投影,可以发现两种方法的计算结果是一致的。

6.2.2 Rosen的算法步骤和流程

考虑目标函数为非线性函数,带线性不等式约束和线性等式约束的非线性规划问题

$$\begin{cases}\min & f(\boldsymbol{x}) \\ \text{s.t.} & \boldsymbol{A}\boldsymbol{x} \leqslant \boldsymbol{b} \\ & \boldsymbol{E}\boldsymbol{x} = \boldsymbol{e}\end{cases} \tag{6-53}$$

其中,$\boldsymbol{x} \in \mathbf{R}^n$ 为决策变量,$f: \mathbf{R}^n \to \mathbf{R}$ 是可微函数,$\boldsymbol{A} \in \mathbf{R}^{m \times n}$,$\boldsymbol{E} \in \mathbf{R}^{l \times n}$ 为系数矩阵,$\boldsymbol{b} \in \mathbf{R}^m$,$\boldsymbol{e} \in \mathbf{R}^l$ 为常数向量。

Rosen投影梯度法的基本思想仍然是在迭代点处找一个可行下降方向。若当前迭代点是可行域的内点,则任何一个方向都可行,此时负梯度方向就是一个可行下降方向;若当前迭代点在某些约束的边界上,则可以通过将该点处的负梯度方向投影到由积极约束或部分积极约束的梯度作为行向量构成的矩阵的零空间上来获得可行下降方向,以下定理将说明这一技术路线的可行性。

定理 6-5 设 $\boldsymbol{x}$ 是问题(6-53)的可行解,在点 $\boldsymbol{x}$ 处有 $\boldsymbol{A}_1\boldsymbol{x} = \boldsymbol{b}_1$,$\boldsymbol{A}_2\boldsymbol{x} < \boldsymbol{b}_2$,其中

$$\boldsymbol{A} = \begin{bmatrix}\boldsymbol{A}_1 \\ \boldsymbol{A}_2\end{bmatrix}, \quad \boldsymbol{b} = \begin{bmatrix}\boldsymbol{b}_1 \\ \boldsymbol{b}_2\end{bmatrix} \tag{6-54}$$

又设

$$\boldsymbol{M} = \begin{bmatrix}\boldsymbol{A}_1 \\ \boldsymbol{E}\end{bmatrix} \tag{6-55}$$

为满秩矩阵,$\boldsymbol{Q} = \boldsymbol{I} - \boldsymbol{M}^{\mathrm{T}}(\boldsymbol{M}\boldsymbol{M}^{\mathrm{T}})^{-1}\boldsymbol{M}$,$\boldsymbol{Q}\nabla f(\boldsymbol{x}) \neq \boldsymbol{0}$,令

$$\boldsymbol{d} = -\boldsymbol{Q}\nabla f(\boldsymbol{x}) \tag{6-56}$$

则 $\boldsymbol{d}$ 是可行下降方向。

证明 在 $\boldsymbol{Q}\nabla f(\boldsymbol{x}) \neq \boldsymbol{0}$ 的前提下,先证下降性。考虑方向 $\boldsymbol{d}$ 和$\nabla f(\boldsymbol{x})$的内积,并注意到 $\boldsymbol{Q}$ 作为投影矩阵具有对称性和幂等性,

$$\begin{aligned}\nabla f(\boldsymbol{x})^{\mathrm{T}}\boldsymbol{d} &= -\nabla f(\boldsymbol{x})^{\mathrm{T}}\boldsymbol{Q}\nabla f(\boldsymbol{x}) \\ &= -\nabla f(\boldsymbol{x})^{\mathrm{T}}\boldsymbol{Q}^{\mathrm{T}}\boldsymbol{Q}\nabla f(\boldsymbol{x}) \\ &= -(\boldsymbol{Q}\nabla f(\boldsymbol{x}))^{\mathrm{T}}(\boldsymbol{Q}\nabla f(\boldsymbol{x})) \\ &= -\|\boldsymbol{Q}\nabla f(\boldsymbol{x})\|^2 \\ &< 0\end{aligned}$$

故 $\boldsymbol{d}$ 是一个下降方向。

再证可行性,考虑

$$\begin{aligned}\boldsymbol{M}\boldsymbol{d} &= -\boldsymbol{M}(\boldsymbol{I} - \boldsymbol{M}^{\mathrm{T}}(\boldsymbol{M}\boldsymbol{M}^{\mathrm{T}})^{-1}\boldsymbol{M})\nabla f(\boldsymbol{x}) \\ &= (-\boldsymbol{M} + \boldsymbol{M})\nabla f(\boldsymbol{x}) \\ &= \boldsymbol{0}\end{aligned}$$

又注意到式(6-55)中 $\boldsymbol{M}$ 的构成方式,故有

$$\boldsymbol{A}_1\boldsymbol{d}=\boldsymbol{0}$$
$$\boldsymbol{E}\boldsymbol{d}=\boldsymbol{0}$$

由定理 6-1 知 $\boldsymbol{d}$ 是一个可行方向。

综上所述,$\boldsymbol{d}$ 为点 $\boldsymbol{x}$ 处的一个可行下降方向。

定理 6-5 的结论是在 $\boldsymbol{Q}\nabla f(\boldsymbol{x})\neq\boldsymbol{0}$ 的前提下给出的,当 $\boldsymbol{Q}\nabla f(\boldsymbol{x})=\boldsymbol{0}$ 时,有两种可能,或者 $\boldsymbol{x}$ 是一个 KKT 点,或者可以构造新的投影矩阵,以便求得可行下降方向。

定理 6-6 设 $\boldsymbol{x}$ 是问题(6-53)的可行解,在点 $\boldsymbol{x}$ 处有 $\boldsymbol{A}_1\boldsymbol{x}=\boldsymbol{b}_1$,$\boldsymbol{A}_2\boldsymbol{x}<\boldsymbol{b}_2$,其中

$$\boldsymbol{A}=\begin{bmatrix}\boldsymbol{A}_1\\\boldsymbol{A}_2\end{bmatrix},\quad \boldsymbol{b}=\begin{bmatrix}\boldsymbol{b}_1\\\boldsymbol{b}_2\end{bmatrix}\tag{6-57}$$

又设

$$\boldsymbol{M}=\begin{bmatrix}\boldsymbol{A}_1\\\boldsymbol{E}\end{bmatrix}\tag{6-58}$$

为行满秩矩阵,令

$$\begin{aligned}&\boldsymbol{Q}=\boldsymbol{I}-\boldsymbol{M}^{\mathrm{T}}(\boldsymbol{M}\boldsymbol{M}^{\mathrm{T}})^{-1}\boldsymbol{M}\\&\boldsymbol{w}=-(\boldsymbol{M}\boldsymbol{M}^{\mathrm{T}})^{-1}\boldsymbol{M}\,\nabla f(\boldsymbol{x})=\begin{bmatrix}\boldsymbol{u}\\\boldsymbol{\nu}\end{bmatrix}\end{aligned}\tag{6-59}$$

其中,$\boldsymbol{u}$ 和$\boldsymbol{\nu}$ 分别对应于 $\boldsymbol{A}_1$ 和 $\boldsymbol{E}$,设 $\boldsymbol{Q}\nabla f(\boldsymbol{x})=\boldsymbol{0}$,则

(1) 如果 $\boldsymbol{u}\geqslant\boldsymbol{0}$,则 $\boldsymbol{x}$ 为 KKT 点;

(2) 如果 $\boldsymbol{u}$ 中含有负分量,则不妨设 $u_j<0$,这时从 $\boldsymbol{A}_1$ 中去掉 u_j 对应的行,得到 $\hat{\boldsymbol{A}}_1$,令

$$\hat{\boldsymbol{M}}=\begin{bmatrix}\hat{\boldsymbol{A}}_1\\\boldsymbol{E}\end{bmatrix},\quad \hat{\boldsymbol{Q}}=\boldsymbol{I}-\hat{\boldsymbol{M}}^{\mathrm{T}}(\hat{\boldsymbol{M}}\hat{\boldsymbol{M}}^{\mathrm{T}})^{-1}\hat{\boldsymbol{M}}\tag{6-60}$$

那么 $\boldsymbol{d}=-\hat{\boldsymbol{Q}}\,\nabla f(\boldsymbol{x})$为可行下降方向。

证明 先证(1),设 $\boldsymbol{u}\geqslant 0$,由于 $\boldsymbol{Q}\nabla f(\boldsymbol{x})=\boldsymbol{0}$,则有

$$\begin{aligned}\boldsymbol{0}&=\boldsymbol{Q}\nabla f(\boldsymbol{x})=(\boldsymbol{I}-\boldsymbol{M}^{\mathrm{T}}(\boldsymbol{M}\boldsymbol{M}^{\mathrm{T}})^{-1}\boldsymbol{M})\nabla f(\boldsymbol{x})\\&=\nabla f(\boldsymbol{x})-\boldsymbol{M}^{\mathrm{T}}(\boldsymbol{M}\boldsymbol{M}^{\mathrm{T}})^{-1}\boldsymbol{M}\,\nabla f(\boldsymbol{x})\\&=\nabla f(\boldsymbol{x})+\boldsymbol{A}_1^{\mathrm{T}}\boldsymbol{u}+\boldsymbol{E}^{\mathrm{T}}\boldsymbol{v}\end{aligned}\tag{6-61}$$

这正是 KKT 条件,故 $\boldsymbol{x}$ 是 KKT 点。

再证(2),设 $u_j<0$,先证 $\hat{\boldsymbol{Q}}\,\nabla f(\boldsymbol{x})\neq\boldsymbol{0}$。用反证法,假设 $\hat{\boldsymbol{Q}}\,\nabla f(\boldsymbol{x})=\boldsymbol{0}$,则有 $\hat{\boldsymbol{Q}}$ 的定义

$$\begin{aligned}\boldsymbol{0}&=\hat{\boldsymbol{Q}}\,\nabla f(\boldsymbol{x})=(\boldsymbol{I}-\hat{\boldsymbol{M}}^{\mathrm{T}}(\hat{\boldsymbol{M}}\hat{\boldsymbol{M}}^{\mathrm{T}})^{-1}\hat{\boldsymbol{M}})\nabla f(\boldsymbol{x})\\&=\nabla f(\boldsymbol{x})-\hat{\boldsymbol{M}}^{\mathrm{T}}(\hat{\boldsymbol{M}}\hat{\boldsymbol{M}}^{\mathrm{T}})^{-1}\hat{\boldsymbol{M}}\,\nabla f(\boldsymbol{x})\\&=\nabla f(\boldsymbol{x})+\hat{\boldsymbol{M}}^{\mathrm{T}}\hat{\boldsymbol{w}}\end{aligned}\tag{6-62}$$

其中 $\hat{\boldsymbol{w}}=-(\hat{\boldsymbol{M}}\hat{\boldsymbol{M}}^{\mathrm{T}})^{-1}\hat{\boldsymbol{M}}\,\nabla f(\boldsymbol{x})$。设 $\boldsymbol{A}_1$ 中对应 u_j 的行向量为$\boldsymbol{r}_j$(第 j 行),由于

$$
\begin{aligned}
\boldsymbol{A}_1^{\mathrm{T}}\boldsymbol{u}+\boldsymbol{E}^{\mathrm{T}}\boldsymbol{v} &= \hat{\boldsymbol{A}}_1^{\mathrm{T}}\hat{\boldsymbol{u}}+\boldsymbol{u}_j\boldsymbol{r}_j^{\mathrm{T}}+\boldsymbol{E}^{\mathrm{T}}\boldsymbol{v}\\
&= \begin{bmatrix}\hat{\boldsymbol{A}}_1^{\mathrm{T}} & \boldsymbol{E}^{\mathrm{T}}\end{bmatrix}\begin{bmatrix}\hat{\boldsymbol{u}}\\ \boldsymbol{v}\end{bmatrix}+u_j\boldsymbol{r}_j^{\mathrm{T}}\\
&= \hat{\boldsymbol{M}}^{\mathrm{T}}\bar{\boldsymbol{w}}+\boldsymbol{u}_j\boldsymbol{r}_j^{\mathrm{T}}
\end{aligned}
\tag{6-63}
$$

其中

$$
\bar{\boldsymbol{w}}=\begin{bmatrix}\hat{\boldsymbol{u}}\\ \boldsymbol{v}\end{bmatrix} \tag{6-64}
$$

将式(6-63)代入式(6-61)得到

$$
\mathbf{0}=\nabla f(\boldsymbol{x})+\hat{\boldsymbol{M}}^{\mathrm{T}}\bar{\boldsymbol{w}}+u_j\boldsymbol{r}_j^{\mathrm{T}} \tag{6-65}
$$

用式(6-62)减去式(6-65)得

$$
\hat{\boldsymbol{M}}^{\mathrm{T}}(\hat{\boldsymbol{w}}-\bar{\boldsymbol{w}})+u_j\boldsymbol{r}_j^{\mathrm{T}}=\mathbf{0} \tag{6-66}
$$

式(6-66)左端是 $\boldsymbol{M}$ 的行向量的线性组合，并且至少有一个系数 $u_j\neq 0$，由此得出 $\boldsymbol{M}$ 的行向量组线性相关，这个结论与 $\boldsymbol{M}$ 是满秩矩阵矛盾，因此必有 $\hat{\boldsymbol{Q}}\,\nabla f(\boldsymbol{x})\neq\mathbf{0}$。

再证 $\boldsymbol{d}$ 是下降方向，由于 $\hat{\boldsymbol{Q}}\,\nabla f(\boldsymbol{x})\neq\mathbf{0}$，并且 $\hat{\boldsymbol{Q}}$ 是投影矩阵，则

$$
\nabla f(\boldsymbol{x})^{\mathrm{T}}\boldsymbol{d}=-\nabla f(\boldsymbol{x})^{\mathrm{T}}\hat{\boldsymbol{Q}}\,\nabla f(\boldsymbol{x})=-\|\hat{\boldsymbol{Q}}\,\nabla f(\boldsymbol{x})\|^2<0 \tag{6-67}
$$

因此，$\boldsymbol{d}$ 是下降方向。

最后证 $\boldsymbol{d}$ 是可行方向，由于

$$
\begin{aligned}
\hat{\boldsymbol{M}}\boldsymbol{d} &= -\hat{\boldsymbol{M}}\hat{\boldsymbol{Q}}\,\nabla f(\boldsymbol{x})\\
&= -\hat{\boldsymbol{M}}(I-\hat{\boldsymbol{M}}^{\mathrm{T}}(\hat{\boldsymbol{M}}\hat{\boldsymbol{M}}^{\mathrm{T}})^{-1}\hat{\boldsymbol{M}})\,\nabla f(\boldsymbol{x})\\
&= -(\hat{\boldsymbol{M}}-\hat{\boldsymbol{M}})\,\nabla f(\boldsymbol{x})\\
&= \mathbf{0}
\end{aligned}
$$

即

$$
\hat{\boldsymbol{A}}_1\boldsymbol{d}=\mathbf{0},\quad \boldsymbol{E}\boldsymbol{d}=\mathbf{0} \tag{6-68}
$$

由式(6-65)两端同时左乘 $\boldsymbol{r}_j\hat{\boldsymbol{Q}}$，得到

$$
\boldsymbol{r}_j\hat{\boldsymbol{Q}}\,\nabla f(\boldsymbol{x})+\boldsymbol{r}_j\hat{\boldsymbol{Q}}\hat{\boldsymbol{M}}^{\mathrm{T}}\bar{\boldsymbol{w}}+u_j\boldsymbol{r}_j\hat{\boldsymbol{Q}}\boldsymbol{r}_j^{\mathrm{T}}=\mathbf{0} \tag{6-69}
$$

由于 $\hat{\boldsymbol{Q}}\,\hat{\boldsymbol{M}}^{\mathrm{T}}=\mathbf{0}$，$\boldsymbol{d}=-\hat{\boldsymbol{Q}}\,\nabla f(\boldsymbol{x})$，则

$$
-\boldsymbol{r}_j\boldsymbol{d}+u_j\boldsymbol{r}_j\hat{\boldsymbol{Q}}\boldsymbol{r}_j^{\mathrm{T}}=\mathbf{0} \tag{6-70}
$$

由于 $\hat{\boldsymbol{Q}}$ 半正定，$\boldsymbol{r}_j\hat{\boldsymbol{Q}}\boldsymbol{r}_j^{\mathrm{T}}\geqslant 0$，以及 $u_j<0$，因此

$$
\boldsymbol{r}_j\boldsymbol{d}\leqslant 0 \tag{6-71}
$$

综合式(6-68)和式(6-71)即得

$$
\boldsymbol{A}_1\boldsymbol{d}\leqslant\mathbf{0},\quad \boldsymbol{E}\boldsymbol{d}=\mathbf{0} \tag{6-72}
$$

根据定理 6-1，$\boldsymbol{d}$ 为可行解。

综上所述，$\boldsymbol{d}=-\hat{\boldsymbol{Q}}\nabla f(\boldsymbol{x})$为可行下降方向。

Rosen 投影梯度法的算法步骤如下。

算法 6-3　Rosen 投影梯度法

第 1 步： 初始化，按照 6.1 节第 4 部分介绍的方法，确定初始可行点 $\boldsymbol{x}_0$，置迭代计数器 $k=1$。

第 2 步： 矩阵分解，在点 $\boldsymbol{x}_k$ 处把矩阵 $\boldsymbol{A}$ 和向量 $\boldsymbol{b}$ 分解成

$$\boldsymbol{A}=\begin{bmatrix}\boldsymbol{A}_1\\ \boldsymbol{A}_2\end{bmatrix},\quad \boldsymbol{b}=\begin{bmatrix}\boldsymbol{b}_1\\ \boldsymbol{b}_2\end{bmatrix}$$

使 $\boldsymbol{A}_1\boldsymbol{x}_1=\boldsymbol{b}_1$，$\boldsymbol{A}_2\boldsymbol{x}_2<\boldsymbol{b}_2$。

第 3 步： 投影矩阵，令

$$\boldsymbol{M}=\begin{bmatrix}\boldsymbol{A}_1\\ \boldsymbol{E}\end{bmatrix}$$

如果 $\boldsymbol{M}$ 是空的，则置 $\boldsymbol{Q}$ 为单位矩阵，即 $\boldsymbol{Q}=\boldsymbol{I}$，否则令

$$\boldsymbol{Q}=\boldsymbol{I}-\boldsymbol{M}^{\mathrm{T}}(\boldsymbol{M}\boldsymbol{M}^{\mathrm{T}})^{-1}\boldsymbol{M}$$

第 4 步： 可行下降方向，令 $\boldsymbol{d}_k=-\boldsymbol{Q}\nabla f(\boldsymbol{x}_k)$，若 $\boldsymbol{d}_k=\boldsymbol{0}$，则转到第 5 步，否则转到第 6 步。

第 5 步： 终止准则，若 $\boldsymbol{M}$ 是空的，则停止迭代，$\boldsymbol{x}_k$ 为最优解，输出 $\boldsymbol{x}^*=\boldsymbol{x}_k$，$f^*=f(\boldsymbol{x}_k)$，否则令

$$\boldsymbol{w}=-(\boldsymbol{M}\boldsymbol{M}^{\mathrm{T}})^{-1}\boldsymbol{M}\nabla f(\boldsymbol{x}_k)=\begin{bmatrix}\boldsymbol{u}\\ \boldsymbol{v}\end{bmatrix}$$

若 $\boldsymbol{u}\geqslant\boldsymbol{0}$，则停止迭代，$\boldsymbol{x}_k$ 为 KKT 点，输出 $\boldsymbol{x}^*=\boldsymbol{x}_k$，$f^*=f(\boldsymbol{x}_k)$；

若 $\boldsymbol{u}\ngeqslant\boldsymbol{0}$，则选择 $\boldsymbol{u}$ 中一个负分量，例如 u_j，去掉 $\boldsymbol{A}_1$ 中 u_j 对应的行，返回第 3 步。

第 6 步： 搜索步长，根据式(6-25)计算 $\lambda_{\max}$，然后求解一维搜索问题

$$\begin{cases}\min & f(\boldsymbol{x}_k+\lambda\boldsymbol{d}_k)\\ \text{s.t.} & 0\leqslant\lambda\leqslant\lambda_{\max}\end{cases}$$

得到最优解 λ_k。

第 7 步： 迭代，令

$$\boldsymbol{x}_{k+1}=\boldsymbol{x}_k+\lambda_k\boldsymbol{d}_k$$

置 $k:=k+1$，转到第 2 步。

Rosen 投影梯度法的算法流程图如图 6-6 所示。

以下通过一个案例给出 Rosen 投影梯度法的 MATLAB 代码。

【例 6-3】 用 Rosen 投影梯度法求解下列问题

$$\begin{cases}\min & 2x_1^2+2x_2^2-2x_1x_2-4x_1-6x_2\\ \text{s.t.} & x_1+x_2\leqslant 2\\ & x_1+5x_2\leqslant 5\\ & x_1,x_2\geqslant 0\end{cases}$$

解　用 Rosen 投影梯度法求解的 MATLAB 代码如下。

主程序调用脚本如下：

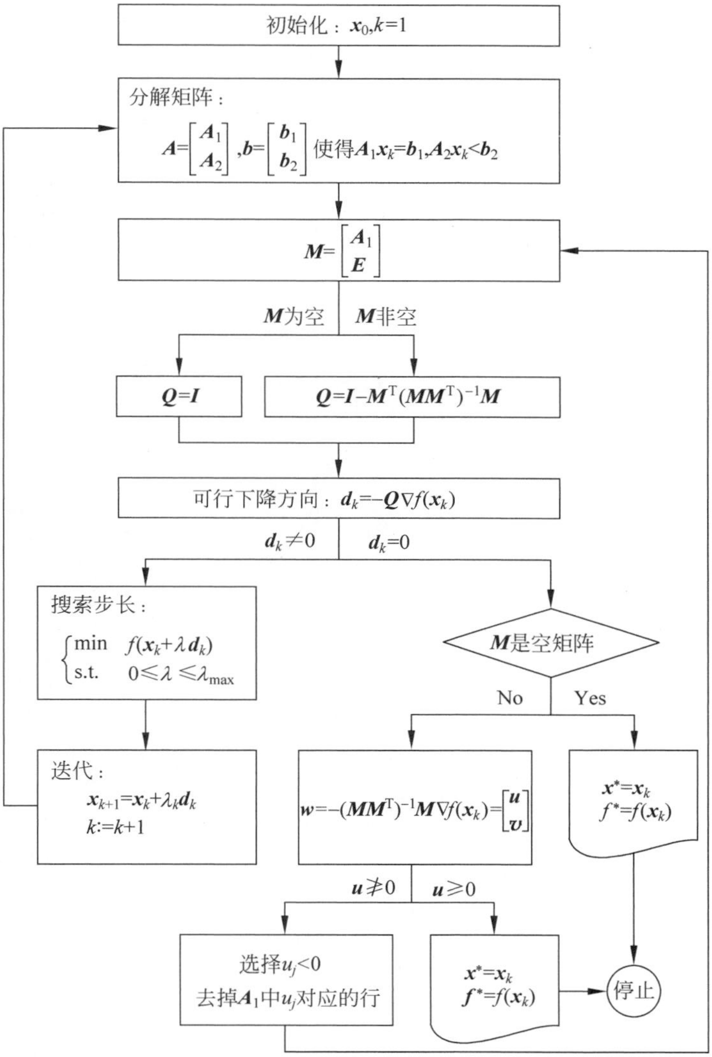

图 6-6 Rosen 投影梯度法的算法流程图

```
%----------------------------------------
% 代码 6-3 Rosen 投影梯度法
%----------------------------------------
f = @(x) objfun(x);                     % 目标函数
A = [1 1;1 5;-1 0;0 -1];                % 不等式约束系数矩阵
b = [2;5;0;0];                          % 不等式约束右端项
E = [];                                 % 等式约束系数矩阵
e = [];                                 % 等式约束右端项

[xstar,ystar] = rosen(f,A,b,E,e);       % Rosen 投影梯度法
```

目标函数和梯度函数的代码如下：

```
%--------------------------------------
% 目标函数和梯度函数
%--------------------------------------
function [y,g] = objfun(x)
y = 2*x(1)^2+2*x(2)^2-2*x(1)*x(2)-4*x(1)-6*x(2);
g = [4*x(1)-2*x(2)-4;4*x(2)-2*x(1)-6];
```

Rosen 投影梯度法代码如下：

```
%--------------------------------------
% 代码 6-3 Rosen 投影梯度法
%--------------------------------------
function [xstar,fstar] = rosen(fun,A,b,E,e)

fid = fopen('res.txt','w');                    % 打开一个文件,写入结果
epsilon = 0.01;                                % 容忍精度
x = iniFeaPoi(A,b,E,e);                        % 初始可行点
k = 0;                                         % 迭代计数器
fprintf(fid,'初始点:x = [%6.4f %6.4f]\n',x);

% 初始化
while 1
    k = k+1;
    fprintf(fid,'\n 第%d 次迭代:\n',k);

    A1 = A(A*x>=b-epsilon,:);                  % 积极约束矩阵
    while 1
        M = [A1;E];
        [~,grad] = fun(x);                     % 计算目标函数梯度
        Q = gradProjMat(M,x);                  % 梯度投影
        d = -Q*grad;                           % 可行下降方向

        if norm(d) <= epsilon
            % 如果 d 为 0 向量
            if isempty(M)
                % 如果 M 是空矩阵,则 x 是局部极小点
                xstar = x;                     % 输出最优解
                fstar = fun(xstar);            % 输出最优值
                fprintf(fid,'\n 迭代终止\n');
                fprintf(fid,'最优解:xstar = [%6.4f %6.4f]\n',xstar);
                fprintf(fid,'最优值:fstar = %6.4f\n',fstar);
                fclose(fid);
                return;
            else
                % 如果 M 不是空矩阵,则继续求可行下降方向
                w = -(M*M')^-1*M*grad;
                u = w(1:length(A1(:,1)));
```

```
                if all(u>=0)
                    % 如果 u 的所有分量均非负,则 x 是 KKT 点
                    xstar = x;                      % 输出最优解
                    fstar = fun(xstar);      % 输出最优值
                    fprintf(fid,'最优解:xstar = [%6.4f %6.4f]\n',xstar);
                    fprintf(fid,'最优值:fstar = %6.4f\n',fstar);
                    fclose(fid);
                    return;
                else
                    % 如果 u 存在负分量,则继续求可行下降方向
                    [~,j] = min(u);                 % 找到负分量对应的行
                    A1(j,:) = [];                   % 删除负分量对应的 A1 的行
                    continue;
                end
            end
        else
            % 如果 d 为非零向量,则进行线搜索和迭代
            fprintf(fid,'可行下降方向:d = [%6.4f %6.4f]\n',d);
            break;
        end
    end

    % 线搜索
    lambda = linesearch(fun,A,b,x,d);
    fprintf(fid,'一维步长:lambda = %6.4f\n',lambda);

    % 迭代
    x = x+lambda *d;
    fprintf(fid,'新迭代点:x = [%6.4f %6.4f]\n',x);
end

%---------------------------------------
% 试错法取初始可行点
%---------------------------------------
function x = iniFeaPoi(A,b,E,e)
f = @(x) 0.5*(norm(E *x-e))^2;
while 1
    [~,n] = size(A);
    x = -5+10*rand(n,1);
    if ~isempty(E)                          % 若 E 非空,则执行
        x = fminsearch(f,x);                % 求出满足等式约束的解
    end
    if all(A *x <= b)
        break;                              % 若该解也满足不等式约束,则为可行解
    end
end

%---------------------------------------
% 计算投影矩阵
```

```
%-------------------------------------
function Q = gradProjMat(M,x)
if isempty(M)
    Q = eye(length(x));
else
    Q = eye(length(x))-M'*(M*M')^-1*M;
end

%-------------------------------------
%线搜索
%-------------------------------------
function lambda = linesearch(fun,A,b,x,d)
epsilon = 0.01;
t = A*x;
A1 = A(t>=b-epsilon,:);                    %确定积极约束矩阵
A2 = A(t<b-epsilon,:);                     %确定非积极约束矩阵
b1 = b(t>=b-epsilon);                      %确定积极约束右端常数项
b2 = b(t<b-epsilon);                       %确定非积极约束右端常数项
q = b2-A2*x;
p = A2*d;
if all(p<=0)                               %求步长上界
    lambda_max = 10;
else
    lambda_max = min(q(p>0)./p(p>0));
end
%一维搜索
lineobjfun = @(lambda) fun(x+lambda*d);
lambda = fminbnd(lineobjfun,0,lambda_max);
```

运行结果如下：

```
初始点:x = [0.2038 0.7087]

第 1 次迭代:
可行下降方向:d = [4.6022 3.5730]
一维步长:lambda = 0.0557
新迭代点:x = [0.4601 0.9077]

第 2 次迭代:
可行下降方向:d = [3.1893 -0.6379]
一维步长:lambda = 0.2097
新迭代点:x = [1.1289 0.7739]

第 3 次迭代:
最优解:xstar = [1.1289 0.7739]
最优值:fstar = -7.1598
```

代码中的初始点是通过试错法随机生成的，经检验，取不同的初始点，均可以得到最优解，其实 $\boldsymbol{x}^*=(1.1289,0.7739)^{\mathrm{T}}$ 是 KKT 点，因为本例是一个凸规划问题，所以 $\boldsymbol{x}^*$ 是全局

最优解。

6.3 Frank-Wolfe 方法

24min

Frank-Wolfe 方法是由著名优化学家 Frank 和 Wolfe 于 1965 年提出的一种求解只带线性约束的非线性规划问题的算法，其基本思想是在每次迭代中，将非线性目标函数在迭代点处用线性函数进行近似，与原线性约束构成一个线性规划子问题，通过求解线性规划子问题得到原问题在当前迭代点处的一个可行下降方向，进而沿此方向在可行域内进行一维搜索。

6.3.1 Frank-Wolfe 方法原理

考虑带线性约束的非线性规划问题

$$\begin{cases} \min & f(\boldsymbol{x}) \\ \text{s.t.} & \boldsymbol{Ax} \leqslant \boldsymbol{b} \\ & \boldsymbol{Ex} = \boldsymbol{e} \end{cases} \tag{6-73}$$

其中，$f: \mathbf{R}^n \rightarrow \mathbf{R}$ 是连续可微函数，$\boldsymbol{A} \in \mathbf{R}^{m \times n}$，$\boldsymbol{E} \in \mathbf{R}^{l \times n}$ 分别为不等式约束和等式约束的系数矩阵，$\boldsymbol{b} \in \mathbf{R}^m$，$\boldsymbol{e} \in \mathbf{R}^l$ 分别为不等式约束和等式约束的右端常向量。问题(6-73)的可行域记作

$$S = \{\boldsymbol{x} \in \mathbf{R}^n \mid \boldsymbol{Ax} \leqslant \boldsymbol{b}, \boldsymbol{Ex} = \boldsymbol{e}\} \tag{6-74}$$

以下给出用 Frank-Wolfe 方法求解问题(6-73)的原理。

设当前迭代点为 $\boldsymbol{x}_k$，将目标函数 $f(\boldsymbol{x})$ 在 $\boldsymbol{x}_k$ 处用一阶泰勒展开得

$$\begin{aligned} f(\boldsymbol{x}) &\approx f(\boldsymbol{x}_k) + \nabla f(\boldsymbol{x}_k)^{\mathrm{T}}(\boldsymbol{x} - \boldsymbol{x}_k) \\ &= \nabla f(\boldsymbol{x}_k)^{\mathrm{T}} \boldsymbol{x} + (f(\boldsymbol{x}_k) - \nabla f(\boldsymbol{x}_k)^{\mathrm{T}} \boldsymbol{x}_k) \end{aligned} \tag{6-75}$$

所以求解优化问题(6-73)近似于求解优化问题

$$\begin{cases} \min & \nabla f(\boldsymbol{x}_k)^{\mathrm{T}} \boldsymbol{x} + (f(\boldsymbol{x}_k) + \nabla f(\boldsymbol{x})^{\mathrm{T}} \boldsymbol{x}_k) \\ \text{s.t.} & \boldsymbol{Ax} \leqslant \boldsymbol{b} \\ & \boldsymbol{Ex} = \boldsymbol{e} \end{cases} \tag{6-76}$$

又注意到问题(6-76)的目标函数的后半部分 $f(\boldsymbol{x}_k) + \nabla f(\boldsymbol{x}_k)^{\mathrm{T}} \boldsymbol{x}_k$ 是常数，所以问题(6-73)可以进一步简化成

$$\begin{cases} \min & \nabla f(\boldsymbol{x}_k)^{\mathrm{T}} \boldsymbol{x} \\ \text{s.t.} & \boldsymbol{Ax} \leqslant \boldsymbol{b} \\ & \boldsymbol{Ex} = \boldsymbol{e} \end{cases} \tag{6-77}$$

问题(6-77)是一个线性规划问题，可以用单纯形法轻松求解。不妨设问题(6-77)的最优解为 $\boldsymbol{y}_k$，则由单纯形法的原理可知，$\boldsymbol{y}_k$ 一定是单纯形 S 的一个极点，如图 6-7 所示。

考虑可行方向

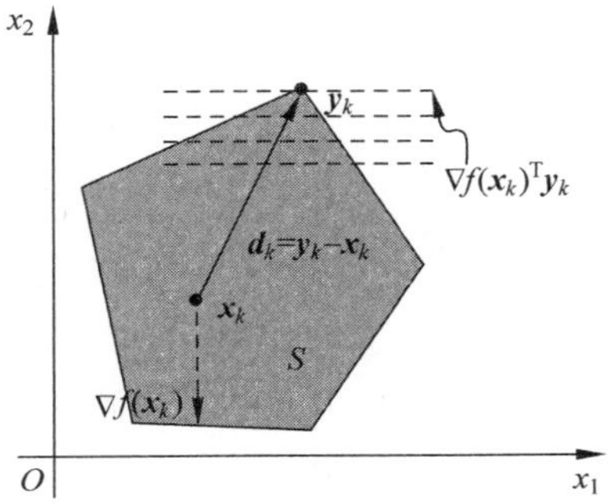

图 6-7　Frank-Wolfe 方法示意图

$$d_k = y_k - x_k \tag{6-78}$$

和梯度$\nabla f(\boldsymbol{x}_k)$之间的关系,必为以下两种情况之一。

(1) 如果$\nabla f(\boldsymbol{x}_k)^T(\boldsymbol{y}_k-\boldsymbol{x}_k)=0$,则 $\boldsymbol{x}_k$ 一定是原问题的 KKT 点,这是因为,由

$$\nabla f(\boldsymbol{x}_k)^T\boldsymbol{y}_k = \nabla f(\boldsymbol{x}_k)^T\boldsymbol{x}_k$$

和 $\boldsymbol{y}_k$ 是问题(6-77)的最优解可知,$\boldsymbol{x}_k$ 也是问题(6-77)的最优解。又由于问题(6-77)是线性规划问题,所以 $\boldsymbol{x}_k$ 也是问题(6-77)的 KKT 点,即存在非负的$\boldsymbol{\omega}\in R^m$ 和$\boldsymbol{\nu}\in R^1$,使得

$$\begin{cases}\nabla f(\boldsymbol{x}_k)+A^T\boldsymbol{\omega}+E^T\boldsymbol{\nu}=\boldsymbol{0}\\ \omega_i(A\boldsymbol{x}_k-\boldsymbol{b})_i=0, \quad i=1,2,\cdots,m\\ \omega_i\geqslant 0, \quad i=1,2,\cdots,m\end{cases}$$

(2) 如果$\nabla f(\boldsymbol{x}_k)^T(\boldsymbol{y}_k-\boldsymbol{x}_k)\neq 0$,则一定有

$$\nabla f(\boldsymbol{x}_k)^T(\boldsymbol{y}_k-\boldsymbol{x}_k)<0 \tag{6-79}$$

这是因为 $\boldsymbol{x}_k$ 是问题(6-77)的一个可行点,而 $\boldsymbol{y}_k$ 是问题(6-77)的最优解,自然有

$$\nabla f(\boldsymbol{x}_k)^T\boldsymbol{y}_k < \nabla f(\boldsymbol{x}_k)^T\boldsymbol{x}_k \tag{6-80}$$

也就是式(6-79)。这说明 $\boldsymbol{d}_k$ 是在 $\boldsymbol{x}_k$ 处的一个下降方向。又因 $\boldsymbol{x}_k\in S$,并且 S 是凸集,所以 $\boldsymbol{d}_k$ 也是可行的,所以 $\boldsymbol{d}_k$ 是一个可行下降方向。

以上给出了 $\boldsymbol{x}_k$ 处的可行下降方向的求法,接下来考虑一维搜索步长。

显然,使

$$\boldsymbol{x}_k+\lambda\boldsymbol{d}_k=\boldsymbol{x}_k+\lambda(\boldsymbol{y}_k-\boldsymbol{x}_k)\in S \tag{6-81}$$

成立的最大 λ 为$\lambda_{\max}=1$,此时 $\boldsymbol{x}_k+\lambda_{\max}\boldsymbol{d}_k=\boldsymbol{y}_k$ 正好为可行域的边界,所以求取搜索步长的一维搜索问题为

$$\begin{cases}\min \quad f(\boldsymbol{x}_k+\lambda\boldsymbol{d}_k)\\ \text{s.t.} \quad 0\leqslant\lambda\leqslant\lambda_{\max}\end{cases} \tag{6-82}$$

即

$$\begin{cases}\min \quad f(\boldsymbol{x}_k+\lambda(\boldsymbol{y}_k-\boldsymbol{x}_k))\\ \text{s.t.} \quad 0\leqslant\lambda\leqslant\lambda_{\max}\end{cases} \tag{6-83}$$

6.3.2 Frank-Wolfe 方法的算法

Frank-Wolfe 方法的算法流程如下。

算法 6-4　Frank-Wolfe 可行方向法

第 1 步：初始化，按照 6.1 节第 4 部分介绍的方法，确定初始可行点 $\boldsymbol{x}_0$，置迭代计数器 $k=1$。

第 2 步：求解线性规划问题

$$\begin{cases}\min & \nabla f(\boldsymbol{x}_k)^{\mathrm{T}}\boldsymbol{x}\\ \text{s. t.} & \boldsymbol{Ax}\leqslant \boldsymbol{b}\\ & \boldsymbol{Ex}=\boldsymbol{e}\end{cases}$$

令得到的最优解为 $\boldsymbol{y}_k$。

第 3 步：终止准则，若 $|\nabla f(\boldsymbol{x}_k)^{\mathrm{T}}(\boldsymbol{y}_k-\boldsymbol{x}_k)|\leqslant\varepsilon$，则停止计算，输出 $\boldsymbol{x}^*=\boldsymbol{x}_k$，$f^*=f(\boldsymbol{x}_k)$，否则转到第 4 步。

第 4 步：搜索步长，求解线搜索问题

$$\begin{cases}\min & f(\boldsymbol{x}_k+\lambda(\boldsymbol{y}_k-\boldsymbol{x}_k))\\ \text{s. t.} & 0\leqslant\lambda\leqslant 1\end{cases}$$

得 λ_k。

第 5 步：迭代，令

$$\boldsymbol{x}_{k+1}=\boldsymbol{x}_k+\lambda_k(\boldsymbol{y}_k-\boldsymbol{x}_k)$$

置 $k:=k+1$，转到第 2 步。

Frank-Wolfe 可行方向法每次迭代的搜索方向总是指向某个极点，并且当迭代点接近最优解时，搜索方向与目标函数的梯度趋于正交，这样的搜索方向并非总是最好的下降方向，因此算法收敛较慢，但是，这种方法把求解非线性规划问题转换为求解一系列线性规划问题，在某些情形下，也能取得较好的计算效果，因此在实际应用中也比较广泛。

以下通过一个案例给出 Frank-Wolfe 可行方向法的 MATLAB 代码。

【例 6-4】 用 Frank-Wolfe 可行方向法求解下列问题

$$\begin{cases}\min & x_1^2+x_2^2-x_1x_2-2x_1+3x_2\\ \text{s. t.} & x_1+x_2+x_3=3\\ & x_1+5x_2+x_4=6\\ & x_j\geqslant 0,\quad j=1,2,3,4\end{cases}$$

解　将下界约束 $x_j\geqslant 0, j=1,2,3,4$ 均视作不等式约束，于是原问题写成标准形式为

$$\begin{cases}\min & x_1^2+x_2^2-x_1x_2-2x_1+3x_2\\ \text{s. t.} & x_1+x_2+x_3=3\\ & x_1+5x_2+x_4=6\\ & -x_j\leqslant 0,\quad j=1,2,3,4\end{cases}$$

用 Frank-Wolfe 可行方向法求解例 6-4 的 MATLAB 代码如下。

主程序调用脚本如下：

```
%-------------------------------------
% 代码 6-4 Frank- wolfe 方法
%-------------------------------------
f = @(x) objfun(x);                              % 目标函数
A = [-1 0 0 0;0 -1 0 0; 0 0 -1 0;0 0 0 -1];      % 不等式约束系数矩阵
b = [0;0;0;0];                                   % 不等式约束右端项
E = [1 1 1 0; 1 5 0 1];                          % 等式约束系数矩阵
e = [3;6];                                       % 等式约束右端项

[xstar,ystar] = frank_wolfe(f,A,b,E,e);          % Frank-Wolfe 方法
```

目标函数和梯度函数的代码如下：

```
%-------------------------------------
% 目标函数和梯度函数
%-------------------------------------
function [y,g] = objfun(x)
y = x(1)^2+x(2)^2-x(1)*x(2)-2*x(1)+3*x(2);
g = [2*x(1)-x(2)-2;2*x(2)-x(1)+3;0;0];
```

Frank-Wolfe 可行方向法代码如下：

```
%-------------------------------------
% Frank-Wolfe 可行方向法
%-------------------------------------
function [xstar,ystar] = frank_wolfe(fun,A,b,E,e)

fid = fopen('res.txt','w');                       % 打开一个文件,写入结果
epsilon = 0.01;                                   % 容忍精度
x = iniFeaPoi(A,b,E,e);                           % 初始可行点
k = 0;                                            % 迭代计数器
fprintf(fid,'初始点:x = [%6.4f %6.4f %6.4f %6.4f]\n',x);

% 迭代过程
while 1
    k = k+1;
    fprintf(fid,'\n 第%d 次迭代:\n',k);

    % 求解线性规划子问题
    [~,grad] = fun(x);
    f = grad';
    Aineq = A;
    bineq = b;
    Aeq = E;
    beq = e;
    y = linprog(f,Aineq,bineq,Aeq,beq);
```

```
    d = y-x;                          % 搜索方向
    fprintf(fid,'搜索方向:d = [%6.4f %6.4f %6.4f %6.4f]\n',d);

    if abs(grad'*d) <= epsilon
        % x 已经是一个 KKT 点,结束搜索
        xstar = x;                    % 输出最优解
        ystar = fun(x);               % 输出最优值
        fprintf(fid,'最优解:xstar = [%6.4f %6.4f %6.4f %6.4f]\n',xstar);
        fprintf(fid,'最优值:fstar = %6.4f\n',ystar);
        fclose(fid);
        return;
    else
        % 线搜索子问题
        lambda = linesearch(fun,x,d);
        fprintf(fid,'一维步长:lambda = %6.4f\n',lambda);
    end

    % 迭代
    x = x+lambda *d;
    fprintf(fid,'新迭代点:x = [%6.4f %6.4f %6.4f %6.4f]\n',x);
end

%-----------------------------------
% 试错法取初始可行点
%-----------------------------------
function x = iniFeaPoi(A,b,E,e)
f = @(x) 0.5*(norm(E *x-e))^2;
while 1
    [~,n] = size(A);
    x = -5+10*rand(n,1);
    if ~isempty(E)                    % 若 E 非空,则执行
        x = fminsearch(f,x);          % 求出满足等式约束的解
    end
    if all(A *x <= b)
        break;                        % 若解也满足不等式约束,则为可行解
    end
end

%-----------------------------------
% Line search
%-----------------------------------
function lambda = linesearch(fun,x,d)
lineobjfun = @(lambda) fun(x+lambda *d);
lambda = fminbnd(lineobjfun,0,1);
```

运行结果如下：

```
初始点:x = [2.6259 0.2312 0.1429 2.2179]

第 1 次迭代:
```

```
搜索方向:d = [-2.6259 -0.2312 2.8571 3.7821]
一维步长:lambda = 0.6406
新迭代点:x = [0.9437 0.0831 1.9732 4.6408]

第 2 次迭代:
搜索方向:d = [2.0563 -0.0831 -1.9732 -1.6408]
一维步长:lambda = 0.0666
新迭代点:x = [1.0807 0.0776 1.8417 4.5315]

第 3 次迭代:
搜索方向:d = [-1.0807 -0.0776 1.1583 1.4685]
一维步长:lambda = 0.1154
新迭代点:x = [0.9560 0.0686 1.9753 4.7009]

...

第 253 次迭代:
搜索方向:d = [-1.0034 -0.0033 1.0067 1.0201]
一维步长:lambda = 0.0050
新迭代点:x = [0.9983 0.0033 1.9984 4.9850]

第 254 次迭代:
搜索方向:d = [2.0017 -0.0033 -1.9984 -1.9850]
一维步长:lambda = 0.0025
新迭代点:x = [1.0033 0.0033 1.9934 4.9801]

第 255 次迭代:
搜索方向:d = [-1.0033 -0.0033 1.0066 1.0199]
最优解:xstar = [1.0033 0.0033 1.9934 4.9801]
最优值:fstar = -0.9933
```

代码中的初始点是通过试错法随机生成的,经检验,取不同的初始点,均可以得到最优解。可以看出,Frank-Wolfe 可行方向法的收敛速度是很慢的。

第 7 章

罚函数法

罚函数法是另外一种重要的约束优化方法，其基本思想是借助罚函数将约束优化问题转换成无约束优化问题，通过求解无约束优化问题得到原约束优化问题的近似解。根据惩罚函数的不同，罚函数法可以分为外点罚函数法、内点罚函数法和乘子法。本章将对它们分别介绍。

7.1 外点罚函数法

54min

7.1.1 基本思想

罚函数法的基本思想是将约束优化问题转换成无约束优化问题。基于约束函数构造一个惩罚函数，简称为罚函数，其基本任务是对满足约束的点不作惩罚而对不满足约束的迭代点进行惩罚，迭代点对约束的违背越大，罚函数的惩罚就越大。由目标函数和罚函数组成辅助函数作为无约束优化问题的目标函数，最小化辅助函数过程中产生的迭代点既能使原目标函数下降，又能满足约束要求，或渐进地满足约束要求。外点罚函数法指最小化辅助函数是从不满足约束的初始点出发的，逐渐迭代到可行解或收敛到可行解，并同时使原目标函数值下降。

7.1.2 算法原理

考虑约束优化问题

$$\begin{cases}\min & f(\boldsymbol{x}) \\ \text{s.t.} & g_i(\boldsymbol{x}) \leqslant 0 \quad i=1,2,\cdots,m \\ & h_j(\boldsymbol{x})=0 \quad j=1,2,\cdots,l\end{cases} \tag{7-1}$$

其中，$f(\boldsymbol{x})$，$g_i(\boldsymbol{x})(i=1,2,\cdots,m)$，$h_j(\boldsymbol{x})(j=1,2,\cdots,l)$均为 $\mathbf{R}^n$ 上的连续函数。

与前述可行方向法解决的问题不同的是，问题(7-1)中对约束函数的线性性质不作要求，既可以是线性函数，也可以是非线性函数，因此，罚函数法比可行方向法的适用范围要更加广泛一些。

接下来首先介绍外点罚函数，先分别介绍只含等式约束和不等式约束的问题，再定义罚函数的一般形式。

对于等式约束优化问题

$$\begin{cases}\min & f(\boldsymbol{x}) \\ \text{s. t.} & h_j(\boldsymbol{x})=0, \quad j=1,2,\cdots,l\end{cases} \tag{7-2}$$

可定义辅助函数

$$F_\sigma(\boldsymbol{x})=f(\boldsymbol{x})+\sigma\sum_{j=1}^{l}h_j^2(\boldsymbol{x}) \tag{7-3}$$

其中第 2 项中

$$P(\boldsymbol{x})=\sum_{j=1}^{l}h_j^2(\boldsymbol{x}) \tag{7-4}$$

即为罚函数,这里 σ 是一个很大的正数,称为罚因子。这样就能把约束优化问题(7-2)转换为无约束优化问题

$$\min \quad F_\sigma(\boldsymbol{x}) \tag{7-5}$$

通过简单的分析可知,问题(7-5)的最优解必然使 $h_j(\boldsymbol{x})(j=1,2,\cdots,l)$ 接近于零,如若不然,由于 σ 是一个很大的正数,使辅助函数第 2 项是一个很大的正数,于是问题(7-4)的目标函数值仍可下降,当前迭代点尚未达到最优解。

对于不等式约束优化问题

$$\begin{cases}\min & f(\boldsymbol{x}) \\ \text{s. t.} & g_i(\boldsymbol{x})\leqslant 0, \quad i=1,2,\cdots,m\end{cases} \tag{7-6}$$

可定义辅助函数

$$F_\sigma(\boldsymbol{x})=f(\boldsymbol{x})+\sigma\sum_{j=1}^{l}\left[\max\{0,g_i(\boldsymbol{x})\}\right]^2 \tag{7-7}$$

其中,第 2 项中

$$P(\boldsymbol{x})=\sum_{j=1}^{l}\left[\max\{0,g_i(\boldsymbol{x})\}\right]^2 \tag{7-8}$$

即为罚函数,σ 是一个很大的正数,称为罚因子。这样将约束优化问题(7-6)转换为无约束优化问题

$$\min \quad F_\sigma(\boldsymbol{x}) \tag{7-9}$$

同样可以发现,若迭代点 $\boldsymbol{x}$ 是不可行解,罚函数会是一个正数,由于罚因子 σ 是一个很大的正数,使辅助函数第 2 项非常大,此时罚函数对 $F_\sigma(\boldsymbol{x})$ 施加惩罚,但若迭代点 $\boldsymbol{x}$ 是可行解,则罚函数值为 0,此时对 $F_\sigma(\boldsymbol{x})$ 不施加任何惩罚。

综合以上两种情况,可见构造罚函数的基本思想是在可行点处使罚函数的值为 0,从而使辅助函数值等于原目标函数值,而在不可行点处使罚函数的值为一个正数,考虑到罚因子 σ 是一个很大的正数,从而使辅助函数值等于原目标函数值加上一个很大的正数,这个很大的正数一般是和不可行点对约束的违背程度成正比的。

根据以上原则,可以定义出约束优化问题(7-1)的罚函数的一般形式

$$P(\boldsymbol{x})=\sum_{i=1}^{m}\phi(g_i(\boldsymbol{x}))+\sum_{j=1}^{l}\Psi(h_j(\boldsymbol{x})) \tag{7-10}$$

其中，函数 ϕ 连续并满足条件

$$\begin{aligned}\phi(\boldsymbol{y})&=0, & \boldsymbol{y}\leqslant\boldsymbol{0}\\ \phi(\boldsymbol{y})&>0, & \boldsymbol{y}>\boldsymbol{0}\end{aligned} \tag{7-11}$$

函数 Ψ 连续并满足条件

$$\begin{aligned}\Psi(\boldsymbol{y})&=0, & \boldsymbol{y}=\boldsymbol{0}\\ \Psi(\boldsymbol{y})&>0, & \boldsymbol{y}\neq\boldsymbol{0}\end{aligned} \tag{7-12}$$

典型的函数 ϕ 和 Ψ 的取法为

$$\begin{aligned}\phi&=|\,g_i(\boldsymbol{x})\,|^{\beta}\\ \Psi&=[\max\{0,h_j(\boldsymbol{x})\}]^{\alpha}\end{aligned} \tag{7-13}$$

常见的 α,β 取值为 $\alpha=\beta=2$，分别为式(7-4)和式(7-8)。

将原目标函数和罚函数与罚因子的乘积相加即可得到辅助函数

$$F_{\sigma}(\boldsymbol{x})=f(\boldsymbol{x})+\sigma\Big(\sum_{i=1}^{m}\phi(g_i(\boldsymbol{x}))+\sum_{j=1}^{l}\Psi(h_j(\boldsymbol{x}))\Big) \tag{7-14}$$

于是求解约束优化问题(7-1)转换为求解无约束优化问题

$$\min\quad F_{\sigma}(\boldsymbol{x}) \tag{7-15}$$

【例 7-1】 求解下列约束优化问题

$$\begin{cases}\min & (x-2)^2\\ \text{s.t.} & x-1\leqslant 0\end{cases} \tag{7-16}$$

解 该问题是一个只含不等式约束的非线性规划问题，其示意图如图 7-1 所示，从图中可以容易地分析出该问题的最优解为 $x^*=1$，最优值为 $f^*=1$。以下用外点罚函数法求解该问题。

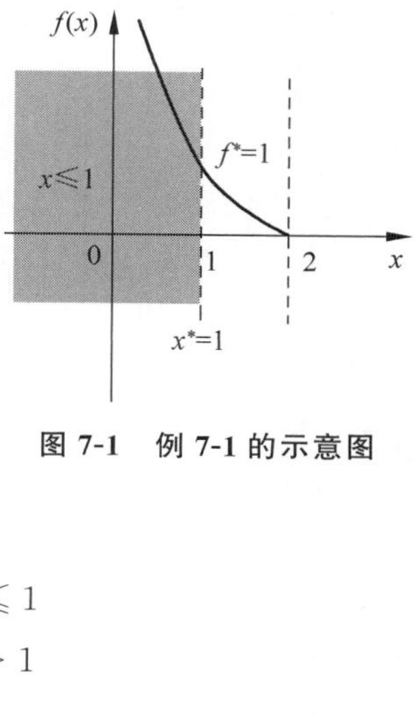

图 7-1　例 7-1 的示意图

原问题只含不等式约束，故定义罚函数

$$\begin{aligned}P(x)&=[\max\{0,x-1\}]^2\\ &=\begin{cases}0 & x\leqslant 1\\ (x-1)^2 & x>1\end{cases}\end{aligned}$$

于是得到辅助函数为

$$\begin{aligned}F_{\sigma}(x)&=f(x)+\sigma P(x)\\ &=\begin{cases}(x-2)^2 & x\leqslant 1\\ (x-2)^2+(x-1)^2\sigma & x>1\end{cases}\end{aligned}$$

则原问题转换为求解无约束优化问题

$$\min\quad F_{\sigma}(x)$$

对 $F_{\sigma}(x)$ 求导，得

$$\frac{\mathrm{d}F}{\mathrm{d}x}=\begin{cases}2(x-2) & x\leqslant 1\\ 2(x-2)+2(x-1)\sigma & x>1\end{cases}$$

令

$$\frac{\mathrm{d}F}{\mathrm{d}x}=0$$

得到

$$x_\sigma^*=\frac{4+2\sigma}{2+2\sigma}$$

显然，σ 越大，x_σ^* 越接近问题(7-16)的最优解，当 $\sigma\to+\infty$ 时，$x_\sigma^*\to x^*=1$。

罚函数 $P(x)$ 和辅助函数 $F_\sigma(x)$ 的图像如图 7-2 所示，从图 7-2(b)可以看到，随着 σ 逐渐增大，辅助函数 $F_\sigma(x)$ 的最优解和最优值逐渐收敛到原问题的最优解和最优值。

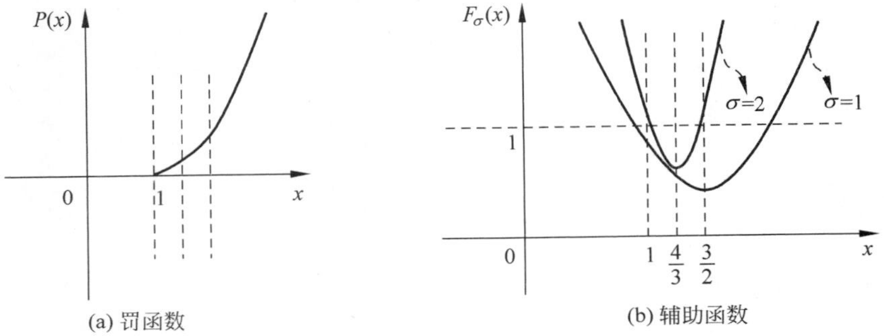

图 7-2　罚函数和辅助函数示意图

【例 7-2】 求解下列优化问题

$$\begin{cases}\min & x_1^2+x_2^2\\ \text{s.t.} & x_2=1\end{cases}\tag{7-17}$$

解　该问题是一个只含等式约束的非线性优化问题，其示意图如图 7-3 所示，显然，其最优解为 $\boldsymbol{x}^*=(0,1)^{\mathrm{T}}$，最优值为 $f^*=1$。以下用外点罚函数法求解该问题。

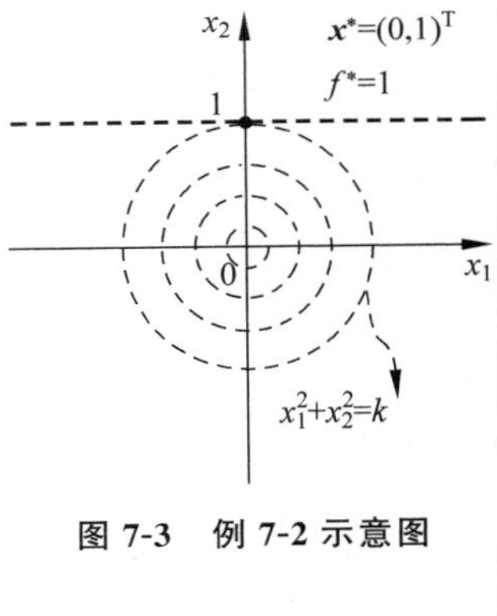

图 7-3　例 7-2 示意图

定义罚函数为

$$P(\boldsymbol{x})=(x_2-1)^2$$

于是辅助函数为

$$\begin{aligned}F_\sigma(\boldsymbol{x})&=f(\boldsymbol{x})+\sigma P(\boldsymbol{x})\\&=x_1^2+x_2^2+\sigma(x_2-1)^2\end{aligned}$$

将原问题转换为求解无约束优化问题

$$\min\quad F_\sigma(\boldsymbol{x})$$

对辅助函数 $F_\sigma(\boldsymbol{x})$ 求梯度，并令梯度等于 0，得到

$$\begin{cases}2x_1=0\\2x_2+2(x_2-1)\sigma=0\end{cases}$$

求解上述方程组得

$$\begin{cases}x_1=0\\x_2=\dfrac{\sigma}{1+\sigma}\end{cases}$$

即

$$\boldsymbol{x}_{\sigma}^{*}=\left(0,\frac{\sigma}{1+\sigma}\right)^{\mathrm{T}}$$

显然，当 $\sigma\to+\infty$ 时，$\boldsymbol{x}_{\sigma}^{*}\to\boldsymbol{x}^{*}$，得到原问题的最优解。

如图 7-4 所示，辅助函数 $F_{\sigma}(\boldsymbol{x})$ 的等高线是一系列椭圆，其中心，即为极小值点 $\boldsymbol{x}_{\sigma}^{*}$，当罚因子 $\sigma\to+\infty$ 时，有 $\boldsymbol{x}_{\sigma}^{*}\to\boldsymbol{x}^{*}$，这正是原问题的最优解。

值得注意的是，无约束问题的最优解 $\boldsymbol{x}_{\sigma}^{*}$ 往往不满足原问题的约束条件，它是从可行域外部趋向 $\boldsymbol{x}^{*}$ 的，因此 $F_{\sigma}(\boldsymbol{x})$ 也称为外点罚函数，相应的罚函数法也称为外点罚函数法。

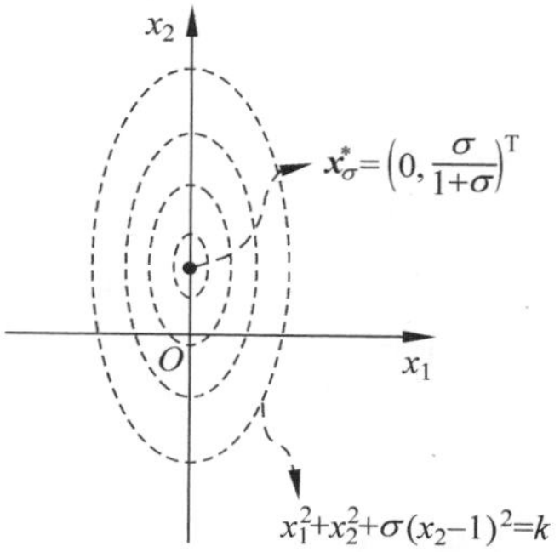

图 7-4　辅助函数示意图

7.1.3　算法步骤

在外点罚函数法的算法设计中，罚因子的选择会直接影响计算效果。如果 σ 过大，则辅助函数会在从可行点到不可行点过渡的区域产生比较大的函数值变化，非光滑性会急剧增加，从而对辅助函数的极小化带来困难；反之，如果 σ 太小，则对不可行点的惩罚可能不足，辅助函数的极小点可能会远离原约束优化问题的极小点，计算效率很低。

一般来讲，当迭代点远离可行集时，由于对约束的违背较多，所以罚函数的值是比较大的，此时辅助函数(7-14)的第 2 项比较大，可以有效惩罚不可行性，但当迭代点非常接近可行集时，由于对约束的违背较少，所以罚函数的值可能是一个较小的正数，此时如果罚因子不够大，则会使辅助函数(7-14)的第 2 项不足以惩罚不可行性，从而导致计算效率很低，所以在迭代点逐渐靠近可行集的过程中，罚因子需要逐渐变大，这样才能有效地惩罚不可行性。

基于以上分析，外点罚函数法的算法设计的一般策略是取一个趋于无穷大的严格递增正数数列 $\{\sigma_k\}$，从某个 σ_1 开始，对每个 k 求解

$$\min\quad f(\boldsymbol{x})+\sigma_k P(\boldsymbol{x})\tag{7-18}$$

每次求解的初始点都取上一次求解得到的最优解，从而得到一个极小点序列 $\{\boldsymbol{x}_{\sigma_k}^{*}\}$，在适当的条件下，这个序列将收敛于约束优化问题的最优解。

以下是外点罚函数法的算法步骤。

算法 7-1　外点罚函数法

第 1 步：输入，初始点 $\boldsymbol{x}_0$，初始罚因子 σ，罚因子放大系数 $c>1$，容许误差 $\varepsilon>0$，计数器 $k=0$。

第 2 步：首次求解初始化，令 $k=1$，$\boldsymbol{x}_{k,0}=\boldsymbol{x}_0$，$\sigma_k=\sigma$。

第 3 步：极小化辅助函数，从初始点 $\boldsymbol{x}_{k,0}$ 出发，求解无约束优化问题

$$\min \quad f(\boldsymbol{x})+\sigma_k P(\boldsymbol{x})$$

得到最优解 $\boldsymbol{x}_k^*$。

第 4 步：终止准则，若 $\sigma_k P(\boldsymbol{x}_k^*)<\varepsilon$，则停止迭代，输出 $\boldsymbol{x}^*=\boldsymbol{x}_k^*$，$f^*=f(\boldsymbol{x}_k^*)$，否则转到第 5 步。

第 5 步：迭代，置

$$\boldsymbol{x}_{k+1,0}=\boldsymbol{x}_k^*,\sigma_{k+1}=c\sigma_k,\quad k=k+1$$

返回第 3 步。

在以上算法步骤中，对罚因子 σ 的调节使用的是用固定系数进行倍增的策略，这是比较简单直观的调整策略。也可以使用与罚函数和目标函数值都相关的自适应调整策略。如何自适应调整罚因子，使罚函数既能有效地惩罚不可行性，又能降低辅助函数的优化难度，是罚函数法的一个研究重点。

【例 7-3】 用外点罚函数法求解下列优化问题

$$\begin{cases}\min & x_1^2+x_2^2 \\ \text{s.t.} & x_1+x_2-1=0\end{cases} \tag{7-19}$$

解　该问题的示意图如图 7-5 所示，显然，其最优解为 $\boldsymbol{x}^*=(1/2,1/2)^{\mathrm{T}}$，最优值为 $f^*=1/2$。以下是用外点罚函数法求解该问题的 MATLAB 代码。

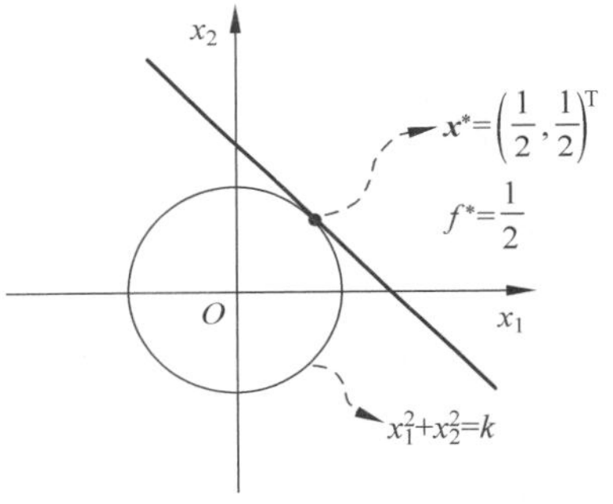

图 7-5　例 7-3 的示意图

目标函数的代码如下：

```
%------------------------------------
% 代码 7-1 目标函数
%------------------------------------
function y = objfun(x)
y = x(1)^2+x(2)^2;
```

约束函数的代码如下：

```
%------------------------------------
% 约束函数
%------------------------------------
function [neq,eq] = confun(x)
neq = [];                              % 不等式约束
eq = [x(1)+x(2)-1];                    % 等式约束
```

罚函数的代码如下：

```
%--------------------------------------
%惩罚函数
%--------------------------------------
function y = penfun(x)

%构造罚函数
[neq,eq] = confun(x);
penneq = sum((max(0,neq)).^2);            %构造不等式约束对应的罚函数
peneq = sum(eq.^2);                       %构造等式约束对应的罚函数

%惩罚函数
y = penneq+peneq;
```

辅助函数的代码如下：

```
%--------------------------------------
%辅助函数
%--------------------------------------
function y = auxfun(x,sigma)

y = objfun(x)+sigma *penfun(x);
```

外点罚函数法代码如下：

```
%--------------------------------------
%外点罚函数法
%--------------------------------------
function [xstar,fstar] = ExtPenFun(x0)

fid = fopen('res.txt','w');                  %打开一个文件,写入结果
epsilon = 0.0001;                            %容忍精度
sigma = 1;                                   %初始罚因子
c = 1.5;                                     %罚因子倍增系数
x_sigma_0 = x0;                              %初始可行点
k = 0;                                       %迭代计数器
fprintf(fid,'初始点:x0 = [%6.4f %6.4f]\n',x0);

%初始化
while 1
    k = k+1;
    fprintf(fid,'\n第%d次迭代:\n',k);
    fprintf(fid,'初始点:x_sigma_0 = [%6.4f %6.4f]\n',x_sigma_0);

    %极小化辅助函数
    x_sigma_star = fminsearch(@(x) auxfun(x,sigma),x_sigma_0);
    fprintf(fid,'极小值:x_sigma_star = [%6.4f %6.4f]\n',x_sigma_star);
    fprintf(fid,'罚因子值:sigma = %6.4f\n',sigma);
```

```
    fprintf(fid,'罚函数值:P(x) = %6.4f\n',penfun(x_sigma_star));
    fprintf(fid,'辅助函数值:F(x) = %6.4f\n',auxfun(x_sigma_star,sigma));

    % 终止条件
    if sigma * penfun(x_sigma_star) <= epsilon
        xstar = x_sigma_star;                       % 输出最优解
        fstar = objfun(xstar);                      % 输出最优值
        fprintf(fid,'\n 迭代终止\n');
        fprintf(fid,'最优解:xstar = [%6.4f %6.4f]\n',xstar);
        fprintf(fid,'最优值:fstar = %6.4f\n',fstar);
        fclose(fid);
        return;
    end

    % 迭代
    x_sigma_0 = x_sigma_star;
    sigma = c * sigma;
end
```

主脚本代码如下：

```
%------------------------------------
% 主脚本代码
%------------------------------------
x0 = [3;4];
[xstar,ystar] = ExtPenFun(x0);                 % 外点罚函数法
```

运行结果如下：

```
初始点:x0 = [3.0000 4.0000]

第 1 次迭代:
初始点:x_sigma_0 = [3.0000 4.0000]
极小值:x_sigma_star = [0.3333 0.3333]
罚因子值:sigma = 1.0000
罚函数值:P(x) = 0.1111
辅助函数值:F(x) = 0.3333

第 2 次迭代:
初始点:x_sigma_0 = [0.3333 0.3333]
极小值:x_sigma_star = [0.3750 0.3750]
罚因子值:sigma = 1.5000
罚函数值:P(x) = 0.0625
辅助函数值:F(x) = 0.3750

第 3 次迭代:
初始点:x_sigma_0 = [0.3750 0.3750]
极小值:x_sigma_star = [0.4091 0.4091]
罚因子值:sigma = 2.2500
```

```
罚函数值:P(x) = 0.0331
辅助函数值:F(x) = 0.4091

...

第 20 次迭代:
初始点:x_sigma_0 = [0.4998 0.4998]
极小值:x_sigma_star = [0.4999 0.4999]
罚因子值:sigma = 2216.8378
罚函数值:P(x) = 0.0000
辅助函数值:F(x) = 0.4999

第 21 次迭代:
初始点:x_sigma_0 = [0.4999 0.4999]
极小值:x_sigma_star = [0.4999 0.5000]
罚因子值:sigma = 3325.2567
罚函数值:P(x) = 0.0000
辅助函数值:F(x) = 0.4999

迭代终止
最优解:xstar = [0.4999 0.5000]
最优值:fstar = 0.4998
```

从结果可以看出,外点罚函数法成功地求解了该问题,随着罚因子的增加,罚函数值在每次求得的最优值处逐渐减小,而辅助函数值在每次求得的最优值处逐渐增加。

【例 7-4】 用外点罚函数法求解下列问题

$$\begin{cases} \min & x_1^2 + x_2^2 \\ \text{s.t.} & 2x_1 + x_2 - 2 \leqslant 0 \\ & x_2 \geqslant 1 \end{cases} \tag{7-20}$$

解 该问题的示意图如图 7-6 所示,其最优解为 $\boldsymbol{x}^* = (0,1)^{\mathrm{T}}$,最优值为 $f^* = 1$。用外点罚函数法求解该问题的 MATLAB 代码同例 7-3,只需将目标函数和约束函数替换。

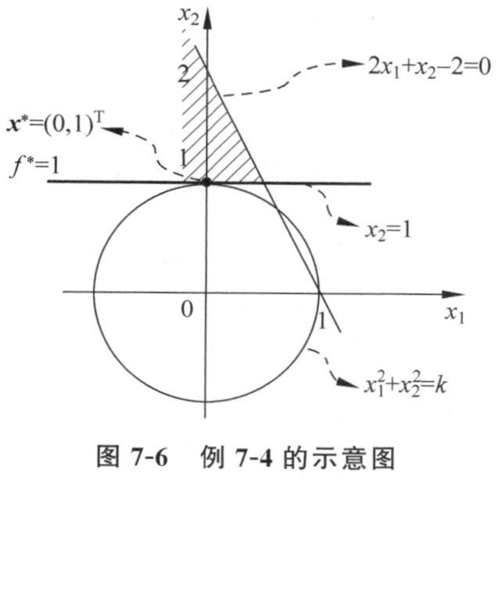

图 7-6　例 7-4 的示意图

目标函数的代码如下：

```
%-------------------------------------
% 代码 7-2 目标函数
%-------------------------------------
function y = objfun(x)
y = x(1)^2+x(2)^2;
```

约束函数的代码如下：

```
%-------------------------------------
% 约束函数
%-------------------------------------
function [neq,eq] = confun(x)
neq = [2*x(1)+x(2)-2,1-x(2)];                    % 不等式约束
eq = [];                                          % 等式约束
```

运行结果如下：

```
初始点:x0 = [3.0000 4.0000]

第 1 次迭代:
初始点:x_sigma_0 = [3.0000 4.0000]
极小值:x_sigma_star = [-0.0000 0.5000]
罚因子值:sigma = 1.0000
罚函数值:P(x) = 0.2500
辅助函数值:F(x) = 0.5000

第 2 次迭代:
初始点:x_sigma_0 = [-0.0000 0.5000]
极小值:x_sigma_star = [-0.0000 0.6000]
罚因子值:sigma = 1.5000
罚函数值:P(x) = 0.1600
辅助函数值:F(x) = 0.6000

第 3 次迭代:
初始点:x_sigma_0 = [-0.0000 0.6000]
极小值:x_sigma_star = [-0.0000 0.6923]
罚因子值:sigma = 2.2500
罚函数值:P(x) = 0.0947
辅助函数值:F(x) = 0.6923

...

第 22 次迭代:
初始点:x_sigma_0 = [-0.0000 0.9997]
极小值:x_sigma_star = [-0.0000 0.9998]
罚因子值:sigma = 4987.8851
罚函数值:P(x) = 0.0000
```

```
辅助函数值:F(x) = 0.9998

第 23 次迭代:
初始点:x_sigma_0 = [-0.0000 0.9998]
极小值:x_sigma_star = [-0.0000 0.9999]
罚因子值:sigma = 7481.8276
罚函数值:P(x) = 0.0000
辅助函数值:F(x) = 0.9999

第 24 次迭代:
初始点:x_sigma_0 = [-0.0000 0.9999]
极小值:x_sigma_star = [-0.0000 1.0000]
罚因子值:sigma = 11222.7415
罚函数值:P(x) = 0.0000
辅助函数值:F(x) = 0.9999

迭代终止
最优解:xstar = [-0.0000 1.0000]
最优值:fstar = 0.9999
```

从运行结果可以看到,外点罚函数法成功地求解了该问题,同样,每次迭代求得的最优解处的罚函数值随罚因子的增大而减小,辅助函数值随罚因子的增大而增大。

7.2 内点罚函数法

32min

7.2.1 基本思想

外点罚函数法从可行域的外部开始搜索,迭代点列逐渐收敛到可行域的边界。内点罚函数法正相反,总是从可行域的内部开始搜索,通过罚函数将迭代点限制在可行域的内部。内点罚函数的设计思想是,当迭代点从内部接近可行域边界时,罚函数值变得非常大。

因为要求可行域的内部非空,所以内点罚函数法一般只能用于求解只带不等式约束的优化问题。

7.2.2 算法原理

考虑只含不等式约束的优化问题

$$\begin{cases}\min & f(\boldsymbol{x}) \\ \text{s.t.} & g_i(\boldsymbol{x}) \leqslant 0, \quad i=1,2,\cdots,m\end{cases} \tag{7-21}$$

其中,$f, g_i (i=1,2,\cdots,m)$: $\mathbf{R}^n \to \mathbf{R}$ 均为连续函数,为阐述方便,记问题(7-21)的可行域为

$$S=\{\boldsymbol{x} \in \mathbf{R}^n \mid g_i(\boldsymbol{x}) \leqslant 0, i=1,2,\cdots,m\} \tag{7-22}$$

内点罚函数法的基本原理仍然是通过定义一个辅助函数,将约束优化问题转换为无约束优化问题。该辅助函数起到一个障碍的作用,阻止迭代点跨越可行域边界,进入不可行区

域,故内点罚函数法中的辅助函数也称为障碍函数,通常定义为

$$B_\theta(\boldsymbol{x})=f(\boldsymbol{x})+\theta P(\boldsymbol{x}) \tag{7-23}$$

其中,$P(\boldsymbol{x})$为罚函数,θ 为罚因子,当点 $\boldsymbol{x}$ 趋于可行域的边界时,$P(\boldsymbol{x})$趋于无穷大。

罚函数 $P(\boldsymbol{x})$的具体形式有很多种,比较典型的形式为

$$P(\boldsymbol{x})=-\sum_{i=1}^{m}\frac{1}{g_i(\boldsymbol{x})} \tag{7-24}$$

于是,原约束优化问题(7-21)转换为求解问题

$$\begin{cases}\min & B_\theta(\boldsymbol{x})\\ \text{s.t.} & \boldsymbol{x}\in \text{int}S\end{cases} \tag{7-25}$$

这里 int$S$ 是指可行域 S 的内部。虽然问题(7-22)从形式上并不是无约束优化问题,但因为迭代的初始点在可行域内部,而且 $B_\theta(\boldsymbol{x})$又可以起到障碍作用,所以在实际计算中,$\boldsymbol{x}\in\text{int}S$ 可以自动满足,也就是说可以将问题(7-25)当作无约束优化问题处理。

内点罚函数法存在一个天生的缺陷,一方面,障碍函数会阻止迭代点向可行域边界靠近,但另一方面,原问题的最优解又一般是在边界达到的。解决这一内在矛盾的方法之一是调节罚因子,在迭代点逐渐趋于可行域边界的过程中,让罚因子逐渐趋于零,这样既可以做到有效阻止迭代点跳出边界,又可以让辅助函数不至于太病态,减小了极小化的困难。罚因子的具体调节方法将在 7.2.3 节介绍。

【例 7-5】 用内点罚函数法求解优化问题

$$\begin{cases}\min & -(x_1-1)^3-x_2\\ \text{s.t.} & x_1+1\leqslant 0\\ & x_2\leqslant 0\end{cases} \tag{7-26}$$

解 该问题是一个可分离变量的问题,将两个变量单独考虑,很容易得出其最优解为 $\boldsymbol{x}^*=(-1,0)^{\mathrm{T}}$,最优值为 $f^*=8$,以下用内点罚函数法求解。

定义障碍函数

$$B_\theta(\boldsymbol{x})=-(x_1-1)^3-x_2+\theta\left(-\frac{1}{x_1+1}-\frac{1}{x_2}\right)$$

于是原约束优化问题转换为求解

$$\begin{cases}\min & B_\theta(\boldsymbol{x})\\ \text{s.t.} & \boldsymbol{x}\in \text{int}S\end{cases}$$

根据一阶必要条件,求其梯度并令梯度等于 0 得

$$\begin{cases}-3(x_1-1)^2+\dfrac{1}{(x_1+1)^2}\theta=0\\[2ex] -1+\dfrac{1}{x^2}\theta=0\end{cases}$$

求解方程组得

$$\begin{cases} x_1 = -\sqrt{\sqrt{\dfrac{\theta}{3}}+1} \\ x_2 = -\sqrt{\theta} \end{cases}$$

即

$$x_\theta^* = \left(-\sqrt{\sqrt{\frac{\theta}{3}}+1}, -\sqrt{\theta} \right)^{\mathrm{T}}$$

当 $\theta \to 0$ 时，$x_\theta^* \to x^* = (-1,0)^{\mathrm{T}}$，求解完毕。

7.2.3　算法步骤

根据 7.2.2 节的分析，罚因子 θ 应取得越小越好，但与外点罚函数法类似，直接取一个比较小的罚因子可能会造成辅助函数病态，增加优化的难度，所以内点罚函数法采用和外点罚函数法相同的策略，取一个严格单调递减且趋于零的罚因子数列 $\{\theta_k\}$，从由第 $k-1$ 次计算得到的最优解 x_{k-1}^* 出发，求解问题

$$\begin{cases} \min & B_{\theta_k}(\boldsymbol{x}) \\ \text{s. t.} & \boldsymbol{x} \in \text{int}S \end{cases} \tag{7-27}$$

内点罚函数法的算法步骤如下。

算法 7-2　内点罚函数法

第 1 步：输入，初始可行点 $\boldsymbol{x}_0$，初始罚因子 θ，罚因子缩小系数 $0<c<1$，容许误差 $\varepsilon>0$，计数器 $k=0$。

第 2 步：首次求解初始化，令 $k=1$，$\boldsymbol{x}_{k,0}=\boldsymbol{x}_0$，$\theta_k=\theta$。

第 3 步：极小化辅助函数，从初始点 $\boldsymbol{x}_{k,0}$ 出发，求优化问题

$$\begin{cases} \min & B_{\theta_k}(\boldsymbol{x}) \\ \text{s. t.} & \boldsymbol{x} \in \text{int}S \end{cases}$$

得到最优解 $\boldsymbol{x}_k^*$。

第 4 步：终止准则，若 $\theta_k P(\boldsymbol{x}_k^*)<\varepsilon$，则停止迭代，输出 $\boldsymbol{x}^*=\boldsymbol{x}_k^*$，$f^*=f(\boldsymbol{x}_k^*)$，否则转到第 5 步。

第 5 步：迭代，置

$$\boldsymbol{x}_{k+1,0} = \boldsymbol{x}_k^*, \theta_{k+1} = c\theta_k, \quad k = k+1$$

返回第 3 步。

【例 7-6】 用内点罚函数法求解下列问题

$$\begin{cases} \min & x_1^2 + x_2^2 \\ \text{s. t.} & x_1^2 - 4x_1 - x_2 + 4 \leqslant 0 \end{cases}$$

解　该问题的示意图如图 7-7 所示，用外点罚函数法求解该问题的 MATLAB 代码如下。

目标函数的代码如下：

```
%--------------------------------------
% 代码 7-3 目标函数
```

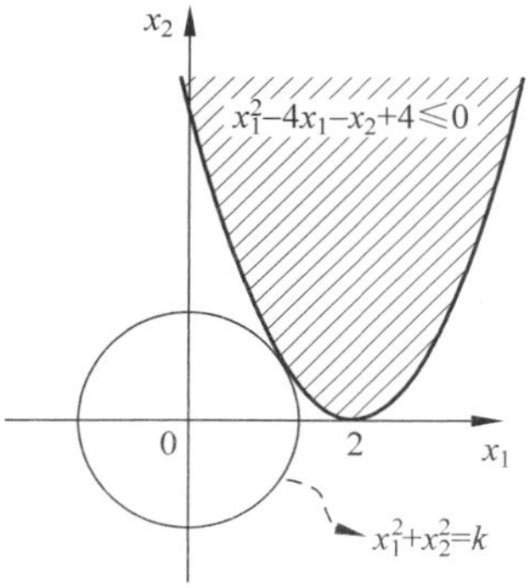

图 7-7　例 7-6 的示意图

```
%-------------------------------------
function y = objfun(x)
y = x(1)^2+x(2)^2;
```

约束函数的代码如下：

```
%-------------------------------------
% 约束函数
%-------------------------------------
function neq = confun(x)

neq = [x(1)^2-4*x(1)-x(2)+4];                  % 不等式约束
```

罚函数的代码如下：

```
%-------------------------------------
% 惩罚函数
%-------------------------------------
function y = penfun(x)

% 构造罚函数
neq = confun(x);
penneq = -sum(1./neq);                % 构造不等式约束对应的罚函数

% 惩罚函数
y = penneq;
```

辅助函数的代码如下：

```
%-------------------------------------
% 辅助函数
%-------------------------------------
function y = auxfun(x,theta)

y = objfun(x)+theta *penfun(x);
```

内点罚函数法代码如下：

```
%------------------------------------
% 外点罚函数法
%------------------------------------
function [xstar,fstar] = InteriorPenFun(x0)

fid = fopen('res.txt','w');                          % 打开一个文件,写入结果
epsilon = 0.0001;                                    % 容忍精度
theta = 1000;                                        % 初始罚因子
c = 0.8;                                             % 罚因子倍增系数
x_theta_0 = x0;                                      % 初始可行点
k = 0;                                               % 迭代计数器
fprintf(fid,'初始点:x0 = [%6.4f %6.4f]\n',x0);

% 初始化
while 1
    k = k+1;
    fprintf(fid,'\n 第%d 次迭代:\n',k);
    fprintf(fid,'初始点:x_theta_0 = [%6.4f %6.4f]\n',x_theta_0);

    % 极小化辅助函数
    x_theta_star = fminsearch(@(x) auxfun(x,theta),x_theta_0);
    fprintf(fid,'极小值:x_theta_star = [%6.4f %6.4f]\n',x_theta_star);
    fprintf(fid,'罚因子值:theta = %6.4f\n',theta);
    fprintf(fid,'罚函数值:P(x) = %6.4f\n',penfun(x_theta_star));
    fprintf(fid,'辅助函数值:F(x) = %6.4f\n',auxfun(x_theta_star,theta));

    % 终止条件
    if theta *penfun(x_theta_star) <= epsilon
        xstar = x_theta_star;                        % 输出最优解
        fstar = objfun(xstar);                       % 输出最优值
        fprintf(fid,'\n 迭代终止\n');
        fprintf(fid,'最优解:xstar = [%6.4f %6.4f]\n',xstar);
        fprintf(fid,'最优值:fstar = %6.4f\n',fstar);
        fclose(fid);
        return;
    end

    % 迭代
    x_theta_0 = x_theta_star;
    theta = c *theta;
end
```

主脚本代码如下：

```
%------------------------------------
% 主脚本代码
```

```
%-------------------------------------
x0 = [3;4];
[xstar,ystar] = InteriorPenFun(x0);                    % 内点罚函数法
```

运行结果如下：

```
初始点:x0 = [3.0000 4.0000]

第 1 次迭代:
初始点:x_theta_0 = [3.0000 4.0000]
极小值:x_theta_star = [1.8816 7.9463]
罚因子值:theta = 1000.0000
罚函数值:P(x) = 0.1261
辅助函数值:F(x) = 192.7512

第 2 次迭代:
初始点:x_theta_0 = [1.8816 7.9463]
极小值:x_theta_star = [1.8731 7.3788]
罚因子值:theta = 800.0000
罚函数值:P(x) = 0.1358
辅助函数值:F(x) = 166.6110

第 3 次迭代:
初始点:x_theta_0 = [1.8731 7.3788]
极小值:x_theta_star = [1.8640 6.8523]
罚因子值:theta = 640.0000
罚函数值:P(x) = 0.1463
辅助函数值:F(x) = 144.0806

...

第 55 次迭代:
初始点:x_theta_0 = [1.1875 0.7308]
极小值:x_theta_star = [1.1852 0.7273]
罚因子值:theta = 0.0058
罚函数值:P(x) = 15.7782
辅助函数值:F(x) = 2.0259

第 56 次迭代:
初始点:x_theta_0 = [1.1852 0.7273]
极小值:x_theta_star = [1.1260 0.7639]
罚因子值:theta = 0.0047
罚函数值:P(x) = -Inf
辅助函数值:F(x) = -Inf

迭代终止
```

```
最优解:xstar = [1.1260 0.7639]
最优值:fstar = 1.8514
```

从结果可以看出，经过了 56 次迭代最终得到了最优解，就这一个简单的问题来讲，内点罚函数法的计算效率是比较低的。

7.3 乘子法

78min

7.3.1 算法思想

外点罚函数法和内点罚函数法都存在先天的不足。外点罚函数法是从可行域外部开始搜索的，随着罚因子的逐渐增加而收敛到可行域的边界，但最终得到的最优解仍然可能是一个不可行点。

内点罚函数法虽然从可行域内部开始搜索，但存在最优解在边界，但障碍函数阻止搜索到达边界这一天然矛盾，所以内点罚函数法效率极低。

为了克服外点罚函数法和内点罚函数法需要逐步调节罚因子才能达到收敛的缺陷，乘子法结合拉格朗日函数和罚函数，由两者之和定义出乘子罚函数(也称增广拉格朗日函数)，乘子罚函数的优势在于只要取足够大的罚因子(不必趋于无穷大)就可以求得原问题的最优解。

以下分别介绍只含等式约束和只含不等式约束的乘子法。

7.3.2 只含等式约束的乘子法

考虑只含等式约束的优化问题

$$\begin{cases}\min & f(\boldsymbol{x})\\ \text{s.t.} & h_j(\boldsymbol{x})=0 \quad j=1,2,\cdots,l\end{cases} \tag{7-28}$$

其中，$f, h_j(j=1,2,\cdots,l)$：$\mathbf{R}^n\rightarrow\mathbf{R}$ 均为二次连续可微函数。

问题(7-28)的乘子罚函数定义如下：

$$\phi(\boldsymbol{x},\boldsymbol{\nu},\sigma)=f(\boldsymbol{x})+\sum_{i=1}^{l}\nu_j h_j(\boldsymbol{x})+\frac{\sigma}{2}\sum_{j=1}^{l}h_j^2(\boldsymbol{x}) \tag{7-29}$$

其中，$\sigma>0$，若再令

$$\boldsymbol{\nu}=\begin{bmatrix}\nu_1\\ \nu_2\\ \vdots\\ \nu_l\end{bmatrix},\quad \boldsymbol{h}(\boldsymbol{x})=\begin{bmatrix}h_1(\boldsymbol{x})\\ h_2(\boldsymbol{x})\\ \vdots\\ h_l(\boldsymbol{x})\end{bmatrix} \tag{7-30}$$

则式(7-29)可以写成向量形式

$$\phi(\boldsymbol{x},\boldsymbol{\nu},\sigma)=f(\boldsymbol{x})+\boldsymbol{\nu}^{\mathrm{T}}\boldsymbol{h}(\boldsymbol{x})+\frac{\sigma}{2}\boldsymbol{h}(\boldsymbol{x})^{\mathrm{T}}\boldsymbol{h}(\boldsymbol{x}) \tag{7-31}$$

可以看出，乘子罚函数是将拉格朗日函数中的乘子项$\boldsymbol{\nu}^{\mathrm{T}}\boldsymbol{h}(\boldsymbol{x})$和罚函数中的罚项$\frac{\sigma}{2}\boldsymbol{h}(\boldsymbol{x})^{\mathrm{T}}\boldsymbol{h}(\boldsymbol{x})$加在了一起，这种组合让乘子罚函数表现出与拉格朗日函数和罚函数不同的性质。事实上，可以证明，对于$\phi(\boldsymbol{x},\boldsymbol{\nu},\sigma)$，只要取足够大的罚因子$\sigma$，不必趋向于无穷大，就可以极小化$\phi(\boldsymbol{x},\boldsymbol{\nu},\sigma)$，求得问题(7-28)的局部最优解。这一事实可以总结为如下定理。

定理 7-1 设$\bar{\boldsymbol{x}}$和$\bar{\boldsymbol{\nu}}$满足问题(7-28)的局部最优解的二阶充分条件，即满足

$$\begin{aligned}\nabla f(\bar{\boldsymbol{x}})+\boldsymbol{A}\bar{\boldsymbol{\nu}}&=\boldsymbol{0}\\ h_j(\bar{\boldsymbol{x}})&=\boldsymbol{0}\quad j=1,2,\cdots,l\end{aligned}\tag{7-32}$$

且对每个满足$\boldsymbol{d}^{\mathrm{T}}\nabla h_j(\bar{\boldsymbol{x}})=0(j=1,2,\cdots,l)$的非零向量$\boldsymbol{d}$，有

$$\boldsymbol{d}^{\mathrm{T}}\nabla_{\boldsymbol{x}}^2L(\bar{\boldsymbol{x}},\bar{\boldsymbol{\nu}})\boldsymbol{d}>0\tag{7-33}$$

其中

$$\begin{aligned}\boldsymbol{A}&=(\nabla h_1(\bar{\boldsymbol{x}}),\nabla h_2(\bar{\boldsymbol{x}}),\cdots,\nabla h_l(\bar{\boldsymbol{x}}))\\ L(\boldsymbol{x},\boldsymbol{\nu})&=f(\boldsymbol{x})+\boldsymbol{\nu}^{\mathrm{T}}h(\boldsymbol{x})\end{aligned}\tag{7-34}$$

则存在$\sigma'\geqslant0$，使对所有的$\sigma>\sigma'$，$\bar{\boldsymbol{x}}$是$\phi(\boldsymbol{x},\bar{\boldsymbol{\nu}},\sigma)$的严格局部极小点。反之，若存在点$\boldsymbol{x}_0$，使

$$h_j(\boldsymbol{x}_0)=\boldsymbol{0},\quad j=1,2,\cdots,l\tag{7-35}$$

且对于某个$\boldsymbol{\nu}_0$，$\boldsymbol{x}_0$是$\phi(\boldsymbol{x},\boldsymbol{\nu}_0,\sigma)$的无约束极小点，又满足极小点的二阶充分条件，则$\boldsymbol{x}_0$是问题(7-28)的严格局部最优解。

定理 7-1 的详细证明读者可参考文献[4]，根据定理 7-1，如果知道最优乘子$\bar{\boldsymbol{\nu}}$，则只需取充分大的罚因子σ，不需要无穷大，就能通过极小化乘子罚函数$\phi(\boldsymbol{x},\bar{\boldsymbol{\nu}},\sigma)$求出问题(7-28)的最优解。

但是，最优乘子$\bar{\boldsymbol{\nu}}$事先是未知的，足够大的σ'也是未知的，因此需要明确如何确定$\bar{\boldsymbol{\nu}}$和σ'。一般的方法是，先给定充分大的σ和拉格朗日乘子的初始估计$\boldsymbol{\nu}$，然后在迭代过程中修正$\boldsymbol{\nu}$，力图使$\boldsymbol{\nu}$趋向于$\bar{\boldsymbol{\nu}}$，以下推导修正$\boldsymbol{\nu}$的公式。

设在第k次迭代中，拉格朗日乘子向量的估计为$\boldsymbol{\nu}_k$，罚因子为σ，得到$\phi(\boldsymbol{x},\boldsymbol{\nu}_k,\sigma)$的极小点为$\boldsymbol{x}_k$，这时有

$$\begin{aligned}\nabla_{\boldsymbol{x}}\phi(\boldsymbol{x}_k,\boldsymbol{v}_k,\sigma)&=\nabla f(\boldsymbol{x}_k)+\sum_{j=1}^{l}(\nu_{k,j}+\sigma h_j(\boldsymbol{x}_k))\nabla h_j(\boldsymbol{x}_k)\\&=\boldsymbol{0}\end{aligned}\tag{7-36}$$

其中，$\nu_{k,j}$表示$\boldsymbol{\nu}_k$的第j个分量。

对于问题(7-28)的最优解$\bar{\boldsymbol{x}}$，由约束优化问题的最优性条件(见定理 5-2)，当$\nabla h_1(\bar{\boldsymbol{x}})$，$\nabla h_2(\bar{\boldsymbol{x}})$，$\cdots$，$\nabla h_l(\bar{\boldsymbol{x}})$线性无关时，应有

$$\nabla f(\bar{\boldsymbol{x}})+\sum_{j=1}^{l}\bar{\nu}_j\nabla h_j(\bar{\boldsymbol{x}})=\boldsymbol{0}\tag{7-37}$$

假如$\boldsymbol{x}_k=\bar{\boldsymbol{x}}$，则必有

$$\bar{\boldsymbol{\nu}}_j=\boldsymbol{\nu}_{k,j}+\sigma h_j(\boldsymbol{x}_k)\tag{7-38}$$

然而，一般来讲，$\boldsymbol{x}_k$ 并非是 $\bar{\boldsymbol{x}}$，因此等式(7-38)并不成立，但是，由它可以给出修正乘子$\boldsymbol{\nu}$ 的公式

$$\nu_{k+1,j}=\nu_{k,j}+\sigma h_j(\boldsymbol{x}_k),\quad j=1,2,\cdots,l \tag{7-39}$$

然后进行第 $k+1$ 次迭代，求 $\phi(\boldsymbol{x},\boldsymbol{\nu}_{k+1},\sigma)$的无约束极小点。这样下去，可望$\boldsymbol{\nu}_k\to\bar{\boldsymbol{\nu}}$，从而 $\boldsymbol{x}_k\to\bar{\boldsymbol{x}}$。如果$\{\boldsymbol{\nu}_k\}$不收敛，或者收敛太慢，则可增大参数 σ，再进行迭代。收敛快慢一般用

$$\frac{\|\boldsymbol{h}(\boldsymbol{x}_{k+1})\|}{\|\boldsymbol{h}(\boldsymbol{x}_k)\|} \tag{7-40}$$

来衡量。

带等式约束的乘子法的算法步骤如下。

算法 7-3　乘子法(等式约束)

第 1 步：输入，初始可行点 $\boldsymbol{x}_0$，初始乘子向量$\boldsymbol{\nu}_0$，罚参数 σ，允许误差 $\varepsilon>0$，倍增系数 $\alpha>1$，常数 $\beta\in(0,1)$，置 $k=0$。

第 2 步：解无约束优化问题，以 $\boldsymbol{x}_k$ 为初始点，求解

$$\min\quad \phi(\boldsymbol{x},\boldsymbol{\nu}_k,\sigma)$$

得 $\boldsymbol{x}_{k+1}$。

第 3 步：终止准则，若 $\|\boldsymbol{h}(\boldsymbol{x}_{k+1})\|\leqslant\varepsilon$，则停止迭代，输出 $\boldsymbol{x}^*=\boldsymbol{x}_{k+1}$，$f^*=f(\boldsymbol{x}^*)$，否则转到第 4 步。

第 4 步：收敛速度判断：若

$$\frac{\|\boldsymbol{h}(\boldsymbol{x}_{k+1})\|}{\|\boldsymbol{h}(\boldsymbol{x}_k)\|}\geqslant\beta$$

则置 $\sigma:=\alpha\sigma$，转到第 5 步，否则直接进行第 5 步。

第 5 步：修正乘子向量：

$$\nu_{k+1,j}=\nu_{k,j}+\sigma h_j(\boldsymbol{x}_k),\quad j=1,2,\cdots,l$$

置 $k:=k+1$，转到第 2 步。

【例 7-7】 用乘子法求解下列问题

$$\begin{cases}\min & x_1^2+2x_2^2-2x_1x_2\\ \text{s. t.} & x_1+x_2-1=0\end{cases}$$

解　该问题的乘子罚函数为

$$\phi(\boldsymbol{x},\nu,\sigma)=x_1^2+2x_2^2-2x_1x_2+\nu(x_1+x_2-1)+\frac{\sigma}{2}(x_1+x_2-1)^2$$

取罚因子 $\sigma=2$。

一般地，在第 k 次迭代取乘子 ν_k，求乘子罚函数的一阶梯度，并令其为 0，得乘子罚函数的极小点为

$$\begin{cases}x_{k,1}=\dfrac{-\nu_k+2}{4}\\[2ex] x_{k,2}=\dfrac{-\nu_k+2}{6}\end{cases}$$

再通过修正式(7-39)求 ν_{k+1}

$$\begin{aligned}\nu_{k+1} &= \nu_k + \sigma h(x_k) \\ &= \nu_k + 2\left(\frac{-\nu_k + 2}{4} + \frac{-\nu_k + 2}{6} - 1\right) \\ &= \frac{1}{6}\nu_k - \frac{1}{3}\end{aligned}$$

易证当 $k \to \infty$ 时,序列 $\{\nu_k\}$ 收敛,并且

$$\lim_{k \to \infty} \nu_k = -\frac{2}{5}$$

同时

$$\lim_{k \to \infty} x_{k,1} = \frac{3}{5}, \quad \lim_{k \to \infty} x_{k,2} = \frac{2}{5}$$

所以,该问题的最优乘子为

$$\bar{\nu} = -\frac{2}{5}$$

最优解为

$$\bar{\boldsymbol{x}} = \begin{bmatrix} \bar{x}_1 \\ \bar{x}_2 \end{bmatrix} = \begin{bmatrix} \frac{3}{5} \\ \frac{2}{5} \end{bmatrix}$$

7.3.3 只含不等式约束的乘子法

考虑只含有不等式约束的优化问题

$$\begin{cases} \min & f(\boldsymbol{x}) \\ \text{s. t.} & g_i(\boldsymbol{x}) \leqslant 0 \quad i = 1, 2, \cdots, m \end{cases} \tag{7-41}$$

其中,$f, g_i (i=1,2,\cdots,m)$: $\mathbf{R}^n \to \mathbf{R}$ 均为二次连续可微函数。

只含不等式约束的乘子法的基本思想是先通过引入松弛变量,将不等式约束优化问题转换为等式约束优化问题,再利用只含等式约束的乘子法求解。

为此,引入松弛变量 $y_i \geqslant 0 (i=1,2,\cdots,m)$,将不等式约束优化问题(7-41)转换为等式约束优化问题

$$\begin{cases} \min & f(\boldsymbol{x}) \\ \text{s. t.} & g_i(\boldsymbol{x}) + y_i = 0 \quad i = 1, 2, \cdots, m \end{cases} \tag{7-42}$$

则问题(7-42)的乘子罚函数为

$$\bar{\phi}(\boldsymbol{x}, \boldsymbol{y}, \boldsymbol{\omega}, \sigma) = f(\boldsymbol{x}) + \sum_{i=1}^{m} \omega_i (g_i(\boldsymbol{x}) + y_i) + \frac{\sigma}{2} \sum_{i=1}^{m} (g_i(\boldsymbol{x}) + y_i)^2 \tag{7-43}$$

从而将问题(7-41)转换为求解无约束优化问题

$$\min \quad \bar{\phi}(\boldsymbol{x}, \boldsymbol{y}, \boldsymbol{\omega}, \sigma) \tag{7-44}$$

以下讨论如何消去松弛变量 $y_i(i=1,2,\cdots,m)$。

将 $\bar{\phi}(\boldsymbol{x},\boldsymbol{y},\boldsymbol{\omega},\sigma)$关于 y_i 求极小，由此解出 y_i，并回代入(7-43)，这样问题(7-44)就化为只关于变量 $\boldsymbol{x}$ 求极小的问题。为此，用配方法将 $\bar{\phi}(\boldsymbol{x},\boldsymbol{y},\boldsymbol{\omega},\sigma)$写成

$$\bar{\phi}(\boldsymbol{x},\boldsymbol{y},\boldsymbol{\omega},\sigma)=f(\boldsymbol{x})+\sum_{i=1}^{m}\left[\frac{\sigma}{2}\left(y_i+\frac{1}{\sigma}(\omega_i+\sigma g_i(\boldsymbol{x}))\right)^2-\frac{1}{2\sigma}\omega_i^2\right] \tag{7-45}$$

注意到 $y_i\geqslant 0$，根据一元二次函数取极小的原理得到如下结论。

当$-\frac{1}{\sigma}(\omega_i+\sigma g_i(\boldsymbol{x}))\geqslant 0$，即 $\omega_i+\sigma g_i(\boldsymbol{x})\leqslant 0$ 时，有

$$y_i=-\frac{1}{\sigma}(\omega_i+\sigma g_i(\boldsymbol{x})) \tag{7-46}$$

当$-\frac{1}{\sigma}(\omega_i+\sigma g_i(\boldsymbol{x}))<0$，即 $\omega_i+\sigma g_i(\boldsymbol{x})>0$ 时，有

$$y_i=0 \tag{7-47}$$

综合以上两种情况得

$$y_i=\frac{1}{\sigma}\max\{-(\omega_i+\sigma g_i(\boldsymbol{x})),0\},\quad i=1,2,\cdots,m \tag{7-48}$$

将式(7-48)代回到式(7-45)得到不含松弛变量的乘子罚函数

$$\phi(\boldsymbol{x},\boldsymbol{\omega},\sigma)=f(\boldsymbol{x})+\frac{1}{2\sigma}\sum_{i=1}^{m}\left[(\max\{0,\omega_i+\sigma g_i(\boldsymbol{x})\})^2-\omega_i^2\right] \tag{7-49}$$

这样，问题(7-44)就转换为求解无约束优化问题

$$\min \quad \phi(\boldsymbol{x},\boldsymbol{\omega},\sigma) \tag{7-50}$$

对于既含有等式约束，又含有不等式约束的优化问题

$$\begin{cases}\min & f(\boldsymbol{x}) \\ \text{s. t.} & g_i(\boldsymbol{x})\leqslant 0 \quad i=1,2,\cdots,m \\ & h_j(\boldsymbol{x})=0 \quad j=1,2,\cdots,l\end{cases} \tag{7-51}$$

应定义乘子罚函数

$$\begin{aligned}\phi(\boldsymbol{x},\boldsymbol{\omega},\boldsymbol{\nu},\sigma)=f(\boldsymbol{x})+\frac{1}{2\sigma}\sum_{i=1}^{m}\left[(\max\{0,\omega_i+\sigma g_i(\boldsymbol{x})\})^2-\omega_i^2\right]+ \\ \sum_{j=1}^{l}\nu_j h_j(\boldsymbol{x})+\frac{\sigma}{2}\sum_{j=1}^{l}h_j^2(\boldsymbol{x})\end{aligned} \tag{7-52}$$

在迭代中，与只有等式约束的问题类似，也是取定充分大的参数 σ，并通过修正第 k 次迭代中的乘子 $\boldsymbol{\omega}_k$ 和 $\boldsymbol{\nu}_k$，得到第 $k+1$ 次迭代中的乘子 $\boldsymbol{\omega}_{k+1}$ 和 $\boldsymbol{\nu}_{k+1}$，修正公式如下

$$\begin{cases}\omega_{k+1,i}=\max\{0,\omega_{k,i}+\sigma g_i(\boldsymbol{x}_k)\} & i=1,2,\cdots,m \\ \nu_{k+1,j}=\nu_{k,j}+\sigma h_j(\boldsymbol{x}_k) & j=1,2,\cdots,l\end{cases} \tag{7-53}$$

算法步骤与等式约束乘子法相同，此处不再赘述。

【例 7-8】 用乘子法求解下列问题

$$\begin{cases}\min & x_1^2+x_2^2\\ \text{s. t.} & x_1-x_2+1\leqslant 0\end{cases}$$

解 此问题的增广拉格朗日函数为

$$\phi(\boldsymbol{x},\omega,\sigma)=x_1^2+x_2^2+\frac{1}{2\sigma}([\max\{0,\omega+\sigma(x_1-x_2+1)\}]^2-\omega^2)$$

$$=\begin{cases}x_1^2+x_2^2+\dfrac{1}{2\sigma}([\omega+\sigma(x_1-x_2+1)]^2-\omega^2) & x_1-x_2+1\geqslant-\dfrac{\omega}{\sigma}\\ x_1^2+x_2^2-\dfrac{1}{2\sigma}\omega^2 & x_1-x_2+1<-\dfrac{\omega}{\sigma}\end{cases}$$

其对 $\boldsymbol{x}$ 的偏导为

$$\frac{\partial\phi}{\partial x_1}=\begin{cases}2x_1+\sigma(x_1-x_2+1)+\omega & x_1-x_2+1\geqslant-\dfrac{\omega}{\sigma}\\ 2x_1 & x_1-x_2+1<\dfrac{\omega}{\sigma}\end{cases}$$

$$\frac{\partial\phi}{\partial x_2}=\begin{cases}2x_2-\sigma(x_1-x_2+1)-\omega & x_1-x_2+1\geqslant-\dfrac{\omega}{\sigma}\\ 2x_2 & x_1-x_2+1<-\dfrac{\omega}{\sigma}\end{cases}$$

令$\nabla_x\phi(\boldsymbol{x},\omega,\sigma)=\boldsymbol{0}$,得到方程组

$$\begin{cases}2x_1+\sigma(x_1-x_2+1)+\omega=0\\ 2x_1-\sigma(x_1-x_2+1)-\omega=0\end{cases}$$

解该方程组得

$$\begin{cases}x_1=-\dfrac{\omega+\sigma}{2+2\sigma}\\ x_2=\dfrac{\omega+\sigma}{2+2\sigma}\end{cases}$$

取 $\sigma=2$,设在第 k 次迭代得乘子 ω_k,则求得乘子罚函数的极小点为

$$\boldsymbol{x}_k=\begin{bmatrix}x_{k,1}\\ x_{k,2}\end{bmatrix}=\begin{bmatrix}\dfrac{\omega_k+2}{6}\\ \dfrac{\omega_k+2}{6}\end{bmatrix}$$

修正 ω_k 得到

$$\begin{aligned}\omega_{k+1}&=\max\{0,\omega_k+\sigma g_i(\boldsymbol{x}_k)\}\\ &=\max\left\{0,\omega_k+2\left(-\frac{\omega_k+2}{6}-\frac{\omega_k+2}{6}+1\right)\right\}\end{aligned}$$

显然,按上式得到的序列$\{\omega_k\}$收敛,令 $k\to\infty$,可得

$$\omega_k\to 1$$

则

$$x_{k,1} \to -\frac{1}{2}, \quad x_{k,2} \to \frac{1}{2}$$

于是得到原问题的解为

$$\boldsymbol{x}^* = \begin{bmatrix} -\frac{1}{2} \\ \frac{1}{2} \end{bmatrix}$$

最优乘子为

$$\omega^* = 1$$

第 8 章 二次规划问题

二次规划是最简单的非线性约束优化问题，它的目标函数是一个二次函数，约束函数是线性函数。二次规划虽然简单，但是它的应用非常广泛，许多实际问题可以表示成二次规划问题，例如带约束的线性最小二乘问题。许多非线性规划问题的求解也可以转换为一系列二次规划问题，因此，二次规划问题的理论和算法引起了人们的广泛重视，对其研究也比较深入。本章首先介绍二次规划的基本性质，然后介绍几种典型的二次规划问题的算法。

8.1 基本性质

33min

在前面的章节中已经偶尔提到了二次规划的一些特殊性质，为讨论的完整性，本节系统列举二次规划的基本性质。

二次规划的分量标准形式为

$$\begin{cases} \min & \frac{1}{2}\sum_{i=1}^{n}\sum_{j=1}^{n}a_{ij}x_ix_j+\sum_{i=1}^{n}b_ix_i \\ \text{s. t.} & \sum_{k=1}^{n}g_{ik}x_k\leqslant c_i \qquad i=1,2,\cdots,m \\ & \sum_{k=1}^{n}h_{jk}x_k=p_j \qquad j=1,2,\cdots,l \end{cases} \tag{8-1}$$

若令

$$\boldsymbol{A}=\begin{bmatrix} a_{11} & a_{12} & \cdots & a_{1n} \\ a_{21} & a_{22} & \cdots & a_{2n} \\ \vdots & \vdots & & \vdots \\ a_{n1} & a_{n2} & \cdots & a_{nn} \end{bmatrix},\quad \boldsymbol{G}=\begin{bmatrix} g_{11} & g_{12} & \cdots & g_{1n} \\ g_{21} & g_{22} & \cdots & g_{2n} \\ \vdots & \vdots & & \vdots \\ g_{m1} & g_{m2} & \cdots & g_{mn} \end{bmatrix},\quad \boldsymbol{H}=\begin{bmatrix} h_{11} & h_{12} & \cdots & h_{1n} \\ h_{21} & h_{22} & \cdots & h_{2n} \\ \vdots & \vdots & & \vdots \\ h_{l1} & h_{l2} & \cdots & h_{ln} \end{bmatrix}$$

$$\boldsymbol{x}=\begin{bmatrix}x_1\\x_2\\\vdots\\x_n\end{bmatrix},\quad \boldsymbol{b}=\begin{bmatrix}b_1\\b_2\\\vdots\\b_n\end{bmatrix},\quad \boldsymbol{c}=\begin{bmatrix}c_1\\c_2\\\vdots\\c_m\end{bmatrix},\quad \boldsymbol{p}=\begin{bmatrix}p_1\\p_2\\\vdots\\p_l\end{bmatrix}$$

则问题(8-1)可以写成二次规划的矩阵标准形式

$$\begin{cases}\min & \dfrac{1}{2}\boldsymbol{x}^{\mathrm{T}}\boldsymbol{A}\boldsymbol{x}+\boldsymbol{b}^{\mathrm{T}}\boldsymbol{x}\\ \text{s. t.} & \boldsymbol{G}\boldsymbol{x}\leqslant\boldsymbol{c}\\ & \boldsymbol{H}\boldsymbol{x}=\boldsymbol{p}\end{cases}\tag{8-2}$$

有时也写成

$$\begin{cases}\min & \dfrac{1}{2}\boldsymbol{x}^{\mathrm{T}}\boldsymbol{A}\boldsymbol{x}+\boldsymbol{b}^{\mathrm{T}}\boldsymbol{x}\\ \text{s. t.} & \boldsymbol{g}_i^{\mathrm{T}}\boldsymbol{x}\leqslant c_i & i=1,2,\cdots,m\\ & \boldsymbol{h}_j^{\mathrm{T}}\boldsymbol{x}=p_j & j=1,2,\cdots,l\end{cases}\tag{8-3}$$

其中，$\boldsymbol{g}_i$ 为矩阵 $\boldsymbol{G}$ 的第 i 行组成的向量，$\boldsymbol{h}_j$ 为矩阵 $\boldsymbol{H}$ 的第 j 行组成的向量。(注：$\boldsymbol{g}_i$ 和 $\boldsymbol{h}_j$ 均以列向量的形式存在。)

在后文的阐述中，将视实际情况使用式(8-1)、式(8-2)或式(8-3)中的任何一种形式。

在二次规划中，由于目标函数的海森矩阵和约束函数的雅可比矩阵都是常量，所以它的最优性条件有其特殊的形式。

定理 8-1　设 $\boldsymbol{x}^*$ 是二次规划问题(8-3)的局部极小点，则必存在乘子 $\boldsymbol{\lambda}^*\in\mathbf{R}^m$，$\boldsymbol{\mu}^*\in\mathbf{R}^l$，使

$$\boldsymbol{H}\boldsymbol{x}^*+\boldsymbol{b}+\sum_{i=1}^{m}\lambda_i^*\boldsymbol{g}_i+\sum_{j=1}^{l}\mu_j^*\boldsymbol{h}_j=0\tag{8-4}$$

$$\lambda_i^*(\boldsymbol{g}_i^{\mathrm{T}}\boldsymbol{x}^*-c_i)=0,\quad i=1,2,\cdots,m\tag{8-5}$$

$$\lambda_i^*\geqslant 0,\quad i=1,2,\cdots,m\tag{8-6}$$

且对一切满足

$$\boldsymbol{d}^{\mathrm{T}}\boldsymbol{g}_i=0,i\in A(\boldsymbol{x}^*)\quad 且\quad \boldsymbol{d}^{\mathrm{T}}\boldsymbol{h}_j=0,\quad j=1,2,\cdots,l\tag{8-7}$$

的 $\boldsymbol{d}\in\mathbf{R}^n$ 都有

$$\boldsymbol{d}^{\mathrm{T}}\boldsymbol{H}\boldsymbol{d}\geqslant 0\tag{8-8}$$

这里

$$A(\boldsymbol{x}^*)=\{i\mid \boldsymbol{g}_i^{\mathrm{T}}\boldsymbol{x}^*=c_i,i=1,2,\cdots,m\}\tag{8-9}$$

是指 $\boldsymbol{x}^*$ 处的不等式积极约束指标集。

定理 8-2 给出了二次规划局部极小点的必要条件。式(8-4)～式(8-6)即为 KKT 条件，满足该条件的点称为 KKT 点，以下给出二次规划严格局部极小点的充分条件。

定理 8-2 设 $\boldsymbol{x}^*$ 是问题(8-3)的 KKT 点，即它满足条件式(8-4)～式(8-6)，$\boldsymbol{\lambda}^*$ 是相应的拉格朗日乘子，如果对一切满足于

$$\boldsymbol{d}^{\mathrm{T}}\boldsymbol{g}_i \geqslant 0,\quad i \in A(\boldsymbol{x}^*) \tag{8-10}$$

$$\boldsymbol{d}^{\mathrm{T}}\boldsymbol{g}_i = 0,\quad i \in A(\boldsymbol{x}^*)\text{ 且 }\lambda_i^* > 0 \tag{8-11}$$

$$\boldsymbol{d}^{\mathrm{T}}\boldsymbol{h}_j = 0,\quad j = 1,2,\cdots,l \tag{8-12}$$

的非零向量 $\boldsymbol{d}$ 都有

$$\boldsymbol{d}^{\mathrm{T}}\boldsymbol{H}\boldsymbol{d} > 0 \tag{8-13}$$

则 $\boldsymbol{x}^*$ 必是问题(8-3)的严格局部极小点。

定理 8-1 和定理 8-2 都是针对一般二次规划问题的最优性条件的，它们都不是充分必要的。以下给出一个一般二次规划问题的局部极小点的充分必要条件。

定理 8-3 设 $\boldsymbol{x}^*$ 是二次规划问题(8-3)的可行点，则 $\boldsymbol{x}^*$ 是一局部极小点当且仅当存在乘子 $\boldsymbol{\lambda}^* \in \mathbf{R}^m$，使式(8-4)～式(8-6)成立，并且对一切满足式(8-10)～式(8-12)的向量 $\boldsymbol{d}$ 都有

$$\boldsymbol{d}^{\mathrm{T}}\boldsymbol{H}\boldsymbol{d} \geqslant 0 \tag{8-14}$$

定理 8-3 的证明见参考文献[1]。

如果 $\boldsymbol{H}$ 是(正定)半正定对称矩阵，则问题(8-3)中的目标二次函数是(严格)凸的，又由于二次规划问题的约束是线性的，所以若可行域非空，则必是凸集，此时问题(8-3)就是一个凸优化问题，称为(严格)凸二次规划问题。根据凸优化问题的性质，任何局部极小点都是全局极小点，对于(严格)凸二次规划问题，更进一步地，任何 KKT 点必为其全局极小点。

定理 8-4 设 $\boldsymbol{H}$ 为半正定矩阵，则 $\boldsymbol{x}^*$ 是二次规划问题(8-3)的全局极小点当且仅当 $\boldsymbol{x}^*$ 是一个局部极小点，也当且仅当 $\boldsymbol{x}^*$ 是一个 KKT 点，即 $\boldsymbol{x}^*$ 是可行点且存在乘子 $\boldsymbol{\lambda}^* \in \mathbf{R}^m$，$\boldsymbol{\mu}^* \in \mathbf{R}^l$ 使式(8-4)～式(8-6)成立。

根据定理 8-4，当 $\boldsymbol{H}$ 半正定时，求解问题(8-3)等价于求解 $\boldsymbol{x} \in \mathbf{R}^n$，$\boldsymbol{\lambda} \in \mathbf{R}^m$，$\boldsymbol{\mu} \in \mathbf{R}^l$，使

$$\begin{cases}\boldsymbol{H}\boldsymbol{x}^* + \boldsymbol{b} + \sum\limits_{i=1}^{m}\lambda_i^*\boldsymbol{g}_i + \sum\limits_{j=1}^{l}\mu_j^*\boldsymbol{h}_j = 0 & \\ \lambda_i^*(\boldsymbol{g}_i^{\mathrm{T}}\boldsymbol{x}^* - c_i) = 0 & i = 1,2,\cdots,m \\ \lambda_i^* \geqslant 0 & i = 1,2,\cdots,m \\ \boldsymbol{g}_i^{\mathrm{T}}\boldsymbol{x} \leqslant c_i & i = 1,2,\cdots,m \\ \boldsymbol{h}_j^{\mathrm{T}}\boldsymbol{x} = p_j & j = 1,2,\cdots,l\end{cases} \tag{8-15}$$

这一等价关系是求解二次规划问题的对偶法的重要依据。

48min

8.2 只含等式约束的二次规划问题

考虑只含等式约束的二次规划问题

$$\begin{cases}\min & \frac{1}{2}\boldsymbol{x}^{\mathrm{T}}\boldsymbol{A}\boldsymbol{x}+\boldsymbol{b}^{\mathrm{T}}\boldsymbol{x}\\ \text{s. t.} & \boldsymbol{H}\boldsymbol{x}=\boldsymbol{p}\end{cases} \tag{8-16}$$

其中,$\boldsymbol{A}\in\mathbf{R}^{n\times n}$,$\boldsymbol{b}\in\mathbf{R}^n$,$\boldsymbol{H}\in\mathbf{R}^{l\times n}$,$\boldsymbol{p}\in\mathbf{R}^l$,并且 $\boldsymbol{A}$ 对称,不失一般性,可假定秩$(\boldsymbol{H})=l$。

8.2.1 变量消去法

假设已找到了 $\boldsymbol{x}$ 的一个分解 $\boldsymbol{x}=(\boldsymbol{x}_B,\boldsymbol{x}_N)^{\mathrm{T}}$,其中 $\boldsymbol{x}_N\in\mathbf{R}^l$,$\boldsymbol{x}_N\in\mathbf{R}^{n-l}$,并且对应的分解 $\boldsymbol{H}=(\boldsymbol{H}_B,\boldsymbol{H}_N)$有 $\boldsymbol{H}_B$ 可逆,则可将等式约束写成

$$\boldsymbol{H}_B\boldsymbol{x}_B+\boldsymbol{H}_N\boldsymbol{x}_N=\boldsymbol{p} \tag{8-17}$$

由于 $\boldsymbol{H}_B$ 可逆,故有

$$\boldsymbol{x}_B=\boldsymbol{H}_B^{-1}(\boldsymbol{p}-\boldsymbol{H}_N\boldsymbol{x}_N) \tag{8-18}$$

将式(8-18)代入目标函数,可得到目标函数的一个等价形式

$$\min\ \frac{1}{2}\boldsymbol{x}_N^{\mathrm{T}}\hat{\boldsymbol{A}}_N\boldsymbol{x}_N+\hat{\boldsymbol{b}}_N^{\mathrm{T}}\boldsymbol{x}_N \tag{8-19}$$

其中

$$\hat{\boldsymbol{A}}_N=\boldsymbol{A}_{NN}-\boldsymbol{A}_{NB}\boldsymbol{H}_B^{-1}\boldsymbol{H}_N-\boldsymbol{H}_N^{\mathrm{T}}\boldsymbol{H}_B^{-\mathrm{T}}\boldsymbol{A}_{BN}+\boldsymbol{H}_N^{\mathrm{T}}\boldsymbol{H}_B^{-\mathrm{T}}\boldsymbol{A}_{BB}\boldsymbol{H}_B^{-1}\boldsymbol{H}_N \tag{8-20}$$

$$\hat{\boldsymbol{b}}_N=\boldsymbol{b}_N-\boldsymbol{H}_N^{\mathrm{T}}\boldsymbol{H}_B^{-\mathrm{T}}\boldsymbol{b}_B+(\boldsymbol{A}_{BN}^{\mathrm{T}}-\boldsymbol{H}_N^{\mathrm{T}}\boldsymbol{H}_B^{-\mathrm{T}}\boldsymbol{A}_{BB})\boldsymbol{H}_B^{-1}\boldsymbol{p} \tag{8-21}$$

且

$$\boldsymbol{A}=\begin{bmatrix}\boldsymbol{A}_{BB} & \boldsymbol{A}_{BN}\\ \boldsymbol{A}_{NB} & \boldsymbol{A}_{NN}\end{bmatrix},\quad \boldsymbol{b}=\begin{bmatrix}\boldsymbol{b}_B\\ \boldsymbol{b}_N\end{bmatrix} \tag{8-22}$$

是对应于 $\boldsymbol{x}=(\boldsymbol{x}_B,\boldsymbol{x}_N)^{\mathrm{T}}$ 的分解。

如果 $\hat{\boldsymbol{A}}_N$ 正定,则显然问题(8-19)的解是

$$\boldsymbol{x}_N^*=-\hat{\boldsymbol{A}}_N^{-1}\hat{\boldsymbol{b}}_N \tag{8-23}$$

将式(8-23)代回到式(8-18)得到问题(8-16)的解为

$$\boldsymbol{x}^*=\begin{bmatrix}\boldsymbol{x}_B^*\\ \boldsymbol{x}_N^*\end{bmatrix}=\begin{bmatrix}\boldsymbol{H}_B^{-1}\boldsymbol{p}\\ 0\end{bmatrix}+\begin{bmatrix}\boldsymbol{H}_B^{-1}\boldsymbol{H}_N\\ -\boldsymbol{I}\end{bmatrix}\hat{\boldsymbol{A}}_N^{-1}\hat{\boldsymbol{b}}_N \tag{8-24}$$

如果 $\hat{\boldsymbol{A}}_N$ 半正定,则在

$$(\boldsymbol{I}-\hat{\boldsymbol{A}}_N\hat{\boldsymbol{A}}_N^{+})\hat{\boldsymbol{b}}_N=\boldsymbol{0} \tag{8-25}$$

时,问题(8-19)有界,并且其解可以表示为

$$\boldsymbol{x}_N^*=-\hat{\boldsymbol{A}}_N^{+}\hat{\boldsymbol{b}}_N+(\boldsymbol{I}-\hat{\boldsymbol{A}}_N^{+}\hat{\boldsymbol{A}}_N)\tilde{\boldsymbol{x}}_N \tag{8-26}$$

其中,$\tilde{\boldsymbol{x}}_N\in\mathbf{R}^l$ 是任何向量,$\hat{\boldsymbol{A}}_N^{+}$ 表示 $\hat{\boldsymbol{A}}_N$ 的广义逆矩阵。再利用式(8-18)可以得到原问题(8-16)的解。

如果 $\hat{\boldsymbol{A}}_N$ 半正定,并且式(8-25)不成立,则问题(8-19)无下界,故原问题(8-16)也无下

界。如果 $\hat{\boldsymbol{A}}_N$ 有负的特征值，则式(8-19)无下界，此时原问题(8-16)也无有限解。

【例 8-1】 用变量消去法求解二次规划问题

$$\begin{cases}\min & x_1^2 - x_2^2 - x_3^2 \\ \text{s. t.} & x_1 + x_2 + x_3 = 1 \\ & x_2 - x_3 = 1\end{cases}$$

解 海森矩阵，等式约束的系数矩阵和右端向量分别为

$$\boldsymbol{A} = \begin{bmatrix}2 & 0 & 0 \\ 0 & -2 & 0 \\ 0 & 0 & -2\end{bmatrix}, \quad \boldsymbol{H} = \begin{bmatrix}1 & 1 & 1 \\ 0 & 1 & -1\end{bmatrix}, \quad \boldsymbol{p} = \begin{bmatrix}1 \\ 1\end{bmatrix}$$

由于秩($\boldsymbol{H}$)=2，故可将 x_1, x_2 作为约束变量，将 x_3 作为自由变量，分解后得

$$\boldsymbol{H}_B = \begin{bmatrix}1 & 1 \\ 0 & 1\end{bmatrix}, \quad \boldsymbol{H}_N = \begin{bmatrix}1 \\ -1\end{bmatrix}, \quad \boldsymbol{x}_B = \begin{bmatrix}x_1 \\ x_2\end{bmatrix}, \quad \boldsymbol{x}_N = [x_3]$$

$$\boldsymbol{A}_{BB} = \begin{bmatrix}2 & 0 \\ 0 & -2\end{bmatrix}, \quad \boldsymbol{A}_{BN} = \begin{bmatrix}0 \\ 0\end{bmatrix}, \quad \boldsymbol{A}_{NB} = [0 \quad 0], \quad \boldsymbol{A}_{NN} = [-2]$$

将以上矩阵代入式(8-20)、式(8-21)和式(8-24)得

$$\boldsymbol{x}^* = \begin{bmatrix}\boldsymbol{x}_B^* \\ \boldsymbol{x}_N^*\end{bmatrix} = \begin{bmatrix}-1 \\ \dfrac{3}{2} \\ \dfrac{1}{2}\end{bmatrix}$$

求解完毕。

用变量消去法求解例 8-1 的 MATLAB 代码如下。

求取矩阵最大线性无关的列向量组编号的代码如下：

```
%--------------------------------------
% 代码 8-1 求取矩阵的最大线性无关列向量组编号
%--------------------------------------
function linindepcols = LinIndepCols(A)
    % A: 输入矩阵
    % lin_indep_cols: 线性无关的列编号

    % 将矩阵化为行最简形式
    [Q, R] = qr(A);

    % 找到非零行的索引
    linindepcols = find(any(R ~= 0, 2));
end
```

变量消去法的代码如下：

```
%--------------------------------------
% 变量消去法
%--------------------------------------
function [xstar,fstar] = VarEliMethod(A,b,H,p)

fid = fopen('res.txt','w');                      % 打开一个文件,写入结果
[~,dim] = size(A);                               % 问题的维度

% 主程序
allcols = 1:dim;
B_cols = LinIndepCols(H);                        % 线性独立列向量组指标集
N_cols = setdiff(allcols,B_cols);                % 其他列向量组指标集

A_BB = A(B_cols,B_cols);                         % 对矩阵 A 进行分块
A_BN = A(B_cols,N_cols);
A_NB = A(N_cols,B_cols);
A_NN = A(N_cols,N_cols);

b_B = b(B_cols);                                 % 对矩阵 b 进行分块
b_N = b(N_cols);

H_B = H(:,B_cols);                               % 对矩阵 H 进行分块
H_N = H(:,N_cols);

A_N_hat = A_NN-A_NB*inv(H_B)*H_N-...
    H_N'*inv(H_B)'*A_BN+H_N'*inv(H_B)'*A_BB*inv(H_B)*H_N;
b_N_hat = b_N-H_N'*inv(H_B)'*b_B+(A_BN'-...
    H_N'*inv(H_B)'*A_BB)*inv(H_B)*p;

x_N = -inv(A_N_hat)*b_N_hat;                     % 求自由变量的值
x_B = inv(H_B)*p-inv(H_B)*H_N*x_N;               % 求约束变量的值
xstar = [x_B;x_N];                               % 最优解
fstar = 0.5*xstar'*A*xstar+b'*xstar;             % 最优值

fprintf(fid,'最优解:xstar = [%6.4f %6.4f %6.4f]\n',xstar);
fprintf(fid,'最优值:fstar = %6.4f\n',fstar);
fclose(fid);
```

主程序代码如下：

```
%--------------------------------------
% 主脚本代码
%--------------------------------------
A = [2 0 0;0 -2 0;0 0 -2];                     % 目标函数海森矩阵
b = [0 0 0]';                                  % 目标函数一次项系数向量
H = [1 1 1;0 1 -1];                            % 等式约束系数矩阵
p = [1 1]';                                    % 等式约束右端项

[xstar,fstar] = VarEliMethod(A,b,H,p);
```

运行结果如下：

```
最优解:xstar = [-1.0000 1.5000 0.5000]
最优值:fstar = -1.5000
```

消去法的思想简单明了，但它的不足之处在于 $\boldsymbol{H}_B$ 可能接近奇异阵，在计算其逆时可能产生数值不稳定问题。

8.2.2 拉格朗日法

拉格朗日法的基本思想是求解可行域内的 KKT 点，即拉格朗日函数的稳定点。

对于问题(8-16)，定义其拉格朗日函数为

$$L(\boldsymbol{x},\boldsymbol{\mu})=\frac{1}{2}\boldsymbol{x}^{\mathrm{T}}\boldsymbol{A}\boldsymbol{x}+\boldsymbol{b}^{\mathrm{T}}\boldsymbol{x}+\boldsymbol{\mu}^{\mathrm{T}}(\boldsymbol{H}\boldsymbol{x}-\boldsymbol{p}) \tag{8-27}$$

其中，$\boldsymbol{\mu}\in\mathbf{R}^l$ 为拉格朗日乘子。于是，问题(8-16)转换为极小化拉格朗日函数，即

$$\min_{\boldsymbol{x},\boldsymbol{\mu}} L(\boldsymbol{x},\boldsymbol{\mu})=\frac{1}{2}\boldsymbol{x}^{\mathrm{T}}\boldsymbol{A}\boldsymbol{x}+\boldsymbol{b}^{\mathrm{T}}\boldsymbol{x}+\boldsymbol{\mu}^{\mathrm{T}}(\boldsymbol{H}\boldsymbol{x}-\boldsymbol{p}) \tag{8-28}$$

根据一阶必要条件，写出函数 $L(\boldsymbol{x},\boldsymbol{\mu})$ 关于 $\boldsymbol{x}$ 和 $\boldsymbol{\mu}$ 的偏导，并令其等于 0，得到方程组

$$\begin{cases}\boldsymbol{A}\boldsymbol{x}+\boldsymbol{b}+\boldsymbol{H}^{\mathrm{T}}\boldsymbol{\mu}=\boldsymbol{0}\\ \boldsymbol{H}\boldsymbol{x}-\boldsymbol{p}=\boldsymbol{0}\end{cases} \tag{8-29}$$

将方程组(8-29)写成

$$\begin{bmatrix}\boldsymbol{A} & \boldsymbol{H}^{\mathrm{T}}\\ \boldsymbol{H} & \boldsymbol{0}\end{bmatrix}\begin{bmatrix}\boldsymbol{x}\\ \boldsymbol{\mu}\end{bmatrix}=\begin{bmatrix}-\boldsymbol{b}\\ \boldsymbol{p}\end{bmatrix} \tag{8-30}$$

系数矩阵

$$\boldsymbol{L}=\begin{bmatrix}\boldsymbol{A} & \boldsymbol{H}^{\mathrm{T}}\\ \boldsymbol{H} & \boldsymbol{0}\end{bmatrix} \tag{8-31}$$

称为拉格朗日矩阵。

由以上分析可知，拉格朗日法的中心任务是求解方程组(8-30)，而这等价于计算拉格朗日矩阵 $\boldsymbol{L}$ 的逆。以下讨论如何求 $\boldsymbol{L}^{-1}$。

由于 $\boldsymbol{L}$ 是分块对角矩阵，其逆矩阵也是分块对角矩阵，于是 $\boldsymbol{L}^{-1}$ 可表示为

$$\boldsymbol{L}^{-1}=\begin{bmatrix}\boldsymbol{A} & \boldsymbol{H}^{\mathrm{T}}\\ \boldsymbol{H} & \boldsymbol{0}\end{bmatrix}^{-1}=\begin{bmatrix}\boldsymbol{Q} & \boldsymbol{R}^{\mathrm{T}}\\ \boldsymbol{R} & \boldsymbol{S}\end{bmatrix} \tag{8-32}$$

其中，$\boldsymbol{Q}\in\mathbf{R}^{n\times n}$，$\boldsymbol{R}\in\mathbf{R}^{l\times n}$，$\boldsymbol{S}\in\mathbf{R}^{l\times l}$。由 $\boldsymbol{L}\boldsymbol{L}^{-1}=\boldsymbol{I}$，即

$$\begin{bmatrix}\boldsymbol{A} & \boldsymbol{H}^{\mathrm{T}}\\ \boldsymbol{H} & \boldsymbol{0}\end{bmatrix}\begin{bmatrix}\boldsymbol{Q} & \boldsymbol{R}^{\mathrm{T}}\\ \boldsymbol{R} & \boldsymbol{S}\end{bmatrix}=\begin{bmatrix}\boldsymbol{I}_n & \boldsymbol{0}\\ \boldsymbol{0} & \boldsymbol{I}_l\end{bmatrix} \tag{8-33}$$

得

$$\begin{cases} \boldsymbol{A}\boldsymbol{Q}+\boldsymbol{H}^{\mathrm{T}}\boldsymbol{R}=\boldsymbol{I}_n \\ \boldsymbol{A}\boldsymbol{R}^{\mathrm{T}}+\boldsymbol{H}^{\mathrm{T}}\boldsymbol{S}=\boldsymbol{0} \\ \boldsymbol{H}\boldsymbol{Q}=\boldsymbol{0} \\ \boldsymbol{H}\boldsymbol{R}^{\mathrm{T}}=\boldsymbol{I}_l \end{cases} \tag{8-34}$$

假设逆矩阵 $\boldsymbol{A}^{-1}$ 存在，求解矩阵方程组(8-34)得到

$$\begin{cases} \boldsymbol{S}=-(\boldsymbol{H}\boldsymbol{A}^{-1}\boldsymbol{H}^{\mathrm{T}})^{-1} \\ \boldsymbol{R}=(\boldsymbol{H}\boldsymbol{A}^{-1}\boldsymbol{H}^{\mathrm{T}})^{-1}\boldsymbol{H}\boldsymbol{A}^{-1} \\ \boldsymbol{Q}=\boldsymbol{A}^{-1}-\boldsymbol{A}^{-1}\boldsymbol{H}^{\mathrm{T}}(\boldsymbol{H}\boldsymbol{A}^{-1}\boldsymbol{H}^{\mathrm{T}})^{-1}\boldsymbol{H}\boldsymbol{A}^{-1} \end{cases} \tag{8-35}$$

于是在式(8-30)两端同时左乘 $\boldsymbol{L}^{-1}$ 得到

$$\begin{cases} \boldsymbol{x}^*=-\boldsymbol{Q}\boldsymbol{b}+\boldsymbol{R}^{\mathrm{T}}\boldsymbol{p} \\ \boldsymbol{\mu}^*=-\boldsymbol{R}\boldsymbol{b}+\boldsymbol{S}\boldsymbol{p} \end{cases} \tag{8-36}$$

式(8-36)解析地给出了 $\boldsymbol{x}^*$ 和 $\boldsymbol{\mu}^*$ 的计算公式，下面推出另外一个迭代计算式。

设 $\boldsymbol{x}_k$ 是问题(8-16)的任意一个可行解，即满足 $\boldsymbol{H}\boldsymbol{x}_k=\boldsymbol{p}$，在此点目标函数的梯度为

$$\boldsymbol{g}_k=\nabla f(\boldsymbol{x}_k)=\boldsymbol{A}\boldsymbol{x}_k+\boldsymbol{b} \tag{8-37}$$

则利用 $\boldsymbol{x}_k$ 和 $\boldsymbol{g}_k$ 可将(8-36)改写成

$$\begin{cases} \boldsymbol{x}^*=\boldsymbol{x}_k-\boldsymbol{Q}\boldsymbol{g}_k \\ \boldsymbol{\mu}^*=-\boldsymbol{R}\boldsymbol{g}_k \end{cases} \tag{8-38}$$

可见，只需一次迭代便可到达最优解。

以上关于拉格朗日法的讨论均是建立在矩阵 $\boldsymbol{A}$ 和 $\boldsymbol{L}$ 可逆的前提下，但实际中这两个矩阵并不一定可逆，或者接近奇异，此时使用式(8-36)或式(8-38)会出现计算困难，其实也可以使用其他方程组的数值迭代算法来求解方程组(8-30)，此处不再赘述。

【例 8-2】 用拉格朗日法求解下列问题

$$\begin{cases} \min & x_1^2+2x_2^2+x_3^2-2x_1x_2+x_3 \\ \text{s.t.} & x_1+x_2+x_3=4 \\ & 2x_1-x_2+x_3=2 \end{cases}$$

解　易知

$$A=\begin{bmatrix} 2 & -2 & 0 \\ -2 & 4 & 0 \\ 0 & 0 & 2 \end{bmatrix},\quad b=\begin{bmatrix} 0 \\ 0 \\ 1 \end{bmatrix},\quad H=\begin{bmatrix} 1 & 1 & 1 \\ 2 & -1 & 1 \end{bmatrix},\quad p=\begin{bmatrix} 4 \\ 2 \end{bmatrix}$$

可以验证 $\boldsymbol{A}$ 可逆，并且

$$\boldsymbol{A}^{-1}=\begin{bmatrix} 1 & \frac{1}{2} & 0 \\ \frac{1}{2} & \frac{1}{2} & 0 \\ 0 & 0 & \frac{1}{2} \end{bmatrix}$$

则由式(8-35)得

$$S=-\frac{4}{11}\begin{bmatrix}3 & -\frac{5}{2}\\ -\frac{5}{2} & 3\end{bmatrix},\quad R=\frac{4}{11}\begin{bmatrix}\frac{3}{4} & \frac{7}{4} & \frac{1}{4}\\ \frac{3}{4} & -1 & \frac{1}{4}\end{bmatrix},\quad Q=\frac{4}{11}\begin{bmatrix}\frac{1}{2} & \frac{1}{4} & -\frac{3}{4}\\ \frac{1}{4} & \frac{1}{8} & -\frac{3}{8}\\ -\frac{3}{4} & -\frac{3}{8} & \frac{9}{8}\end{bmatrix}$$

把 $\boldsymbol{Q}$ 和 $\boldsymbol{R}$ 代入式(8-36),得到问题的最优解

$$\boldsymbol{x}^*=\begin{bmatrix}x_1\\x_2\\x_3\end{bmatrix}=\begin{bmatrix}\frac{21}{11}\\ \frac{43}{22}\\ \frac{3}{22}\end{bmatrix}$$

用拉格朗日法求解例 8-2 的 MATLAB 代码如下。

拉格朗日法的代码如下:

```
%---------------------------------------
% 代码 8-2 拉格朗日法
%---------------------------------------
function [xstar,fstar] = LagrangeMethod(A,b,H,p)

fid = fopen('res.txt','w');                          % 打开一个文件,写入结果

% 主程序
S = -inv(H *inv(A) *H');
R = -S *H *inv(A);
Q = inv(A)-inv(A) *H' *R;

xstar = -Q *b+R' *p;                                 % 最优解
fstar = 0.5*xstar' *A *xstar+b' *xstar;              % 最优值

fprintf(fid,'最优解:xstar = [%6.4f %6.4f %6.4f]\n',xstar);
fprintf(fid,'最优值:fstar = %6.4f\n',fstar);
fclose(fid);
```

主程序代码如下:

```
%---------------------------------------
% 主脚本代码
%---------------------------------------
A = [2 -2 0;-2 4 0;0 0 2];                   % 目标函数海森矩阵
b = [0 0 1]';                                % 目标函数一次项系数向量
H = [1 1 1;2 -1 1];                          % 等式约束系数矩阵
```

```
p = [4 2]';                              % 等式约束右端项

[xstar, fstar] = LagrangeMethod(A, b, H, p);
```

运行结果如下：

```
最优解:xstar = [1.9091 1.9545 0.1364]
最优值:fstar = 3.9773
```

8.3 积极约束法

64min

8.3.1 基本思想

针对有线性不等式约束的二次规划问题，不能直接使用8.2节介绍的方法，但我们知道，二次规划问题的最优解一般是在可行域的边界取到，而对于不等式约束来讲，可行域边界上的点就对应着一部分积极约束，而积极约束可以等价地视为等式约束。也就是说，只要能找到每个迭代点处的积极约束，就能将不等式约束优化问题转换为等式约束优化问题，从而利用8.2节介绍的方法求解。

根据以上分析，积极约束法的基本思想是：以已知的可行点为起点，把在该点处的积极约束作为等式约束，极小化目标函数，得到新的迭代点后，再根据新的迭代点调整积极约束，重复以上过程，直到得到原问题的最优解。

8.3.2 算法原理

由于等式约束本身是积极约束，所以为了简单起见，本节仅讨论含有不等式约束的二次规划问题，如果实际中含有等式约束，则只需将等式约束加入积极约束中。

考虑二次规划问题

$$\begin{cases}\min \quad f(\boldsymbol{x})=\dfrac{1}{2}\boldsymbol{x}^{\mathrm{T}}\boldsymbol{A}\boldsymbol{x}+\boldsymbol{b}^{\mathrm{T}}\boldsymbol{x} \\ \text{s.t.} \quad \boldsymbol{G}\boldsymbol{x}\leqslant \boldsymbol{c}\end{cases} \tag{8-39}$$

其中，$\boldsymbol{A}\in\mathbf{R}^{n\times n}$ 是 n 阶对称正定矩阵，$\boldsymbol{b}\in\mathbf{R}^n$，$\boldsymbol{G}\in\mathbf{R}^{m\times n}$，$\boldsymbol{c}\in\mathbf{R}^m$。

设在第 k 次迭代中，已知可行点 $\boldsymbol{x}_k$，在该点的积极约束指标集为

$$A(\boldsymbol{x}_k)=\{i \mid \boldsymbol{g}_i^{\mathrm{T}}\boldsymbol{x}=c_i, i=1,2,\cdots,m\} \tag{8-40}$$

这里 $\boldsymbol{g}_i$ 表示系数矩阵 $\boldsymbol{G}$ 的第 i 行组成的向量，以列向量的形式存在。不考虑问题(8-39)中的非积极约束，得到对应的等式约束优化问题

$$\begin{cases}\min \quad f(\boldsymbol{x})=\dfrac{1}{2}\boldsymbol{x}^{\mathrm{T}}\boldsymbol{A}\boldsymbol{x}+\boldsymbol{b}^{\mathrm{T}}\boldsymbol{x} \\ \text{s.t.} \quad \boldsymbol{g}_i^{\mathrm{T}}\boldsymbol{x}=c_i \quad i\in A(\boldsymbol{x}_k)\end{cases} \tag{8-41}$$

问题(8-41)可以用8.2节介绍的方法求解。假设得到问题(8-41)的最优解为 $\bar{\boldsymbol{x}}_k^*$，以下

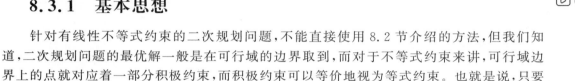

区别不同的情况,讨论应该采取的步骤。

(1) 如果 $\bar{\boldsymbol{x}}_k^*$ 仍是可行点,并且 $\bar{\boldsymbol{x}}_k^* \neq \boldsymbol{x}_k$,则直接将 $\bar{\boldsymbol{x}}_k^*$ 作为第 $k+1$ 次迭代的初始点,即

$$\boldsymbol{x}_{k+1} = \bar{\boldsymbol{x}}_k^* \tag{8-42}$$

然后计算 $\boldsymbol{x}_{k+1}$ 处的积极约束指标集 $A(\boldsymbol{x}_{k+1})$,求解相应的问题(8-41)。

(2) 如果 $\bar{\boldsymbol{x}}_k^*$ 不是可行点,则令方向

$$\boldsymbol{d}_k = \bar{\boldsymbol{x}}_k^* - \boldsymbol{x}_k \tag{8-43}$$

并从 $\boldsymbol{x}_k$ 点出发,在方向 $\boldsymbol{d}_k$ 上进行一次一维搜索,即

$$\boldsymbol{x} = \boldsymbol{x}_k + \alpha \boldsymbol{d}_k \tag{8-44}$$

显然,对于任何 $i \in A(\boldsymbol{x}_k)$,注意到 $\boldsymbol{g}_i^{\mathrm{T}} \boldsymbol{x}_k = c_i$,$\boldsymbol{g}_i^{\mathrm{T}} \bar{\boldsymbol{x}}_k^* = c_i$,故 $\boldsymbol{x}$ 总是满足约束条件的,但对于 $i \notin A(\boldsymbol{x}_k)$,$\boldsymbol{x}$ 不一定满足约束条件,所以现在要解决的问题是:确定一维搜索步长 α,使当 $i \notin A(\boldsymbol{x}_k)$ 时

$$\boldsymbol{g}_i^{\mathrm{T}}(\boldsymbol{x}_k + \alpha \boldsymbol{d}_k) \leqslant c_i \tag{8-45}$$

总满足。

由于 $\boldsymbol{x}_k$ 是可行点,故 $\boldsymbol{g}_i^{\mathrm{T}} \boldsymbol{x}_k \leqslant c_i$,因此,由式(8-45)可知,当 $\boldsymbol{g}_i^{\mathrm{T}} \boldsymbol{d}_k \leqslant 0$ 时,对于任意的非负数 α,式(8-45)总是满足的;当 $\boldsymbol{g}_i^{\mathrm{T}} \boldsymbol{d}_k > 0$ 时,只要取正数

$$\alpha \leqslant \min\left\{\frac{c_i - \boldsymbol{g}_i^{\mathrm{T}} \boldsymbol{x}_k}{\boldsymbol{g}_i^{\mathrm{T}} \boldsymbol{d}_k} \,\middle|\, i \notin A(\boldsymbol{x}_k), \boldsymbol{g}_i^{\mathrm{T}} \boldsymbol{d}_k > 0\right\} \tag{8-46}$$

对于每个 $i \notin A(\boldsymbol{x}_k)$,式(8-45)都能满足。

于是,记

$$\bar{\alpha}_k \leqslant \min\left\{\frac{c_i - \boldsymbol{g}_i^{\mathrm{T}} \boldsymbol{x}_k}{\boldsymbol{g}_i^{\mathrm{T}} \boldsymbol{d}_k} \,\middle|\, i \notin \boldsymbol{A}(\boldsymbol{x}_k), \boldsymbol{g}_i^{\mathrm{T}} \boldsymbol{d}_k > 0\right\} \tag{8-47}$$

为了保证数值稳定性,将 $\boldsymbol{x}$ 进一步限制在 $\boldsymbol{x}_k$ 和 $\bar{\boldsymbol{x}}_k^*$ 之间,即取

$$\alpha_k = \min\{1, \bar{\alpha}_k\} \tag{8-48}$$

并令

$$\boldsymbol{x}_{k+1} = \boldsymbol{x}_k + \alpha_k \boldsymbol{d}_k \tag{8-49}$$

如果 $\alpha_k < 1$,则一定存在 $i_0 \notin A(\boldsymbol{x}_k)$,使

$$\alpha_k = \frac{c_{i_0} - \boldsymbol{g}_{i_0}^{\mathrm{T}} \boldsymbol{x}_k}{\boldsymbol{g}_{i_0}^{\mathrm{T}} \boldsymbol{d}_k} < 1 \tag{8-50}$$

且在点 $\boldsymbol{x}_{k+1}$,有

$$\boldsymbol{g}_{i_0}^{\mathrm{T}} \boldsymbol{x}_{k+1} = \boldsymbol{g}_{i_0}^{\mathrm{T}}(\boldsymbol{x}_k + \alpha_k \boldsymbol{d}_k) = c_{i_0} \tag{8-51}$$

也就是说,在 $\boldsymbol{x}_{k+1}$ 处,$\boldsymbol{g}_{i_0}^{\mathrm{T}} \boldsymbol{x} \leqslant c_{i_0}$ 是积极约束,这时,把指标 i_0 加入 $A(\boldsymbol{x}_k)$得到在 $\boldsymbol{x}_{k+1}$ 处的积极约束指标集 $A(\boldsymbol{x}_{k+1})$。

(3) 如果 $\bar{\boldsymbol{x}}_k^* = \boldsymbol{x}_k$,则说明 $\boldsymbol{x}_k$ 就是问题(8-41)的最优解,这时应判断 $\boldsymbol{x}_k$ 是否为问

题(8-39)的最优解。

可通过KKT条件中的拉格朗日乘子$\boldsymbol{\lambda}$来判断$\boldsymbol{x}_k$是不是问题(8-39)的最优解。根据式(8-38)，积极约束$A(\boldsymbol{x}_k)$对应的拉格朗日乘子为

$$\bar{\boldsymbol{\lambda}}^* = -\boldsymbol{R}\boldsymbol{g}_k \tag{8-52}$$

其中，$\boldsymbol{R}=(\boldsymbol{G}_k\boldsymbol{A}^{-1}\boldsymbol{G}_k^{\mathrm{T}})^{-1}\boldsymbol{G}_k\boldsymbol{A}^{-1}$，$\boldsymbol{g}_k=\boldsymbol{A}\boldsymbol{x}_k+\boldsymbol{b}$，$\boldsymbol{G}_k$是积极约束对应的系数矩阵。

如果所有的$\bar{\lambda}_i^* \geqslant 0, i\in A(\boldsymbol{x}_k)$，则点$\boldsymbol{x}_k$是问题(8-39)的KKT点，由于问题(8-39)为凸二次规划，因此$\boldsymbol{x}_k$是最优解。

如果存在$i_0\in A(\boldsymbol{x}_k)$，使$\bar{\lambda}_{i_0}^*<0$，则$\boldsymbol{x}_k$不可能是最优解。实际上，可以验证，当$\bar{\lambda}_{i_0}^*<0$时，在$\boldsymbol{x}_k$处存在可行下降方向。例如，设$\boldsymbol{G}_k$是积极约束对应的系数矩阵，并且$\boldsymbol{G}_k$满秩，令方向

$$\boldsymbol{d} = -\boldsymbol{G}_k^{\mathrm{T}}(\boldsymbol{G}_k\boldsymbol{G}_k^{\mathrm{T}})^{-1}\boldsymbol{e}_{i_0} \tag{8-53}$$

其中，$\boldsymbol{e}_{i_0}\in\mathbf{R}^{|A(\boldsymbol{x}_k)|}$是单位向量，对应下标$i_0$的分量为1。又注意到，对问题(8-41)，$\bar{\boldsymbol{x}}_k^*=\boldsymbol{x}_k$是其最优解，$\bar{\boldsymbol{\lambda}}^*$是对应的拉格朗日乘子，故由问题(8-41)的拉格朗日函数在$\boldsymbol{x}_k$处的梯度为0得$\nabla f(\boldsymbol{x}_k)=\boldsymbol{A}\boldsymbol{x}_k+\boldsymbol{b}=-\boldsymbol{G}^{\mathrm{T}}\bar{\boldsymbol{\lambda}}^*$，则有

$$\boldsymbol{d}^{\mathrm{T}}\nabla f(\boldsymbol{x}_k)=\boldsymbol{e}_{i_0}^{\mathrm{T}}(\boldsymbol{G}_k\boldsymbol{G}_k^{\mathrm{T}})^{-1}\boldsymbol{G}_k\boldsymbol{G}_k^{\mathrm{T}}\bar{\boldsymbol{\lambda}}^* = \bar{\lambda}_{i_0}<0 \tag{8-54}$$

因此$\boldsymbol{d}$是在$\boldsymbol{x}_k$处的下降方向，容易验证$\boldsymbol{d}$也是可行方向。

当$\lambda_{i_0}^*<0$时，把下标i_0从$A(\boldsymbol{x}_k)$中删除，如果有几个乘子同时为负数，则令

$$i_0=\arg\min_{i\in A(\boldsymbol{x}^*)}\{\bar{\lambda}_i^*\} \tag{8-55}$$

将指标i_0从$A(\boldsymbol{x}_k)$中去掉，再求解问题(8-41)。

8.3.3 算法步骤

积极约束集法的算法步骤如下。

算法 8-1　积极约束集法

第1步：输入，初始可行点$\boldsymbol{x}_0$，置迭代计数器$k=0$，容忍系数$\varepsilon>0$。

第2步：初始化，迭代初始点$\boldsymbol{x}_k=\boldsymbol{x}_0$，积极约束指标集$A(\boldsymbol{x}_k)$，置$k=1$。

第3步：求等式约束优化问题，求解相应的等式约束优化问题(8-41)。设其解为$\bar{\boldsymbol{x}}_k^*$，若$\|\bar{\boldsymbol{x}}_k^*-\boldsymbol{x}_k\|\leqslant\varepsilon$，则转到第6步，否则进入第4步。

第4步：一维搜索：令搜索方向

$$\boldsymbol{d}=\bar{\boldsymbol{x}}_k^*-\boldsymbol{x}_k$$

按照式(8-47)和式(8-48)确定搜索步长α_k，并令

$$\boldsymbol{x}_{k+1}=\boldsymbol{x}_k+\alpha_k\boldsymbol{d}_k$$

第 5 步：若 $\alpha_k<1$，则按照式(8-50)确定 i_0，并置 $A(\boldsymbol{x}_{k+1})=A(\boldsymbol{x}_k)\cup\{i_0\}$，$k:=k+1$，转回第 3 步；若 $\alpha_k=1$，则计算积极约束集 $A(\boldsymbol{x}_{k+1})$，置 $k:=k+1$，转到第 6 步。

第 6 步：终止条件：按照式(8-52)计算对应积极约束的拉格朗日乘子 $\bar{\boldsymbol{\lambda}}^*$，设

$$\bar{\lambda}_{i_0}^*=\min\{\bar{\lambda}_i^*\ |i\in A(\boldsymbol{x}_k)\}$$

若 $\bar{\lambda}_{i_0}^*\geqslant 0$，则停止计算，输出 $\boldsymbol{x}^*=\boldsymbol{x}_k$，$f^*=f(\boldsymbol{x}^*)$，否则从 $A(\boldsymbol{x}_k)$ 中删除 i_0，返回第 3 步。

积极约束集法的算法流程如图 8-1 所示。

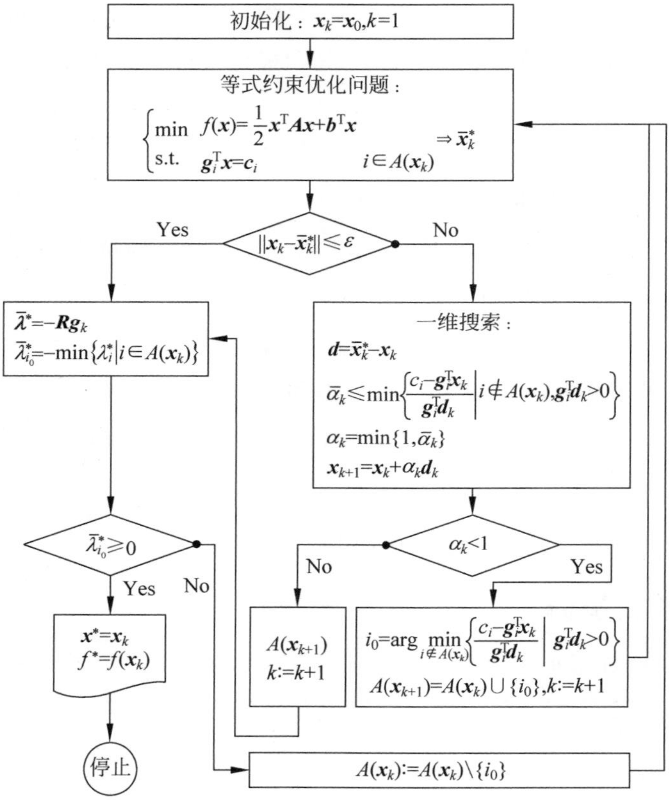

图 8-1　积极约束集法的算法流程图

【例 8-3】 用积极约束集法求解下列问题

$$\begin{cases}\min & f(\boldsymbol{x})=x_1^2-x_1x_2+2x_2^2-x_1-10x_2\\ \text{s. t.} & 3x_1+2x_2\leqslant 6\\ & -x_1\leqslant 0\\ & -x_2\leqslant 0\end{cases}$$

取初始可行点为 $\boldsymbol{x}_0=(1,0)^{\mathrm{T}}$。

解　目标函数 $f(\boldsymbol{x})$写成矩阵形式为

$$f(\boldsymbol{x})=\frac{1}{2}\begin{bmatrix}x_1 & x_2\end{bmatrix}\begin{bmatrix}2 & -1\\ -1 & 4\end{bmatrix}\begin{bmatrix}x_1\\ x_2\end{bmatrix}+\begin{bmatrix}-1 & 10\end{bmatrix}\begin{bmatrix}x_1\\ x_2\end{bmatrix}$$

故

$$\boldsymbol{A}=\begin{bmatrix}2 & -1\\ -1 & 4\end{bmatrix},\quad \boldsymbol{b}=\begin{bmatrix}-1\\ 10\end{bmatrix}$$

不等式约束写成矩阵形式为

$$\begin{bmatrix}3 & 2\\ -1 & 0\\ 0 & -1\end{bmatrix}\begin{bmatrix}x_1\\ x_2\end{bmatrix}\leqslant\begin{bmatrix}6\\ 0\\ 0\end{bmatrix}$$

故

$$\boldsymbol{G}=\begin{bmatrix}3 & 2\\ -1 & 0\\ 0 & -1\end{bmatrix},\quad \boldsymbol{c}=\begin{bmatrix}6\\ 0\\ 0\end{bmatrix}$$

以下按迭代过程求解。

第 1 次迭代，在 $\boldsymbol{x}_1=(1,0)^{\mathrm{T}}$ 点，起作用约束指标集 $A(\boldsymbol{x}_1)=\{3\}$，相应的等式约束优化问题为

$$\begin{cases}\min & x_1^2-x_1x_2+2x_2^2-x_1-10x_2\\ \text{s. t.} & x_2=0\end{cases}$$

求解该问题得

$$\bar{\boldsymbol{x}}_1^*=(0.5,0)^{\mathrm{T}}$$

此时由于 $\bar{\boldsymbol{x}}_1^*\neq\boldsymbol{x}_1$，故令

$$\boldsymbol{d}_1=\bar{\boldsymbol{x}}_1^*-\boldsymbol{x}_1=-(0.5,0)^{\mathrm{T}}$$

由式(8-48)计算得

$$\alpha_1=\min\{1,2\}=1$$

则

$$\boldsymbol{x}_2=\boldsymbol{x}_1+\alpha_1\boldsymbol{d}_1=(0.5,0)^{\mathrm{T}}$$

在点 $\boldsymbol{x}_2$ 处计算相应的拉格朗日乘子得

$$\bar{\lambda}_2^*=-10.5<0$$

因此 x_2 不是问题的最优解。将编号 3 从积极约束中删除，即

$$A(\boldsymbol{x}_2)=A(\boldsymbol{x}_1)\setminus\{3\}=\varnothing$$

进入下一次迭代。

第 2 次迭代，当 $A(\boldsymbol{x}_2)=\varnothing$ 时，对应的优化问题为

$$\min\ x_1^2-x_1x_2+2x_2^2-x_1-10x_2$$

求解该问题得

$$\bar{\boldsymbol{x}}_2^* = (2,3)^{\mathrm{T}}$$

此时由于 $\bar{\boldsymbol{x}}_2^* \neq \boldsymbol{x}_2$，故令

$$\boldsymbol{d}_2 = \bar{\boldsymbol{x}}_2^* - \boldsymbol{x}_2 = (1.5,3)^{\mathrm{T}}$$

由式(8-48)计算得

$$\alpha_2 = \min\{0.4286,1\} = 0.4286 < 1, \quad i_0 = 1$$

故

$$\boldsymbol{x}_3 = \boldsymbol{x}_2 + \alpha_2 \boldsymbol{d}_k = (1.1429,1.2857)^{\mathrm{T}}$$

将第 $i_0 = 1$ 个约束加入积极约束集合中，即

$$A(\boldsymbol{x}_3) = A(\boldsymbol{x}_2) \cup \{1\} = \{1\}$$

进入下一次迭代。

第 3 次迭代，在 $A(\boldsymbol{x}_3) = \{1\}$ 时，对应的等式约束优化问题为

$$\begin{cases} \min & x_1^2 - x_1 x_2 + 2x_2^2 - x_1 - 10x_2 \\ \text{s. t.} & 3x_1 + 2x_2 = 6 \end{cases}$$

求解该问题得

$$\bar{\boldsymbol{x}}_3^* = (0.5,2.25)^{\mathrm{T}}$$

由于 $\bar{\boldsymbol{x}}_2^* \neq \boldsymbol{x}_3$，故令

$$\boldsymbol{d}_3 = \bar{\boldsymbol{x}}_3^* - \boldsymbol{x}_3 = (-0.6429,0.9643)^{\mathrm{T}}$$

且由式(8-48)计算得

$$\alpha_3 = \min\{1.7778,1\} = 1$$

则

$$\boldsymbol{x}_4 = \boldsymbol{x}_3 + \alpha_3 \boldsymbol{d}_3 = (0.5,2.25)^{\mathrm{T}}$$

在点 $\boldsymbol{x}_4$ 处计算相应的拉格朗日乘子得

$$\bar{\lambda}_3^* = \frac{3}{4} > 0$$

故 $\boldsymbol{x}^* = \boldsymbol{x}_4$ 是原问题的最优解，最优值为 $f^* = f(\boldsymbol{x}^*) = -13.75$。

【例 8-4】 用积极约束集法求解下列问题

$$\begin{cases} \min & f(\boldsymbol{x}) = 9x_1^2 + 9x_2^2 - 30x_1 - 72x_2 \\ \text{s. t.} & 2x_1 + x_2 \leqslant 4 \\ & -x_1 \leqslant 0 \\ & -x_2 \leqslant 0 \end{cases}$$

解 将问题写成矩阵形式可知

$$\boldsymbol{A} = \begin{bmatrix} 18 & 0 \\ 0 & 18 \end{bmatrix}, \quad \boldsymbol{b} = \begin{bmatrix} -30 \\ -72 \end{bmatrix}, \quad \boldsymbol{G} = \begin{bmatrix} 2 & 1 \\ -1 & 0 \\ 0 & -1 \end{bmatrix}, \quad \boldsymbol{c} = \begin{bmatrix} 4 \\ 0 \\ 0 \end{bmatrix}$$

设初始点为 $\boldsymbol{x}_0=(0,0)^{\mathrm{T}}$，求解该问题的 MATLAB 代码如下。

计算积极约束指标集的代码如下：

```
%-----------------------------------------
% 代码 8-3 积极约束指标集
%-----------------------------------------
function actindex = ActiveIndex(G,c,xk)

neq = G * xk-c;                          % 约束函数值
actindex = find(neq>=-0.01);             % 积极约束指标集
```

积极约束集法的代码如下：

```
%-----------------------------------------
% 积极约束集法
%-----------------------------------------
function [xstar,fstar] = ActiveSetMethod(A,b,G,c,H,p,x0)

fid = fopen('res.txt','w');                          % 打开一个文件,写入结果

% 初始化
epsilon = 0.001;                                     % 容忍系数
k = 1;
xk = x0;                                             % 初始点
actindex = ActiveIndex(G,c,xk);                      % 积极约束指标集
inactindex = setdiff(1:length(G(1,:)),actindex);

% 主程序
while 1
    fprintf(fid,'\n 第 %d 次迭代:\n',k);
    fprintf(fid,'初始点:xk = [%6.4f %6.4f]\n',xk);

    % 求解相应的等式约束优化问题
    H1 = [G(actindex,:);H];
    p1 = [c(actindex);p];
    A1 = A;

    S = -inv(H1*inv(A1)*H1');
    R = -S *H1*inv(A1);
    Q = inv(A1)-inv(A1)*H1'*R;

    xk_bar_star = -Q *b+R'*p1;                       % 等式约束问题的最优解
    fprintf(fid,'等式约束最优解:xk_bar_star = [%6.4f %6.4f]\n',xk_bar_star);

    if norm(xk_bar_star-xk)<=epsilon
        lambdak_bar_star = -R *(A *xk+b);            % 计算拉格朗日乘子
        if all(lambdak_bar_star>=0)
            xstar = xk_bar_star;
```

```
            fstar = 0.5*xstar'*A *xstar+b'*xstar;

            fprintf(fid,'\n 最优解:xstar = [%6.4f %6.4f]\n',xstar);
            fprintf(fid,'最优值:fstar = %6.4f\n',fstar);
            fclose(fid);
            return;
        else
            [~,i_0] = min(lambdak_bar_star);
            actindex(i_0) = [];
            k = k+1;
            continue
        end
    else
        % 一维搜索
        dk = xk_bar_star-xk;
        Gdinactive = G(inactindex,:)*dk;
        Gxinactive = G(inactindex,:)*xk;
        tempi = find(Gdinactive>0);
        temp = (c(inactindex(tempi))-Gxinactive(tempi))./Gdinactive(tempi);
        [alphak_bar,i_0] = min(temp);
        if alphak_bar < 1
            alphak = alphak_bar;
            xk = xk+alphak *dk;
            actindex = union(actindex,inactindex(tempi(i_0)));
            k = k+1;
            continue;
        else
            alphak = 1;
            xk = xk+alphak *dk;                     % xk = xk_bar_star
            actindex = ActiveIndex(G,c,xk);
            inactindex = setdiff(1:length(G(1,:)),actindex);

            H1 = [G(actindex,:);H];
            A1 = A;

            S = -inv(H1*inv(A1)*H1');
            R = -S *H1*inv(A1);
            lambdak_bar_star = -R *(A *xk+b);      % 计算拉格朗日乘子
            if all(lambdak_bar_star>=0)
                xstar = xk;
                fstar = 0.5*xk'*A *xk+b'*xk;

                fprintf(fid,'\n 最优解:xstar = [%6.4f %6.4f]\n',xstar);
                fprintf(fid,'最优值:fstar = %6.4f\n',fstar);
                fclose(fid);
                return;
            else
                [~,i_0] = min(lambdak_bar_star);
                actindex(i_0) = [];
```

```
                k = k+1;
                continue;
            end
        end
    end
end
```

主程序代码如下：

```
%-------------------------------------
% 主脚本代码
%-------------------------------------
A =[18 0;0 18];                          % 海森矩阵
b =[-30;-72];                            % 一次项系数
G =[2 1;-1 0;0 -1];                      % 不等式约束系数矩阵
c =[4 0 0]';                             % 不等式约束常数项
H =[];                                   % 等式约束系数矩阵
p =[];                                   % 等式约束常数项
x0 =[0,0]';                              % 初始点

[xstar,fstar] = ActiveSetMethod(A,b,G,c,H,p,x0);
```

运行结果如下：

```
第 1 次迭代:
初始点:xk =[0.0000 0.0000]
等式约束最优解:xk_bar_star =[0.0000 0.0000]

第 2 次迭代:
初始点:xk =[0.0000 0.0000]
等式约束最优解:xk_bar_star =[0.0000 4.0000]

第 3 次迭代:
初始点:xk =[0.0000 4.0000]
等式约束最优解:xk_bar_star =[0.3333 3.3333]

最优解:xstar =[0.3333 3.3333]
最优值:fstar = -149.0000
```

8.4 路径跟踪法

38min

对于凸二次规划问题，KKT 条件是最优解的充分必要条件，所以可以通过求解 KKT 系统来求解原凸二次规划问题。KKT 系统求解的一个难点在于存在不等式组，可以通过增加适当的松弛变量来将不等式组转化成方程组求解。

8.4.1 松弛 KKT 条件

考虑凸二次规划问题

$$\begin{cases} \min & f(\boldsymbol{x}) = \dfrac{1}{2}\boldsymbol{x}^{\mathrm{T}}\boldsymbol{A}\boldsymbol{x} + \boldsymbol{b}^{\mathrm{T}}\boldsymbol{x} \\ \text{s.t.} & \boldsymbol{G}\boldsymbol{x} \leqslant \boldsymbol{c} \end{cases} \tag{8-56}$$

其中,$\boldsymbol{A} \in \mathbf{R}^{n\times n}$ 是正定对称矩阵,$\boldsymbol{b} \in \mathbf{R}^n$ 是系数向量,$\boldsymbol{G} \in \mathbf{R}^{m\times n}$ 是不等式约束系数向量,$\boldsymbol{c} \in \mathbf{R}^m$ 是不等式约束常数项。

根据凸二次规划的 KKT 条件,$\boldsymbol{x}$ 为最优解的充分必要条件是存在拉格朗日乘子$\boldsymbol{\lambda} \in \mathbf{R}^m$ 使 KKT 条件成立,即

$$\begin{cases} \boldsymbol{A}\boldsymbol{x} + \boldsymbol{b} + \boldsymbol{G}^{\mathrm{T}}\boldsymbol{\lambda} = \boldsymbol{0} \\ \boldsymbol{G}\boldsymbol{x} - \boldsymbol{c} \leqslant \boldsymbol{0} \\ \lambda_i(\boldsymbol{G}\boldsymbol{x} - \boldsymbol{c})_i = \boldsymbol{0} \qquad i = 1,2,\cdots,m \\ \boldsymbol{\lambda} \geqslant 0 \end{cases} \tag{8-57}$$

其中,$(\boldsymbol{G}\boldsymbol{x}-\boldsymbol{c})_i$ 是 $\boldsymbol{G}\boldsymbol{x}-\boldsymbol{c}$ 的第 i 个分量。式(8-57)称为问题(8-56)对应的 KKT 条件(或称 KKT 系统)。显然,只要能求解出该系统,就能求出原问题的最优解 $\boldsymbol{x}^*$。

为了处理系统(8-57)中的不等式组,引入松弛变量 $\boldsymbol{y} \in \mathbf{R}^m$,$\boldsymbol{y} \geqslant 0$,使

$$\boldsymbol{G}\boldsymbol{x} - \boldsymbol{c} + \boldsymbol{y} = \boldsymbol{0} \tag{8-58}$$

于是系统(8-57)可以写成

$$\begin{cases} \boldsymbol{A}\boldsymbol{x} + \boldsymbol{b} + \boldsymbol{G}^{\mathrm{T}}\boldsymbol{\lambda} = \boldsymbol{0} \\ \boldsymbol{G}\boldsymbol{x} - \boldsymbol{c} + \boldsymbol{y} = \boldsymbol{0} \\ \lambda_i y_i = 0 \qquad i = 1,2,\cdots,m \\ \boldsymbol{\lambda}, \boldsymbol{y} \geqslant 0 \end{cases} \tag{8-59}$$

将条件 $y_i\lambda_i = 0(i=1,2,\cdots,m)$改写成$\boldsymbol{\Lambda}\boldsymbol{Y}\boldsymbol{e} = \mu\boldsymbol{e}$,得到

$$\begin{cases} \boldsymbol{A}\boldsymbol{x} + \boldsymbol{b} + \boldsymbol{G}^{\mathrm{T}}\boldsymbol{\lambda} = \boldsymbol{0} \\ \boldsymbol{G}\boldsymbol{x} - \boldsymbol{c} + \boldsymbol{y} = \boldsymbol{0} \\ \boldsymbol{\Lambda}\boldsymbol{Y}\boldsymbol{e} = \mu\boldsymbol{e} \\ \boldsymbol{\lambda}, \boldsymbol{y} \geqslant 0 \end{cases} \tag{8-60}$$

其中

$$\boldsymbol{\Lambda} = \mathrm{diag}(\lambda_1, \lambda_2, \cdots, \lambda_m) = \begin{bmatrix} \lambda_1 & 0 & \cdots & 0 \\ 0 & \lambda_2 & \cdots & 0 \\ \vdots & \vdots & & \vdots \\ 0 & 0 & \cdots & \lambda_m \end{bmatrix}$$

$$\boldsymbol{Y}=\operatorname{diag}(y_1,y_2,\cdots,y_m)=\begin{bmatrix} y_1 & 0 & \cdots & 0 \\ 0 & y_2 & \cdots & 0 \\ \vdots & \vdots & & \vdots \\ 0 & 0 & 0 & y_m \end{bmatrix} \tag{8-61}$$

$$\boldsymbol{e}=[1 \quad 1 \quad \cdots \quad 1]^{\mathrm{T}}$$

式(8-60)称为松弛 KKT 条件，显然，对于每个实数 $\mu>0$，式(8-3)存在唯一解 $\boldsymbol{x}(\mu)$，$\boldsymbol{\lambda}(\mu)$，$\boldsymbol{y}(\mu)$，称集合

$$D=\{\boldsymbol{x}(\mu),\boldsymbol{\lambda}(\mu),\boldsymbol{y}(\mu) \mid \mu>0\} \tag{8-62}$$

为中心路径。

8.4.2 求解松弛 KKT 条件

本节介绍用迭代法求解松弛 KKT 条件，其基本思想是在当前迭代点处，先求一个可行方向，然后在该方向上进行一维搜索，进而迭代到下一个迭代点。

先任取一点$(\boldsymbol{x},\boldsymbol{\lambda},\boldsymbol{y})$，其中$\boldsymbol{\lambda}>0$，$\boldsymbol{y}>0$，再求方向$(\Delta\boldsymbol{x},\Delta\boldsymbol{\lambda},\Delta\boldsymbol{y})$，使$(\boldsymbol{x}+\Delta\boldsymbol{x},\boldsymbol{\lambda}+\Delta\boldsymbol{\lambda},\boldsymbol{y}+\Delta\boldsymbol{y})$满足系统(8-60)，即

$$\begin{cases} \boldsymbol{A}(\boldsymbol{x}+\Delta\boldsymbol{x})+\boldsymbol{b}+\boldsymbol{G}^{\mathrm{T}}(\boldsymbol{\lambda}+\Delta\boldsymbol{\lambda})=\boldsymbol{0} \\ \boldsymbol{G}(\boldsymbol{x}+\Delta\boldsymbol{x})-\boldsymbol{c}+(\boldsymbol{y}+\Delta\boldsymbol{y})=\boldsymbol{0} \\ (\boldsymbol{\Lambda}+\Delta\boldsymbol{\Lambda})(\boldsymbol{Y}+\Delta\boldsymbol{Y})\boldsymbol{e}=\mu\boldsymbol{e} \end{cases} \tag{8-63}$$

其中

$$\begin{aligned} \Delta\boldsymbol{\Lambda}&=\operatorname{diag}(\Delta\lambda_1,\Delta\lambda_2,\cdots,\Delta\lambda_m)=\begin{bmatrix} \Delta\lambda_1 & 0 & \cdots & 0 \\ 0 & \Delta\lambda_2 & \cdots & 0 \\ \vdots & \vdots & & \vdots \\ 0 & 0 & \cdots & \Delta\lambda_m \end{bmatrix} \\ \Delta\boldsymbol{Y}&=\operatorname{diag}(\Delta y_1,\Delta y_2,\cdots,\Delta y_m)=\begin{bmatrix} \Delta y_1 & 0 & \cdots & 0 \\ 0 & \Delta y_2 & \cdots & 0 \\ \vdots & \vdots & & \vdots \\ 0 & 0 & 0 & \Delta y_m \end{bmatrix} \end{aligned} \tag{8-64}$$

对式(8-63)进行整理，并忽略增量的二次项，得到

$$\begin{cases} \boldsymbol{A}\Delta\boldsymbol{x}+\boldsymbol{G}^{\mathrm{T}}\Delta\boldsymbol{\lambda}=-\boldsymbol{A}\boldsymbol{x}-\boldsymbol{G}^{\mathrm{T}}\boldsymbol{\lambda}-\boldsymbol{b} \\ \boldsymbol{G}\Delta\boldsymbol{x}+\Delta\boldsymbol{y}=-\boldsymbol{G}\boldsymbol{x}-\boldsymbol{y}+\boldsymbol{c} \\ \Delta\boldsymbol{\Lambda}\boldsymbol{Y}\boldsymbol{e}+\boldsymbol{\Lambda}\Delta\boldsymbol{Y}\boldsymbol{e}=\mu\boldsymbol{e}-\boldsymbol{\Lambda}\boldsymbol{Y}\boldsymbol{e} \end{cases} \tag{8-65}$$

注意到 $\Delta\boldsymbol{\Lambda}\boldsymbol{Y}\boldsymbol{e}=\boldsymbol{Y}\Delta\boldsymbol{\lambda}$，$\boldsymbol{\Lambda}\Delta\boldsymbol{Y}\boldsymbol{e}=\boldsymbol{\Lambda}\Delta\boldsymbol{y}$，由式(8-65)中第 3 个等式得

$$\Delta\boldsymbol{y}=\boldsymbol{\Lambda}^{-1}(\mu\boldsymbol{e}-\boldsymbol{\Lambda}\boldsymbol{Y}\boldsymbol{e}-\boldsymbol{Y}\Delta\boldsymbol{\lambda}) \tag{8-66}$$

将式(8-66)代回到式(8-65)，整理得

$$\begin{bmatrix} \boldsymbol{A} & \boldsymbol{G}^{\mathrm{T}} \\ \boldsymbol{G} & -\boldsymbol{\Lambda}^{-1}\boldsymbol{Y} \end{bmatrix} \begin{bmatrix} \Delta \boldsymbol{x} \\ \Delta \boldsymbol{\lambda} \end{bmatrix} = \begin{bmatrix} -\boldsymbol{A}\boldsymbol{x} - \boldsymbol{G}^{\mathrm{T}}\boldsymbol{\lambda} - \boldsymbol{b} \\ -\boldsymbol{G}\boldsymbol{x} - \boldsymbol{\Lambda}^{-1}\mu\boldsymbol{e} + \boldsymbol{c} \end{bmatrix} \tag{8-67}$$

求解矩阵方程(8-67)，再代回到式(8-66)得到搜索方向($\Delta\boldsymbol{x}$，$\Delta\boldsymbol{\lambda}$，$\Delta\boldsymbol{y}$)，再作一维搜索，求得新的内点解。

8.4.3 路径跟踪法算法流程

以下是路径跟踪法的算法步骤。

算法 8-2 路径跟踪法

第 1 步：输入，初始点($\boldsymbol{x}_0$，$\boldsymbol{\lambda}_0$，$\boldsymbol{y}_0$)，其中$\boldsymbol{\lambda}_0>0$，$\boldsymbol{y}_0>0$，取小于 1 且接近 1 的正数 p(一般取 $p=0.9$)和 $0<\delta<1$(一般取 $\delta=0.1$)，置迭代计数器 $k=0$，容忍系数 $\varepsilon>0$。

第 2 步：初始化，迭代初始点($\boldsymbol{x}_1$，$\boldsymbol{\lambda}_1$，$\boldsymbol{y}_1$)=($\boldsymbol{x}_0$，$\boldsymbol{\lambda}_0$，$\boldsymbol{y}_0$)，置计数器 $k=1$。

第 3 步：终止条件，计算

$$\boldsymbol{\rho} = \boldsymbol{A}\boldsymbol{x}_k + \boldsymbol{G}^{\mathrm{T}}\boldsymbol{\lambda}_k + \boldsymbol{b}$$

$$\boldsymbol{\sigma} = \boldsymbol{G}\boldsymbol{x}_k + \boldsymbol{y}_k - \boldsymbol{c}$$

$$\gamma = \boldsymbol{\lambda}_k^{\mathrm{T}}\boldsymbol{y}_k$$

$$\mu = \delta\frac{\gamma}{m}$$

若 $\|\rho\|\leqslant\varepsilon$，$\|\sigma\|\leqslant\varepsilon$，$\gamma\leqslant\varepsilon$，则停止计算，输出 $\boldsymbol{x}^*=\boldsymbol{x}_k$，$f^*=f(\boldsymbol{x}^*)$，否则继续第 4 步。

第 4 步：解方程组(8-67)

$$\begin{bmatrix} \Delta \boldsymbol{x}_k \\ \Delta \boldsymbol{\lambda}_k \end{bmatrix} = \begin{bmatrix} \boldsymbol{A} & \boldsymbol{G}^{\mathrm{T}} \\ \boldsymbol{G} & -\boldsymbol{\Lambda}^{-1}\boldsymbol{Y} \end{bmatrix}^{-1} \begin{bmatrix} -\boldsymbol{A}\boldsymbol{x}_k - \boldsymbol{G}^{\mathrm{T}}\boldsymbol{\lambda}_k - \boldsymbol{b} \\ -\boldsymbol{G}\boldsymbol{x}_k - \boldsymbol{\Lambda}^{-1}\mu\boldsymbol{e} + \boldsymbol{c} \end{bmatrix}$$

及计算

$$\Delta\boldsymbol{y}_k = \boldsymbol{\Lambda}^{-1}(\mu\boldsymbol{e} - \boldsymbol{\Lambda}\boldsymbol{Y}\boldsymbol{e} - \boldsymbol{Y}\Delta\boldsymbol{\lambda}_k)$$

求得搜索方向($\Delta\boldsymbol{x}_k$，$\Delta\boldsymbol{\lambda}_k$，$\Delta\boldsymbol{y}_k$)。

第 5 步：一维搜索，求沿方向($\Delta\boldsymbol{x}_k$，$\Delta\boldsymbol{\lambda}_k$，$\Delta\boldsymbol{y}_k$)的步长 α_k，即

$$\alpha_k = \min\left\{p\left[\max_{i,j}\left(-\frac{\Delta\lambda_{k,i}}{\lambda_{k,i}}, -\frac{\Delta y_{k,i}}{y_{k,i}}\right)\right]^{-1}, 1\right\}$$

第 6 步：迭代，令

$$\boldsymbol{x}_{k+1} = \boldsymbol{x}_k + \alpha_k\Delta\boldsymbol{x}_k$$

$$\boldsymbol{\lambda}_{k+1} = \boldsymbol{\lambda}_k + \alpha_k\Delta\boldsymbol{\lambda}_k$$

$$\boldsymbol{y}_{k+1} = \boldsymbol{y}_k + \alpha_k\Delta\boldsymbol{y}_k$$

置 $k:=k+1$，转到第 3 步。

【例 8-5】 用路径跟踪法求解下列问题

$$\begin{cases}\min & f(\boldsymbol{x})=x_1^2+x_2^2-2x_1+2x_2 \\ \text{s.t.} & x_1-x_2\leqslant 1 \\ & -x_2\leqslant 2\end{cases}$$

解 将该问题写成矩阵标准形式为

$$\boldsymbol{A}=\begin{bmatrix}2 & 0\\0 & 2\end{bmatrix},\quad \boldsymbol{b}=\begin{bmatrix}-2\\2\end{bmatrix},\quad \boldsymbol{G}=\begin{bmatrix}1 & -1\\0 & -1\end{bmatrix},\quad \boldsymbol{c}=\begin{bmatrix}1\\2\end{bmatrix}$$

取初始点，初始拉格朗日乘子和初始松弛变量分别为

$$\boldsymbol{x}_0=\begin{bmatrix}-1\\1\end{bmatrix},\quad \boldsymbol{\lambda}_0=\begin{bmatrix}1\\1\end{bmatrix},\quad \boldsymbol{y}_0=\begin{bmatrix}1\\1\end{bmatrix}$$

令 $\delta=0.1$，$p=0.9$，用路径跟踪法求解该问题的 MATLAB 代码如下。

路径跟踪法代码如下：

```
%--------------------------------------
% 代码 8-4 路径跟踪法
%--------------------------------------
function [xstar,fstar] = PathTrackMethod(A,b,G,c,x0,lambda0,y0)

fid = fopen('res.txt','w');                          % 打开一个文件,写入结果

% 初始化
p = 0.9;
delta = 0.1;
epsilon = 0.001;                                     % 容忍系数
[m,n] = size(G);
k = 1;
xk = x0;                                             % 初始点
lambdak = lambda0;                                   % 初始拉格朗日乘子
yk = y0;                                             % 初始松弛变量

% 主程序
while 1
    fprintf(fid,'\n 第 %d 次迭代:\n',k);
    fprintf(fid,'初始点:xk = [%6.4f %6.4f]\n',xk);
    fprintf(fid,'函数值:fk = %6.4f\n',xk'*A*xk+b'*xk);

    % 终止条件
    rho = A*xk+G'*lambdak+b;
    sigma = G*xk+yk-c;
    gamma = lambdak'*yk;
    mu = delta*gamma/m;

    if norm(rho)<=epsilon && norm(sigma)<=epsilon && gamma<=epsilon
        xstar = xk;
```

```
        fstar = xstar'*A*xstar+b'*xstar;

        fprintf(fid,'\n最优解:xstar = [%6.4f %6.4f]\n',xstar);
        fprintf(fid,'最优值:fstar = %6.4f\n',fstar);
        fclose(fid);
        return;
    end

    %解方程组
    Y = diag(yk);
    Lambda = diag(lambdak);
    T1 = [A G';G -Lambda\Y];
    T2 = [-A*xk-G'*lambdak-b;-G*xk-mu./lambdak+c];
    T3 = T1\T2;

    delta_xk = T3(1:n);
    delta_lambdak = T3(n+1:end);
    delta_yk = (mu-lambdak.*yk-yk.*delta_lambdak)./lambdak;

    %一维搜索
    temp = max([-delta_lambdak./lambdak;-delta_yk./yk]);
    alphak = min(p/temp,1);

    %迭代
    xk = xk+alphak*delta_xk;
    lambdak = lambdak+alphak*delta_lambdak;
    yk = yk+alphak*delta_yk;
    k = k+1;
end
```

主程序代码如下：

```
%--------------------------------------
%主脚本代码
%--------------------------------------
A = [2 0;0 2];                          %目标函数海森矩阵
b = [-2 2]';                            %目标函数一次项系数向量
G = [1 -1;0 -1];                        %等式约束系数矩阵
c = [1 2]';                             %等式约束右端项

x0 = [-1 1]';                           %初始迭代点
lambda0 = [1 1]';                       %初始拉格朗日乘子
y0 = [1 1]';                            %初始松弛变量

[xstar,fstar] = PathTrackMethod(A,b,G,c,x0,lambda0,y0);
```

运行结果如下：

```
第 1 次迭代:
初始点:xk = [-1.0000 1.0000]
```

```
函数值:fk = 8.0000

第 2 次迭代:
初始点:xk = [-0.0125 -0.0938]
函数值:fk = -0.1446

第 3 次迭代:
初始点:xk = [0.4288 -0.4407]
函数值:fk = -0.9828

第 4 次迭代:
初始点:xk = [0.4973 -0.4961]
函数值:fk = -1.0000

第 5 次迭代:
初始点:xk = [0.4998 -0.4996]
函数值:fk = -1.0000

第 6 次迭代:
初始点:xk = [0.5000 -0.5000]
函数值:fk = -1.0000

最优解:xstar = [0.5000 -0.5000]
最优值:fstar = -1.0000
```

第 9 章 机器学习中的最优化方法

最优化问题是机器学习中无法避免的重要问题。机器学习算法的本质就是利用训练数据建立优化模型，通过最优化方法对目标函数(也称损失函数)进行优化，从而调整学习模型的参数，以达到用训练出的学习模型模拟现实世界复杂关系的目的。

训练机器学习模型的优化方法大多从基于梯度的优化方法(如最速下降法、共轭梯度法)发展而来。本章对其中一些常见的重要方法进行简单介绍。

9.1 机器学习中的优化问题

在介绍机器学习中的优化算法之前，先介绍机器学习中的优化问题，给出一个机器学习中的优化问题的统一模型，以方便后续算法介绍。

机器学习模型可以解决的问题很多，如预测、分类、识别、评价等，但这些不同的机器学习模型都可以统一为一个输入/输出结构，如图 9-1 所示。

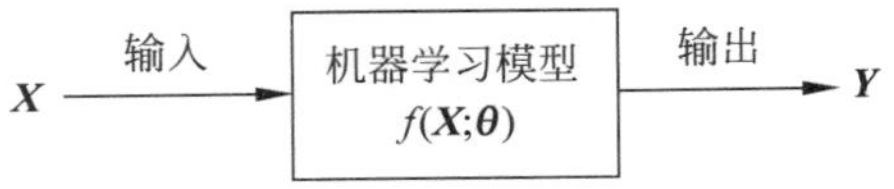

图 9-1 机器学习模型

用 $\boldsymbol{X}$ 表示输入，用 $\boldsymbol{Y}$ 表示输出，则机器学习模型本质上就是一个函数，即为 $f(\boldsymbol{X};\boldsymbol{\theta})$，这里 $\boldsymbol{\theta}$ 是该函数的参数，也就是机器学习模型训练中需要求解的对象。

图 9-1 中的输入/输出结构用数学表示即为

$$\boldsymbol{Y}=f(\boldsymbol{X};\boldsymbol{\theta}) \tag{9-1}$$

大多数机器学习问题可以抽象成这种形式。例如，若 $\boldsymbol{X}\in\mathbf{R}^n$ 是 n 维向量，$\boldsymbol{Y}\in\mathbf{R}^m$ 是 m 维向量，则该机器学习模型为多维回归问题；若 $\boldsymbol{X}\in\mathbf{R}^n$ 是 n 维向量，$\boldsymbol{Y}\in\{1,2,\cdots,k\}$ 是类别编号，则该机器学习模型代表 k-分类问题。

为了明确一个机器学习模型的具体映射过程，我们还需要明确两点：

(1) 函数 f 的类型。例如，若 f 是一个线性函数，则该机器学习模型是一个线性模型，若再明确 $\boldsymbol{X}\in\mathbf{R}^n$，$\boldsymbol{Y}\in\mathbf{R}^m$，则该模型即为多元线性回归模型；若 f 是一个深度神经网络，则该机器学习模型是一个深度神经网络模型，若再明确 $\boldsymbol{X}\in\mathbf{R}^n$，$\boldsymbol{Y}=\{1,2,\cdots,k\}$，则该模型即为用深度神经网络进行分类或识别的模型。

(2) 参数$\boldsymbol{\theta}$ 的值。参数$\boldsymbol{\theta}$ 即为该模型需要训练的量，若 f 是线性函数，则参数$\boldsymbol{\theta}$ 就是各线性项的系数，若 f 是深度神经网络，则参数$\boldsymbol{\theta}$ 就是各层的权重和偏置。

所谓机器学习模型的训练，实际上就是在 f 的函数类型确定的情况下，找到一组参数$\tilde{\boldsymbol{\theta}}$，使其确定的函数关系 $f(\boldsymbol{X};\hat{\boldsymbol{\theta}})$与历史数据反映的输入/输出关系尽量吻合，而这个找参数$\hat{\boldsymbol{\theta}}$ 的过程就是通过最优化实现的。

假设历史数据(也称为训练数据)为

$$\{(\boldsymbol{X}^i,\boldsymbol{Y}^i)\}_{i=1}^{I} \tag{9-2}$$

这里 $\boldsymbol{X}^i$ 表示第 i 条输入，$\boldsymbol{Y}^i$ 表示第 i 条输出，I 表示数据的总条数。实际中，$\boldsymbol{X}^i$ 的具体形式可能是多种多样的，例如在图像识别中，$\boldsymbol{X}^i$ 表示一张图片；在机器翻译中，$\boldsymbol{X}^i$ 表示一段文字，但一般来讲，在数学上总会把它们处理成一个向量，输出 $\boldsymbol{Y}^i$ 也一样，所以不妨假设 $\boldsymbol{X}^i\in\mathbf{R}^n$，$\boldsymbol{Y}^i\in\mathbf{R}^m$。

在理想情况下，需要找到一个关系 $f(\boldsymbol{X};\boldsymbol{\theta})$使

$$\boldsymbol{Y}^i=f(\boldsymbol{X}^i;\boldsymbol{\theta}) \tag{9-3}$$

对任意 $i=1,2,\cdots,I$ 都成立，但这显然是不现实的。一方面是这种绝对准确的关系可能本身就不存在；另一方面是历史数据仅仅是对样本总体的一个采样，它不可能覆盖所有情况，加上采样过程中也难免存在误差，所以一般只能求取一个近似的$\hat{\boldsymbol{\theta}}$，使其尽量反映历史数据所蕴含的关系。

假设

$$\hat{\boldsymbol{Y}}^i=f(\boldsymbol{X}^i;\boldsymbol{\theta}),\quad i=1,2,\cdots,I \tag{9-4}$$

这里 $\hat{\boldsymbol{Y}}^i$ 称为预测值，和目标值 $\boldsymbol{Y}^i$ 相对应。根据最小二乘原理，自然希望预测值 $\hat{\boldsymbol{Y}}^i$ 和目标值 $\boldsymbol{Y}^i$ 尽量接近，于是可定义损失函数

$$\begin{aligned}L(\boldsymbol{\theta})&\triangleq\frac{1}{2}\sum_{i=1}^{I}(\boldsymbol{Y}^i-\hat{\boldsymbol{Y}}^i)^2\\&=\frac{1}{2}\sum_{i=1}^{I}(\boldsymbol{Y}^i-f(\boldsymbol{X}^i;\boldsymbol{\theta}))^2\end{aligned} \tag{9-5}$$

只要求解最优化问题

$$\min_{\boldsymbol{\theta}} L(\boldsymbol{\theta})\triangleq\frac{1}{2}\sum_{i=1}^{I}(\boldsymbol{Y}^i-f(\boldsymbol{X}^i;\boldsymbol{\theta}))^2 \tag{9-6}$$

即可得到$\hat{\boldsymbol{\theta}}$。

问题(9-6)具有以下特点：

(1) 该问题虽然看似形式简单，但实则可能非常复杂，因为函数 f 的形式可能非常复杂。例如，如果 f 是一个深度神经网络，则 $L(\boldsymbol{\theta})$关于$\boldsymbol{\theta}$ 的梯度根本无法解析表示，一般的梯度下降算法是无能为力的。

(2) 该问题可能计算量惊人,因为 I 可能会非常大,导致每次函数值计算都需要付出巨大的代价,常用的优化算法无法适用。

(3) 在实际问题中,许多历史数据是流式的,此时 $L(\boldsymbol{\theta})$ 成为一个动态的目标函数,不仅对求解的速度,而且对求解的算法都提出了新的要求,传统的算法无法直接使用。

基于以上特点,机器学习中的优化算法有别于传统的静态目标函数优化算法,后续几节将讨论一些从传统优化算法发展而来的求解问题(9-6)的算法。

9.2 梯度下降算法

9.2.1 标准梯度下降算法

针对问题(9-6),最容易想到的方法当然是标准梯度下降算法(Gradient Descent Method),其核心思想是在损失函数的负梯度方向上调整参数$\boldsymbol{\theta}$,即

$$\begin{aligned} \boldsymbol{g}_t &= \nabla_\theta L(\boldsymbol{\theta}_t) \\ \boldsymbol{\theta}_{t+1} &= \boldsymbol{\theta}_t - \eta \cdot \boldsymbol{g}_t \end{aligned} \tag{9-7}$$

这里 $\boldsymbol{g}_t$ 是损失函数 $L(\boldsymbol{\theta})$ 在$\boldsymbol{\theta}_t$ 的梯度,η 是线搜索步长,在机器学习中一般称为学习率。

理论上,标准梯度下降算法是一个下降算法,但实际上,标准梯度下降算法并不适合求解问题(9-6)。一方面是因为标准梯度下降算法只具有线性收敛速度,越接近目标值,下降越慢;另一方面是因为当样本量很大时,计算损失函数值和损失函数关于$\boldsymbol{\theta}$ 的梯度需要耗费巨大的计算量,求解效率极低。

9.2.2 随机梯度下降算法

为了解决以上问题,随机梯度下降算法(Stochastic Gradient Descent Method)每次只随机抽取一个样本来计算误差,然后更新权值,即

$$\boldsymbol{\theta}_{t+1} = \boldsymbol{\theta}_t - \eta \cdot \nabla_{\boldsymbol{\theta}} L(\boldsymbol{\theta}_t; \boldsymbol{X}^i, \boldsymbol{Y}^i), \quad i \in \{1, 2, \cdots, I\} \tag{9-8}$$

其中,$L(\boldsymbol{\theta}_t; \boldsymbol{X}^i, \boldsymbol{Y}^i) = 1/2(\boldsymbol{Y}^i - f(\boldsymbol{X}^i; \boldsymbol{\theta}))^2$ 是只考虑一个样本的损失函数。如果样本量很大,则可能只用其中几万条或者几千条数据就已经可以将参数$\boldsymbol{\theta}$ 迭代到最优了,大大地提高了求解效率。

随机梯度下降法最小化每个样本的损失函数,虽然不是每次迭代都能使总体损失函数下降,但大的整体方向是向着总体损失函数的全局最小值的,最终结果往往在总体损失函数的全局最优值附近,适用于大规模训练样本的情形。

相较于标准梯度下降算法,随机梯度下降效率更高,而且支持在线更新,具有较大概率从一个较差的局部最优区域跳出,进入一个更好的局部最优甚至全局最优区域,但有时也容易困在较大的局部最优区域,或者鞍点区域。

9.2.3 Mini-batch 梯度下降算法

Mini-batch 梯度下降(Mini-batch Gradient Descent Method)是在上述两种方法的基础

上取折中，每次从所有训练数据集中取一个子集（Mini-batch），用于计算梯度，然后更新参数，即

$$\boldsymbol{\theta}_{t+1}=\boldsymbol{\theta}_t-\eta\cdot\nabla_{\boldsymbol{\theta}}L(\boldsymbol{\theta}_t;\boldsymbol{X}^B,\boldsymbol{Y}^B) \tag{9-9}$$

其中，$L(\boldsymbol{\theta}_t;\boldsymbol{X}^B,\boldsymbol{Y}^B)=1/2\sum_{i\in B}(\boldsymbol{Y}^i-f(\boldsymbol{X}^i;\boldsymbol{\theta}))^2$ 是考虑子样本集 B 的损失函数。这里 $B\in\{1,2,\cdots,I\}$ 是所有训练数据集的一个子集。

Mini-batch 梯度下降算法的优点是收敛速度和稳定性要优于标准梯度下降算法和随机梯度下降算法，但其缺点是对学习率的选择比较敏感，当训练数据的波动较大时，不同的 Mini-batch 可能导致迭代不够稳定，所以在划分 Mini-batch 时要考虑到数据波动的影响。

由于 Mini-batch 梯度下降总体上优于另外两种方法，所以在实际训练中一般使用 Mini-batch 梯度下降，因此现在所讲的梯度下降算法一般指的是 Mini-batch 梯度下降算法。

9.3　对搜索方向的改进

为了提高梯度下降算法的效率和稳定性，人们对其进行了各种改进。主要的改进点在于对搜索方向的改进、对学习率的改进和综合性改进。本节首先介绍基于搜索方向的改进，9.4 节介绍基于学习率和综合性的改进。

9.3.1　Momentum 算法

在连续性优化问题的加速算法中，搜索方向不仅包含当前迭代点的梯度信息，而且包含上一次搜索方向的信息。将这一思想应用到梯度下降算法就是 Momentum 算法（也称动量算法）。Momentum 算法在迭代公式中加入了一个动量项（Momentum Term），该动量项就包括上一次迭代的搜索方向信息，即

$$\begin{aligned}\boldsymbol{g}_t&=\nabla_{\boldsymbol{\theta}}L(\boldsymbol{\theta};\boldsymbol{X}^B,\boldsymbol{Y}^B)\\ \boldsymbol{v}_t&=\alpha\boldsymbol{v}_{t-1}+\eta\cdot\boldsymbol{g}_t\\ \boldsymbol{\theta}_{t+1}&=\boldsymbol{\theta}_t-\boldsymbol{v}_t\end{aligned} \tag{9-10}$$

这里 $\boldsymbol{g}_t$ 是 Mini-batch 损失函数 $L(\boldsymbol{\theta};\boldsymbol{X}^B,\boldsymbol{Y}^B)$ 关于 $\boldsymbol{\theta}_t$ 的梯度，α 是动量系数，通常设为 $\alpha=0.9$，$\alpha\boldsymbol{v}_{t-1}$ 即为动量项。

从迭代公式(9-10)可以看出，搜索方向其实就是当前梯度方向和上一次搜索方向的一个线性组合。

Momentum 算法借用了物理中的动量概念，它模拟的是物体运动时的惯性，即更新的时候在一定程度上保留之前的更新方向，同时利用当前 Mini-batch 的梯度微调最终的更新方向。这样一来，可以在一定程度上增加稳定性，从而学习得更快，并且还具有一定的摆脱

局部最优的能力。Momentum 算法会观察历史搜索方向$\boldsymbol{v}_{t-1}$,若当前梯度方向与历史搜索方向一致,则会增加在这个方向的搜索强度,若当前梯度方向与历史搜索方向不一致,则动量项会将梯度削弱,减小在该梯度方向上的搜索强度。一种形象的解释是:把一个球推下山,球在下坡时积聚动量,在途中变得越来越快,但若坡的方向发生变化,导致球的运行方向改变,则动量就会衰减。

大量数值实验表明,动量算法能够加快收敛速度,具有一定的全局寻优能力,可以在一定程度上抑制振荡,总体上优于梯度下降算法。

但 Momentum 算法对搜索的加速也具有一定的盲目性,就像是小球下坡过程中动量积聚过多,加速过快,很容易一下冲出最优区域,以下介绍的 Nesterov Momentum 算法对此进行了修正。

9.3.2 Nesterov Momentum 算法

Nesterov Momentum 算法的核心思想是:在进行迭代搜索之前,先对即将搜索到的位置进行一个预估,在计算梯度方向时使用预估点处的梯度方向,而不是当前迭代点处的梯度方向,其迭代过程为

$$\begin{aligned}
\bar{\boldsymbol{g}}_t &= \nabla_{\boldsymbol{\theta}} L(\boldsymbol{\theta}_t - \alpha \boldsymbol{v}_{t-1}; \boldsymbol{X}^B, \boldsymbol{Y}^B) \\
\boldsymbol{v}_t &= \alpha \boldsymbol{v}_{t-1} + \eta \cdot \bar{\boldsymbol{g}}_t \\
\boldsymbol{\theta}_{t+1} &= \boldsymbol{\theta}_t - \boldsymbol{v}_t
\end{aligned} \tag{9-11}$$

这里$\boldsymbol{\theta}_t - \alpha \boldsymbol{v}_{t-1}$ 就是对即将搜索到的位置的预估,称为 Nesterov 项。

Nesterov Momentum 算法的优点是在梯度更新时做一个校正,避免前进得太快,同时提高灵敏度。缺点是增加了一次对搜索位置的“展望”,增加了计算量。

图 9-2 展示了 Momentum 算法和 Nesterov Momentum 算法的不同。

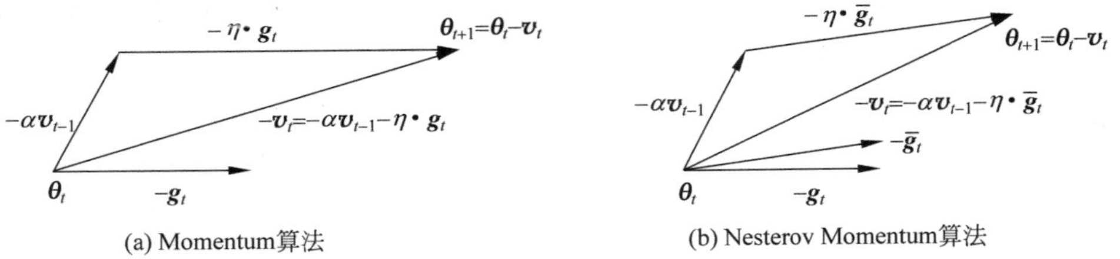

图 9-2 Momentum 算法和 Nesterov Momentum 算法的异同

9.4 对学习率的改进

在深度学习模型的训练过程中,对学习率的调整也是一个难点。一个较大的学习率可以在训练的前期加快收敛速度,但是到了训练后期,大的学习率会造成振荡,影响收敛。相反,一个较小的学习率虽然可以减小振荡,但同时也会降低收敛速度。前面介绍的随机梯度

下降算法、Momentum 算法、Nesterov Momentum 算法都使用固定学习率，本节介绍一些基于学习率动态调整的改进算法。

9.4.1 Adagrad 算法

Adagrad 算法的核心思想是利用梯度平方的逐渐累积构造一个逐渐减小的学习率缩减系数，该系数使学习率随着梯度平方的累积逐渐减小，从而实现在训练前期“学得更多”，在训练后期“学得更少”的学习率动态调整过程。

Adagrad 算法的迭代公式为

$$
\begin{aligned}
m_t &= m_{t-1} + \boldsymbol{g}_t^2 \\
\boldsymbol{\theta}_{t+1} &= \boldsymbol{\theta}_t - \frac{\eta}{\sqrt{m_t} + \varepsilon} \cdot \boldsymbol{g}_t
\end{aligned}
\tag{9-12}
$$

这里 $\boldsymbol{g}_t^2$ 是指梯度 $\boldsymbol{g}_t$ 自身的内积，即 $\boldsymbol{g}_t^2 = \boldsymbol{g}_t^{\mathrm{T}}\boldsymbol{g}_t$，$m_t$ 为梯度平方的累积，η 为初始学习率。显然，学习率缩减系数 $1/(\sqrt{m_t}+\varepsilon)$ 会随着梯度平方的累积而逐渐减小。ε 是平滑项，主要是为了避免分母为 0，通常取 $\varepsilon=10^{-8}$。

根据式(9-12)，在 Adagrad 算法中，对学习率的动态调节就是通过缩减系数 $1/(\sqrt{m_t}+\varepsilon)$ 实现的。在训练前期阶段，由于 m_t 相对较小，所以 $1/(\sqrt{m_t}+\varepsilon)$ 相对较大，从而使学习率 $\eta/(\sqrt{m_t}+\varepsilon)$ 较大，此时训练过程“学得更多”；在训练后期阶段，随着 m_t 的累积，m_t 变大，$1/(\sqrt{m_t}+\varepsilon)$ 变小，从而使学习率 $\eta/(\sqrt{m_t}+\varepsilon)$ 变小，此时训练过程“学得更少”，但当迭代次数非常大时，系数 $1/(\sqrt{m_t}+\varepsilon)$ 变得非常小，以致学习率接近于零，此时可能会出现训练提前终止的情况。

9.4.2 RMSprop 算法

为了克服 Adagrad 提前终止的问题，著名的计算机科学家 Geoff Hinton 提出了 RMSprop 算法。RMSprop 算法是一种自适应学习率方法，其核心思想是利用梯度平方和梯度平方的平均值共同来构造缩减系数，由于梯度平方的均值相对稳定，从而可以缓解 Adagrad 算法学习率下降较快的问题。

RMSprop 算法的迭代公式为

$$
\begin{aligned}
\mathbb{E}[\boldsymbol{g}^2]_t &= \beta\mathbb{E}[\boldsymbol{g}^2]_{t-1} + (1-\beta)\boldsymbol{g}_t^2 \\
\boldsymbol{\theta}_{t+1} &= \boldsymbol{\theta}_t - \frac{\eta}{\sqrt{\mathbb{E}[\boldsymbol{g}^2]_t} + \varepsilon} \cdot \boldsymbol{g}_t
\end{aligned}
\tag{9-13}
$$

可以看出，RMSprop 使用了梯度平方的均值和当前梯度平方的一个线性组合来替代 Adagrad 中的 m_t，这里 β 为组合系数，一般取 $\beta=0.9$。β 更接近于 1，可以使梯度平方的均值在缩减系数的变化中起主要作用，从而使学习率更缓慢减小，避免训练提前终止。

9.5 结合搜索方向和学习率的改进

前面两节分别介绍了对搜索方向和学习率的改进，一个很自然的想法当然是将对搜索方向和学习率的改进结合起来。

9.5.1 Adam 算法

著名的 Adam 算法就是结合搜索方向和学习率改进的一个典型案例，它结合了 Momentum 算法和 RMSprop 算法的优点，不仅可以像 RMSprop 算法一样自适应地下调学习率，而且可以像 Momentum 算法一样积聚历史梯度信息。

Adam 算法的更新过程比较复杂，首先计算

$$\begin{aligned} \boldsymbol{n}_t &= \beta_1 \boldsymbol{n}_{t-1} + (1-\beta_1)\boldsymbol{g}_t \\ m_t &= \beta_2 m_{t-1} + (1-\beta_2)\boldsymbol{g}_t^2 \end{aligned} \tag{9-14}$$

这里，$\boldsymbol{n}_t$ 代表着梯度的一阶矩估计，可以看作$\mathbb{E}[\boldsymbol{g}]_t$ 的近似；m_t 代表着梯度的二阶矩估计，可以看作$\mathbb{E}[\boldsymbol{g}^2]_t$ 的近似；β_1 和 β_2 是衰减系数，通常取 $\beta_1=0.99$，$\beta_2=0.999$，但是，$\boldsymbol{n}_t$ 和 m_t 的初始值设为 0，即 $\boldsymbol{n}_0=\boldsymbol{0}$，$m_0=0$，这会导致一个很小的初始值，所以对动量的估计需要进行调整，即

$$\begin{aligned} \hat{\boldsymbol{n}}_t &= \frac{\boldsymbol{n}_t}{1-\beta_1^t} \\ \hat{m}_t &= \frac{m_t}{1-\beta_2^t} \end{aligned} \tag{9-15}$$

这样，$\hat{\boldsymbol{n}}_t$ 和 $\hat{m}_t$ 代表着对梯度一阶矩和二阶矩的无偏估计。

最后，Adam 算法的迭代公式为

$$\boldsymbol{\theta}_{t+1} = \boldsymbol{\theta}_t - \frac{\eta}{\sqrt{\hat{m}_t}+\varepsilon} \cdot \hat{\boldsymbol{n}}_t \tag{9-16}$$

Adam 算法本质上是带动量项的 RMSprop 算法，它利用梯度的一阶矩估计和二阶矩估计动态地调整每个参数的学习率。Adam 算法的主要优点如下：

(1) 结合了 Adagrad 算法善于处理稀疏梯度和 RMSprop 算法善于处理非平稳目标的优点。

(2) 对内存需求小。

(3) 为不同的参数计算不同的自适应学习率。

(4) 适用于非凸优化问题和高维度问题。

(5) 经过偏置校正后，每次迭代学习率都有一个确定范围，使参数更新比较平稳。

9.5.2 Nadam 算法

Nadam 算法在 Adam 算法的基础上再将 Nesterov 动量项引入，其更新公式为

$$\begin{aligned}
\boldsymbol{n}_t &= \beta_1 \boldsymbol{n}_{t-1} + (1-\beta_1)\boldsymbol{g}_t \\
m_t &= \beta_2 m_{t-1} + (1-\beta_2)\boldsymbol{g}_t^2 \\
\hat{\boldsymbol{n}}_t &= \frac{\boldsymbol{n}_t}{1-\beta_1^t} \\
\hat{m}_t &= \frac{m_t}{1-\beta_2^t} \\
\hat{\boldsymbol{g}}_t &= \frac{\boldsymbol{g}_t}{1-\beta_1^t} \\
\bar{\boldsymbol{n}}_t &= \beta_1 \hat{\boldsymbol{n}}_t + (1-\beta_1)\hat{\boldsymbol{g}}_t \\
\boldsymbol{\theta}_{t+1} &= \boldsymbol{\theta}_t - \frac{\eta}{\sqrt{\hat{m}_t}+\varepsilon} \cdot \bar{\boldsymbol{n}}_t
\end{aligned} \tag{9-17}$$

可以看出，Nadam 对学习率有了更强的约束，同时对梯度的更新也有更直接的影响。一般而言，在能使用带动量的 RMSprop，或者 Adam 的地方，大多可以使用 Nadam 取得更好的效果。

9.5.3　Amsgrad 算法

Amsgrad 算法在 Adam 算法的基础上对学习率自适应调整策略进行了改进，用 $\hat{m}_{t-1}$ 和 m_t 中的最大者代替了对二阶矩 $\hat{m}_t$ 的估计，即

$$\hat{m}_t = \max\{\hat{m}_{t-1}, m_t\} \tag{9-18}$$

这里 max 表示按分量取最大计算。

Amsgrad 算法可以使学习率随着迭代的推进单调不递增地变化，这可以解决 Adam 不完全收敛的问题。

9.6　NewAdam 算法

NewAdam 算法是笔者和学生在 Adam 算法的基础上结合 Nadam 和 Amsgrad 算法的优化点提出的一种改进 Adam 算法。

如前所述，Adam 算法的更新公式为

$$\boldsymbol{\theta}_{t+1} = \boldsymbol{\theta}_t - \frac{\eta}{\sqrt{\hat{m}_t}+\varepsilon} \cdot \hat{\boldsymbol{n}}_t \tag{9-19}$$

其中，$\hat{m}_t$ 和 $\hat{\boldsymbol{n}}_t$ 由式(9-14)和式(9-15)计算。Nadam 算法在 Adam 算法的基础上优化了搜索方向，即

$$\boldsymbol{\theta}_{t+1} = \boldsymbol{\theta}_t - \frac{\eta}{\sqrt{\hat{m}_t}+\varepsilon} \cdot \bar{\boldsymbol{n}}_t \tag{9-20}$$

其中,$\bar{n}_t$ 由是(9-17)计算,而 Amsgrad 在 Adam 算法的基础上优化了自适应学习率调整,即

$$\boldsymbol{\theta}_{t+1}=\boldsymbol{\theta}_t-\frac{\eta}{\sqrt{\max\{\hat{m}_{t-1},m_t\}}+\varepsilon}\cdot\hat{\boldsymbol{n}}_t \tag{9-21}$$

NewAdam 将 Nadam 和 Amsgrad 的优化点相结合,即

$$\boldsymbol{\theta}_{t+1}=\boldsymbol{\theta}_t-\frac{\eta}{\sqrt{\max\{\hat{m}_{t-1},m_t\}}+\varepsilon}\cdot\bar{\boldsymbol{n}}_t \tag{9-22}$$

参 考 文 献

[1] 袁亚湘,孙文瑜.最优化理论与方法[M].北京:科学出版社,1997.

[2] 王宜举,修乃华.非线性最优化理论与方法[M].3版.北京:科学出版社,2012.

[3] 倪勤.最优化方法与程序设计[M].北京:科学出版社,2009.

[4] 陈宝林.最优化理论与算法[M].2版.北京:清华大学出版社,2005.

[5] 徐仲,张凯院,陆全,等.矩阵论简明教程[M].3版.北京:科学出版社,2014.

图书推荐

书　　名	作　　者
HuggingFace 自然语言处理详解——基于 BERT 中文模型的任务实战	李福林
动手学推荐系统——基于 PyTorch 的算法实现（微课视频版）	於方仁
轻松学数字图像处理——基于 Python 语言和 NumPy 库（微课视频版）	侯伟、马燕芹
自然语言处理——基于深度学习的理论和实践（微课视频版）	杨华 等
Diffusion AI 绘图模型构造与训练实战	李福林
图像识别——深度学习模型理论与实战	于浩文
深度学习——从零基础快速入门到项目实践	文青山
AI 驱动下的量化策略构建（微课视频版）	江建武、季枫、梁举
TensorFlow 计算机视觉原理与实战	欧阳鹏程、任浩然
自然语言处理——原理、方法与应用	王志立、雷鹏斌、吴宇凡
人工智能算法——原理、技巧及应用	韩龙、张娜、汝洪芳
ChatGPT 应用解析	崔世杰
跟我一起学机器学习	王成、黄晓辉
深度强化学习理论与实践	龙强、章胜
Java+OpenCV 高效入门	姚利民
Java+OpenCV 案例佳作选	姚利民
计算机视觉——基于 OpenCV 与 TensorFlow 的深度学习方法	余海林、翟中华
深度学习——理论、方法与 PyTorch 实践	翟中华、孟翔宇
量子人工智能	金贤敏、胡俊杰
Flink 原理深入与编程实战——Scala+Java（微课视频版）	辛立伟
Spark 原理深入与编程实战（微课视频版）	辛立伟、张帆、张会娟
PySpark 原理深入与编程实战（微课视频版）	辛立伟、辛雨桐
Python 预测分析与机器学习	王沁晨
Python 人工智能——原理、实践及应用	杨博雄 等
Python 深度学习	王志立
Python Streamlit 从入门到实战——快速构建机器学习和数据科学 Web 应用（微课视频版）	王鑫
编程改变生活——用 Python 提升你的能力（基础篇·微课视频版）	邢世通
编程改变生活——用 Python 提升你的能力（进阶篇·微课视频版）	邢世通
编程改变生活——用 PySide6/PyQt6 创建 GUI 程序（基础篇·微课视频版）	邢世通
编程改变生活——用 PySide6/PyQt6 创建 GUI 程序（进阶篇·微课视频版）	邢世通
Python 语言实训教程（微课视频版）	董运成 等
Python 量化交易实战——使用 vn. py 构建交易系统	欧阳鹏程
Python 从入门到全栈开发	钱超
Python 全栈开发——基础入门	夏正东
Python 全栈开发——高阶编程	夏正东
Python 全栈开发——数据分析	夏正东
Python 编程与科学计算（微课视频版）	李志远、黄化人、姚明菊 等
Python 游戏编程项目开发实战	李志远
Python 概率统计	李爽
Python Web 数据分析可视化——基于 Django 框架的开发实战	韩伟、赵盼
Python 玩转数学问题——轻松学习 NumPy、SciPy 和 Matplotlib	张骞

图书推荐

书名	作者
仓颉语言实战(微课视频版)	张磊
仓颉语言核心编程——入门、进阶与实战	徐礼文
仓颉语言程序设计	董昱
仓颉程序设计语言	刘安战
仓颉语言元编程	张磊
仓颉语言极速入门——UI 全场景实战	张云波
HarmonyOS 移动应用开发(ArkTS 版)	刘安战、余雨萍、陈争艳 等
openEuler 操作系统管理入门	陈争艳、刘安战、贾玉祥 等
AR Foundation 增强现实开发实战(ARKit 版)	汪祥春
AR Foundation 增强现实开发实战(ARCore 版)	汪祥春
ARKit 原生开发入门精粹——RealityKit + Swift + SwiftUI	汪祥春
HoloLens 2 开发入门精要——基于 Unity 和 MRTK	汪祥春
Octave AR 应用实战	于红博
Octave GUI 开发实战	于红博
Octave 程序设计	于红博
JavaScript 修炼之路	张云鹏、戚爱斌
深度探索 Vue. js——原理剖析与实战应用	张云鹏
前端三剑客——HTML5+CSS3+JavaScript 从入门到实战	贾志杰
剑指大前端全栈工程师	贾志杰、史广、赵东彦
从数据科学看懂数字化转型——数据如何改变世界	刘通
JavaScript 基础语法详解	张旭乾
5G 核心网原理与实践	易飞、何宇、刘子琦
恶意代码逆向分析基础详解	刘晓阳
深度探索 Go 语言——对象模型与 runtime 的原理、特性及应用	封幼林
深入理解 Go 语言	刘丹冰
Vue+Spring Boot 前后端分离开发实战(第 2 版・微课视频版)	贾志杰
Spring Boot 3.0 开发实战	李西明、陈立为
Flutter 组件精讲与实战	赵龙
Flutter 组件详解与实战	[加]王浩然(Bradley Wang)
Dart 语言实战——基于 Flutter 框架的程序开发(第 2 版)	亢少军
Dart 语言实战——基于 Angular 框架的 Web 开发	刘仕文
IntelliJ IDEA 软件开发与应用	乔国辉
Power Query M 函数应用技巧与实战	邹慧
Pandas 通关实战	黄福星
深入浅出 Power Query M 语言	黄福星
深入浅出 DAX——Excel Power Pivot 和 Power BI 高效数据分析	黄福星
从 Excel 到 Python 数据分析：Pandas、xlwings、openpyxl、Matplotlib 的交互与应用	黄福星
云原生开发实践	高尚衡
云计算管理配置与实战	杨昌家
虚拟化 KVM 极速入门	陈涛
虚拟化 KVM 进阶实践	陈涛